U0258399

『十二五』國家重點圖書出版規劃項目

二〇一一—二〇二〇年國家古籍整理出版規劃項目

國家古籍整理出版專項經費資助項目

中國古農書集粹

王思明——主編

鳳凰出版社

ISBN 978-7-5506-4059-7

圖書在版編目（CIP）數據

全芳備祖、南方草木狀 / (宋) 陳詠等撰. -- 南京 : 鳳凰出版社, 2024.5
（中國古農書集粹 / 王思明主編）
ISBN 978-7-5506-4059-7

Ⅰ. ①全… Ⅱ. ①陳… Ⅲ. ①植物志－中國－宋代②植物志－中國－西晉時代 Ⅳ. ①Q948.52

中國國家版本館CIP數據核字(2024)第042425號

書　　名	全芳備祖 等
著　　者	(宋)陈詠 等
主　　編	王思明
責任編輯	王　劍
裝幀設計	姜　嵩
責任監製	程明嬌
出版發行	鳳凰出版社(原江蘇古籍出版社) 發行部電話025-83223462
出版社地址	江蘇省南京市中央路165號,郵編:210009
印　　刷	常州市金壇古籍印刷廠有限公司 江蘇省金壇市晨風路186號,郵編:213200
開　　本	889毫米×1194毫米　1/16
印　　張	30.25
版　　次	2024年5月第1版
印　　次	2024年5月第1次印刷
標準書號	ISBN 978-7-5506-4059-7
定　　價	300.00圓

(本書凡印裝錯誤可向承印廠調換,電話:0519-82338389)

《中國古農書集粹》編委會

主　編
王思明

副主編
惠富平　熊帝兵

編　委
沈志忠　盧　勇　丁曉蕾　夏如兵　陳少華　何紅中
劉馨秋　李昕升　劉啓振　朱鎖玲　何彥超

序

中國是世界農業的重要起源地之一，農耕文化有着上萬年的歷史，在農業方面的發明創造舉世矚目。中國幾千年的傳統文明本質上就是農業文明。農業是國民經濟中不可替代的重要的物質生產部門，在傳統社會中一直是支柱產業。農業的自然再生産與經濟再生産曾奠定了中華文明的物質基礎。在漫長的歷史進程中，中華農業文明孕育出南方水田農業文化與北方旱作農業文化、漢民族與其他少數民族農業文化等不同的發展模式。無論是哪種模式，都是人與環境協調發展的路徑選擇。中國之所以能够在十九世紀以前的一兩千年中，長期保持着世界領先的地位，就在於中國農民能够根據不斷變化的人口狀況以及自然、經濟環境作出正確的判斷和明智的選擇。

中國農業文化遺産十分豐富，包括思想、技術、生産方式以及農業遺存等。在傳統農業生産過程中，形成了以尊重自然、順應自然，天、地、人「三才」協調發展的農學指導思想；形成了以種植業爲主，種植業和養殖業相互依存、相互促進的多樣化經營格局；凸顯了「寧可少好，不可多惡」的農業經營策略和精耕細作的技術特點；藴含了「地可使肥，又可使棘」「地力常新壯」的辯證土壤耕作理論；總結了輪作復種、間作套種和多熟種植的技術經驗；形成了北方旱地保墒栽培與南方合理管水用水相結合的農業生産模式。與世界其他國家或民族的傳統農業以及現代農學相比，中國傳統農業自身的特色明顯，既有成熟的農學理論，又有獨特的技術體系。

世代相傳的農業生產智慧與技術精華，經過一代又一代農學家的總結提高，涌現了數量龐大、種類繁多的農書。《中國農業古籍目録》收録存目農書十七大類，二千零八十四種。閔宗殿等學者在此基礎上又根據江蘇、浙江、安徽、江西、福建、四川、臺灣、上海等省市的地方志，整理出明清時期二百三十六種『新書目』。[一]隨着時間的推移和學者的進一步深入研究，還將會有不少沉睡在古籍中的農書被不斷地揭示出來。作爲中華農業文明的重要載體，這些古農書總結了不同歷史時期中國農業經營理念和傳統農業科技的精華，是人類寶貴的文化財富。

中國古代農書豐富多彩、源遠流長，反映了中國農業科學技術的起源、發展、演變與轉型的歷史進程與發展規律，折射出中華農業文明發展的曲折而漫長的發展歷程。這些農書中包含了豐富的農業實用技術、農業經濟智慧、農村社會發展思想等，覆蓋了農、林、牧、漁、副等諸多方面，廣泛涉及傳統社會中農業生產、農村社會、農民生活等主要領域，還記述了許許多多關於生物學、土壤學、氣候學、地理學、水利工程等自然科學原理。存世豐富的中國古農書，不僅指導了我國古代農業生產與農村社會的發展，也包含了許多當今經濟社會發展中所迫切需要解决的問題——生態保護、可持續發展、農村建設、鄉村振興等思想和理念。

作爲中國傳統農業智慧的結晶，中國古農書通過各種途徑傳播到世界各地，對世界農業文明産生了深遠影響，例如《齊民要術》在唐代已傳入日本。被譽爲『宋本中之冠』的北宋天聖年間崇文院本《齊民要術》被日本視爲『國寶』，珍藏在京都博物館。而以《齊民要術》爲对象的研究被稱爲日本『賈學』。江户時代的宮崎安貞曾依照《農政全書》的體系、格局，撰寫了適合日本國情的《農業全書》十

[一] 閔宗殿《明清農書待訪録》，《中國科技史料》二〇〇三年第四期。

卷，成爲日本近世時期最有代表性、最系統、水準最高的農書，被稱爲『人世間一日不可或缺之書』。據不完全統計，受《農政全書》或《農業全書》影響的日本農書達四十六部之多。〔一〕中國古農書直接或間接地推動了當時整個日本農業技術的發展，提升了農業生産力。

朝鮮在新羅時期就可能已經引進了《齊民要術》。〔二〕高麗宣宗八年（一〇九一）李資義出使中國，宋哲宗（一〇八六—一一〇〇）要求他在高麗覆刊的書籍目録裏有《氾勝之書》。高麗後期的一三四九年與一三七二年，曾兩次刊印《元朝正本農桑輯要》。朝鮮太宗年間（一三六七—一四二二），學者從《農桑輯要》中抄録養蠶部分，譯成《養蠶經驗撮要》，摘取《農桑輯要》中穀和麻的部分譯成吏讀，並以此爲底本刊印了《農書輯要》。朝鮮的《閑情録》以《陶朱公致富奇書》爲基礎出版，《農政會要》則主要引自《授時通考》。《農家集成》《農事直説》以及姜希孟的《四時纂要》主要根據王禎《農書》等多部中國古農書編成。據不完全統計，目前韓國各文教單位收藏中國農業古籍四十種，〔三〕包括《齊民要術》《農政全書》《授時通考》《御製耕織圖》《江南催耕課稻編》《廣群芳譜》《農桑輯要》等。

中國古農書還通過絲綢之路傳播至歐洲各國。《農政全書》至遲在十八世紀傳入歐洲，一七三五年法國杜赫德（Jean-Baptiste Du Halde）主編的《中華帝國及華屬韃靼全志》卷二摘譯了《農政全書》卷三十一至卷三十九的《蠶桑》部分。至遲在十九世紀末，《齊民要術》已傳到歐洲。達爾文的《物種起源》和《動物和植物在家養下的變異》援引《中國紀要》中的有關事例佐證其進化論，達爾文在談到人

〔一〕韓興勇《〈農政全書〉在近世日本的影響和傳播——中日農書的比較研究》，《農業考古》二〇〇三年第一期。
〔二〕〔韓〕崔德卿《韓國的農書與農業技術——以朝鮮時代的農書和農法爲中心》，《中國農史》二〇〇一年第四期。
〔三〕王華夫《韓國收藏中國農業古籍概況》，《農業考古》二〇一〇年第一期。

工選擇時說：『如果以爲這種原理是近代的發現，就未免與事實相差太遠。……在一部古代的中國百科全書中，已有關於選擇原理的明確記述。』[一]而《中國紀要》中有關家畜人工選擇的内容主要來自《齊民要術》。[二]中國古農書間接地爲生物進化論提供了科學依據。英國著名學者李約瑟（Joseph Needham）編著的《中國科學技術史》第六卷『生物學與農學』分册以《齊民要術》爲重要材料，説它『即使在世界範圍内也是卓越的、傑出的、系統完整的農業科學理論與實踐的巨著』。[三]

世界上許多國家都收藏有中國古農書，如大英博物館、巴黎國家圖書館、柏林圖書館、聖彼得堡（列寧格勒）圖書館、美國國會圖書館、哈佛大學燕京圖書館、日本内閣文庫、東洋文庫等，大多珍藏有《齊民要術》《茶經》《農桑輯要》《農書》《農政全書》《授時通考》《花鏡》《植物名實圖考》等早期刻本。不少中國著名古農書還被翻譯成外文出版，如《齊民要術》有日文譯本（缺第十章），《天工開物》與《茶經》有英、日譯本，《農政全書》《授時通考》《群芳譜》的個别章節已被譯成英、法、俄等文字，《元亨療馬集》有德、法文節譯本。法蘭西學院的斯坦尼斯拉斯·儒蓮（一七九九—一八七三）翻譯的法文版《蠶桑輯要》廣爲流行，並被譯成英、德、意、俄等多種文字。顯然，中國古農書已經是全世界人民的共同財富，也是世界了解中國的重要媒介之一。

近代以來，有不少學者在古農書的搜求與整理出版方面做了大量工作。晚清務農會於光緒二十三年（一八九七）鉛印《農學叢刻》，但是收書的規模不大，僅刊古農書二十三種。一九二〇年，金陵大學在

〔一〕〔英〕達爾文《物種起源》，謝蘊貞譯。科學出版社，一九七二年，第二十四—二十五頁。

〔二〕《中國紀要》即十八世紀在歐洲廣爲流行的全面介紹中國的法文著作《北京耶穌會士關於中國人歷史、科學、技術、風俗、習慣等紀要》。一七八〇年出版的第五卷介紹了《齊民要術》，一七八六年出版的第十一卷介紹了《齊民要術》中的養羊技術。

〔三〕轉引自繆啓愉《試論傳統農業與農業現代化》，《傳統文化與現代化》一九九三年第一期。

全國率先建立了農業歷史文獻的專門研究機構，在萬國鼎先生的引領下，開始了系統收集和整理中國古代農業歷史文獻的研究工作，着手編纂《先農集成》，從浩如煙海的農業古籍文獻資料中，搜集整理了三千七百多萬字的農史資料，後被分類輯成《中國農史資料》四百五十六册，是巨大的開創性工作。

民國期間，影印興起之初，《齊民要術》、王禎《農書》、《農政全書》等代表性古農學著作均有石印本或影印本。一九四九年以後，爲了保存農書珍籍，曾影印了一批國内孤本或海外回流的古農書珍本，如中華書局上海編輯所分别在《中國古代科技圖録叢編》和《中國古代版畫叢刊》的總名下，影印了《天工開物》（崇禎十年本）、《便民圖纂》（萬曆本）、《救荒本草》（嘉靖四年本）、《授衣廣訓》（嘉慶原刻本）等。上海圖書館影印了元刻大字本《農桑輯要》（孤本）。一九八二年至一九八三年，農業出版社以《中國農學珍本叢書》之名，先後影印了《全芳備祖》（日藏宋刻本），《金薯傳習録、種薯譜合刊》（前者刊本僅存福建圖書館，後者朝鮮徐有榘以漢文編寫，内存徐光啓《甘薯疏》全文），以及《新刻注釋馬牛駝經大全集》（孤本）等。

古農書的輯佚、校勘、注釋等整理成果顯著。萬國鼎、石聲漢先生都曾對《四民月令》《氾勝之書》等進行了輯佚、整理與深入研究。到二十世紀末，具有代表性的古農書基本得到了整理，如夏緯瑛的《管子地員篇校釋》和《呂氏春秋上農等四篇校釋》，石聲漢的《齊民要術今釋》《農桑輯要校注》《農政全書校注》等，繆啓愉的《齊民要術校釋》和《四時纂要》，王毓瑚的《農桑衣食撮要》，馬宗申的《授時通考校注》等。特别是農業出版社自二十世紀五十年代一直持續到八十年代末的《中國農書叢刊》，先後出版古農書整理著作五十餘部，涉及範圍廣泛，既包括綜合性農書，也收録不少畜牧、蠶桑、水利等專業性農書。此外，中華書局、上海古籍出版社等也有相應的古農書整理著作出版。

一些有識之士還致力於古農書的編目工作。一九二四年，金陵大學毛邕、萬國鼎編著了最早的農書簡目《中國農書目錄彙編》，存佚兼收，薈萃七十餘種古農書。但因受時代和技術手段的限制，規模較小。一九四九年以後，古農書的編目、典藏等得以系統進行。一九五七年，王毓瑚的《中國農學書錄》出版（一九六四年增訂），含英咀華，精心考辨，共收農書五百多種。一九五九年，北京圖書館據全國二十五個圖書館的古農書書目彙編成《中國古農書聯合目錄》，收錄古農書及相關整理研究著作六百餘種。一九九〇年，中國農業歷史學會和中國農業博物館據各農史單位和各大圖書館所藏農書彙編成《農業古籍聯合目錄》，收書較此前更加豐富。二〇〇三年，張芳、王思明的《中國農業古籍目錄》收錄了古農書存目二千零八十四種。經過幾代人的艱辛努力，中國古農書的規模已基本摸清。上述基礎性工作爲古農書的搜求、彙集、出版奠定了堅實的基礎。

目前，以各種形式出版的中國古農書的數量和種類已經不少，具有代表性的重要農書還被反復出版。但是，仍有不少農書尚存於各館藏單位，一些孤本、珍本急待搶救出版。部分大型叢書已經注意到古農書的彙集與影印，《續修四庫全書》『子部農家類』收錄農書六十七部，《中國科學技術典籍通匯》『農學卷』影印農書四十三種。相對於存量巨大的古代農書而言，上述影印規模還十分有限。可喜的是，在鳳凰出版社和中華農業文明研究院的共同努力下，《中國古農書集粹》被列入《二〇一一—二〇二〇年國家古籍整理出版規劃》。本《集粹》是一個涉及目錄、版本、館藏、出版的系統工程，工作於二〇一二年啓動，經過近八年的醞釀與準備，影印出版在即。《集粹》原計劃收錄農書一百七十七部，後根據時代的變化以及各農書的自身價值情況，幾易其稿，最終決定收錄代表性農書一百五十二部。《中國古農書集粹》填補了目前中國農業文獻集成方面的空白。本《集粹》所收錄的農書，歷史跨度時間長，從先秦早期的《夏小正》一直至清代末期的《撫郡農産考略》，既展現了中國古農書的萌芽、形成、發展、成熟、定型與轉型的完整過程，也反映了中華農業文明的發展進程。明清時期是中國傳統農業發展的巔峰，它繼承了中國傳統農業中許多好的東西並將其發展到極致，而這一階段的農書恰是本《集粹》收録的重點。本《集粹》還具有專業性强的特點。古農書屬大宗科技文獻，而非傳統意義的歷史文獻，本《集粹》更側重於與古代農業密切相關的技術史料的收録。本《集粹》所收農書覆蓋面廣，涵蓋了綜合性農書、時令占候、農田水利、農具、土壤耕作、大田作物、園藝作物、竹木茶、植物保護、畜牧獸醫、蠶桑、水産、食品加工、物産、農政農經、救荒賑災等諸多領域。收書規模也爲目前中國農業古籍集成之最。

《中國古農書集粹》彙集了中國古代農業科技精華，是研究中國古代農業科技的重要資料。同時，中國古農書也廣泛記載了豐富的鄉村社會狀況、多彩的民間習俗、真實的物質與文化生活，反映了中國古代農民的宗教信仰與道德觀念，體現了科技語境下的鄉村景觀。不僅是科學技術史研究不可或缺的第一手資料，還是研究傳統鄉村社會的重要依據，對歷史學、社會學、人類學、哲學、經濟學、政治學及其他社會科學都具有重要參考價值。古農書是傳統文化的重要載體，是繼承和發揚優秀農業文化遺産的主要文獻依憑，對我們認識和理解中國農業、農村、農民的發展歷程，乃至整個社會經濟與文化的歷史脉絡都具有十分重要的意義。本《集粹》不僅可以加深我們對中國農業文化、本質和規律的認識，還可以鑒古知今，把握國情，爲今天的經濟與社會發展政策的制定提供歷史智慧。

本《集粹》的出版，可以加強對中國古農書的利用與研究，加深對農業與農村現代化歷史進程的必然性和艱巨性的認識。祖先們千百年耕種這片土地所積累起來的知識和經驗，對於如今人們利用這片土地仍具有指導和借鑒作用，對今天我國農業與農村存在問題的解決也不無裨益。現代農學雖然提供了一些『普適』的原理，但這些原理要發揮作用，仍要與這個地區特殊的自然環境相適應。而且現代農學原理並不否定傳統知識和經驗的作用，也不能完全代替它們。中國這片土地孕育了有中國特色的傳統農業，積累了有自己特色的知識和經驗，有利於建立有中國特色的現代農業科技體系。人類文明是世界各個民族共同創造的，人類文明未來的發展當然要繼承各個民族已經創造的成果。中國傳統的農業知識必將對人類未來農業乃至社會的發展作出貢獻。

王思明

二〇一九年二月

目錄

全芳備祖

（宋）陳　詠　撰

《全芳備祖》，（宋）陳詠撰。陳詠，字景沂，號肥遁，又號愚一子，黄岩（今浙江黄岩縣）人。學問淵博，爲時所稱，曾上書論政，但未被採納。遂專心著述，於宋末寶祐元年（一二五三）撰成此書。據作者所述，該書『獨於花果草木尤全』，故稱全芳；『凡事實、賦詠、樂府必稽其始』，故稱備祖。

書分前後集，前集二十七卷爲花部，著錄植物一百二十八種。後集三十一卷，分果、卉、草、木、農桑、蔬、藥七部，著錄植物一百七十九種。每種植物各分事實祖、賦詠祖、樂府祖三綱。事實組分碎錄、紀要、雜著三目。碎錄説明植物的名稱、産地、生態，紀要記載與植物有關的典故，雜著是有關的文、賦。賦詠祖和樂府祖分別收錄有關植物的各體詩歌和詞作。宋代以前，除本草類書籍之外，該書最早將近三百種植物及其相關資料薈萃於一處，頗有文獻價值和學術意義。

該書國内已無刻本流傳。抄本很多，各本内容互有出入。一九八二年農業出版社據日本所藏中國元刻殘本四十四卷，配以華南農學院藏抄本十四卷，影印出版。今據國家圖書館藏徐氏積學齋抄本影印。

（惠富平）

積學書藏

全芳備祖序

積學齋徐乃昌藏書

類書之作其來尚矣自唐卒更有藝文類聚白傳有六帖至我朝元獻有類要宜無復加矣近世乃有建章萬花谷事類本末諸書大槩誇多於品彙競美於纂輯而原本祖萃群芳者闕焉天台陳君少負傑特讀書數萬卷目力所及如富人坐日中之肆細大涵蓄感萬物敷榮乃獨致意於草木蓄廡積而為書思襲前人之蹈以補後來者之闕意是以嘗客游江淮縱觀宇宙山川之盛舉凡舟車之會人力所及蒐覽之餘可以廣紀載備討論者畢録無遺於是物推其祖詞掇其芳數十大家之作俱在而騷人墨客之詠亦不廢不知螢幾聚雪幾映剡溪之藤凡幾閱而全芳備祖之書成矣陳君益斂華就實由博趨約研精洙泗濂洛之書折衷於渡江諸老凡昔之泥於物者今皆反諸心矣心有經因知有録凡昔之會於心者今皆筆於書矣名公鉅卿嘉歎不少置嘗以呈天子之覽陳君（陳君不可謂不遇矣一日）過予山陰澤中貌癯氣腴神采内澤有道之士也手數巨編以示且歎曰吾不幸少事華藻勤半生以資口耳之談猶幸晚歸朴素持一念心窮性理之緼然少年之書雖吾甚悔好事者或取焉欲積而藏之不可得也予拱而曰盈天壤間皆物也物

積學書藏

具一性性得則理存焉大學所謂格物者格此物也今君晚而窮理其昭明貫通條然是非得喪之表毋亦自其少時區别草木有得於格物之功歟昔孔門學詩之訓有曰多識於鳥獸草木之名陳君於是書也奚其悔

寶祐元年癸丑中澣安陽老圃韓境序

古今類書不勝汗牛而充棟矣録此遺彼不可謂全取末棄本不可謂備皆纂集之病也試以生植一類言之史傳雜記之所編摩騷人墨客之所諷詠自非家藏萬卷目閲群書秖是其擇焉不精語焉不詳耳余束髮習雕蟲弱冠游方外初館西湖繼寓京庠姑蘇金陵兩淮諸鄉校晨窓夜燈不倦披閲記事而提其要纂言而鈎其玄獨於花果草木尤全且備所集凡四百餘門非全芳乎凡事實賦詠樂府必稽其始非備祖乎嘗謂天地生物豈無所自抅目睫而不究其本原則與朝菌為何異竹何以寔木何以實或春發而秋凋或貫四時而不改柯易葉此理所難知也且桃李產於玉衡之宿杏為東方歲星之精凡有花可賞有實可食者固當録之而不容後也至於潔白之可取節操之可嘉英華之裛出香色之俱全者是皆稟天地之英皦然殊異尤不可不列之於先也梅先孤芳松柏後凋蘭有國香菊有晚節紫薇雖粗而獨貴於所託黄葵無知而不昧於所向草陽柳别紫萱萱忘悲蕹最幽於所遇藜藿甘貧而自得首蓿薏苡可食可飼茯苓黄精通神通靈凡若是者遽數之不能終其物也或曰瓊花玉蘂胡為而蹴處其上答曰此尊之也或曰牡丹芍藥海棠之無實無香胡為而亦處其上答曰此貴之也是皆奇葩異卉特立迥出胡可以一説拘也或曰子之説則信辨而美矣子之書則信全而備矣不幾於玩物喪志乎答曰余之所纂蓋昔人所謂寓意於物而不留滯於物者也惡得以玩物為譏乎且大學立教格物為先而多識於鳥獸草木之名亦學者之當務也自太極判而兩儀分五行布而萬物具凡散之兩間物物各具一太極也太極動而生陽則元亨誠之通而萬物所資始也静而生陰則利貞誠之復而萬物所以各正性命也稟乎乾者為木果稟乎震者為蒼莨竹為萑葦稟乎巽者為木稟乎坎者為堅多心稟乎離者為科上槁稟乎艮者為堅多節為果蓏根而幹幹而枝枝而葉葉而華華而實初者為陽次者為陰闔者為陽承者為陰得陽之剛則為堅耐之木得陰之柔則為附蔓之藤無非陰陽者則無非太極也以此觀物庸非窮理之一事乎程先生語上蔡云賢却記得多許事謂玩物喪志今止纂許多姑以便檢閲備遺忘耳何至流而忘返而喪志焉𠁊於爾雅蟲魚註可憐無補費精神觀者幸毋以為誚有宋寶祐丙辰孟秋江淮肥遯愚一子陳景沂謹識

積學書藏

全芳備祖前集總目

積學書藏

積學書藏

木槿 佛桑 茶花 巴欖 山枇杷
月季 麗春 長春 壽春 迎春
仙掌 剪春羅

卷之二十一
水仙 山礬

卷之二十二
瑞香

卷之二十三
薝蔔 蘭花 蕙附

卷之二十四
櫻桃 石榴 芙蓉

卷之二十五
茉莉 素馨

卷之二十六
萱草 金錢 金鳳 金燈 滴〻金
玉簪 玉玫瑰 紅玫瑰 玉繡毬
滚繡毬 萬蝶 真珠 黃雀兒

卷之二十七
石竹 紫竹 罌粟 錦帶 密友
滴露 芸花 鴈來紅 山燈 紫陽
杏香 茨菰 水紅 徘徊 碧蟬兒
滿堂春 粉團兒 波羅 孤兒 使君子

積學書藏

曼陀羅 小黃蘗 闍提 玉手鑪
御仙 御帶 望仙 木槲 薾榛
太平 天南竺 紅鉢盂 佛手 散水
佛見咲 寶相

積學書藏

全芳備祖後集總目

果部

卷之一

荔枝

卷之二

蓮 藕 菱 芡 茨菰鳧茈附

卷之三

橘 柚枸櫞附

卷之四

橙 金橘 甘蔗 蔗水附 橄欖 餘甘子

榅桲 甘露子

卷之五

梅 杏 桃

卷之六

棃 查附 石榴 楊梅 枇杷

卷之七

柿 棗 胡桃 松子附 栗 杏仁

卷之八

瓜 木瓜 李 柰

卷之九

櫻桃 蒲萄

卉部

積學書藏

卷之十

草

卷之十一

芝草 虞美人草 菖蒲

卷之十二

苔蘚 萍 蘋附 荇 又見菜門

蘆

草部

卷之十三

芭蕉 木綿 薜荔 藤蘿 藍 茅

蓬

木部

卷之十四

松

卷之十五

柏 檜栝附 杉 槐 椿

卷之十六

竹

卷之十七

楊柳

卷之十八

楓 椿 楸 榆 桐

積學書藏

農桑部

蔬部

積學書藏

藥部

全芳備祖後集總目終

全芳備祖卷一 前集

天台陳景沂編輯

建安祝　穆訂正

花部

梅花

事實祖

碎録

上林苑有朱梅同心梅紫蔕梅 西京雜記 大庾嶺上梅花南枝落北枝開 六帖 梅花本篴中曲宋鮑昭

紀要

梁何遜在揚州法曹廨舍有梅花一枝遜吟咏其下後居洛思梅花再請其任從之抵揚州花方盛遜對花徬徨 杜詩注 宋武帝壽陽公主人日卧于含章簷下梅花落于公主額上自後有梅花粧今安豐軍有花靨鎮即其地也 雜五行書 隋開皇中趙師雄遷羅浮一日天寒日暮于松林間酒肆旁舍見美人淡粧素服出迎時皆黑殘雪未消月色微明師雄與語言極清麗芳香襲人因與扣酒家門共飲少頃一緑衣童子咲歌戲舞師雄醉寢但覺風寒相襲久之東方已白起視在大梅花樹下有翠羽啾嘈相顧月落參横惆悵而已 龍城録 宋廣平為相其端姿勁質剛態毅狀疑其鐵石心腸不解吐婉媚詞然觀其文而有梅花賦清新富艷似南朝徐庾體殊不類其為人 皮日休梅花賦序 李白游慈恩寺僧獻緑梅 六帖 元稹為翰林承旨朝退行至廊下初日暎九英梅隙先射稹有氣岌勃然百僚望之曰豈腸胃文章暎日可見乎 常朝録 袁豐之宅後有梅六株開時曾為鄰屋烟氣所爍乃圍泥塞竈張幕蔽風久而又拆其屋曰冰姿玉骨世外佳人但恨無傾城之咲耳 桂林記

雜著

歐陽文忠公極賞疎影暗香之句而不知和靖別有一聯雪後園林纔半樹水邊籬落忽横枝勝彼二句不知歐陽公何緣棄此而賞彼耶 苕溪漁隱評 王直方又愛和靖池水倒窺疎影動屋簷斜入一枝低謂此句與前聯相為伯仲而今漁隱獨不喜池水屋簷二句以謂畧無佳處真一蟵不如一蟵 山谷詩話 王晉卿謂林和靖疎影暗香之句若杏與桃李皆可用也東坡以為不然杏與桃李安敢承當 東坡志林 梅天下尤物無論智愚賢不肖莫敢有異論學圃之士必先種梅且不厭多他花有無多少皆不係輕重余于石湖玉雪坡既有梅數百本比年又於舍南買王氏僦舍七十楹盡拆

積學書藏

除之治為花村以其地三分之一與梅吳下栽梅特盛其品不一今始盡得之隨所得為之譜以遺好事者　江梅遺核野生不經栽接者又名直脚梅凡山間水濱荒寒迥絶之處皆此本也花稍小而踈瘦有韻香最清實小而硬　早梅冬至前已開故得早名要非風土之正杜子美云梅蕊臘前破梅花年後多惟冬春之交正是花時耳　消梅其實圓脆多液無滓多液則不耐日乾故不入煎造亦不宜熟惟堪青啖　古梅其枝樛曲萬狀蒼蘚鱗皴封滿花身又有苔鬚垂於枝間或長數尺寸微風颺綠飄然可玩成都三十里有卧梅偃蹇十餘丈相傳唐物也清江酒家有大梅如數間屋可羅坐數十人余生平見梅奇古惟此兩處　重葉梅花頭甚豐葉重數層盛開如小白蓮梅中之奇品花房獨出而結實多雙尤為瑰異　綠萼梅凡梅花跗蒂皆絳色惟此純綠枝梗亦青好事者比之僊人萼綠華京師艮岳有萼綠華堂其下專植此本　百葉緗梅一名千葉香梅花小而密　鴛鴦梅多葉紅梅也凡雙果必並蒂惟此一蒂而結雙梅　杏梅花比紅梅色微淡結實甚匾有斕斑色全似杏味不及紅梅　梅以韻甚勝以格高故以橫斜踈影與老枝奇怪者為貴其新接稚木一歲

積學書藏

抽嫩枝直上或三四尺如酴醾薔薇者吳下謂之氣條此直取實規利無所謂韻與格矣又有一種糞壤力勝者與條上茁短橫枝狀如棘針花發密綴之亦非高品近世始畫墨梅江南有梅補之者尤有名其徒倣之者實繁觀揚氏畫大略皆氣條耳雖筆法奇峭去梅實遠惟廣宣所作差有風致世鮮有評之者余故附之譜後並石湖范至能梅譜

梅肇于炎帝之經著于說命之書召南之詩然以滋不以象以實不以華也豈古人之皆質而不尚其華歟然華如桃李顏如舜華不尚華哉而獨遺梅之華也何也至楚之騷人飲芳而食菲佩芳馨而食葩藻盡掇天下之香草嘉禾以苾芬其四體而金玉其言語文章盡遠取江蘺杜若而近捨梅豈偶遺之歟抑亦梅之未遭歟南北諸子如陰鏗何遜蘇子卿詩人之風流至此極矣梅于是時始以花聞天下及唐之李杜本朝之蘇黃崛起千載之下而躪籍千載之上遂主風月花草之夏盟而于其間始出桃李蘭蕙而居客之左蓋梅之有遭未有盛於此時者也然色彌章用弥晦花弥利實弥鈍也梅之初服豈其端使之然哉前之遺今之遭信然歟予友洮湖陳希顏蓋造次必于梅顛沛必于梅者也嘉愛之不足而吟咏之吟咏之不足則

畫取古人賦梅之作而賡和之寄一編以遺予曰從古此詩已八百篇矣不盈千篇吾未止也予讀之而驚曰抑何豐耶豐而不奇則亦常耳亦何奇耶余嘗愛陰鏗詩云花舒雪尚飄然日不俱銷蘇子卿云秖言花是雪不悟有香來唐人崔道融詩云香中別有韻清極不知寒是三家者豈畏蹤影暗香之句哉希顏之詩同梅而清之在梅前同梅而馨之在梅從其于三家所謂未聞以千里畏人者也或謂物蓋則妖興梅亦有妖希顏此詩非希顏語也梅之妖憑希顏而語也或曰非彼憑乎之爾繫此即彼乎爾夫語怪聖門所諱予又說之然不然哉因併書之誠齋楊廷秀[illegible]

詩序

賦詠祖

五言散句

雪岍叢梅發 少陵

雪籬梅可折

江路野梅香

梅花南嶺頭 李白

林香雨落梅

露梅飄暗香 元稹

梅狂誤尋春

秖言花是雪不信有香來 子卿

花舒雪尚飄照日不俱消 陰鏗

人懷前歲別花發去年枝 梁元帝

蚕煙籠玉煖凍雨浴冰凝 劉原父

俠骨香經浴冰膚冷照鄰 溫公

色如虛室白香似玉人清 王岐公

冷香疑到骨瓊艷幾堪餐 王岐公

影寒垂積雪枝薄帶稀冰 晁具茨

陽萌知獨復歲寒見孤潔 趙庸齋

洗我碧銅壺薦此白玉枝 張于湖

七言散句

山意衝寒欲放梅 杜工部

未將梅蕊驚愁眼 李青蓮

庾嶺梅花落歌管 [illegible]

喚醒千林黃落時 徐玉漢

相思一夜梅花發忽到窗前疑是君 韓文公

尋詹索共梅花咲冷蕊疎枝半不禁 少陵

安得建步移遠梅亂插繁花向晴昊

强半瘦因前夜雪數枝愁向晚來天 崔魯

雪中未問和羹事且向百花頭上開 王曾

風清日落無人見洗裝自趁霜鐘半 東坡

江南無雪春瘴生為散冰花除熱惱

為君栽向南窗下記取他年著子時

額黃映日明飛朓粉含風冷太真飛 王介甫

雪中林下皆相似認得清香寄一枝 宋景文

捲簾初認雲猶凍逐鼻渾疑雪欲香 張文潛
我愛梅花不忍折清香却解逐人來
平生常恨逢梅少及對江梅無好詩
誰知檀萼香鬚裡已有調羹一點酸
正如隐者居幽谷寉壠徵書未到家 張芸叟
甘心結子待君來洗雨梳風為誰好 秦少游
淡泊自能知我意幽閑元不為人奇 黄山谷
凡花俗草敗人意晚見瓊蕤不恨遲
及取江南來一醉明朝化作玉塵飛
探得東皇第一機水邊風月咲橫枝
未開素質夜光明半落清香春更好 陳顯濱
不與牡丹爭地望後堂深院暫時春 丁謂
薄薄遠香來澗谷疎疎寒影近房櫳 梅聖俞
常是臘前欺雪色却驚春半見瓊枝
水邊攀折此中女馬上嗔尋何處郎
驛使前持走馬回北人初識越人梅
臺前日暖分三色林下風清共一春 溫公
獨有小梅香漠漠陸行隨馬水隨舟 陶弼
姑射神人氷作體廣寒仙女玉為容 曼卿
月中欲與人爭瘦雪後偷憑笛訴寒
尤憐心事凄涼甚結子青青亦帶酸
美人與月正同色客子折梅空斷腸 孫何

積學書藏

北風號夜天雨霜屋頭梅花晨洗粧 王元之
風月精神珠玉骨氷雪簪珥瓊瑤璫
天意自憐羣木妬盡教拈美作瓊林 李覯
落去能無怨羌笛折來端是亂鄉愁 劉原父
幽香粉艷誰人見時有山禽入樹來 蔡君謨
只應王母專輕巧剪碎天邊亂白雲 康節
角中飄去凄於骨笛裡吹來妙入神
愁眼不供千樹雪醉頭猶奈一枝春 陳子高
飲罷流連未帰去更來花下捧茶甌 曾文昭
一萼故應先臈破百花渾未覺春來 晁无咎
一樹輕明侵晚岍數枝清瘦映踈籬 參寥
因知東閣一般興不減揚州千載人 韓子蒼
梢橫波面月搖影花落尊前酒滞香 洪覺範
老夫只學龜藏六未羨稍頭首面新 周益公
春風畧不扶人醉月到梅花最末稍 楊廷秀
虛過一冬妨底事不曾歎曲是梅花
琪樹橫枝吹 玉妃乘月上瑤臺
竹映梅花花映竹翠毛障子玉妃圖
兩樹相挨前後發老夫一月不燒香
孤竹之管求孫枝汝盍早定歸山期 陳止齋
輪囷凍損孤吟客瘦石稜稜見一枝 陳古淵
簷端踈竹前生瘦瓶裡寒梅到死香 鞏栗齋

積學書藏

夜深更擁寒衾坐明月梅花共一窓 樓梅麓
落盡梅花心事悉獨搔蓬鬢遶殘妝 劉后村
至白世間為玉雪不如伊處為無香
世間尤物難調護寒怕開遲煖怕飛
故園芳事無人管到處梅花動客情 吳履齋
不忍驟開還驟落殷勤合蕊待春來 江古心
絕有數枝香便遠更無一葉影方奇 趙山臺
月中試看尤清絕一在枝頭一在窓 王曜軒
有客過橋過橋去不因覓句定尋梅 崔稼谷
評題合詠千竿竹要放梅花出一分 劉招山
勸君莫把離騷讀先說梅花恨未平 鄭上村
玻瓈盤捧玉巵穩翡翠鈿粘粉面香 惠萬庵
半樹昂藏多友竹數枝消瘦只依苔 陳省齋
徐妃半面粉包萼荀令一爐香裊枝 蔡敏
已消殘雪豆皆灰斜壓疎籬一半開 盧襄
冷香漸欲薰詩夢落片猶能覆雨苔 陳心如
小窓細嚼梅花蕊吐出新詩字字香 劉翰
短笛棲頭三弄夜前村雪裡一枝春 舒信道
暗吐幽香穿別院半欹斜影入寒塘 田元邈
明朝有約誰先到手搯花梢記月痕 李碧山
古驛路邊烟雨暮孤庄籬畔水雲寒 王性之
乘淡月時和雪看斸蒼苔地帶花移 陳省齋

積學書藏

月摩瘦影橫窓淡雨沐疎花照水明 周海陵
仙客風中飄素袂玉妃月下試新妝 王梅溪
梅花村裏無人見一夜吹香過石橋 姜白石
禽翻竹葉霜初下人立梅花月正高 趙紫芝
石畔長來枝易老竹間瘦得萼全清 徐致中
槎牙老樹得春早摘索好枝和雪攀 戴石屏
水池照影何須月雪岍聞香不見花
每遇花特人競取祇愁斫盡春風枝
四海知心惟明月一生結客是梅花 徐抱獨
暮雲春雪江南北回首人生歎路岐 厲水山
起倚梅花讀周易一窓明月四簷聲 魏鶴山
丁寧童子休教掃留取窓前當雪看 船窓僧
何消百萬西湖宅遇有梅花便可居 趙竹所
近來行輩無和靖見說梅花不要詩 高菊澗
蜂黃塗額半含蕊鶴漆翹空疎帶花 戴石屏

五言古詩

兔園標物序驚時最是梅衝霜當路發暎雪擬寒
開枝橫却月觀花繞凌風臺朝洒長門泣夕駐臨
邛盃應知蚤飄落故逐上春來 何遜
梅將雪共春粉艷不相因逐次能爭密排枝巧妬
新誰令香滿坐獨使無塵芳意饒呈瑞寒光助照
人玲瓏今已徧點綴坐來頻那是俱疑似須知兩

積學書藏

過真熒煌初亂眼浩蕩忽迷神未許瓊花比將從玉樹親先期迎臘瑞更伴占螽辰顧得長輝暎輕微敢自矜　昌黎

早梅發高樹迴映楚天碧朔風飄夜香繁霜滋曉白欲為萬里贈杳因山水隔寒英坐消落何用慰遠客　柳子厚

風雪集歲暮江梅開不遲朝來幽窓底明瑤綴青枝上天播淑氣白卉分四時寒村置西子似是昌吾詩　陳簡齋

野梅空山中正為照人開如何綠窗底疎映帶蒼苔頗似古君子無人自不諳竹徑酒初醒一信清香來　林雪巢

五言古詩散聯

空山有佳人寒林美孤芳曉分天女白夜奪姮娥光　韓子蒼

輕盈照野水掩歛下瑤臺如雪聊相比欺春不逐來　杜牧之

蒂是團清臈花非列素紈直言南雪少猶是北枝寒　韓子蒼

桃李艷陽態咲我不入時松竹貧賤交却是同襟期　曾求父

梅清不受壓日淨本無垢微風更解事排遣香入

積學書藏

牖　謝溪堂

前有水邊橫後有竹外斜但作如是觀桃李亦可誇　陳止齋

五言絶句

折梅逢驛使寄與隴頭人江南無所有聊贈一枝春　晉陸凱

絶訝梅花晚爭來雪裡窺下枝低可見高處遠難知　梁簡文帝

不愁風嫋嫋正奈雪皚皚煖熱惟憑酒平章却要詩　庾信

迎春故早發獨是不疑寒畏落衆花後無人別意看　陳謝燮

茅舍竹籬短梅花吐未齊晚來溪徑側雪壓小橋低　少陵

曾把早梅枝思君在別離雖云有萬里萬里有還期　蔡君謨

牆角一枝梅淩寒獨自開遙知不是雪惟有暗香來　王介甫

十月凍墻隈英英見早梅應從九地底先領一陽來　文與可

獨自不爭春初無一點塵忽將冰雪面所至媚幽人　呂居仁

客行滿山雪香處是梅花丁寧明月夜記取影橫
斜 陳簡齋
晩天青脉脉玉面一踈枝山中不許樹獨汝負人
詩
南山有佳人迥立未可親而况得道者其間梅子
真 趙彥庵
昨夜雪初霽寒梅破蕾新滿頭雖白髮聊插一枝
春 蔣之奇
溪岸有殘雪江梅開瘦枝徘徊不忍折只作看花
詩 張于湖
霧質雲為屋瓊膚玉作囊花明不是月夜靜偶聞
香 楊誠齋
雪已都銷去梅能小住無雀爭飛落片蜂獵未蔫
鬚
酒力欺寒淺心清睡較遲梅花孳雪影和月度踈
籬 趙信庵

五言八句

萬木凍欲折孤根煖獨回前村深雪裡昨夜一枝
開風遞幽香去禽窺素艷來明年還應律先發應
春臺 齊己
梅蕊臘前破梅花年幾多絕如春意早最奈客愁
何雪樹元同色江風亦自波故園不可先巫峽鬱

嵯峨 少陵
江梅且緩飛前輩有歌詞莫惜黃金縷難忘白雪
枝吟看歸不得醉喚立如癡和雨和烟折含情寄
所思 鄭谷
玉骨絕纖塵前生清淨身無花能伯仲得雪愈精
神冷淡溪橋曉殷勤江路春寒郊瘦島外同氣更
何人 蔣荆溪
踈枝橫玉瘦山萼點珠先一朶忽先變百花皆後
香欲傳春信息不怕雪埋藏玉笛休三弄東君正
主張 陳同父
幾度尋春信空歸及暮鴉試搖枝上雪恐有夜來
花望月穿深塢迎風立淺沙若同桃李發誰肯到
山家 左径臣

七言古詩

西湖處士骨應槁只有此詩君壓倒東坡先生心
已灰為愛君詩被花惱多情立馬待黃昏殘雪消
遲月色早江頭千樹春欲暗竹外一枝斜更好孤
山山下醉眠處點綴裙腰粉不掃萬里春隨逐客
來十年花送佳人老去年花開我已病今年野花
渾草草不知風去卷春歸收拾餘香還畀昊東坡
春風嶺山淮南村昔年梅花曾斷魂豈知流落復
相見蠻烟蜑雨愁黃昏長條半落荔枝浦卧樹獨

積學書藏

積學書藏

秀枕椰園豈惟幽光留夜色直恐冷艷排冬温松
風亭下荆棘裏兩株玉蕊明朝暾海内仙雲嬌墜
砌月下縞衣來扣門酒醒夢覺起繞樹妙意有在
終無言先生獨飲勿歎息幸有落月窺清樽東坡
羅浮山下梅花村玉雪為骨氷為魂紛紛初疑月
挂樹耿耿獨無參横昏先生索居江海上悄如病
寉棲荒園天香國艷肯相顧知我酒熟詩清温蓬
萊宮中花鳥使緑衣倒挂扶桑暾抱叢窺我方醉
卧故遣啄木先敲門麻姑使君急掃鳥能歌舞
花能言酒醒人散山寂寂惟有落蕊黏空樽
一妃謫墮烟雨村先生作詩與招魂人間草木非
我對奔月遇桂成幽昏暗香入户尋短夢青子綴
枝留小園披衣連夜喚客飲雪膚滿地聊相温松
明照坐愁不睡井花入腹清而暾先生年來六十
化道眼已入不二門多情好事餘習氣惜花未忍
終無言留連一物吾過矣咲領百罰空罍樽
北風日日霾江村歸夢政爾勞營魂忽聞梅蕊臈
前破楚客不愛蘭佩昏尋幽舊識此堂古曳杖偶
集仙家園嵐陰春物未全到邂逅只有南枝温冷
光自照眼色界雪艷未怯扶桑暾遙知雲臺漢上
路玉樹千里藏山門自憐塵羈不得去坐想佳處
知難言但到君詩慰岑寂已似共倒花前樽朱文
公

積學書藏

羅浮山下黄家村蘇仙仙去餘詩寃梅花自入三
疊曲至今不受蠻烟昏佳名一旦異凡木絶艷千
古高名園却憐氷質不自煖雖有步障難為温蓋
同桃李媚春色敢與葵藿争朝暾歸來只有修竹
伴寂歷自掩疎籬門方知真意還有在未覺浩氣
終難言一盃勸汝不淺要汝共保山林樽
江梅欲破江南村無人解與招芳魂朔雲為斷峰
蝶信凍雨一洗烟塵昏天憐絶艷世無匹故遣寂
寞依山園自吹羌笛娱夜永未要鄒律回春温連
娟窺氷墜殘月的皪泣露晞晨暾海山清游記上
界哀病此日空柴門相逢不敢話疇昔能賦豈必
皆成言雕鐫肝腎竟何益况復制酒哦空樽
桃花能紅李能白春深無處無春色不應尚有數
株梅可是東君苦留客向來開處當嚴冬桃李未
白桃未紅即今已是丈人行勿與年少争春風唐
子西
梅花耿耿氷玉姿香花淡淡注胭脂兩花相嬌不
相下各内春風悶索價折來淒插一銅瓶旋汲井
花澆便醒紅紅白白看不足更遣山童燒蠟燭楊
誠齋
去年看梅南溪北月作主人梅作客今年有梅荆

積學書藏

溪西氷為風骨玉為衣臈前欲雪竟未雪梅花不
慣人間熱横枝憔悴浣晴埃端今羞面不肯開縞
褰衣訴玉皇殿乞得天花來作伴三更滕六駕海
神先遣東風吹玉塵梅仙曉沐銀浦水氷膚故改
瑶林春詩人莫作雪前看雪後精神添一半
春脚移從何處来未到百花先到梅南枝初着三
兩蕊北枝沍寒猶未開昨夜東風破寒臈南枝北
枝盡披拂不須羯鼓喧春雷一點陽和香自發易
窩庸
山前山後雪成堆朔風撼地聲如雪孤根受死忍
寒凍直向百花頭上開尋春游子不愛惜馬蹄踩
踐花狼籍芳姿不肯被消磨飽盡炎涼方結實王
臞軒

七言古詩散聨

驚嗟怪〻文人奇縞衣籃縷氷斷肌莓苔雪片凍
不飛玉飾其末璣衡歆窺姑之仙下縹緲蒼虬為
駕羽葆希
海邊憔悴多情客想見一枝寒玉色願君攀折贈
餘香勿使隨風自狼籍曾文肅
東風知君将出游玉人迴立林之幽歆墻數苞乃
爾瘦中有萬斛江南愁陳簡齋
碧桃丹杏何自妍嚼蕊嗅香無此好東溪不見謫

積學書藏

仙人江路還逢少陵老參寥
忽逢緑衣鬟如雲歌舞醉人睡昏〻覺來但有風
相襲夢斷初與香返魂周益公
青帝宮中第一妃寶香熏徹素羅衣定知謫墮不
容久萬斛玉塵未聘歸陸放翁
月淡碧雲籠野水稜〻瘦聳吟肩起一天寒氣霞
衣裳人在石橋春影裡王梅溪

七言絶句

一樹寒梅白玉條迴臨村路傍溪橋不知近水花
先發疑是經春雪未消戎昱
白玉堂前一樹梅今朝忽見數枝開兒家門户重
重閉春色因何得入來薛維翰
鳳樓高映緑陰〻凝重多含雨露深莫謂一枝柔
軟力幾曾牽破別離心齊己
經雨不隨山鳥散倚風疑共路人言愁憐粉艶飄
歌席静愛寒香樸酒樽羅隱
憶得前時君寄詩海邊三唱蚤梅詞與君猶是海
邊客又見蚤梅花發時崔道融
竹與梅花相並枝梅花正發竹枝垂風吹總向竹
枝上真似王家雪下時劉言史
蕭條雁後復春前雪壓霜欺未放妍昨日倚欄枝
上看似留芳意入新年范文正公

積學書藏

昔官西陵江峡間野花紅子多爛斑惟有寒梅舊
相識異鄉每見必依然 歐陽公
梅花開盡百花開過盡行人君不來不趂青梅嘗
煑酒忽看煙雨熟黃梅 東坡十二首
春來幽谷到潺〻的皪梅花草棘開一夜東風吹
石裂半隨飛雪渡關山
梅梢春色弄微和作意南枝剪刻多月黑林間逢
縞袂霸陵醉尉誤誰何
月地雲階謾一尊玉奴終不負東昏臨春結綺荒
荊棘誰信南香是返魂
冰盤未薦寒酸子雪嶺先開耐凍枝應咲春風木
芍藥豐肌弱骨要人醫
鮫綃剪就玉簪輕檀暈粧成雪月明肯伴老人春
一醉懸知欲落更多情
縞裙練帨玉川家肝胆清新冷不邪濃李爭春猶
辦此更教踏雪春梅花
天教桃李作輿臺故繞寒梅第一開凭仗幽人收
艾納園香和雨入蒼苔
春入西湖到處花裙腰芳草傍山斜盈〻解佩臨
湖浦脉〻當壚傍酒家
洗盡鉛華見雪肌要將真色鬭生枝檀心已作龍
涎吐玉頰何勞獺髓醫

積學書藏

莫向霜晨怨未開白頭朝夕自相催斬枝一朵含
風露恰似西廂待月來
相逢月下是瑤臺藉草清樽連夜開明日酒醒應
滿地空令飢鶴啄蒼苔
簸船結纜北風嗔霜落千林憔悴人欲問江南近
消息喜君貽我一枝春 山谷
探請東皇第一機水邊風日咲橫枝鴛鴦浮弄嬋
娟影白鷺窺魚疑不知
折得寒香不露機小窗斜雨兩三枝羅幃翠幙深
調靜已被遊蜂預得知
天王戲剪百花房奪盡天工更有香埋玉地中成
故物折枝鏡裡憶新妝
巧畫無鹽醜不除此花風韻更清疎從教變白能
為黑桃李依然是僕奴 陳簡齋墨梅五首
病目昏花已數年只應梅蕊故依然誰教色作陳
玄面眼亂初逢未敢憐
粲〻江南萬玉妃別來幾度見春歸相逢京洛渾
依舊唯恨緇塵染素衣
含章簷下春風面造化功成秋兔毫意足不求顔
色似前身相馬九方皐
自讀西湖處士詩年〻臨水看幽姿晴窗畫出橫
斜影絕勝前村夜雪時

積學書藏

窓閑光景晚年新半幅溪藤萬里春從此不貪江
路好猛捹心力喚真〻
姑射仙人氷雪容塵心已共彩雲空年〻一㕞相
逢處長在愁烟苦霧中朱文公
溪上梅花瘦已開故人不寄一枝來天涯豈是無
芳物為爾無心向酒杯
幽壑潺湲小水通茅茨烟雨竹籬空梅花亂發籬
邊樹似倚寒枝恨朔風
帶雪離奇低粉粧酣晴別是好風光却緣白日青
天裏照得花開煖得香誠齋
甕澄雪水釀春寒蜜點梅花帶露飡句裏略無烟
火氣更教誰上少陵壇
湘妃危立練綾背海月冷挂珊瑚枝醜怪驚人能
嫵媚斷魂只有曉寒知蕭東之
百千年樹著枯蘚一兩點春供老枝絕壁笛聲那
得到直愁斜日凍蜂知
幽香淡〻影踈〻雪虐風威亦自如正是花中巢
許輩人間富貴不關渠朱行中
閑說風篁嶺下梅踈枝冷蕊未全開繁英待得渾
如雪霜晚無人我獨來參寥
咸平處士風流遠招得梅花枝上魂踈影暗香如
昨日不知人世幾黃昏

積學書藏

半窓圖畫梅花月一枕波濤松樹風不是客愁眠
不得此出詩在此香中趙中庵
夜深梅印橫窓月紙帳䰟清夢亦香莫謂道人無
一事也隨踈散伴寒光趙信庵
捲地紛〻著樹稀歲華搖落慘將歸世間尤悔難
調護寒怕開遲煖怕飛劉后村
籬邊屋角立多時試為騷人拾棄遺不信西湖高
士死梅花寂寞便無詩
夢得因桃數左遷巨源為柳許當權幸然不識桃
并李却被梅花累十年
黯淡江天雪欲飛竹籬數掩傍苔磯清愁滿眼無
人說折得梅花作伴歸陸蒼三
小園風月不多寬一樹梅花開未殘剥啄敲門嫵
特地緩拖藤杖隔籬看
一點不雜桃李春一水隔斷車馬塵恨不來為清
夜飲月中香露濕烏巾
江都車馬滿斜暉爭赴城南未掩扉要識梅花無
盡藏人〻襟袖帶香歸
一睽半句致魁台前有沂公後倚齋自是君詩無
警策梅花窮煞幾人來劉后村
荒苔野蔓上籬笆客至多疑不在家病眼看人殊
草〻隔林迫進見梅花

積學書藏

扶節挂月過前溪問信江南第一枝驛使不來羌
管歇芋闌開落只春知 張際
寒夜客來茶當酒竹罏湯沸火初紅尋常一樣窗
前月纔有梅花便不同 杜子埜
朔風吹雨正塵埃忽見江梅驛使來憶着家山石
橋畔一枝冷落為誰開 賈似道
山北山南雪半消村〻店〻酒旗招春風過處人
行少一樹踈花傍小橋
塵外氷姿世外心宜晴宜雨更宜陰收回踈影月
初墜約住寒香雪正深
蝸首輪囷蚪尾蟠雲英點綴玉鱗寒直須快覓鶖
溪絹寫盡精神久遠看 趙正泓
支頤半睡月明中彷彿仙人薄霧籠喚起夢魂簾
幙悄天香自到不因風 楊平州
適宵雨滴急催梅枝北枝南曉盡開多謝花神好
看客隨車十里帶春來 李文溪
香梅爛漫見紅梅白白朱朱取次開料得故園春
色滿有人花下正徘徊 徐介軒
草際春回殘雪消強扶衰病傍溪橋東風不管梅
花落自釀新黃染柳條 江古心
梅雪爭春未肯降騷人閣筆費平章梅須遜雪三
分白雪却輸梅一段香 盧梅坡

積學書藏

凍雲垂〻雪欲落雨澁風慳如此寒〻分付南枝與
君看老天自要北枝看 劉龍川
舍南舍北雪猶存山外斜陽不到門一夜
入夢野梅千樹月明村 高踈寮
江梅欲雪樹槎牙雪片飄零梅片斜半夜和風到
窓紙不知是雪是梅花 鄭亦山
搜詩索咲傍簷梅冷蕊踈花帶雪開莫把枯梢容
易折留看咲影上窓來 易涉趣

七言八句

東閣官梅動詩興還如何遜在揚州此詩對雪遙
相憶送客逢春可自由幸不折來傷歲莫若為看
去亂鄉愁江邊一樹垂〻發朝夕催人自白頭 杜
工部
含情含態一枝〻斜壓漁家短〻籬惹袖尚憐香
半日向人如靳雨多時初開偏稱雕梁畫未落先
愁玉笛吹行客見來無去意解帆烟浦為題詩 崔
魯
梅花不肯傍春光自向深冬看艷陽龍笛遠吹胡
地月燕釵初試漢宮妝風雖狂暴翻添思雪夜侵
陵更助香應咲暫時桃李樹盜天和氣作年芳 韓
偓
吟懷長恨負芳時為見梅花暫入詩雪后園林纔

積學書藏

半樹水邊籬落忽橫枝人憐紅艷多因俗天與清
香自有私堪咲胡雛亦風味解將聲調角中吹林
君復八首
衆芳搖落獨鮮妍占盡風情向小園踈影橫斜水
清淺暗香浮動月黄昏霜禽欲下先偷眼粉蝶如
知合斷魂幸有微吟可相狎不須檀板共金樽
小園烟景正凄迷陣陣寒香壓麝臍池水倒窺踈
影動屋簷斜入一枝低書名空向閑時看詩俗休
微故事題慚愧黄鸝與蝴蝶衹知春色在桃溪
宿霧香黏凍雪殘一枝深映竹叢寒不辭日日旁
邊立長願年年末上看蕊訝粉綃裁太碎蒂疑紅
蠟綴初乾香蔫獨酌聊為壽從此群芳興亦闌
孤根何事在柴荊村色仍將臘候并橫隅片烟爭
向靜半粘殘雪不勝清等閑題詠誰為愧仔細相
看似有情擡首壽陽千載後可堪青草雜芳英
剪綃零碎點酥乾向背稀稠畫亦難日薄縱甘春
至晚霜深應怯夜來寒澄鮮只共鱗僧惜冷落尤
嫌俗客看憶著江南舊行路酒旗斜拂墮吟鞍
數年閑着作園林主未有新詩到小梅摘索又開三
兩蕊團欒空繞萬千迴荒隣獨映山初靜晚景相
禁雪欲來寄語清香小愁結為君吟罷一銜盃
幾回山腳又江頭繞着瑤芳看不休一味清新無

積學書藏

我愛十分幽靜與伊愁任數月老須微見却為春
寒得少留終共公言數來者海棠端的免包羞
蕙死蘭枯菊亦摧返魂香入嶺頭梅數枝殘綠風
吹盡一點芳心雀啅開野店初嘗竹葉酒江雲欲
落豆稭灰行當頭向釵頭見病起烏雲正作堆蘇
子瞻
漢宮嬌額半塗黄粉色凌寒透薄裝好借月魂來
映燭恐隨春夢去飛揚風亭把盞留孤艷香徑回
輿認暗香不為調羹應結子直須留此占年芳王
介甫
結子非貪鼎鼐嘗偶先紅杏占年芳從教臘雪埋
藏影却恐春風漏泄香不御鉛華知國色衹裁雲
縷想仙裝少陵為爾牽詩興可是無心賦海棠
淺淺池塘短短墻年年為爾惜流芳向人自有無
言意傾國天教抵死香鬚裊黄金危欲墮蒂團紅
蠟巧能裝蟬媚一種如冰雪依倚春風咲海棠次
前韻
玉骨綃寒韻太孤天教飛雪伴清癯林寒踈蕊半
開落野迴暗香疑有無瘦嶺風光仍似舊漢宮鉛
粉莫相驚心不必傷空樹一向流空春便徂劉屏
山
捹為梅花倒玉卮故山幽夢憶踈籬寫真妙絕橫

積學書藏

窓影徹骨清香透水枝苦節雪中迷漢使高標澤
畔見湘纍詩成亦為花枯出萬斛塵襟我自知陸
蒼三
松號大夫交可絶梅為清客志相同英〻鳳實早
餘子楚〻龍孫過炒翁晩添一弓雲素月暑中千
斛糶清風小軒正欲供晨坐付與遮闌曉日東鄭
安晩
穿林傍水幾平章合有春風到草堂自入冬來多
是煖無尋花處忽聞香枝南枝北一痕月山後山
前兩縷霜直看過年開未了醉吟且放老夫狂方
秋崖
一片能教一斷腸可堪平砌更堆墻飄如遷客來
過嶺墜似騷人去赴湘亂點莓苔多莫数偶粘衣
袖久聞香東風謬掌花權柄却忌孤高不主張劉
后村三首
瀑映梅花何所似蚌胎蟾影落寒江夢回東閣頻
牽興吟到西湖始樹降雪屋戀香開紙帳月窓憐
影掩書缸若將晉漢閒人比不是淵明却老龐
手選千株高下種似行庾嶺立湘江只消一朶南
枝折盡受群花北面降自愛空山吹縞袂絶羞華
屋照銀缸上林神　又残毀深夜應無斫樹龐
七言律詩散聯

積學書藏

調鼎自期終有實論花天下更無香月娥服御無
非素玉女精神不尚妝張文潜
艷萼自將同鵠羽粉香曾不逐蜂鬚桃根有約猶
含凍杏樹為隣為帶枯聖俞
梅愛山傍水際栽非因弱體近章臺重〻葉〻花
姑射仙人氷作體漢家宮主粉為身素娥自已稱
謝歲〻年〻客又來
佳麗更作廣寒宮裡人鄭獬
移來春晩二三月羞落枝頭千萬花日暮溪邊數
竿竹月明節舍半窓紗陸蒼三
春回積雪殘氷裡香動荒山野水濱帶月一枝斜
弄影背風千片遠隨人王元之
畫圖省識驚春早玉笛孤吹夜怨殘淡冷合教開
處看清癯難遣俗人看石敏若
寒入玉衣燈下薄春妝雪骨酒邊香却于老樹半
枯處忽走一枝如許長楊誠齋
樂府祖
菩薩蠻
濕雲不動溪橋冷嫩寒初透東風影橋下水聲長
一枝和月香　人憐花似舊花比人應瘦莫凭小
闌干夜深花正寒東坡
雪花飛煖融香頰〻香融煖飛花雪欺雪任單衣

積學書藏

衣單任雪欺　別時梅子結結子梅時別歸不恨
開遲〻開恨不歸

西江月

玉骨那愁瘴霧氷肌自有仙風海仙時遣探芳叢
倒挂緑毛么鳳　素面常嫌粉涴洗粧不褪唇紅
高情已逐曉雲空不與梨花同夢東坡

南鄉子

寒雀滿疎籬爭抱寒枝看玉蕤忽見客來花下坐
驚飛踏散芳英落酒巵　痛飲又能詩坐客無氊
醉不知花謝酒闌春到也離〻一點微酸已着枝

阮郎歸

暗香浮動月黄昏堂前一樹春東風何事入西鄰
兒家常閉門　雪肌冷玉容真香腮粉未勻折花
欲寄隴頭人江南日欲曛

虞美人

天涯也有江南信梅破知春近夜闌風細得香遲
不道曉來開徧向前枝　玉臺弄粉花應妬飄到
眉心住平韋雪裏飲盃深去國十年老應盡少年心
山谷

江頭苦被梅花惱一夜霜鬚老誰將氷玉比精神
除是凌風却月見天真　情高意遠仍多思只有
人相似滿城桃李不能春獨向雪花深處露花身

積學書藏

向子諲

氷膚玉面孤山裔肯到人間世天然不與百花同
却恨無情輕付與東風　麗譙吳苑江樓曉立馬
溪橋小只應明月最相思曾見幽香一點未開時
魏杞

減字木蘭花

簪花照鏡容鬢蕭〻都不准擬倩東君化作尊前入
夢雲　風香月影信是瑶臺清夜永深閉重門牽
伴劉郎別後魂賀方回

江城柳花引

年〻江上探寒梅為誰開暗香來疑是月宫仙子
下瑶臺冷艷一枝春在手故人遠相思切寄與誰
恨極怨極嗅香蕊念此情家萬里暮霞散騎楚
天數片輕飛為我多情特地點征衣花易飄零
人易老正心碎那堪塞管吹柳耆卿

早梅芳

雪初消頓覺寒將變已報梅梢煖日邊霜外迤邐
枝條自柔軟嫩苞勻點綴綠萼輕裁剪隱深心未
許清香散　漸融和開欲徧密處疑無間天然標
韻不與群花鬭深淺夕陽波似動曲水風猶懶最
銷魂弄影無人見李端叔

水龍吟

夜來深雪前村路應是早梅初綻故人贈我江頭春信南枝向煖踈影橫斜暗香浮動月明深淺囱亭前驛畔行人立馬頻回首空腸斷　別有玉溪仙館壽陽人初勻粉面天教占了百花頭上和羹未晚最近闕情處高樓上一聲羌管仗何人說與東君留取倚闌干看　辛次膺

買莊為貯梅花玉妃一萬森庭户古來詞客比方不類可憐毫楮誰埽塵凡獨超物表神仙中取是崐丘標致射山風骨除此外吾誰與　九醖醍醐雪乳和金盤月邊清露壽陽嬌騃[騃]单于踈賤不堪充數弄玉排簫飛瓊按拍胎禽飛舞待先生披着羊裘隺氅作園林主　馬古洲

花犯

粉墻低梅花照眼依然舊風味露痕輕綴淨洗鉛華無限清麗去年勝賞曾孤倚氷盤同燕喜更可惜雪中高樹香篝熏素被　今年對花太匆匆相逢似有恨依依愁悴凝望中蒼苔上旋看飛墜[墮]相將脆丸薦酒人正在空江煙浪裏但夢想一枝瀟灑黃昏斜點水　周美成

采桑子

肌膚綽約真仙子來伴氷霜洗盡鉛黃素面初無一點粧　尋花不用持銀燭暗裡聞香零落池塘分付與[餘]妍與壽陽

洞仙歌

何人不愛是江梅初綻雪野寒空凍雲晚清溪綽約粉艷春風包絳萼姑射氷肌自煖　上林花萬品都借風流國色天香任欹羨共素娥青女一㕧相逢人不見悄悄霜宮月殿想乘雲長往玉皇前粲蕊佩鳴璫侍清都宴　朱希真

驀山溪

玉真姊妹只這梅花是乘醉下瑤臺粉燕脂何曾梳洗氷姿素艷無意壓群芳獨自㕧有時愁一點心誰寄　雲添藥佩霜護盈盈淚塵世悔重來夢淒涼玉樓十二教些些香去說與惜花人雲黯淡月朦朧今夕誰同睡

洗妝真態不假鉛華御竹外一枝斜想佳人天寒日暮黃昏院落無處著清香風細細雪垂垂何況江頭路　月邊踈影夢到銷魂處結子欲黃時又須作廉纖微雨孤芳一世供斷有情愁消瘦損東陽也試問花知否　曾元龍　一作白石

壺中天

見梅驚㕧問經年何處收香藏白似語如愁還㕧我何苦紅塵久客觀裡栽桃仙家種杏到處成踈隔千林無伴淡然獨傲霜雪　且與管領春回孤

標爭肯逐雄蜂雌蝶豈是無情知他受了多少淒
涼風月寄隴程遙知羹心在忍使芳塵歇東風寂
寞可憐誰為攀折 朱希真

曉來窓外正南枝初放兩花三蕊千古春風頭上
立羞退穠桃繁李姑射神游壽陽妝褪色界塵都
洗竹扉松户平生所寄聊爾 東

君心事指高山流水隴驛淒涼却怕被哀角城頭
吹起此處闕情為他疑竚淡月清霜裏廵簷何事
歲華相誓而已 吳履齋

江鄉湘驛問暮年何事暮冬行促馬首搖搖經歷
處多少山南溪北冷著烟扉孤芳雲掩瞥見如相
識相逢相勞如癡如訴如憶 最是近曉霜濃初
弦月掛傅粉金鑾側冷淡生涯憂樂忘不管氷簷
雪壁魁榜虛誇調羹浪語耶裡求真的暗香來歷
自家還要知得 陳肥遯

憶秦娥

霜風急江南路上梅花白梅花白寒溪殘月冷村
深雪 洛陽醉裡曾同摘水西竹外常相憶常相
憶寶釵雙鳳鬢邊春色 朱希真

梅花發寒梢掛住瑤臺月瑤臺月和羹心事履霜
時節 斷橋流水聲嗚咽行人立馬空愁絕空愁
絕為誰凝竚為誰攀折 張于湖

卜筭子

竹裡一枝梅映帶林逾靜雨後清奇畫不成淺水
橫斜影 吹徹小單于心事重思省拂拂風前度
暗香月色侵花冷 朱淑真

竹裏一枝梅雨洗娟娟靜疑是佳人日暮來綽約
風前影 新恨有誰知往事那能省夢遶陽臺寂
莫回沾袖餘香冷 向子諲

醉蓬萊

向蓬萊雲渺姑射山深有春長好香滿枝南咲人
間驚早試問幾柯鏤氷裁玉費化工多少東閣詩
成西湖夢覺幾番清曉 好是羅帷麝溫屏煖却
恨烟村雨愁風惱一點清芬為東君傾倒待得明
年綠陰青子蔭鳳凰池沼更把陽和從頭付與繁
娥芳草 趙德莊

江城子

一分雪意却成霜暮雲黃月微忙只有梅花依舊
吐幽芳還喜無邊春信好為疎影覔浮香 才清
端是紫薇郎別鴛行憶宮墻夜半胡為人與月交
相君合白歸吾老矣隨去照迴廊 劉德修

最高樓

花知否花一似何郎又似沈東陽瘦稜稜地天然白
冷清清地許多香咲東君還又向北枝忙 著一

陣霎時閒底雪更一个缺些〻兒底月山下路水邊墻清香怕有人知處影兒守定竹傍㡛且饒他桃李趂少年塲 辛稼軒

臨江仙

老去惜花心已懶愛梅猶遶江村一枝先破玉溪春更無花態度全是雪精神 勝向空山餐秀色為渠著句清新竹根流水帶溪雲醉中渾不記歸去月黄昏

瑞鶴仙

雁霜寒透幕正護月雲輕嫩冰猶薄溪奩照梳掠想含章弄粉艷粧誰學玉肌瘦弱更重〻龍綃襯著倚東風一咲嫣然轉盼萬花羞落 寂寞家山何在雪後園林水邊樓閣瑤池舊約鱗鴻更仗誰托粉蝶兒只解尋花覔柳開徧南枝未覺但傷心冷落黄昏數聲畫角 辛稼軒

濕雲粘鴈影望征路愁迷離緒難整千金買光景但疎鍾催曉亂鴉啼暝花惊暗省許多情相逢夢境想行雲都不歸來也合寄將音信 孤迴盟鸞心在跨寉程髙後期無準青絲待剪翻惹得舊時恨怕天教何處參差燕還染殘朱賸粉對梅花與説相思看誰瘦損 陸雲西

沁園春

斗酒彘肩風雨渡江豈不快哉被香山居士與林和靖約坡仙等勸駕余回坡請西湖有如西子淡妝濃抹臨熖妝臺二公者皆掉頭不顧只憑啣盃 白云天竺去來看金壁崔嵬樓觀開況一澗縈迂東西水遶兩山南北高下雲堆逋曰不然暗香疎影只合孤山先探梅須晴去訪稼軒未晚且此徘徊

十月江南一番春信怕凴玉闌正地連邊塞角聲三弄人思鄉國愁緒千般草〻村墟疎〻籬落猶記花間曾卓庵茶甌罷問幾回吟繞冷淡相看堪憐影落溪南又月午無人更漏三雖虛林幽聲數枝偏瘦已存鼎鼐一點微酸松竹交盟雪霜心事斷是平生不肯寒林逋在倩詩人此去為向湖山 吳退菴

有美人兮鐵石心腸寄春一枝喜蘚生龍甲郵因雪瘦月橫鶴添不受寒欺雲卧空山夢回孤驛生怕渠嗔未敢詩江頭路問銷魂幾許索咲何時賦成字〻明璣君莫倚家山舊解題歎水曹安在飄然若去道山已矣其與誰歸烟雨愁予江山老我畢竟歲寒然後知微酸在儘麗譙斜倚殘角孤吹 方秋崖

霜剝枯崖何處郵亭玉龍夜呼喚經年幽夢悠然

積學書藏

獨覺參橫璇漢滿徹銅壺漢〻風烟昏〻水月醉
聳詩肩騎瘦驢孤吟處更尋香弔影搔首踟躕
古心落〻如予悄獨立髙寒凌萬夫對荒烟野草
淺溪沙路班荆三嗅
澤借問風光運似無
圖陳草閣

柳梢青

玉骨氷肌為誰偏好特地相宜一味風流廣平林
賦和靖無詩　倚窓睡起春遲困無力菱花咲窺
嚼蕊嗅香眉心點處鬓畔簪時朱淑真

好事近

春色為誰來枝上半留残雪恰近小園香徑對霜
林寒月　危闌凄斷笛聲長吹到偏嗚咽最好短
亭歸路有行人先折朱雍

玉樓春

佳人無對甘幽獨竹雨松風相澡浴山深翠袖自
生寒夜久玉風元不粟　却尋千樹烟江曲道骨
仙風終絶俗絳䙰縞袂各朝元只有散香名萼緑
范石湖

南枝又覺芳心動愁我相思情味重隴頭何處寄
將書香發有特疑是夢　誰家橫笛成三弄吹到幽
香初夢送覺来知不是梅花落莫歲寒誰與共

積學書藏

馬古洲

朝中措

幽姿不入少年場無語只凄涼一箇飄零身世十
分冷淡心腸　江頭月底新詩舊夢孤恨清香任
是春風不管也曽先識東皇陸放翁

漢宮春

瀟洒江梅向竹梢踈處橫兩三枝東君也不愛惜
雪壓風欺無情燕子怕春寒輕失花期惟是南來
寒鴈年年長見開時　清淺小溪如練問玉堂何
似茅舍踈籬闗心故人去後冷落新詩微雲淡月
對孤芳分付他誰空自倚清香自減風流豈在人
知李漢老

念奴嬌

臨風一咲問群芳誰是真香純白獨立無朋莫只
有姑射山頭仙客絶艶誰憐貞心自保邈與塵緣
隔天然殊勝不闗風露氷雪　應咲俗李粗桃無
言翻引得狂蜂飛蝶爭似黄昏閒弄影清淺一溪
霜月畫角初残瑤臺夢斷直下成休歇綠陰青子
莫教容易扳折朱文公

滿江紅

赤日黄埃夢不到清溪翠麓空健羨君家別墅幾
株幽獨骨冷肌清偏要月天寒日莫尤宜竹想主

人杖屨遶千回山南北　寧委澗孅金屋寧傲雪羞銀燭嘆出塵風韻背特妝東鄰姬傅粉誰憐空谷人如玉咲林逋何遜謾成詩無人讀　劉後村

點絳唇

流水泠泠斷橋橫路梅枝亞雪花飛下全勝江南畫　白壁青錢欲買春無價歸來也風吹平野一點香隨馬　張仲如

雪徑深深北枝貪睡南枝醒暗香疎影孤壓群芳頂　玉艷氷姿粧點園林景佳欄詠月明溪靜憶昔林和靖　王梅溪

清平樂

吹香嚼蕊獨立東風裏雪深雲嬌天似水羞殺天桃穠李　如今見說闌干不禁月冷風寒嶰山驛程人遠城頭戍角聲乾　張于湖

一翦梅

竹裏疎枝揔是梅月白霜清猶未全開相逢聊與著詩催要趁金波滿泛金盃　多病慚相作賦才醉倒花前探得春回明朝公已在鑾臺看取東風丹詔前來　韓南澗

滴滴金

斷橋雪霽聞啼鳥對林花弄晴曉畫盡角吹香客愁醒見梢頭紅小　團酥剪蠟知多少向風前壓春倒江嶂人烟畫圖中有短篷香繞

長相思

寒相催煖相催催了開時催謝時丁寧花放期　角聲吹笛聲吹吹了南枝又北枝明朝成雪飛　劉後村

賀新郎

鵲報千林喜還猛省謝家池館早寒天氣要與瑤姬敘離索草草盃盤藉地帳減盡何郎才思不顧玉堂并金屋願年年歲歲花間醉鬢秀色揔髙致　西園飛盡東山妓問何如半山雪裏孤山烟外管甚夜深風露冷人與長瓶共睡任翠羽枝頭多事老子平生無他過為梅花受取風流罪簪向鬢莫教墜　劉後村

夢裏驂鸞鶴覺三山不遠依然被海風吹落浮到五湖烟水上剛被梅花醉著絮玉樹輕明疎薄十萬瓊瑤天女隊捧氷壺玉液琉璃杓來伴我薦清酌　恍然夢斷殊非昨問溪邊竹外新來為誰開却無限氷壺招不得擬把離騷喚覺待抖擻紅塵雙脚萬里瑤臺終一到想玉奴不負東風約留此恨寄殘角　喻國寶

喬木生雲氣訪中興英雄陳迹暗追前事戰艦東

積學書藏

風憁慳惜使夢斷神州故里旋小築吴宫閒地華
表月明帰夜鶴嘆當時花草今如此枝上露濺清
淚　遨頭小簇行春隊步蒼苔尋幽别塢看梅開
未重唱梅邊新度曲催發寒梢凍蘂此意知東君
同意後不如今〻非昔兩無言相對滄浪水懐此
恨寄殘醉　吴夢窓

孤鸞

江南春早問江上寒梅占春多少幾點寒星細萬
里春風到幽香不知甚處但迢〻滿汀烟草回首
誰家竹外有一枝斜好　記當年曽共花前咲念
玉雪襟期有誰知道喚起羅浮夢正参横月小凄
涼更吹塞管謾相思鬓華驚老待覔西湖半曲對
霜天清曉　趙虛齋

聲〻慢

挨晴揆暖載酒招朋襄猶東圃西園緑萼枝頭两
三初破輕寒平生自甘寂寞占冷妝不為人妍林
逋去問影踈香暗誰賦其閒　空想故山奇事正
烟横嶺曲月浸溪灣杏錯桃訛那時青子都圓惟
饒夢寃知處對翠禽依約神仙休引南怕征人淚
落塞角凄然

木蘭花慢

試晨妝淡竚正踈雨過合童早巧額回春嬾雲護

積學書藏

雪十里清香何人剪氷綴玉仗化工施巧付東皇
瘦盡綺窓寒魄凄涼畫角斜陽　孤山西畔水雲
鄉籬落亞踈篁問多少幽姿半帰圖畫半入詩囊
如今夢回帝闕尚遲〻依約帶湖光多謝膽瓶重
見不堪三弄横笛

霜天曉角

氷清霜結昨夜梅花發甚處玉龍三弄聲揺動枝
頭月　夢絶金獸爇曉寒蘭燼滅要捲珠簾清賞
且莫掃階前雪林和靖

晚晴風歇一夜春堪折脉〻花踈天淡雲来去數
枝月　勝絶愁更絶此情誰與說惟有兩行低鴈
知人倚闌干雪范石湖

疎明瘦直不受東皇識留取伴春肯應萬紅裡怎著
得　夜色何處笛曉寒無奈力若在壽陽宫殿一
點〻有人惜汪藻

昭君怨

道是花来香未道是雪来香異竹外一枝斜野人
家　冷落竹籬茅舍富貴玉堂瓊樹兩地不同栽
一般閒鄭松窓

蝶戀花

碧瓦籠晴烟霧繞水殿西偏小立閑啼鳥風動女
墻吹語咲南枝破臈應開早　道骨不凡江瘴曉

【全芳備祖】

積學書藏

春色通靈醫得花年少曝暖釀寒空香〻江城畫角殘催殘焰 洪覺範

唐多令

解纜蓼花灣好風吹去帆二十年重過新灘洛浦凌波人去後空夢繞翠屏間 飛霧濕征衫蒼〻烟樹寒望星河低處長安倚陌紅樓應咲我為梅事過江南 劉改之

浣溪沙

水北烟寒雪侶梅水南梅爛雪千堆月明南北西瑤臺 雲近恰如天上坐䰟清疑向斗邊來梅花多處載春回

桃源憶故人

幾年閑作園林主未向梅花著語雪後又開半樹風遮幽香去 斷䰟不為花閒女枝上青禽訴我是西湖處士長恨芳時誤 馬古洲

暗香

舊時月色算幾番照我梅邊吹笛喚起玉人不管春寒與輕折何遜而今漸老都忘却春風詩筆但怪得竹外踈枝暗香冷入瑤席 江國正寂〻恨寄與路遙夜雪初積翠尊易竭紅萼無言耿相憶長記曾携手處千樹壓西湖寒碧又片〻吹盡也甚時見得 姜白石

積學書藏

踈影

苔枝綴玉有翠禽小小枝上同宿客裡相逢籬角黃昏無言自倚修竹昭君不慣胡沙遠但暗憶江南江北想佩環月夜歸来化作此花幽獨 提起深宮舊事那人正睡裡飛近蛾綠莫是春風不管盈〻早與安排金屋從教幾片隨風去又却怨玉龍哀曲待恁時重覓幽香已入小窗橫幅 白石

全芳備祖卷一 終

積學書藏

全芳備祖卷二前集

天台陳景沂編輯
建安祝　穆訂正

花部

牡丹

事實祖

碎録

一名鹿韭一名鼠姑本草唐人謂之木芍藥花譜洛人謂榖雨為牡丹厄温公姚黄注論花者以牡丹為花王楊誠齋詩注

紀要

牡丹前史無説自謝康樂集中始言水間竹際多牡丹而北齊楊子華有畫牡丹極佳則知此花有之久矣但自隋以來文士集中無歌詩則知隋朝花藥中所無也隋種法七十卷亦無牡丹名開元末裴士淹得之汾州天寶中為都城奇賞元和初猶少至正元中巳多與戎葵同矣酉陽雜俎自正元始于汾州衆會寺宣取牡丹薛能詩序開元間禁中初重木芍藥即今之牡丹也植于興慶池東沈香亭前會花繁開明皇乘月夜召太真妃以步輦從之詔選梨園子弟中尤者有樂工李龜年以歌擅一時之名手捧檀板押衆樂將歌明皇曰賞

積學書藏

名花對妃子焉用舊樂遽命李龜年持金花箋宣賜翰林李白進清平調詞三章白欣承詔旨猶苦宿酲未解援筆賦曰雲想衣裳花想容春風拂檻露華濃若非羣玉山頭見會向瑤臺月下逢一枝紅艷露凝香雲雨巫山枉斷腸借問漢宮誰得似可憐飛燕倚新粧名花傾國兩相歡長得君王帶笑看解識春風無限意沈香亭北倚闌干龜年遽以詞進上令棃園子弟調撫絲竹從龜年以歌聲震梁太真妃持玻瓈七寶醆酌凉州蒲萄酒咲領歌意太平廣記高力士終以脱鞾為耻因謂此詩實譏妃子異日妃重歌前詞力士曰始謂妃子怨李白入骨髓何乃拳拳于是妃曰何學士能辱人如斯力士曰以飛燕指妃子賤之甚矣上欲命李白官卒為宮中所扞而止楊妃别傳明皇時沈香亭前木芍藥一枝二頭朝則深紅午則深碧莫則深黄夜則粉白晝夜之内香艷各異帝曰此花木之妖也上賜國忠木芍藥國忠以百寶為闌開元遺事問侍臣曰牡丹詩誰為好奏云李正封詩曰國色朝酣酒天香夜染衣帝謂妃子曰妝臺前飲一紫金盞酒則正封之詩可見矣松窗録明皇時有獻牡丹者謂之楊家紅乃楊勉家花時貴妃匀面口脂在手印於花上詔於仙春館栽來歲花

積學書藏

開上有脂印紅迹帝名為一捻紅青鎖高議明皇時民間貢牡丹花圖一尺高數寸帝未及賞為野鹿啣去有佞人奏云釋氏有鹿啣花以獻金仙帝私曰野鹿游宮中得貴兆也殊不知應祿山之亂青鎖高議宋單父有種藝術牡丹變易千種上皇名主驪山種花萬本色樣各不同內人呼為花神又曰花師異人録韓湘乃韓愈之姪孫自言解造逡巡酒能開頃刻花愈曰子能奪造化而開花乎湘乃聚土以盆覆之俄而舉盆有碧牡丹二朵葉上小金字云雲横秦嶺家何在雪擁藍關馬不前愈後謫潮州到藍關遇雪乃悟又言染花紅者可使碧獻于退之後堂之前染白牡丹一叢云來春為作金稜碧色明年花開果如其說太平廣記富鄭公留守西京因府園牡丹盛開召文潞公司馬端明邵先生是時牡丹一闌凡數百本坐客曰此花有數乎且請先生筮之既畢曰凡若干朵使人數如先生言又問曰此花幾時開盡請再筮之先生再揲筮良久曰此花盡來日午時坐客皆不荅鄭公因曰來日食後可會于此以驗先生言坐客曰諾次日食畢花尚無恙洎烹茶之際忽郡馬廐中逸出與坐客馬相踶齧奔出花叢中既定花盡毁折矣于是洛中愈服先生之言聞見録邵康節曰

積學書藏

訪商守趙郎中與章子厚同會議論縱横不知敬康節洛人因及洛中牡丹之盛趙謂章曰先生洛人也知花為甚詳康節因言洛人以見根撥而知花之高下者上也見枝葉而知高下者次也見蓓蕾而知高下者下也章默然章蒙訓宋景文公祈帥蜀彭州守朱君綽始取楊氏園花千品以獻公公在蜀四年每花時按其名往取彭州送花遂為故事云此十品花尤愛重錦被堆嘗以之為賦蜀志東坡雨中作慶賞牡丹詩云霏霏雨霧作清妍爍爍明燈照欲燃明日春陰花未老故應未忍着酥煎又云千花與百草共盡無妍鄙未忍污泥沙牛酥煎落蘂孟蜀時禮部尚書李昊每將牡丹花數枝分遺朋友以興牛酥同贈且曰俟花凋謝即以酥煎食之無棄濃艷其風流貴重如此後齋謾録

雜著

圖玄瑞精有星而景有雲而卿其光下乘遇物流形草木得之發為紅英英之甚紅鍾于牡丹拔類邁倫國香欺蘭我研物情次第而觀暮春氣極綠苞如珠清露宵偃韜光曉驅動盪支節如解凝結百脉融暢氣不可遏兀然盛怒如將憤洩淑色披開照耀酷烈美膚膩體萬狀皆絶赤者如日白者如月淡者如赭殷者如血向者如迎背者如訣忻者

積學書藏

如語含者如咽俯者如愁仰者如悦㬠者如舞側者如跌亞者如醉曲者如折密者如織踈者如缺解者如濯慘者如別初朧々而下上次鱗々而重疊錦衾相覆繡帳連接晴籠晝熏宿露宵裛或灼灼騰秀或亭々露奇或颭然如招或儼然如思或帶風如吟或泣露如悲或垂然如縋或爛然如披或迎日擁砌或照影臨池或山鷄已馴或威鳳將飛其態萬々胡可立辨不窺天府孰從而見乍疑孫武來此教戰其戰謂何搖々纖柯玉闌風滿流霞或坡歷堦重臺萬朶千窠西子南威洛神湘娥或倚或扶朱顏色酡各盻紅妝爭顰翠蛾灼々夭夭透々迤々漢宮三千艷列星河我見其少孰云其多弄影呈妍壓景駢肩席發銀燭爐升絳烟洞府真人會于群仙晶瑩往來金缸列錢凝睇相看曾不晤言未及行雨先驚旱蓮公室侯家列之如麻咳唾萬金買此繁華遑恤終日一言相誇列幄庭中步障開霞曲廡重梁松篁交加如貯深閨似隔窓紗髣髴息嫣依稀館娃我來觀之如乘仙槎脉々不語遲々日斜九衢遊人駿馬香車有酒如澠萬坐笙歌一醉是競莫知其他我按花品此花第一脫落群類獨占春日其大盈尺其香滿室葉如翠羽擁抱比櫛蕊如金屑妝飾淑質玫瑰羞死

積學書藏

芍藥自失夭桃無妍穠李慙出躑躅宵潰木蘭潛逸朱槿灰心紫薇屈膝皆讓其先敢懷憤嫉煥乎美乎后土之産物也使其花如此何其偉乎何前則寂莫而不聞今則昌然而大來蓋草木之命亦有時而塞亦有時而開吾欲問汝曷為生哉既緘口而不言徒留玩以徘徊　舒元輿賦青陽既暮鶗鴂已鳴念蘭若之芳歇歎桃李之陰成惟翠華之艷爚傾百卉之光英抽翠柯以布素綻紅芳而發榮　李德裕賦高宗宴郡臣賞雙頭牡丹賦詩上官昭容詩云勢如連壁友心似臭蘭人一時稱之異人録洛陽之俗大抵好花春時城中無貴賤揷花雖負擔者亦然花開時士庶競為遨遊往々于古寺廢宅有池臺處為市井張幕席笙歌之聲相聞最盛于月坡堤張家園棠棣坊長壽寺東街與郭令家至花落乃畢洛陽至東京六驛舊不進花自今徐州李相迪為留守時進御歲差役一人乘驛馬一日一夜至京師所進不過姚黄魏紫花三數朶用菜葉寔竹籠子籍覆之使馬上不動搖以蠟封花蔕乃數日不落大抵洛人家々有花而少大者蓋不接則不佳也春初時洛人于壽安山中斵小栽子賣城中謂之範子人家治地多畦塍種之至秋乃接々花尤工者謂之門園子豪家無不邀之姚黄接頭直五千秋時立契買之至春花

積學書藏

乃歸其直洛陽人甚惜此花不欲傳其術權貴求其
接頭者或以醮殺與之魏花初出時接頭亦直錢
五千今尚直一千接時須用社後重陽前過此不
佳也本花之本去地五七寸許截之乃接以泥封
裹用軟土擁之以蒻葉作庵以罩之不令見風日惟
南向留一小戶以達氣至春乃去其覆此接花之
法也用瓦亦可種花必擇善地去舊土以細土用
白斂末一斤和之蓋牡丹根甜多引蟲白斂能殺
蟲此種花之法也澆花亦有其時或用日西或用
日未出秋時旬日乃澆十月十一月至二月間每
日一澆此澆花之法也一本發數朵者擇其小者
去之止留一二朵謂之打剝恐分其脉也花纔落
便翦其枝勿令結子懼其易老也春初既去蒻庵
便以棘數枝置花叢上棘氣煖可以避霜不損花
芽此養花之法也開漸小于舊者蓋蠹出損之必
尋其穴以硫黃簪之其旁又有小葉如針孔乃蟲
所藏處花工謂之氣窗以大針點硫黃末針之蟲
乃死花復盛此醫花之法也烏賊魚骨用以針花
樹入其皮花必死此花之忌也歐陽永叔洛陽風
土記牡丹出丹州延州東出青州南亦出越州出
洛陽者今為天下第一洛陽所謂丹州紅延州紅
青州紅者皆彼土之尤傑者然來洛陽終得備衆

積學書藏

花之一種然第不出三以下不能獨立與洛花敵
而越花以遠罕識不見齒數雖越人亦不敢自譽
以與洛陽爭高下是洛陽者為天下第一也洛陽
亦有黃芍藥緋桃瑞蓮千葉李紅郁李之類皆不
減他出者而洛陽人不甚惜謂之果子花曰某花
云云至牡丹則不名直曰花謂天下真花獨牡丹
其名著不假曰牡丹而可知也其愛重如此說者
多言洛陽于三河間古善地昔周公以尺寸考日
出沒則知寒暑風雨乘與順於此取正此蓋天下
之中草木之華得中華之氣者多故獨與他方異
予以為不然夫洛陽于周所有之土四方入貢道
里均乃九州之中在天地崑崙磅礴之間未必中
也又況天地之和宜徧四方上下不宜限其中以
氣自私夫中與和者有常之氣其推于物者亦宜
為有常之形物之常者不甚美亦不甚惡及氣之
病也美惡隔並而不相和入故物有極美與極惡
者皆得于氣之偏也花之鍾其美與夫癭木臃腫
之鍾其惡美惡之異是得一氣之偏也洛陽城數
十里而諸縣之花莫及城中者出其境則不可植
焉豈又偏氣之美者獨聚此數十里之地乎此又
天地之大不可考也凡物不常有而為害于人者
曰災不常者而徒可怪駭不為害者曰妖語曰天

積學書藏

反時爲灾地反物爲妖此亦草木之妖而萬物之一怪也然比夫癭木擁腫者竊獨鍾其美而見幸于人焉余在洛陽四見春天聖九年三月始至洛其至也晚見其晚者明年會與友人梅聖俞游嵩山少室緱氏嶺石塘山紫雲洞既還不及見又明年有悼亡之戚不暇見又明年以留守推官歲滿解去只見其早者是未嘗見其極盛時然目之所矚已不勝其麗焉余居府中時嘗謁錢思公于雙桂樓下見小屏立坐後細字滿其上思公指之曰欲作花品此是牡丹名凡九十餘種余時不暇讀之然余所經見而今人多稱者纔三十餘種不知思公何從而得之多也計其餘雖有名而不著未必佳也故今所錄但取其特著者而次第之

姚黃者千葉黃花出於民姚氏家此花之出於今未十年姚氏居白司馬坡其地屬河陽然花不傳河陽而傳洛陽洛陽亦不甚多一歲不過數朶錢思公嘗曰人謂牡丹花王今姚黃眞可爲王而魏花乃后也

魏花千葉而紅始樵者得于壽安山中賣與魏相仁溥家魏氏之館其池甚大傳者以花初開時有欲觀者人十數錢乃得登舟至落花落魏氏卒得數十緡錢

積學書藏

牛黃亦千葉比姚差小　真宗祠汾陰過洛陽留宴淑景亭牛氏獻此花在唐謂之御袍黃

甘草黃單葉色如甘草洛人善别花見其樹知其爲某花獨甘草黃易識其葉嚼之不腥

鞓紅單葉深紅出青州亦名青州紅故僕射張齊賢有第在西京自青州馳載其種遂傳洛中其色類腰帶故名鞓紅

獻來紅其色淺紅大而多葉張僕射位相居洛有人獻此花因名

添色紅其花多葉始開而白經日漸紅至謝乃深紅此造化之尤巧者

鶴翎紅多葉内紅其末白如鴻鵠羽

細葉粗葉壽安者千葉内紅出壽安縣錦屛山

倒暈檀心者多葉紅花凡花近萼色深至其末漸淺此花之外深色近萼反淺白而深檀點其心此尤可愛

一擫紅者多葉淺紅花葉杪深紅一點如人以手指擫之

九蘂真珠紅千葉紅花止有一點白如珠密其葉蹙其蘂九叢

一百五洛陽花多葉白花洛人以穀雨開爲候常至一百五日方開因名

積學書藏

延州紅丹州紅醉妃紅亦名醉西施
蓮花萼多葉紅色青跗三重如蓮花萼
左花者千葉紫花葉泼而齊如截亦謂之平頭
紫
殊砂紅者多葉紅色不知其所出有民門氏子
者善接花以為生買地于崇德寺前治花圃有
此花洛陽豪家尚未有故其名未甚著花葉甚鮮
向日視之如腥血
葉底紫其色如墨亦名墨紫花在叢中傍心生
一大枝引葉覆其上其花紫開時可延十日之
久唐中有宦者為觀軍容使花出其家亦謂之
軍容紫
玉版白葉丹長如拍版之狀色如玉檀
潛溪緋潛溪寺在龍門山唐李藩別墅本是紫
花忽于叢中特出緋者一二朶明年花移他枝
洛人謂之轉簽枝花其花緋色
鹿胎紫多葉紫花有白如鹿胎紋故相蘇尚書
家
間金紅韓維和范鎮蜀花圃詩云白豈容施粉
紅須洒間金注云洛中有間金紅
右牡丹之名或以名或以氏或以州或以地或以
色或旌其所異者而志之牡丹初不載文字惟以

積學書藏

藥載本草然于花中不為高第大抵丹延已西及
褒斜道中尤多與荆棘無異土人皆取以為薪自
唐則天已後洛陽牡丹始盛然未聞有名著者如
沈宋元白之流皆善詠花草計有若今之異者彼
必形于篇詠而寂無傳焉惟劉夢得有詠魚朝恩
宅牡丹詩但云一藂千萬葉而已亦不云其美且
異也謝靈運言永嘉竹間水際多牡丹今越花不及
洛陽遠甚是洛花自古未有若今之盛也 歐陽公
牡丹譜
予按白公集有白牡丹一篇十四韻又秦中吟十
篇内買花一篇凡百言云其道牡丹時相隨買花
去一叢深色花十戶中人賦而諷諭樂府有牡丹
芳一篇三百四十七字純道花之妖艷至有遂使
王公與卿士游花冠蓋日相望花開花落二十日
一城之人皆若狂之句又寄微之百韻云唐昌王
蘂會崇敬牡丹期又惜牡丹詩云明朝風起吹應
盡夜惜衰紅把火看醉歸盤屋詩云數日非關王
事係牡丹花盡始歸來元微之有入永壽寺看牡
丹八韻白樂天秋題牡丹叢三韻酬胡三詠牡丹
一絶又有五言二絶句許渾亦有詩云近來無奈
牡丹何數十千錢買一棵徐凝之云三街九陌花
時節萬馬千軍看牡丹又云何人不愛牡丹花占

積學書藏

斷城中好物華然則元白未嘗無詩唐人未嘗不
重此花也
賦詠祖

五言散句

帶花移牡丹 白香山
葉薄風纔倚枝輕露不勝 李商隠
繁綠陰全合衰紅展漸難 元微之
紅樓金谷使黄值洛川妃 梅聖俞
簇藥風頻壞裁紅雨更新 元微之
國色朝酣酒天香夜染衣 李正封
濯水錦窠艷頹雲仙髻繁 宋祁
落日含明艷輕風襲煖香 王原父
艷絶百花態花中合面南 王内翰
照坐千枝燭搖空九子鈴 王原父
白日檀心並承烟翠幹孤 夏英公
怨啼甄后土寒出貴妃湯 穆伯長
勢如連壁友心似臭蘭人 上官昭容

七言散句

平章宅裏一闌花 劉禹錫
天女奇姿雲錦裳 張文潜
一枝香折瑞紅雲 韓忠獻
春殘獨自殿春芳 吴融

積學書藏

牡丹極用三春力開得方知不是花 司空圖
玉盤迸淚傷心數錦瑟繁絃破夢頻 李商隠
花時何處偏相憶寥落衰紅雨後香 元微之
氷肌玉骨鍾瓊萼雪魄蟾魂孕秀根 白氏集
霧重不勝瓊液冷雨餘惟見玉容低
年少曾為洛陽客眼明曾見魏家紅 歐陽公
白首歸来玉堂客君王殿後見鞓紅
宿霧枝頭藏玉塊煖風庭面倒銀盃
葉底風吹紫錦囊宫爐應近更添香 梅聖俞
金衣瑞羽迎風展琮栗仙盃壓霧斜 宋景文
應是吴宫歌舞罷西施因醉㦯施朱 王内翰
盡日玉盤堆秀色滿城繡轂走香風 司馬公
節候初臨轂雨期滿天風雨助芳霏 蔡君謨
香澤最宜風静處醉紅須在月明特
就中一叢何所似碼碯盤盛金縷盃 東坡
絶艷好將金作屋清香宜引玉飛錢 韓忠獻
花從單葉成千葉家住汝南疑洛南 陳巔濱
香濃得露久彌馥頭重迎風事不堪
先傳青帝開金屋欲送姚黄比玉真
風塵點污青春面自汲寒泉洗醉紅 黄山谷
浴泉秦虢流丹粉臨楮娥英冷佩衣
不誇西子錦為幄肯道太真雲想衣

如今眼底無姚魏浪蕊浮花懶問名 參寥
初起退紅唇啓絳半沾斜綠眼横波 劉巨濟
别有玉杯承露冷無人肯向月中看 裴璘
外客定閒瓊宴賞護春嘗把錦帷蒙 宗貫之
曉來低面開檀口似咲窮愁病長官 王元之
天香未染蜂猶懶日幄先籠蝶已知 周益公

五言古詩

帝城春欲暮喧喧車馬度共道牡丹時相隨買花去家家習為俗人人迷不悟有一田舍翁偶來買花處低頭獨長歎此嘆無人喻一叢深色花十戶中人賦 白香山

前年題名處今日看花來一作雲游吏三見牡丹開豈獨花堪惜方知老暗催何况尋花伴東都去未回誰知紅芳側春盡思悠哉

霧雨不成點映雲疑有無時于花上見的皪走明珠芳色洗紅粉暗香生雪膚黄昏更蕭索頭重欲相扶 東坡

明日雨當止晨光在松枝清香入花骨蕭蕭初自持午景發濃艷一咲當及時依然暮還斂每似惜幽姿

幽姿不可惜後日東風起酒醒何所見合粉抱青子千花與百草共盡無妍鄙未忍污泥沙牛酥煎

落蘂

五言古詩散聯

壓砌錦地鋪當霞日輪映蝶舞香暫飄蜂牽蕊難正籠處彩雲合露湛紅珠瑩結葉影交加搖風光不定 元微之

芳叢列翠幰新苞吐香麝滿地方爭妍何情肯相下牡丹特晚節群芳甘共亞 程金紫

維揚千葉花到此三百里城中衆名圃栽接比桃李 李頫濱

五言絶句

緑艷閑且靜紅衣淺復深花心愁欲斷春色豈知心 王維

亂前看不足亂後眼偏明却將蓬蒿力遮歲見太平 鄭谷

今日花前飲甘心飲數盃但愁花有語不為老人開 劉隨州

傾國姿容别多開富貴家臨軒一賞後輕薄萬千花 員

城裡田園外城西賀秀才不愁家四壁自有錦千堆 東坡

風雨何年别留真向此邦至今遺恨在巧過不成雙

積學書藏

錦城春物異粉面瑞雲深賣愛難忘酒珍奇不貴金韓子華

仙娥裁巧樣彩筆費江深白豈容施粉紅須西間金韓持國

排日上牙牌記花先後開看花不子細過了却重回楊誠齋

五言八句

壓徑更緣溝當窓復映樓終須一國破不費萬家求鸞鳳戲三島神仙居十洲應憐萱草淡却得號忘憂李商隱

賃宅得花饒初開恐是妖粉苞深紫膩肉色退紅嬌且願風留看惟愁日炙銷可憐零落片留取作香燒王建

數朶欲傾城安同桃李榮未嘗貧處見不似地中生比物疑無價當春獨有名游蜂與蝴蝶來往自多情張說

自古成都勝開花不似今徑圓三尺大顏色幾重深未放香噴雪仍藏蘂散金要知空相喻聊見主人心范景仁

牡丹開蜀國盈尺莫如今妍麗色如衆栽培功倍深矜誇傳萬里圖寫費千金難就朱欄賞徒然遠客心范堯夫

積學書藏

五言律詩散聯

紅芳爭並萼湘葉競駢枝彩鳳雙飛穩霞冠對舞欹夏英公

天意偏應與春工已盡歸來如從月下去似逐雲飛艷重聲名遠清多香氣微蔡君謨

殘花怨久病新雨泣餘妍不先還旋出空令九陌還東坡

壓枝高下錦攢蕊淺深霞疊彩晞陽媚鮮苞照露斜宋景文

根深惟自庇香酷索人憐晚蘂仍晞日斜柯但倚烟

七言古風

牡丹芳牡丹芳黃金蘂紅玉房千片赤英霞爛爛百枝絳艷燈煌煌照地初開錦繡段當風不結蘭麝囊仙人琪樹白無色王母桃紅紅不香宿露輕盈泛紫艷朝陽照耀生紅光紅紫二色間深淺向背萬態隨低昂映葉多情隱羞面卧叢無力含醉妝低嬌咲容疑掩口凝思怨人如斷腸穠姿貴彩信奇絕雜卉亂花無比方白香天

七言古詩

洛陽地脉花最宜牡丹尤為天下奇我昔所記數十種于今十年皆忘之開圖若見故人面其間數種

昔未窺客言近歲花特異往〻變出逞新枝洛人矜誇立名字買種不復論家貲比新較舊難優劣爭先擅價各一時當時絕品可數者魏紅窈窕姚黃肥壽安細葉開尚少朱砂玉版人未知傳聞千葉昔未有只從左紫名初馳四十年間花百色變最後最好潛溪緋今花雖新我未識未信與舊誰妍媸當時所見已云絕豈有更妍此可疑古稱天下無正色但恐世好隨時移鞓紅鶴翎豈不美斂色如避新來姬何況遠証蘇與賀有類異世誇嫱施造化無情疑一槩偏此著意何其私不疑人心愈巧偽天欲鬬巧窮精微不然元化樸散久豈特今歲猶澆漓爭先鬬麗若不已更後百世如何為但今新花日愈好惟有我老年〻衰 歐陽公

吉祥寺中錦千堆前年買花眞盛哉道人勸我清明來腰鼓百面如春雷打徹涼州花自開沙河塘上載花回醉倒不覺吳兒咍豈知如今雙鬢催城西古寺沒蒿萊有僧閉門手自栽千枝萬葉巧剪裁就中一叢何所似碼碯盤盛金縷盃而我食菜方清齋對花不飲花應猜夜來雨苞如李梅紅殘綠暗吁可哀 東坡

君不見沈香亭北專東風謫仙作頌天無功又不見君王殿後春第一領袖衆芳捧堯日此花同春轉花鈞一風一雨萬物春十分整頓春光了收黃拾紫歸江表天香染就山龍裳餘芳却染水雲鄉青原白露萬松竹被渠染作天上香人間何曾識姚魏相公斷移洛陽裔呼酒先招野客看不醉花前為誰醉 楊誠齋

七言古風散聯

曲水亭西杏園北穠芳深紅顏色擢秀全勝珠樹林結根幸在青蓮域艷蕊仙房次第開含烟洗霞照蒼碧 權德輿

君不見年〻三月千叢媚紫爛紅繁誇勝異常尋常人戴滿頭歸醉折枉分不為貴 王元之

姚黃魏紫腰帶鞓潑墨齋頭藏綠葉鶴翎添色又其次此外雖妍猶婢妾 歐陽公

擬王擬妃姚與魏歲〻年〻千萬葉若將顏色定高低綠珠雖美猶為妾 張文潛

高聲鳴春〻漸融千花萬草爭春工紛〻桃李自撩亂牡丹得體能從容雕欄玉砌升曉日輕烟薄霧應空濛深紅淺紫忽爛熳如以蜀錦羅庭中參寥

看花喜極翻愁人京洛久矣為胡塵還知魏姚輩何在但有歐蔡名不泯 陳止齋

七言絕句

積學書藏

牡丹妖艷亂人心一國如狂不惜金曷若東園桃
與李果然無語自成陰 吳融子
近來無奈牡丹何數十千錢買一棵今朝始得分
明見也共戎葵不較多 柳渾
平章宅裡一闌花臨到開時不在家莫道兩京非
遠別春明門外即天涯 張籍
往年君向東都去曾歎花時君未回今年況作東
陵別惆悵花前又獨來 白香山四首
香勝燒蘭紅勝霞城中最數令公家人人散後君
須看歸到江南無此花
白花淡泊無人愛亦占芳名道牡丹應是宮中白
贊善被人還喚作朝官
金錢買得牡丹栽何處辭叢別主來紅芳堪惜還
堪悵百處移將百處開
濃艷初開小藥闌人人惆悵出長安風流卻是錢
唐守不踏紅塵看牡丹 張祜
花向琉璃池上生光風宛轉紫雲英自從天女盤
中見直至今朝眼更明 元微之
鶯澀餘聲絮墜風牡丹花盡葉成叢可憐顏色經
年別收取朱闌一片紅
庭前芍藥妖無格池上芙蓉淨少情惟有牡丹真
國色花開時節動京城 劉禹錫

積學書藏

既全國色與天香底用人家紫與黃卻喜騷人稱
第一至今喚作百花王 北山集
長安豪貴惜春殘爭賞新開紫牡丹別有玉盤承
露冷無人起向月中看 裴璘
小雨留春春未歸好花隨看恐行稀勸君披取漁
蓑去走看姚黃拚濕歸 司馬公
山野著書稱上藥翰林弄筆作新歌人間朱粉無
因學浪把菱花省偏磨
蟾精雪魄孕雲荄春入香腴一夜開宿霧枝頭藏
玉塊煖風庭面搗銀盃 歐陽公
人老簪花不自羞花應羞上老人頭醉扶歸路人
應笑十里珠簾半上鉤 東坡
仙衣不用剪刀裁國色初酣卯酒來太守問花花
有語為君零落為君開
春光冉冉歸何處更向尊前把一盃盡日問花花
不語為誰零落為誰開
一朵妖雲翠欲流春光回照雪霜羞化工只欲呈
新巧不放閑花得少休
花開時節雨連風卻向霜餘染爛紅滿地春光私
一物此心未信出天工
當特只道寉枝仙能遣秋花發牡鵑誰信詩能回
造化直教霜拚發春妍

積學書藏

不化清霜入小園故将詩律變寒暄使君欲見藍
關緣更倩韓郎為染根
正是風光懶困時姚黄開晚落應遲欲将好句乞
春色日昬如山不到詩
青春日月鳥飛過汗簡文書山疊重乞取好花天
上看宫衣黄帶御爐烘
映日低風整復斜綠玉眉心黄袖遮大梁城裡雖
罕見心知不是牛家花
九疑山中萼綠華黄雲承襪到年家真筌蟲蝕詩
句斷猶托餘情問此花
仙家𩯭積駕黄鵠草木無光一咲開人間風日不
可耐故待成陰葉下來
湯沐氷肥照春色海牛壓簾風不開直令紅塵無
路入猶待蜂鬚蝶翅來
春風晴晝起浮光玉作氷膚羅作裳獨步世無吴
苑艷渾身天與漢宫香 石曼卿
西園春色纔桃李絳色成圍雪作團更欲開花比
京洛故将姚魏接山丹
去年岐路遇春殘滿院笙歌賞牡丹今歲杜陵千
萬朶却垂哀淚灑闌干 張芸叟
霜臺何處得奇葩分送天津小隱家初訝山妻思
老尋常未慣插簪花 邵康節

積學書藏

小檻徘徊日自斜只愁春盡委泥沙丹青欲寫傾
城色世上今無楊子華 東坡
城西千葉豈不好咲舞春風醉臉丹何似後堂氷
玉潔游蜂非意不相干
千里相逢如故人故栽庭下要相親明年一咲東
風裏山杏江桃不當春 張文潛
露稀春晚到春叢拂掠殘粧可意紅多病廢詩仍
止酒可憐雖在與誰同 山谷
不管鶯聲向晚催錦衾春晚尚城堆香紅若解人
知意瞞取東君不放回 韓忠獻
棗花至小能結寔桑葉雖柔可作絲堪笑牡丹如
斗大不成一事又空枝 王文康
香玉樹未啄花露根烘曉見纖霞自非水月觀音
樣不稱維摩居士家 朱淑真
綠葉滿園風雨餘君家花事嶺中無眼明見此還
三歎京洛名園憶上腴 張南軒
姚魏從來洛下誇千金不惜買繁華今年底事花
能賤緣是宫中不賞花 徐惠
春工彈巧萬花叢晚見昭儀擅漢宫可惜芳時天
不惜三更雨歇五更風 程滄洲
落日賓朋醉帽斜笙歌一曲上雲車頓知春色隨
軒去不見東庵滿檻花 張無盡

縹葉緗叢照碧欄幾春都未見殷鮮栽培不得華
腴地豈是東君用意偏 石舍人

七言律詩

香勝燒蘭紅勝霞開時比屋事豪奢買栽池館恐
無地看到子孫能幾家門倚長衢聯綺軛幄籠輕
日護香紗歌鐘只解　歡賞豈信流年鬢易華 羅
鄴

似共東君別有情絳羅高卷不勝春若教解語應
傾國任是無情亦動人芍藥與君為近侍芙蓉何
處避芳塵可憐寒令功成後辜負穠華過此身 羅
隱

幸自同開俱隱約何須相倚鬥輕盈凌晨併作新
妝面對客偏含不語情雙燕無情還拂掠游蜂多
思正經營長年是事皆拋盡今日欄邊暫眼明 韓
文公

錦帷初卷衛夫人繡被猶堆越鄂君垂手亂翻雕
玉佩細腰頻換鬱金裙石家蠟燭何曾剪荀令香
爐可待剪熏我是夢中傳彩筆欲書花片寄朝雲 李
商隱

真宰無私嘔煦同洛花何事占全功山河勢勝帝
王宅寒暑氣和天地中盡日玉盤堆秀色滿城繡
轂走春風謝公高興看春物倍憶清伊與碧嵩 司
馬公

東皇封作萬花王更賜珍華出尚方堆白將玉堆將青
玉緣碧羅領襯翠羅裳古來洛口元無種今去天
心別得香塗改歐家記文看此花未出說姚黃 楊
誠齋

病眼看書痛不勝洛花千朶喚來明淺紅釀紫各
新樣雪白鵞黃非舊名擡舉精神微雨過留連消
息嫩寒生蠟封水養松窗底未似雕欄倚半醒 楊
誠齋

紫玉盤盛碎紫綃紫綃擁出幾嬌饒都將些子鬱
金粉亂點中央花片稍葉〻鮮明還互焰枝〻風
韻不勝妖折來細雨輕寒裏正是東風色半苞 楊
誠齋咏重臺九心淡紫

七言律詩散聯

閑來吟繞牡丹叢花艷人生事略同半雨半風三
月內多愁多病百年中 杜荀寉

上苑他來未可追西州今日忽相期水亭暮雨寒
猶在羅薦春香煖不知 李義山

千葉繁紅吐異芳中央端色靄清香密攢鶯羽參
差折細雨霓裳次第黃 夏英公

漢廟名園甲潁昌洛川珍品重姚黃雨餘往看初
疑曉春盡方開自不忙 潁濱

積學書藏

千里紫繡葦熏炷萬紫紅雲砌寶冠直抱翠容持
玉斚滿将春色上金盤䰟花一本須稱后十朶齊
閒面曲欄
樂府祖
　夜合花
百紫千紅占春多少共推絶世花王西都萬家侯
好不為姚黄謾腸斷巫湯對沈香亭北新妝記清
平調詞成進了一夢仙鄉　天葩秀出無雙倚朝
暉半如酣酒成狂無言自有檀心一點偷芳念往
事情傷入新艷曾説温湯縱歸來晚君王醒後别
是風光　晁无咎
　剪朝霞
曾美輕烟縠雨乾半垂雲幕護殘寒化工着意呈
新巧剪刻朝霞飣露盤　輝錦繡掩芝蘭開先天
寶盛長安沈香亭子鈎蘭畔偏得三郎帶笑看賀
方回
　蝶戀花
燕子来特春未老紅蠟團枝費盡東君巧烟雨美
晴芳意惱雨餘特地殘妝好　斜倚青樓臨遠道
不管傍人密共東君笑都見嬌多情不少丹青傳
得傾城貌　王道輔
　玉樓春

積學書藏

雲横水遠芳塵陌一萬重花香柏〻藍橋仙路不
崎嶇醉舞狂歌容倦客　真香解語人傾國知是
紫雲誰敢覓滿蹊桃李不能言分付仙家君莫惜
范石湖
　杏花天
牡丹比得誰顔色似宫中太真第一漁洋華鼓邊
風急人在沉香亭北　買栽池館知何益莫虚把
金梭擲欲教解語傾人國一箇西施也得　稼軒
　鷓鴣天
翠蓋牙籤幾百株楊家姊妹夜游初五花結隊香
如霧一朶傾城醉未蘇　閑小立困相扶夜来風
雨有情無愁紅慘綠今宵看却似吴宫教陣圖
濃翠深黄一畫圖中間更著玉盤盂先裁翡翠裝
成蓋更點胭脂染透蘇香瀲灩錦糢糊美人長是
得醉工夫莫携手玉欄邊去羞得花枝一朶無
占斷雕欄只一株春工費盡幾工夫天香夜染衣
猶濕國色朝酣酒未蘇　嬌欲語巧相扶不妨老
榦自扶疎恰如翠幄高堂上来看紅衫百子圖
洛浦風光爛熳時千金開宴醉為期花方著雨猶
含笑蝶不禁寒總是痴　檀暈吐玉蕤滋不隨桃
李競春菲東君自有回天力看把花枝帶月歸　李

積學書藏

橋山

點絳唇

庭院深〻異香一片来天上遨春遲放百卉皆推讓　憶昝西都姚魏聲名廣堪惆悵醉翁何往誰與花標榜　王梅溪

朝中措

華堂闌檻占韶光端不負年芳依倚東風向晚數行濃淡仙妝　停盃醉折多情多恨絕艷真香只恐去為雲雨夢䰟時惱襄王　曾海野應制作

定風波

上苑穠芳初雨晴香風嫋〻泛軒楹猶記洛陽開小宴嬌面粉光依約認傾城　流落江南重此會相對金蕉醮甲十分傾怕見人間春更好向道如今老去尚多情　曾海野

臨江仙

玉宇暖清禁曉丹葩照照色晴空珊瑚敲碎小玲瓏人間無此種来自廣寒宮　雕玉闌干深院靜嫣然顰咲西風曲屏須占一枝紅且圖歆醉枕香到夢窺中　張村甫

如夢令

一餉園林緑就柳色鶯聲遠透輕煖與輕寒又是牡丹時候時候〻〻歲〻年〻人瘦　吳履齋

積學書藏

昭君怨

曾看洛陽舊譜只許姚黃獨步若比廣陵花太虧他　舊日王侯園圃今日荊榛狐兔君莫說中州怕他愁　劉後村

六州歌頭

維摩病起兀坐奇枯枝清晨裏誰来問是文殊遣名姝奪盡群花色浴綫出醒初解千萬態嬌無力困相扶絕代佳人不入金張邸訪吾廬對茶鐺脚榻咲殺此翁癯瑶砌金壺始消渠憶昇平日繁華事修成譜寫成圖奇絕甚歐公記蔡公書古來無　自京華隔問姚魏竟何如多應是彩雲散刦灰餘野鹿啣將去休回首河洛丘墟謾傷春吊古夢繞溪宮都歌罷歔欷　後村

漢宮春

花姥来時帶天香國艷羞掩名姝日長半嬌半困宿酒微蘇沈香檻曲比人間風異烟殊春恨重盤雲墜髻碧花蕃吐瓊盂　洛苑舊移仙種向吳姝深館曾奉清娛猩唇霞紅未洗客鬓霜鋪蘭詩沁碧過西園重載雙壺休謾道花扶人醉〻花却要人扶　吳夢窗

大酺

正緑陰穠鶯聲懶庭院寒輕烟薄天然花富貴逞

積學書藏

妖紅陰紫疊苑重萼醉艷酣春妍姿挹露翠羽輕
明如削檀心鷲黄嫩似離情愁緒萬緣交併更緣
燭交輝玉瓶微漫宛然京洛　朝來風雨惡怕僝
僽低張青油幕便好倩佳人揷帽貴客傳箋趁良
辰賞心行樂四美難并也須拚醉莫辭盃酌被惱
情無着長笛何處一咲江頭高閣極目水雲漠〻
趙虛齋

蝶戀花

三疊闌干鋪碧甃小雨新晴纔過清明候初見花
王披衮繡嬌雲瑞日明春晝
寶髻微偏風卷霞衣皺莫道
在東堂手毛東堂

點絳唇

一朶千金帝城穀雨初晴後粉施香透雅稱尋芳
首　把酒題詩遐想歡如舊花知否故人清瘦常
憶同携手李銓

全芳備祖卷二終

積學書藏

全芳備祖卷三前集

天台陳景沂編輯
建安祝　穆訂正

花部

芍藥

事實祖

碎録

黑羣衣芍藥也廣雅牛亨問曰將離贈之以芍藥
者何荅曰芍藥一名將離故將別以贈之亦猶相
招名賜以蘼蕪蘼蕪一名當歸本草注贈之以芍
藥詩經溱洧芍藥主和五臟辟毒氣故合之于蘭
桂五味以助諸食因呼五味和為芍藥爾子虛賦
注論花者以芍藥為近侍楊誠齋詩注

紀要

芍藥之義見毛鄭詩百花之中其名最古謝公直
中書省詩云紅藥當階翻自後詞臣引為故事白
少傅知制誥有草詞畢詠芍藥詩詞采甚為該備
然自天后以來牡丹始盛而芍藥之艷衰矣考其
實牡丹初號木芍藥蓋本同而末異也王元之詩
譜　花名天下者洛陽牡丹廣陵芍藥爾紅葉而
黄腰號金帶圍無定種有時而出則城中當有宰
相韓魏公守廣陵日一出四枝公嘗選客具樂以

積學書藏

貴之是時王岐公以高科為倅王安石以名士為屬皆在選尚缺其一而莫有當者數日不決而花已盛公命戒客而私自念今日有客不問何如即使當之及暮南水門陳太傅來乃秀公也明日酒半折花歌以插之其後四公皆為相后山叢話四枝正紫重跗累蕚中有金蕊遶之號腰金紫東軒筆錄東坡云揚州芍藥為天下冠蔡繁卿為守始作萬花會用花千餘萬枝既殘諸園吏沆緣為奸民大病之今始至問民疾苦以此為首遂罷之萬花本洛陽故事亦必為民害也會當有罷之者錢惟演為留守始置驛貢洛花識者鄙之曰此宮妾愛君之意也漁隱叢話

雜著

揚州芍藥名于天下與洛陽牡丹俱貴于時四方之人盡皆齎攜金帛市種以歸者多矣吾見其一歲而小變三年而大變卒與常花無異由此芍藥之美益專推美揚州焉大抵粗者先開佳者後發高至尺餘廣至盈手其色以黃為最貴所謂緋紅千葉乃其下者鄭詩引芍藥以明土風說者曰香草也司馬長卿子虛賦曰芍藥之和具而後御之說者曰芍藥主和五臟又郡毒氣也謝省中詩曰紅藥當堦翻說者曰草色紅者也其義皆與今所

積學書藏

謂芍藥者合但未有專言揚州者唐之詩人最以模寫風物自喜如盧仝杜牧張祐之徒皆居日久亦未有一語及之是花品未有若今日之盛也余官于揚學請習之暇常裁而定之蓋可紀者三十有三種乃具列其名從而釋之孔常父序東武舊俗每歲四月大會于南禪資福兩寺芍藥供佛而今歲最盛凡七十餘朶皆重跗累蕚繁麗豐碩中有白花正圓如覆盂其下十餘葉承之如盤姿格獨出于七十朶之上因易名曰玉盤盂東坡詩序天地之功至大而神非人力所能竊勝惟聖人為能体法其神以成天地之化其功蓋出其下而曾不少如其力不然天地固亦有間而可窮其用矣余嘗論天地之物悉受天地之氣以生其小大短長辛酸甘苦與夫顏色之異計非人力之可容致功于其間也今洛陽之牡丹維揚之芍藥受天地之氣以生而小大深淺一隨人力之工拙而移其天地所生之性故奇容異色間出于人間以人而盗天地之工而成之良可怪也然則天地之間事物紛紜出乎其以前不得而曉者此其一也洛陽風土之詳已見于歐陽公之記此不復論維揚大抵土壤肥膩於草木為宜禹貢曰厥草為夭是也居人以治花相尚方九月十月時悉出其根滌以甘

泉然後剥削老硬病腐之處揉調沙糞以培之易其故土凡花大約三年或二年一分不分則舊根老破而侵蝕新芽故花不成就分之數則小而不舒不分與分之大數皆花之病也花顔色之深淺與葉蕊之繁盛皆出培壅剥削之力花既萎落亟剪去其子屈盤枝條使不離散脉理不行行而皆歸于根明年新花繁而色潤雜花根窠多不能致遠惟芍藥及時取根盡取本土貯以竹席之器雖數千里之遠一人可負數百本而不勞至于他州則壅以沙糞雖不及維揚之盛而顔色亦非他州所有者比也亦有踰年即變而不成者此係土地之宜而人力之至不至也花品舊傳龍興寺山子羅漢觀音彌陀之四院冠於此州其後民間稍稍厚賂以丐其本培壅灌溉遂過于龍興之四院今則有朱氏之園最為冠絶南北二園所種幾于五六萬株意其自古種花之盛未之有也朱氏當其花之盛開飾亭宇以待來游者逾月不絶而朱氏未嘗厭也揚之人與西洛不異無貴賤皆喜戴花故開明橋之間方春之月才旦有花市焉州宅後有芍藥廳在都廳之後聚一州絶品于其中不下龍興朱氏之盛往歲郡將右移新守未至監護不密悉為人盜去易以凡品自是芍藥廳徒有其名耳今芍藥有三十四品舊譜只取三十一種如緋單葉白單葉紅單葉不入名品之内其花皆六出維揚之人甚賤之余自熙寧八年季冬守官江都所見與夫所聞莫不詳熟又得八品焉非平日三十一品之比皆世之所難得今悉列於左舊譜三十一品分上中下三等此前人所定今不更易新收八品御衣黄黄色淺而葉疎如黄樓子黄樓子五十曾間以金綫袁黄冠子如髻子峽石黄冠子如金綫冠子鮑黄冠子色類鵞黄楊花冠子心黄葉紅間以金綫胡纈紅色深淺相雜逼池紅並蔕或三頭

王觀揚州譜序或謂有唐若張祐杜牧盧仝崔崖章孝標李嵘王播皆一時名士而專工于詩者也或游觀於此不為不久而無一言一句以及芍藥意其古來有之始盛于今未為通論也海棠之盛莫盛于西蜀而杜子美詩名久重于張祐諸公在蜀日久其詩數千篇未嘗及海棠張祐輩詩之不及芍藥不足疑也王觀後論天下名花洛陽牡丹廣陵芍藥為相侔埒禹貢記揚州草木夭喬聖人之言然未見其失且喬也廣陵芍藥有自他方移來種之者經歲則盛至有十倍其初而勝廣陵所出遠甚地氣所宜信其為天乎然則醫書本草所載雖小物方土所出山川原野氣力不

積學書藏
積學書藏

同或相倍蓰十伯如此花矣不可不察也然芍藥之盛環廣陵四五十里之間為然外是則薄劣不及洛陽牡丹由人力接種故歲歲變更日新而芍藥自以種傳獨得于天然非剪剔灌溉以時亦不能全盛又有風雨寒暄氣節不齊故其名花絶品有至十四五年得一見者其間開不能成或變為他品此天地尤物不與凡品同特其地利人力天時參併其美然後一出意其造物亦自珍惜之耳芍藥始開時可留七八日自廣陵至姑蘇北入射陽東至通州海上西至滁和州數百里則人人厭觀矣廣陵至京師千五百里騎馬疾走可六七日至也上不以耳目之玩勤遠人而富商大賈逐利纖嗇不顧又無好事有力者招致之故芍藥不得至京師而洛陽牡丹獨擅其名其移根北方者本年以往則不及初年自是歲加劣矣故北方之見芍藥者皆其下者也然種芍藥為生者猶得厚價重利熙寧六年其自海陵至廣陵時正四月花時會友人傅欽之孫莘老偕行相與歷覽人家園圃及佛舍所種凡三萬餘株芍藥嫩好及雖好而不至者盡具矣扶風馬玿府大尹給事公子也博物好奇為予道芍藥本末及與廣陵人所第名品示予予按唐氏藩鎮之盛揚府號為第一萬商千賈珍貨之所叢及百氏小説尚多説之而莫有言芍藥之美者非天地生物之劣于古而特隆於今也殆一時所好尚不齊而古人未必能知正色耳自樂天詩言牡丹取叢大花繁者為佳是最洛中所畀下者古人之不知芍藥何疑然當時無記録故後世莫知其詳今此後無傳説使後勝今猶不足恨或人情好尚更變駸駸日久則名花奇品遂將泯然無傳來者莫知有此不亦惜哉故因次序為譜三十一種皆使畫工圖寫以示未嘗見者使知之其嘗見者因以吾言為信矣劉貢父傳譜序

冠郡芳 大旋子冠子深紅

賽郡芳 小旋心冠子　寶妝成 髻子色紫

畫天工 青心紅冠子　晚妝新 白纈子

點妝紅 紅纈子　疊香英 紫樓子

積嬌紅 紅樓子　醉西施 大軟條冠子淡紅

道妝成 黃樓子　掬香瓊 素心玉版冠子

素妝成 初開粉紅即漸白

試梅妝 白冠子　淺妝勻 粉紅冠子

醉嬌紅 深紅冠子　縷金囊 金線冠子

怨春紅 硬條冠子　擬香英 紫宿相冠子

妬嬌紅 紅寶相冠子　妬鵞黃 黃絲頭

蘸金香 金蕊紫草葉　試濃妝 緋多葉

積學書藏

宿粧般紫高多葉　試濃妝綠多葉
聚香絲紫絲頭　取次妝淡紅多葉
效殷妝小矮多葉　簇紅絲紅綵頭
合歡芳雙頭並蒂　會三英三頭聚萼
銀合稜銀緣　擬繡韉鞍子兩邊垂下
賦詠祖

五言散句

紅藥當階翻謝元暉　傍砌看紅藥杜
夾砌紅藥闌白樂天
凝脂新賜浴半面更啼紅陳傳良
壓架荼蘼老翻階芍藥遲戴石屏

七言散句

翠莖紅葉天付與此恩不屬黃鍾家韓文公
共驚春去已多日爭看花開最後香陳潁濱
丹砂爛妙深難染白玉冠巍瑩絕瑕韓魏公
紅玉斷成樓突兀白雲爭簇髻巍峩
嬌紅鬧密輕多葉醉粉欹斜軟條
粉妝瑞玉千層密冠縷真金半尺圍
會忝掖垣真故事多情應詔紫微郎王元之
曾與掖垣留故事又來淮海伴詞臣
始知隋苑多佳麗未覺吳宮久寂寥劉原父
吉祥寺下萬千枝看盡將開欲落時蔡君謨

積學書藏

今朝闕外尋蘭若忽見孤芳欲斷魂
香于蘭蕊偏饒艷畫入纖絲未逼真
誰把金刀收絕艷醉紅深淺上釵梁
獨步東風醉西子止緣無語却相宜陳無己
一枝騰若欲簪雙髻未有人間第一人
小碧闌干四月天露紅烟紫不勝妍曾南豐
消外謳歸情曠蕩省中番直勢拘攣
西掖階前辭御傘瓊林殿後媚春衣張芸叟
油壁車中同載女菱花鏡裡並妝人穆伯長
自洗銅壺插欹側要令書卷識香華趙紫芝
玉龍十二蓬山頂寶髻三千漢殿中陳傅良
半妝宮面迎風笑問色仙衣帶露收
密葉自成金罽飾亂英誰輯紫茸香
不濃不淡匀脂粉半醉半醒媚雨風楊東山
過眼一春〻又夏開殘芍藥更無花

五言古詩

凡卉與時謝妍華麗茲辰欹紅醉濃露窈窕留餘
春孤賞白日暮暄風動搖頻夜窗藹芳氣幽卧如
相親綠波溱洧贈悠悠南國人柳宗元
今日忽不樂折盡園中花園中亦何有芍藥繞殘
葩久旱後遭雨紛披亂泥沙不折　安有折去亦
何嗟棄擲諒未宜送與謫仙家還將一枝春插向

兩髯了東坡

何以築花宅筆直松樹子何以盖花房雲白清江紙〻將碧油透松竹畫棟峙鋪紙便成瓦瓦色水晶似金鴨煖未焰銀竹響無水汗容清不濕睛態嬌非醉盡收香世界闢作閑天地風日幾曾來蜂蝶獨得至歡春入宅莫歸休勸花住宅且少留昨日花開〻一半今日花飛〻數片留花不住春竟歸不如折插瓶中看 楊廷秀

五言古詩散聯

艷〻錦不如夭〻桃未可晴霞畏欲散晚香愁將墮結根不為誰賞心期在我 元稹

月蛾雙〻下楚艷枝〻浮洞裡逢故人綽約青霄游 孟郊

有名見鄭風今賞異疇昔采花當采根可能治民疾 宋景文

斜月正當樓香霧壓城重起傍築蘭行花亦方在夢 李泰伯

花搭大如拳花面或徑尺紫者樓紫鸞黃者浴黃鵠或似扶桑枝推上一輪赤或似玫瑰盆稍久擊無力又有似平叔愛矜素粉白又有似蜀人喜染天水碧或似包緑錦未放丹砂折或似浴青囊未放沈麝發應須和露剪莫使見日色 廣陵精神全色花無無骨 謝堯仁

勻藥誰為婿人〻不敢來惟應待詩老日〻殷懃開 孟郊

五言絶句

醉紅如墮珥奈此惱人香政尔無言笑未應吴國亡 山谷

千葉揚州種春深霸衆芳無言諳君子窈窕有温香 王梅溪

已過花王後幾聞近侍香來游禁酒地免作退之狂

五言排律

罷草紫泥詔起吟紅藥詩詞頭封送後花口折開時對坐鈎薰久行觀步履遲兩三叢爛熳十二葉參差背日房微斂當階朵旋欹釵莖抽碧股粉蕊撲黃絲動蕩情無限低斜力不支周圍看未足比論語難為勻漏丹砂褁僛侁火焰旗丹雲膩根蒂絳幘欠纓緌況有晴風動仍兼宿露垂疑香薰罨畫似淚著胭脂有意留連我無言怨思誰應愁明日落如恨隔年期菡萏泥連萼玫瑰刺繞枝等量無勝者惟眼與心知 白樂天

五言律詩散聯

仙禁生紅藥微芳不自持幸因清絶地還遇艷陽

積學書藏

時張九齡

朱李應淒結蘭缸忽然異爪緗帶合喜木翠枝騈夏英公

溱洧訶訏樂維陽厥草天傳聞多失實看畫謾無聊婉娩春陽謝中開道路遙誰移花化工巧(忽)是物華饒跗蕚晴相照芳春煖並飄波翻蜀江錦霞萃赤城標劉原父

七言古詩

今日堦前紅芍藥几花欲老几花新開時不欲比色相落後始知如幻身空門此去無多地欲把殘花問上人香山

微雨濕清曉老夫門未開煌〻五仙子並擁翠雞來胭脂洗盡不自惜為雨婦來更無力老夫五十尚兒癡涜軒一賦會真詩陳去非

廣陵勺藥真奇美名與洛花相上下洛花年老品格卑所在隨人趍高價接頭差處騁新妍輕去本恨無顧籍不論姚花與魏花只供浴眼陪妖姹廣陵之花品絕高得地不移歸造化旋心弱體不勝枝寶髻敧斜猶墜馬韓忠獻

芍藥殿春〻幾許簾幙風輕飛絮舞昨宵酒醉玉樓春一聲畫角吹殘雨趙信菴

七言絕句

積學書藏

浩態狂香昔未逢紅燈爍〻綠盤龍覺來獨對忽驚恐身在仙宮第幾重韓文公

芍藥花開出曲欄春衫掩淚再來看主人不在花長在更勝青松守歲寒錢起

風雨無晴落牡丹翻堦紅藥滿朱闌明皇幸蜀楊妃死搃有嬪嬙不喜看王元之

阿姨天上舞霓裳姊妹庭前剪雪霜要與牡丹為近侍鉛華不待學梅妝康節

合露仙姿近玉堂翻堦美態醉紅粧對花未免須酣舞到底昌黎是楚狂

一聲啼鴂畫樓東魏紫姚黃掃地空多謝化工憐寂寞尚留勺藥殿春風

花不能言意已知今君慵飲更無疑但知白酒留佳客直待瓊舟覆玉彜

春風欲盡無尋處盡向西園勺藥中過盡此花真盡也此身應與此花同潁濱

春來便有南園約過盡春風約尚賒綠葉成陰花結子便須攜客到君家

春風十里珠簾捲彷彿三生杜牧之紅藥梢頭初繭栗揚州風物鬢成絲山谷

倚竹佳人翠袖長天寒猶著薄羅裳揚州近日紅千葉自恃風流時樣妝東坡

九十風光次第分天憐猶得殿殘春一枝剩欲簪
雙髻未有人間第一人
一年春事兩聲裡十里揚州夢想邊眼底花明煩
折贈君家風物自嫣然張南軒
與春相識亦多年今歲春胡不到園一任堦前無
勺藥免教蜂蝶兩　喧鄭雪林

七言八句

雜花狼籍占春餘勺藥開時掃地無兩朵妝成寶
瓔珞一枝爭看玉盤盂佳名會作新翻曲絕品難
尋舊畫圖從此定知年穀熟姑山親見雪肌膚東
坡

紅紅白白定誰先嫋嫋娉娉各自妍最是倚闌嬌
分外却緣經雨意醒然晚春早夏渾無伴暖艷清
香政可憐好為花王作花相不應只遣侍甘泉楊
廷秀

旁拓近侍自江都兩歲何曾見國姝看盡滿欄紅
勺藥只消一朵玉盤盂水晶溪白非真色珠碧空
明得似魚欲比比若無可比且云氷骨玉肌膚楊
廷秀

又是揚州勺藥時花應咲我賦歸遲滿堂留得春
如畫對酒何妨鬓似絲玉立黃塵那可到錦圍紅
蠟封嚴相宜買山若就當遺種此際誰能杖屨隨[illegible]

似道

溫溫玉立綠陰中不犯芳菲逐萬紅折盡長淮多
暇日簪聯四座足春風應如慶曆梅花瑞況有昌
黎屬句工問得君王乞身去移根栽傍曲欄東似
道

上了甘泉三捷書長淮萬里一塵無清和時節如
春在紅藥精神與昔殊叢玉生香歌可譜圍金有
客瑞重圖公堂且盡今朝醉已問君王乞鑑湖似
道

七言律詩散聯

酒酣誰欲張珠網金細偏宜間寶冠露裡更添雲
髻重蝶棲長若玉樓寒韓忠獻

感傷綸閣多情容珍重維揚好事僧酌處酒盃深
蘸甲折來花朵細含稜王元之

饕老桑柔戴勝鳴翻堦紅藥占春榮舞風孫壽愁
眉破帶雨驪姬淚眼盈洪駒父

樂府祖

望海潮

人間花老天涯春去揚州別是風光紅藥萬枝佳
名千種天然浩態狂香尊貴御衣黃米便教西
獨占花王困倚東風漢宮誰敢鬧新妝　年年高
會維揚看家誇絕艷人詫奇芳結蕊當屏聯葩就

幄紅遮綠遶華堂花面妝交相更柬蘭湊消幽意
難忘罷酒風亭夢魂驚恐在仙鄉 晁无咎

賀新郎

一夢揚州事畫堂深金瓶萬朶元戎高會座上祥
雲層臺起不减洛中姚魏嘆別後関山迢遞國色
天香何處在想東風猶憶狂杳記鶩歲月一彈指
数枝清曉煩馳騎向小窓依稀重見蕪城妖麗
料得花憐儂瘦損儂亦憐花憔悴謾悵望竹西歌
吹老矣應無騎塵日但春衫點點當時淚那更有
舊情味 劉后村

蝶戀花

日借輕黃珠綴露困倚東風無限嬌春處看盡嬌
紅渾漫與淡妝偏稱泥金縷 不共鉛黃爭勝負
殿後開時故欲尋春去一似朝霞無定所那堪更
着催花雨 陳兆湖

沁園春

把酒問花藹粟稍頭春今幾何咲身居近侍翻階
萬玉面匀菩薩髻擁千螺一一牙籤（謠）英英碧宇占
定花開甲乙科歸來也倚紫薇吟處作陽和
祇今花事無多看幾許風烟付與他侍圍將翡翠
怕風粘粉織成雲錦遣鳳啣梭誰剪并刀贈之燕
玉莫負凄娥嬌溜波花應道儘花强人面底用能
歌 秋壑

江神子

窓綃深掩護芳塵翠眉顰越精神幾雨幾晴做得
這些春初莫近前輕着語題品錯怕渠嗔 碧壺
誰貯玉粼粼醉香茵晚風頻吹得酒痕如洗一番
新只恨謫仙渾懶却辜負那倚闌人 秋崖

踏莎行

洛下根株江南栽種天香國色千金重花邊三閣
建康春風前十里揚州夢 油壁輕車青絲短鞚
看花日日催賓從而今何許定王城一枝且為鄰
翁送 張于湖

浪淘沙

題鴂怨花殘誰道春闌多情紅藥待君看濃淡曉
妝新意態獨占西園 風葉萬枝繁猶記平山五
雲樓妝玉成盤二十四橋明月下誰凭朱闌 韓南
澗

驀山溪

薰風時候勺藥披晴晝天上玉闌干展一枰天家
錦繡漢宮（唐）殿嬪御逞妖嬈飛燕女太真妃一樣新
妝就 黃金撚線色與紅芳鬪誰把絳綃衣誤將
他胭脂漬透晚風生處襟袖捲濃香持玉笋束紗
籠倚醉聽更漏 陳濟滄

積學書藏

醉蓬萊

訪鶯花陳迹姚魏遺風綠陰成幄尚有餘香付寶階紅藥淮海維揚物華天產未覺輸京洛時世新妝施朱傅粉依然相若　束素腰纖捻紅唇小鄭袖嬌看倚闌柔弱玉珮瓊琚勸王孫行樂況是韶華為伊挽駐未放離情薄顧盼階前留連醉裡莫教零落　劉圻父

水龍吟

杜鵑啼老春紅翠陰滿恨愁無奈何處何處鳳軿鸞釵霞裾雲袂風檻嬌凭露梢慵鞾酒痕微退念洛陽人去香魂又返依然是風流在　十年一覺揚州春夢離愁似海浩態難留粉香吹吹散時重會向樽前咲折一枝紅玉帽簷斜戴　盧浦江

念奴嬌

人生行樂算一春歡賞都來幾日綠暗紅稀春色去贏得星星鬢白醉裏狂歌花前起舞拚罰金盃百淋漓宮錦忍辜妖艷姿色　須信殿得韶光只愁花謝又作經年別嫩紫嬌紅還欲語應為主人留客月落烏啼酒闌燭暗離緒傷吳越竹西歌吹不堪老去重憶曾離野

側犯

積學書藏

恨春易去甚春却向揚州住微雨正繭栗梢頭弄詩句紅橋二十四總是行樂處無語漸半脫宮衣咲相顧　金壺細葉千朵圍歌舞誰念我鬢成絲來此共樽俎後日西園綠陰无數寂寞寞劉郎自修花譜　姜白石

全芳備祖卷之三終

積學書藏

全芳備祖卷四前集

天台陳景沂編輯
建安祝穆訂正

花部

紅梅

事實祖

紀要

南唐苑中有紅羅亭四面專植紅梅 雜志 蜀中有紅梅數本郡侯建閣扃鑰游人莫得見一日有兩婦人高髻大袖凭欄大吟郡侯啓鑰閒不見人惟東壁有詩云南枝向暖北枝寒一種春風有兩般凭杖高樓莫吹笛大家留取倚闌干 摭遺

雜著

紅梅粉紅標格猶是梅而繁密則如杏香亦類杏詩人有北人初不識渾作杏花看之句與江梅同開紅白相間園林初春絶景也梅聖俞詩云認桃無綠葉辨杏有青枝當時以為着題東坡詩云詩老不知梅格在更看綠葉與青枝蓋謂其不類為紅梅解嘲云承平時此花獨盛于姑蘇晏元獻公始移植西岡圃中一日貴游賂園吏得一枝分接自是都中有二本嘗與客飲花下賦詩云若更開遲二三月北人應作杏花看客曰公詩固佳待北

積學書藏

俗何淺耶晏笑曰傖父安得不然王淇君王時守吳郡聞盜花種事以詩遺公曰館娃宮北發精神粉瘦寒瓊露葉新園吏無端偷折去鳳城從此有雙身當年罕得如此比年不可勝數矣世傳吳下紅梅詩甚多惟方子適一篇絶唱有紫府與丹來換骨春風吹酒上凝脂之句 鴛鴦梅多葉紅梅也花輕盈重葉數層凡雙果必並蒂惟此一蒂而結雙梅亦尤物也 杏梅花比紅梅花色微淡結實甚匾有爛斑色似杏而不及紅梅 並范石湖梅譜

賦咏祖

五言散句

學妝如少女聚咲發丹唇 聖俞

咲杏少清香鄙桃多俗趣

七言散句

沙村白雪仍含凍江縣紅梅已放春 杜甫

桃紅已滿秦人樹洞杏猶存董奉祠 聖俞

小園寂莫鎖春風初見梅花一樹紅 芸叟

若更開遲二三月北人應作杏花看 元獻

月浸繁枝香冉冉露浮紅蕚曉團團 參寥

堅白雖占南枝先淺紅尤待北人識 鄭安曉

梅花精神杏花色春入蓮洲初破蕚 王梅溪

要是此花清絶處端如醉面請離騷 徐月溪

積學書藏

初疑樊素櫻紅初熟却訝真妃酒半酣白氏集

五言絶句

春半花纔發多應不耐寒北人初不識渾作杏花看王荆公

五言八句

聞說寒梅盡尋芳去已遲冷香無宿蕊穠艷有繁枝正複非同調何妨讀舊詩廣平偏嫵媚鐵石悞心期朱文公

七言古詩

紅羅亭中宮𪆟遲宮花四面誰得知初疑太真欲起舞霓裳拂拭天然姿周益公

冰容戲作桃花色醉臉雅與神仙宜江兄臘友已前輩王生後出非同時丹心真與勁節侶疎影共浸清漣漪王海溪

似桃非桃似杏非杏獨與江梅相早晚天姿約畧帶春醒便覺花容太柔婉霞觴瀲灩玉妃醉應誤劉郎來閬苑會須參作比紅詩莫學墻頭等閒見

七言絶句

年來芳信負紅梅江畔垂垂又欲開弥重多情閑令尹直和根撥送春來東坡

為君栽向南堂下記取它年結子時酸釅不堪調衆口使君風味好攅眉

積學書藏

何處曾臨阿母池深將絳雪點寒枝東墻羞顇逢誰笑南國酡顏强自持毛東堂

紫府移來姹早芳玉容寂莫試紅粧花含曉雨胭脂濕枝繞春風絳雪凉桂水集

寒香冷艷綴輕枝誤認夭桃未放時盛飾霓裳陪越女不施粉黛抹胭脂徐介軒

輕盈弄月醉霞觴嬌軟酡顏褪曉粧縞素叢中紅一點好花終是不尋常

誰將醉裡春風面換却平生玉雪身賴得月明留瘦影芳心香骨見天真楊平洲

才是胭脂半點侵更無人信歲寒心自來不得東風力又被東風誤得深沈蒙齋

七言八句

怕愁貪睡獨開遲自恐冰姿不入時故作小紅桃杏色尚餘孤瘦雪霜姿寒心未肯隨春態酒暈無端上玉肌詩老不知梅格在更看綠葉與青枝東坡三首

雪裡開花却是遲何妨獨占小春時纔知造物含深意故與施朱發妙姿細雨裛殘千點淚輕寒瘦損一分肌不應便雜夭桃杏半點微酸已著枝

山人自根探春遲不見檀心未吐時丹鼎奪胎那是寶玉人顰頰多姿抱殘暗蕊初含子落盡濃陰

積學書藏

香已透肌乇與徐熙畫新樣竹間璀璨出斜枝嬌來淺ㄴ透烟光瘦倚疎篁出半墻雅有風淸勝桃杏巧含春意避氷霜融明醉臉籠輕暈斂掩仙裳蹙嫩黄日莫風英墮行袂依稀如著領巾香　樂府祖

蝶戀花

雨峴月橋花半吐紅透肌香暗地把游人誤盡道武陵溪上路不知迷入江南去　光自氷霜真態度何事枝頭點ㄴ胭脂污莫是東君嫌淡素問花ㄴ又嬌無語　眞西山

留春令

玉妃春醉夜寒吹墮江南風月一自情留館娃宫在竹外尤香絶　貪睡開遲風韻别向杏花休說角令黄昏艷歌殘怕驚落胭脂雪　高竹屋

木蘭花

當日嶺頭相見處玉骨氷肌元淡佇近來因甚要濃粧不管滿城桃杏妬　酒暈晚霞春態度認是東皇偏管顧生羅衣褪爲誰羞香冷薰爐都不覷　毛東堂

菩薩蠻

嶠南江淺紅梅小小梅紅淺江南嶠窺我向疎籬籬疎向我窺　老人行即到到即行人老離别惜

事實祖疑妄

積學書藏

殘枝枝殘惜别離　東坡

花心動

雨洗胭脂被年時桃花杏花占了獨惜野梅風骨非凡品格勝如多少深春常恨無顏色試濃抹當塲絮笑趂時節千般冶艷是誰偏好　直與歲寒共保問單于如今幾分嬌小莫恠山人不識南枝横玉自來同調豈須摘葉分明認又何必拈枝比較恐桃李問時妬他太平　馬古洲

折江梅

喜輕澌初綻漸入微和郊原時節春消息夜來陡覺紅梅數枝爭發玉溪琰館不似个尋常標格化工别與一種風情似匀點胭脂染成香雪重吟細閱比繁杏天桃品流終别可惜彩雲易散冷落謝池風月凭誰向說三弄處龍吟休咽大家亘取待依倚闌干聞有花堪折勸君須折　杜安世

蠟梅

京洛間有一種花香氣似梅花亦五出而不能品明類女工燃蠟所成京洛人因謂蠟梅木身與葉巧類蒴藋竇高州家有灌叢香一國也　山谷詩序　蠟梅山谷初見之戲作二絶緣此盛於京師　王元之詩話

雜著

積學書藏

之詩話

雜著

蠟梅本非梅類以其與梅仝香又相近色酷似蜜脾故名蠟梅以子種出不經接花小香淡其品最下俗謂之狗蠅梅經接花疏雖盛開花常半含名磬口梅言似僧磬之口也最先開盛深黃如紫檀花密香濃名檀香梅此品最佳蠟梅香極清芳殆過梅香初不以形狀貴也故雖題咏山谷簡齋但作五言小詩而已此花多宿葉結實如垂鈴尖長寸餘又如此大桃奴子在其中范石湖梅譜

賦詠祖

五言散句

不施千點白别是一家春陳簡齋

七言散句

蠟梅遲見三年花杜牧之

花鬚醞蜜共稱美密脾剪花嫧沉水蘇伯華

底處嬌黃蠟樣梅幽香解向南北窓開李方叔

紫蒂黃苞破蠟寒清香旋逐角聲殘曾文昭

五言絶句

金蓓領春寒惱人香未展雖無桃李顔風味極不淺山谷

體熏山麝臍色染薔薇露披拂不滿襟時有暗香度

積學書藏

黃羅作廣袂絳帳作中單人間誰敢著留得護春寒陳簡齋七首

朱々與白々着意待春闌那知洞房裏已傍額黃來

一花香十里更值滿枝開承恩不在貎誰敢鬬春來

花房小如許銅砌黃金塗中有萬斛香與君細々輸

來學後底處所黃露滿衣濕緣待態翻得憐亭々倚風立

奕々金仙面排行立曉晴殷勤夜來雪小住作珠纓

亭々金步搖朝日明漢宮當時好老景一似北園中

寒裡一枝香白閙千點黃道人不好色行處若為香陳后山七首

異色深宜晚生香故觸人不施千點白别是一家春

舊鬟千絲白新梅百葉黃留花如有待迷國更煩香

冉々稍頭綠婷々花下人欲傳千里信暗折一枝

積學書藏

春
黃裡含真意春容帶薄寒欲知誰稱面偏插一枝
看
花裡重重葉釵頭點點黃秖應報春信故作着人
香
色輕花更艷体弱香自永玉質金作裳山明風戞
影
蝶採花成蠟還將蠟染花一經坡谷眼名字壓郡
葩 王梅溪

五言八句

風雪催殘蠟南枝一夜空誰知荒草裡却有暗香
細姿瑩輕黃外芳騰淺絳中不遭岑寂侶何以媚
芳叢 朱文公
栗玉圓雕蕾金鐘細著行來從真蠟國自號小黃
香夕吹撩寒馥晨曦透煖光南枝本同姓喚我作
他楊 楊誠齋

七言古詩

天公點酥作梅花此有蠟梅禪老家蜜蜂採花作
黃蠟取蠟為花亦其物天公變化誰得如我亦兒
戲作小詩君不見萬松嶺上黃千葉玉蕊檀心兩
奇絕醉中不覺度千山夜聞梅香失醉眠席來却
夢尋花去夢裡花仙覓奇句此間風物屬詩人我

積學書藏

老不歡當付君君行適吳我適越咲指西湖作衣
鉢 東坡
化工細巧作緗樣花何年落子空王家羽衣霓裳涴
香蠟從此人間識尤物青瑣諸郎却未知天工下
取仙翁詩烏丸鷄距寫玉葉却怪寒花未清絕北
風驅雪度關山抱燭看山夜不眠明朝詩成公亦
去長使梅仙誦佳句湖山信美更須人已覺西湖
屬此君坐想明年吳與越行酒賦詩聽擊鉢 陳后
山
梅花他自不是花氷魂謫墮玉皇家不食烟火更
飡蠟化作黃姑瞞造物后山未覺坡先知東坡勾
引后山詩金花勸飲金荷葉兩公醉吟詩孤絕人
間姚魏説如山今人眼暗只欲眠此花寒香來又欲
去惱損詩人難覓句月薰花影却三人欠箇文同與
作墨君吾詩無復古清越萬水千山一瓶鉢楊誠
齋
智瓊額黃且亂誇回眼視此風前葩家家融作蠟
杏蒂歲歲逢梅是蠟花世間真偽非兩法映日細
看真是蠟我今嚼蠟已甘腴況此有韻蠟不如只
愁繁香欺定力熏我欲醉須人扶不辭花前醉經
月是酒是香君試別 陳簡齋

七言古詩散聯

積學書藏

化工未約荼蘼菊先放緗梅伴群玉幽姿着意慕
鉛華黃正色何心駐萼綠 周益公
色含天苑鵞兒黃影蘸瀛波鴨頭綠日烘喜氣光
燭鬚雨洗道粧鮮映肉 王梅溪

七言絶句

聞君寺後野梅發香蜜染成宮樣黃不擬折來遮
老眼欲知春色到池塘 山谷
天工戲剪百花房奪盡人工更有香埋玉地中成
故物折枝鏡裡憶新妝
卧雲莊上殘花發香似早梅開不遲殘色春衫弄
風日遺來當為作新詩
未教落葉混氷池且著輕黃綴雪衣越使可因十
里致春風元自不曾知 晁无咎二首
恐是酴醾染作黃月中清露滴来香定知何遜牽
詩興借與穿簾一點光
茅簷竹塢兩幽奇岓幘尋花醉亦知崖蜜已成峰
公盡夜寒惟有露房垂 晁具茨三首
荼蘼架倒花盡發薜荔墻推石亦移此地與君凡
幾醉年〻同賦蠟梅詩
步屧穿花醉晚風翻枝摘葉興何窮他年上苑求
佳種越白江紅埽地空
劉郎不獨種桃花蠟葉柔香更可佳臭味相同林

積學書藏

下友從今花木亦通家 王梅溪
路入君家百步香隔簾初試漢宮妝只疑夢到昭
陽殿一簇輕紅繞淡黃 韓子蒼
香蜜栽笆外分工疎枝數點綴雛蜂嬌黃染就宮
妝樣香煖猶宜愛日烘 楊誠齋
滿面宮妝淡〻黃絳紗對蠟貯幽香遙憐未識花
消息乞與一枝教斷腸 張于湖
花簇柔枝疑蜜蔽蒂含新蕊似蜂房外無梅粉鉛
華飾中有蘭心紫暈香 姚西巖
滿黃織就費天機付與園林晚出枝詩老品題猶
誤在紅梅未是獨開遲 周益公
江梅琢重雪衣裳薄相紅梅學杏妝渠獨以參黃
西老額閑艷〻發金光 楊誠齋
蜜蜂底物是生涯花作餱糧蠟作梅歲晚畧無花
可採却將香蠟吐成花
天向梅梢獨出奇國香未許世人知殷勤滴蠟緘
封却偷被霜風折一枝
惹得西湖處士疑如何顏色到鵞兒清香全與江
梅似只欠橫斜照水枝 吴永齋

七言八句

二妹巧咲出蘭房玉質檀姿各自芳品格雅稱仙
子態精神宜著道家黃宓妃謾說淩波步漢殿徒

積學書藏

翻半額妝一味真香清且絶明窓相對古冠裳妾

玫瑰詠蠟梅水仙

樂府祖

十八香

蠟換梅姿天然香韻初非俗蝶馳蜂逐蜜在花梢熟　巖穴深藏幾載甘幽獨因坡谷一標題目髙價掀蘭菊　王梅溪

踏莎行

粟玉玲瓏甕酥浮動芳跗染得胭脂重風前蘭麝作寒香枝頭烟雪和春凍　蜂翅初開蜜房香弄佳人寒睡愁如夢鵞黃衫子茜羅裙風流不與江梅共　毛東堂

菩薩蠻

江南雪裡花如玉風流越樣新妝束恰恰縷金裳濃垂百和香　分明籬菊艶却作梅妝面無處奈君何一枝春已多　韓南軒

十拍子

點綴莫窺天巧名稱却道人為香醞蜜脾分幾點色映烏雲倚一枝遙看倒透遲　映水不嫌疎影嬌春也自同時紅樹落殘風作煖塞管聲長曉更催此特知不知　馬古洲

浪淘沙

積學書藏

嬌額尚塗黃不入時妝十分輕脆奈風霜幾度細腰尋得蜜錯認蜂房　東閣久淒涼江路悠長休將顏色較芬芳無奈世間真若僞賴有幽香

天香

蟬葉黏霜蠅苞綴凍生香遠帶風峭嶺上寒多溪頭月冷枝北枝南小玉奴有姊先占立墻陰春早初試宮黃淡泊偷分壽陽纎巧　銀燭淚珠未曉酒鍾慳貯愁多少記得短亭歸馬暮衙峰閙豆蔻釵頭恨裹但悵望天涯處華老遠信難封吳雲雁杳　吳夢窓

千秋歲

曉烟溪畔曾記東風面更與重裁剪額黃明艶粉不共妖紅軟凝露臉多情正似當時見　誰向滄波岸特地移閑館情一縷愁千點煩君搜妙語為我催清燕須細看紛紛亂蘂空凡艶　葉石林

卜筭子

蜜葉蠟蜂房花下頻來往不知辛苦為誰甜山月梅花上　玉質紫金衣香雪隨風蕩人間喚作返䰟梅仍是蜂兒樣　李方舟

全芳備祖卷四終

積學書藏

全芳備祖卷五前集

天台陳景沂編輯
建安祝　穆訂正

花部

瓊花

事實祖

碎録

揚州蕃釐觀即古之后土祠廣陵志

紀要

揚州后土廟瓊花或云自唐所植即李衛公所謂玉蘂花也舊不可移徙今京師亦有之宋敏求春明退朝録自淮南還東平移后土廟瓊花植于濯纓亭此花天下只一株耳永叔為揚州作無雙亭以賞之彼土人别號八仙花或云李衛公玉蕊花即此劉原父詩序瓊花惟揚州后土廟有之其他皆八仙花近似而非鮮于子駿詩云百蕊天下多瓊花天下希托根古靈寺地著不可移八蓓冠群芳一株攢萬枚韻語陽秋揚州后土廟有瓊花一株潔白可愛且其樹大而花繁不知實何從来也俗謂之瓊花因賦詩以狀其態劉禹錫詩序后土廟瓊花本大而花繁天下無之孫冕過維揚使人訪之山人謂山中甚多但歲苦樵斧野燒故木不

積學書藏

能大而花不能盛遂不為人所貴復傷之以詩曰可憐遐僻地常化燎原灰其說蓋誤以聚八仙花為此花耳聚八仙花雖類瓊花而瓊花之異者其香如蓮花清馥可愛雖翦折之餘韻亦不減八聚八仙之所無也昔張昌言瓊花賦有云聚八仙之殊種玉蝴蝶之别族葉扶踈而韻不勝色近似而香不足此善辨者廣陵志瓊花天下無雙昨因虜騎侵軼或謂所存非舊疑黄冠以聚八仙補種其處未知然否屬自合肥易鎮来此所覩郡國中聚八仙若驟然過目大率相類及細觀熟玩不同者有三瓊花大而瓣厚其色淡黄聚八仙花小而瓣薄其色微青不同者一也瓊花葉柔而瑩澤聚八仙葉粗而有芒不同者二也瓊花蘂與花平不結子而香聚八仙蘂低于花結子而不香不同者三也余尚未敢自信嘗取花雜示兒輩皆能識而别之始乃無疑適后土祠宇頹弊鳩工撤舊鼎為增建時當季夏非花放之日忽一枝敻然特開于其杪郡人競觀莫不嘉歎余生罕信奇談倘非目擊則謂好事者誇誕今觀此靈異豈非司花之神鑒予之信心乎故為之辯以驗来者揚帥鄭興裔辨予自京口過揚州尋訪舊事知世所傳后土瓊花在今城之蕃釐觀亟往謁蕃釐觀故瓊花猶在然余

積學書藏

聞紹興辛巳之變，狂虜入揚州，已揭其本而去，何從復得此種也？觀壁間諸公所紀載，直排世俗論，謂道士以聚八仙嗣其名。聚八仙葉瓣色香皆不類。予曾不及見二花開時，類不類不得知，獨怪狂虜既揭其本，復何從得此種也。有老道士出，鬚髮皓然，自言生于崇寧間，今八十有六載矣，能叙今花本末。余與對坐于花之亭西，改容問道士。指花之根幹而言曰：此其手所培護而至此者也。指觀之大門而言曰：此向之殿廬處也。指所坐之亭曰：此向之無雙亭廬也。花舊在無雙亭下殿西之北，自紹興十五年向龍圖子諲以殿廬面勢狹小，徙置轉後，則花當殿西之南。更有三十一年知群事劉澤復命移花于殿之前，即今之花處，乃是歲八月十五日也。初，二十四年時，直花之東南離三四尺許，倏然一小根，枝葉日茂，其下大徑寸。至其放，其鄉背踈密，移之不敢易。又十一月，逆亮渡淮，趋揚州，直入觀，揭花本去，其小者剪而誅之。于時某方避亂奔走，初亦不知也。虜既退，某始以十二月來舊地。是時訓練官成平領兵馬依觀屯寨，其軍人接某曰：觀主至耶？瓊花已壞虜手，旁有一小根微見地而可識認，非其種否？某心知之，難以口舌定，惟告以瓊花若剔其根皮投之火，則臭達于鼻。

積學書藏

于是剔其根皮投之火，果臭達於鼻，軍人皆嘉歎。某即嘿禱后土，移植之花處，日往護之。越明年二月，即望夜中天大雷雨，某詰朝起視，兩廡蚯蚓布地皆滿，往所植根旁，則敎然三蘖從根發出矣。自是遂條達不已，至於今三十年之久，見其婆娑偃蓋，常不忘斷根時也。道士既言，余為之竦然曰：盛衰感應之理，豈可不知其故哉！夫他日不生小根，而倏然起于二十四年，兆先見也；去辛巳八年者，以養辨也；離之且三四尺許者，不併揭也；剪而復萌者，終盛也；天大雷雨，蚯蚓布地，而三蘖敎然者，蚯蚓伏深壤，陽氣驟趣之，則動植俱奮也。以人事言之，不知趙孤漢孤之不忘，何以異是？自微而存，存而有立，扶植成就，以至後日，則程嬰丙吉之功。道士宜獲其報，今之享上壽，倘有相之者。余恐道士死，後來者無以知今花本末，而其疑不解也，故序而書之。其間歲月事故之參錯煩委，有可附見者，悉不敢畧，以知其不誣。若其他靈異甚多，未暇及也。道士姓唐，名大寧。余實金華杜斿。紹興二年

記揚州后土祠瓊花經兵火後枯而復生，今歲猶盛，邦人喜之，以為和平之證也，乃賦之。賦曰：偉志社之會都，滋黑壤之饒沃，萃溫潤之秀氣，發英華于地軸，是為瓊花，異於凡木。香凝娟服之蘭，色瑩

光明於王托根后土之祠擢幹蜀岡之麓曾不知其歲年只弗紀於圖錄欲問司花之女但注詩人之目謂天下之一株冠群葩之芳馥豈唐昌之餘芳載後庭之遺曲者乎當其風入琳宮春歸華屋蕚折青綃色凝寒綠枝珊瑚兮鏤冰雪蕊珠肌乎爛金粟真庭靜兮朝曦麗其纖穠仙蕊深兮瑞露滋其芬郁瑤林瑰艷蔥之蒨閬苑耀琪英之熅若蓋而繡似璧而轂如黃琮瑚璉璀琛于禋壇而文珠佩環玲瓏乎衣鞠桂娥競輿借月影于冰蟾阿母來觀下雲軿于皓鵠儼靚容于茉莉抗素馨于簷葡笑玫瑰于塵凡鄙荼蘼于淺俗惟水仙可並其幽閒而江梅似同其清淑真絕代之無雙久彌芳于幽谷若乃聚八仙之殊種玉蝴蝶之別族葉扶疎而韻不勝色近似而香不足猶瑾瑜琬琰之粹溫豈碔砆堅珉之碌碌蓋妖雅爭妍者眾之所同而鷁潔尚白者我之所獨是以兵火不能焚胡塵不能辱根常移而復還本已枯而再續疑神物之護持偏化工之茂育柳將薦瑞于中興而致祥于玉燭 張昌言

余聞瓊花之名甚久而未之見因觀滿山張公所為賦如親見之不獨筆端有口幾于為花傳神花固奇矣賦亦妙哉白樂天謂世間好物不堅牢綵雲易散琉璃脆此花瑰麗冠絕群品而壽乃若是物理豈一端而已恐不屈於崇高有節婦之操不滯于榮枯有列仙之姿孰云無知似有道者萬物得一以生一者道之子庶青牛之遺課乎賦比物引類曲盡其妙窮神知化而若此嗣孫齊見宰江都將鏤石以遺邦人屬予題跋併書其賦歸之 龍舒守吳宗旦跋

賦咏祖

五言散句

崑山採瓊蕊可以鍊精魄

七言散句

后土祠中玉蕊花

千點真珠擎素蘂一環明玉破香葩 韓魏公

且將書寄南來鴈為問瓊花果是非 陳止齋

蘆笋滿洲銀鱠美瓊花滴露玉醅醇 葉西澗

五言古詩

維揚一株花四海無同類年年后土祠獨此瓊瑤貴中含散水芳外團蝴蝶戲酴醾不見香芍藥雖多媚扶疎翠蓋圍散亂真珠綴不從眾格繁自守幽姿粹蕾閑好事家欲移京轂地既違孤潔情終誤我培意洛陽紅牡丹適時名轉異新榮托舊枝萬狀呈妖麗天工借顏色深淺隨人智三春愛賞時車馬喧如市草木稟賦殊得失豈輕議我來首

積學書藏

時太真浴罷華清池紅裳繡袂厭君眼更作地仙披羽衣麻姑睡起蓬萊島風吹玉面秋天曉洛川女子能長生水中肌骨成瑤瓊襃似不見諸侯兵盡日不笑如無情宋玉移家安在哉東鄰不盡胭脂腮卓文君去成都遠錦衣珠翠慵裝束吹簫容貌果何如見說其人名弄玉此花莫似武昭儀出得宮來不畫眉若比此花俱不是嫿妖怪艷色之類一如婦人有賢德不為邪色亂正嫿居之子能自持終身惟著大練衣又如正色立朝者不以孤媚為姦欺以此論之乃可以重人之不正將何為論色乃是花中絕論德乃是花之傑洛陽花名古云好看花須看揚州道君不見去年花下吹黑風霹靂閃電撥王龍此時早夜花光中不覺屈曲蟠長虹又不聞天上琳瑯樹生在烟霞最深處白雲枝葉白玉英此花莫是琳琅精此愛愛圓不愛缺一樹花開似明月襄王半夜指為雲謝女黃昏吟作雪杏花俗艷梨花粗柳花細碎梅花疎桃花不正其容冶牡丹不謹其體舒如此之花不足奇此花之外更有誰世非紅紫不入眼江淮寂寞無人知詩人自與花相期長告年年乞一枝 徐節孝

君不見揚州后土惜瓊花鬼神守護祝史誇要令天下頌無雙掉頭不見君王家支流遠自靈源至

積學書藏

見花對花聊自醉 韓魏公

五言絕句

因此瓊花發維揚勝洛陽若無三月雨占斷一春香 俞倩公

五言八句

無雙亭下枝密密復稀稀蚌碎珠駢出鬚牽蝶合圍會須珍作寶常恐散成飛況值東風暮游人莫易歸 王逢原

七言古詩

春皇自厭花多紅欲得花顏如玉容春皇青女深相得先教臉似秋霜色乃有雪月供光星榆獻白斗量銀漢琉璃濕人間美玉搗作灰荊山崑山鬼神泣天上有人名玉女投壺之外能為絮姑射神人會種花先須此物為根芽天鑄地竅掏精碎蟾身璃領輸光華其時正值天地交二氣上下陰陽調此花朶育得其正其間邪氣無纖毫所以其色為正色出乎其類拔其萃一如君子有諸內睟然其色見乎外三月將盡四月前百花開盡春蕭然揚州日暖花開未春風不動花房閑仙掌秋高玉露濃蛟人泣下真珠淚黃鸝本是花間客啼盡好聲求不得春皇費盡養花心春風使盡開花力春歸鶯老花始開誰人放出深闌來唐家天子太平

積學書藏

顏色雖同別名氏風流晚宿蝴蝶園環珮曉聚仙人戲仙已往今無蹤身在花枝窈窕中似聞飲中之八仙飄飄豪氣摩蒼穹身雖可滅名不窮寃交心與之死靡携化為嘉卉從滕園春風請以此詩付守圃以告游子歸去無匆匆 韓似山聚八仙花

歌贈江淮肥遯子

舊聞瓊花無與雙專奇擅美名此邦江南清夢入詩府安得一念令心降騎鶴揚州住斗酒屡眠雲霧窓月寒雪冷花未吐正爾俗葉凡株樁心期妙處在真實不假羽節青霓幢今春訪花我第一自繁枝頣翠釭横看倒睨掉頭語前詩後賦何其嚱真珠碎簇玉蝴蝶真與八仙同一腔聞名見面足笑莞强為花辨凡愚惷有如巨賢雜群小望尔而可識為奇龐陳餘張耳信相似一等人而無純麁忠耶佞耶豈難別祝鮀不類鬬龍逢試持此詩訊后土謂予不信如長江 方秋崖

夢中翠鳳飛來雙駕言后土游名邦手持玉簡判紅紫斂衽故以詩城降粹容喜動日月角揖我入對玲瓏窓為言瓊花返上闕下界久號無根樁乃今存者贋本耳補亡以給青油幢人間識真蓋巳寡載酒嘉賓寧論釭黄冠誕譎謹勿信傳訛聽外其言嚱為花作辨誰氏子謬妄譜入黄鐘腔耳牖

積學書藏

亾意也向年年開一春 馬樗山

七言八句

東方萬木競紛華天下無雙獨此花那有雪英凌暖日不為琪樹隅流沙祠城寂寞春空老江雨冥濛日易斜仙品國香俱絕妙少傾高興盡流霞劉原父

愛奇造物剪瓊花為鎮靈祠特地栽事紀揚州千古勝名居天下萬花魁何人斫却依然在甚處移來不肯開浪說八仙摸樣似八仙安得有香來王洋

玉立祠庭久不衰纖經剪伐重能栽端知妙護有神力更喜當時殲厥魁種不他傳爲得子年將豊稔輙多開天生異物初無伴只許蝴揩近侍來鄭良嗣

瓊蕤走送寶瓶花愧乏詩情拜嘉一種清香來月殿十分雅態出仙家細看后土春冰薄未覺劉郎日影斜擬跨胎禽麼幾隅珠簾十里自繁華徐意一

寂寂蕃釐觀裏花伊誰封殖得名嘉應知天下無他本惟有揚州是爾家種雪春溫團影密攢冰香重壓枝斜倚闌莫問榮枯事付與春風管物華貢似道

目陋惑世俗其罪不能三赦惷朱雲之孫亦奇士
文有氣骨豐而麗謂瓊赤玉匪為白不比俗論紛
茸厖詩筒往來提于響夜發嚴鼓聲逢逢咨爾岳
為謝此老壯哉寸管搖濤江

七言絶句

誰移琪樹下仙鄉二月輕冰八月霜若使壽陽公
主在自當羞見落梅妝 王元之

春冰薄薄壓枝柯分與清香是月娥忽似寒天深
澗底老松擎雪白婆娑

淮海無雙玉蕊花異時來自八仙家魯人來觀天
中樹乞與春風賞物華 劉原父

無雙亭上傳觴處最惜人歸月上時相見異鄉心
欲絶可憐花與月應知 秦太虛

后土祠中二月暮瓊花放後有蜂來東君不怕春
歸去留得詩人一夜開 爾宜箱

凝烟欲滿讀書窓忽有瓊花樹小紅更喜風流好
名字百金一朶號無雙 吕本中

斷腸風味久難尋尚有名花寄此心折盡長枝春
已晚只宜良月不宜陰

香得坤靈秀氣全蕊珠團外蝶翩翩親曾后土祠
中看不是人間衆八仙 趙師

三月淮南鼓戰鼙無雙亭下溢游人此花不解興

蓄薹觀裏瓊花樹天地中間第一花此種從何採
原委東風無處著繁華十鬚簇蝶團清馥九葛聯
珠異衆葩幾見朱衣和露剪金瓶先進帝王家 王
月浦

樂府祖

虞美人

去年不到瓊花底蝶夢空相倚今年特地趁花來
却欲不教同醉遇花開 花知此恨年年有也伴
人俱瘦一枝和淚倚東風應把舊愁新恨入眉峰
向子諲

去年雪滿長安樹望斷揚州路今年看雪在揚州
人望蓬萊深處若為愁 而今不恨伊相誤自恨
來何暮平山堂下舊嬉游只有舞春楊柳似風流
向子諲

醜奴兒

無雙亭下瓊花樹玉骨雲腴傾國稱姝除却揚州
是處無 天教紅藥來驂乘桃李光驅縱作花奴
翠擁紅遮到玉都 向子諲

摸魚兒

柳蒙茸晴凌波路烟飛慘淡平楚七香車駐猊環
掩遥認翠華雲毋芳景暮鴛鴦悄鉄衣來按飛瓊
舞凄涼洛浦漸玉漏沉沉清陰滿地乘月步虛去

積學書藏

銷寬處誰説三生一作平安小杜翔蟜聲斷簫
鼓情知禁苑酥塵浼羞與倡紅同譜春幾度想依
舊苔痕長印唐昌土風流千古人在小紅樓朱簾
半捲香注玉壺露 施雲隱

揚州慢

弄玉輕盈飛瓊淡竚襪塵步下迷樓試新粧纔了
注流水香毬記曉剪春冰馳送金瓶露濕緹騎新
流甚天中月色被風吹夢南州 樽前相見似羞
人蹤跡萍浮問弄雪飄枝無嬰亭上何日重游我
欲纏腰騎鶴烟霄遠舊事悠悠但凭闌無語烟花
三月春愁 鄭覺齋

十里春風二月分明月蕊仙飛下瓊樓看冰花剪
剪擁砌玉成毬想長日雲階竚立太真風骨飛燕風
流斂群芳清麗精神初付揚州 雨窓數朶夢驚
回天外香浮似閬苑花神憐人冷落騎鶴來游為
問江淮風景長空淡烟水悠悠又黃昏羌笛孤城
吹起新愁 趙溍齋

賀新郎

辜負東風約憶曾將誰南草木筆端籠絡后土祠
中明月夜忽有瑤姬跨鶴迴不比水仙低弱天上
人間惟一本倒千鍾瓊露花前酌 瓊露仙家酒名
追往事怎忘却 移根應費仙家藥漫回頭閬山

積學書藏

信斷堡城茄作問訊而今平安否莫遣玉簫驚落
但畫卷依稀描着 往年崔帥畫軸見賜 白髮愧無
渡江曲與君家子敬相酬酢新舊恨兩交錯劉後
村

客裡傷春淺問今年梅蘂因甚化工不管陌上芳
塵行處滿可計天涯近遠見説道迷樓左畔一似
江南先得煖向何郎庭下都尋偏辜負了看花眼
古來好物難為伴只瓊花一種傳來仙苑獨許
揚州作珍重便勝了千千萬萬又却待東風吹綻
自昔聞名今見面數歸期屈指家山晚歸去説也
稀罕 古淵

貽君怨

后土祠中標韻天上人間一本道號玉真妃字瓊
姬 我與花曾半面流落花前重見莫把玉簫吹
怕驚飛 劉後村

滿庭芳

共慶春特滿庭芳思一枝玉蕊非常少年游冶何
但折盡陽曾下向瑤臺月下逢解佩玉女翻香風光
好真珠簾捲都勝盡梅芳 人間無比並蝴蝶樹
爭敢相方既春歸後此意難忘夜夢揚州萬玉飛
毫共紫燕歸梁須行樂馬家花圃不肯醉紅妝 馬
古洲

全芳備祖卷五

積學書藏

全芳備祖卷六前集

天台陳景沂編輯
建安祝　穆訂正

積學書藏

花部

玉蘂花

事實祖

紀要

長安安業坊唐昌觀唐昌公主玄宗女也舊有玉蘂花每發若瓊林瑤樹元和中春物方妍車馬尋玩者相繼忽一日有女子年可十七八衣繡綠衣乘馬峩髻雙鬟無簪珥之飾容色婉麗迥出于衆從以二女冠二小僕僕者皆緋頭黄衫端麗無比既下馬以白角扇障面直造花所異香芬馥聞于數十步之外觀者以為出自宮掖莫敢逼視佇立良久令小僕取花數枝而出將乘馬回謂黄冠者曰曩有玉峰之約自此可以行矣時觀者如堵咸覺烟霏鶴淚景物煥輝煥舉轡百餘步有輕風擁塵隨之而去須臾滅望之已在半天矣方悟神仙之遊餘香不散者經月時嚴給事休復相國劉賓客醉吟俱有聞玉蕊院真人降詩云康駢劇談録

太平廣記

穙著

積學書藏

李衛公玉蕊天中樹金鑾昔共窺注以為禁林有此本吳人不識自文饒品題始得名然此為潤州招隱山作也碑今裂為四段在通州廳中而招隱無復有此花詢之土人皆莫知為何物或云即今揚州后土祠瓊花乃自王元之始易其名而晏元獻殊集則亦有翰林盛諫議后土廟玉蕊詩序云此花因王元之更名瓊花至蘇文忠公軾長短句云后土祠中玉蕊蓋指舊名也又按晏元獻常以李善文選注質瓊花之說曰瓊乃赤玉與此花不類而東坡亦云瓊赤玉也其意蓋欲辨証其訛而許氏說文亦以瓊為赤玉云 蔡寬夫詩話

沈傳卿奉酧浙西尚書九丈招隱山觀玉蕊戲書即事見懷之作云云今書其後云招隱玉蕊花以二公詩著名累經兵燬花偶有而刻久失好事尋訪好不滿意住持置弗問者幾人矣普師來主法席求用治刻本礲石重鐫游客玩花讀詩頓還三百年舊觀良足嘉矣自晉宋招隱名甲京口古松修竹清泉幽洞播在談咏誇詡勝絕逑者採伐童赭實不副名覺師培植掃剔立志弗倦加以年序蒼翠環合景物增邃師與此寺此詩同永其傳尚勉之哉 漁隱叢話

唐人題唐昌觀玉蕊花詩以謂瑒花即玉蕊也廬

積學書藏

陵段謙叔有楊汝士與白二十二帖云唐昌玉蕊以少故見貴耳自來江南山〻有之土人取以染衣不甚惜也則知瑒花為玉蕊斷無疑矣傳子容見此帖作絕句云比瑒更繁總未佳要須博物似張華因觀異代前賢帖知是唐人玉蕊花曾慥端伯高齋詩話

物以希見為珍不必異種也長安唐昌觀玉蕊乃今瑒花又名米囊黃魯直以山礬者在江東弥山亘野殆與榛莽同而唐昌所產至于神女下游折花而去以踐玉峰之期是不特世俗罕見雖神仙亦不識也 容齋隨筆

唐人甚重玉蕊故唐昌觀有之集賢院有之翰林院亦有之皆非凡境也予往因親舊自鎮江招隱來遠致一本條蔓如荼蘼種之軒檻冬凋春茂枯葉紫莖再歲始著花不久當成樹玉蕊花苞初甚微經月漸大暮春方八出鬚如冰絲上綴金粟花心復有碧筒狀類膽瓶其中別抽一英出衆鬚上散為十餘蕊猶刻玉然花名玉蕊乃在于此群芳所未有也宋子京劉原父宋次道博洽無比不知何故疑為瓊花王元之知揚州但言未詳何木俗呼為瓊花子京何故以誣元之蔡君又引晏同叔之言以為証甚無謂也劉夢得雪蘂瓊絲之句最

積學書藏

為中的何必拘李善赤玉為之註耶桾音陳南史劉香傳所謂桾酒者予嘗得醖法芬冽異常山谷似不以香傳為據狗俗訛語作鄭而江南鄉音又呼鄭為瑒復疑未妥于是創山礬之名然二詩并序初未嘗及玉蕊止因好事者偽作唐人帖故曾端伯洪景盧皆信之其實諸公猶未見此花所謂信耳而不信目也 周必大

以玉蕊為瑒起于曾端伯予與段譙叔之子元愷同里巷往還至熟其父初無楊汝士帖小說難信類此尚有楊巨源絕句今作冠篇至于孫句晁詞差訛如前說不必再論姑附卷末 子充

戴顒字仲若捨宅為招隱寺寺在京口放鶴門外與鶴林古竹院相望類數里孤處于萬山荒涼之巔所由山徑石卵粲粲不絕如綫是名招隱寺有米元章隸碑以紀仲若之出處方丈有閣號招華梁昭明選文于中閣之左有泉名鹿跑虎跑其泉清沁閣之右有亭名玉蕊巍扁其上亭之下有玉蕊二株對峙一架其枝條彷彿乎葡萄而非葡萄之所可比輪囷磊塊如古君子氣象焉其葉類柘葉之圓尖梅葉之厚薄其花類梅而萼瓣縮小厥心微黃類小淨瓶暮春初夏盛開葉獨後凋其白玉色其香殊異而其高丈餘也是名玉蕊土人僉言

積學書藏

此花自唐迄今自天下與此寺只二株亦猶瓊花之于維揚千餘年間凡幾遭兵燹幸存今唐長花曰玉蕊觀及御史所居閣前往往不可稽攷而僅餘此寺雖然李德裕沈傳卿再謄之詩石如新可以究其終始欲天下皆知此花非山礬非瓊花其夏出鮮儔而自成一家也故詳紀其本末云 愚一子親歷其寺審書

賦詠祖

七言散句

正是清澄秋雨夜空傳玉蕊發春晴 清臣

五言古詩

蒼崖何蟠曲嘗為隱君宅宋戴顒善琴隱居於此孰謂人琴亡松風正蕭索花開雪英舞鹿去山泉洌山有鹿跑泉經聲草堂迥天香中夜發月落山氣深清猿嘯亦絕如何人外迹輕與世綱別 山谷二首

玉蕊生禁林地崇姿亦貴散漫溪谷中蓬蒿復何異清芬信幽遠素彩非妖麗蒼烟蔽山日瓊瑤為之晦氣久自扶疎巖深愈凝邃請觀唐相吟俗眼無輕視 以上係詠潤州招隱寺玉蕊花

五言絕句

唐昌樹已荒天意眷文昌曉日微風起春時雪滿

積學書藏

墻 鄭谷

五言六句

唐昌觀中樹曾降幾天人鸞駕久何許雪英如日
春豈無遺佩者來致捧心顰 宋祁 並係詠唐昌
觀玉蕊花

五言八句

玉蕊天中樹金閨昔共窺落英閑舞雪密葉乍低
帷舊賞烟霄遠前歡歲月移今来想顏色還似憶
瓊枝 李德裕 此係李德裕詠招隱寺玉蕊花詩寄江西沈大夫閣老云此樹吴人不識因予賞玩乃得名又自註云翰林內署沈大夫所居閣前有此樹每花落空中回旋久之方集庭砌大夫書邀予同玩
曾對金鑾直同依玉樹陰雪英飛舞近烟樹動摇
深纛萼年年密衰容日日侵勞君想華髮僅欲不
勝簪 沈傳師
竹院過僧話山門掃地迎英雄猶有迹般若太無
情玉蕊春陰密琅玕晚瞩清半生来往屢也合送
人行 後村

七言古詩

維揚后土廟瓊花安業唐昌宫玉蕊判然二物本
不同喚作一般良未是瓊花雪白輕壓枝大率形
摸八仙耳山谿野路多見之樵夫摧殘如獮雞比
之玉蘂似實非金粟冰絲那有此花鬚中有碧膽

積學書藏

瓶别出瓏璁高半指清馨静夜衝九天招隱瑶臺
女仙子乘風躍馬汗漫遊偷折繁香分月姊紫莖
柘葉荼蘼條少到尋常人眼底翰林内苑集賢閣
雨露承天近尺咫後生不識天上花又把山礬輕
比擬葉酸而澀供染黄不著露霜纔偏入紙江鄉
老少知此名鄭柘瑒音無正字方言土諺隨舌訛
烏馬成焉固應爾 鄭松窓

七言古詩散聯

楊花可與名玉妃楚花可與名王女天上瑶臺是
本居人在月宫合同處 徐節孝
新舊明河洗面来更佩明珠蹈瑶席不用朱鸞與
紫霞玉麒麟駕白雲嵥
團珠刻玉比朱瑕雅静居然不塵汙須信掇之天
上奇細吐冰絲說心愫我不是戴處士築居玩賞
慳詩句又不是宋尚書剛記瓊花易名誤 楊誠齋

七言絶句

晴空素艷照霞新香灑東風不到塵時贈昔閒將
白雪蘂珠宫上玉花春 楊巨源
味道齊心禱玉宸寬銷眼冷未逢真不如滿樹瓊
瑶蕊咲對藏花洞裡人 嚴休復 二首
羽車潛下玉龜山塵界何由覩玉顏惟有無情枝
上雪好風吹綴緑雲鬟

積學書藏

千枝花裡玉塵飛阿母宮中見亦稀應共諸仙鬪
百草獨來偷折一枝歸
九色雲中紫鳳車尋仙來到洞仙家飛輪回處無
蹤跡惟有斑斑滿地飛
玉女來看玉樹花異香先引七香車攀枝弄雪特
回首驚怪人間日易斜　劉禹錫二首
雪蕊瓊絲滿院春羽衣輕步不生塵君平簾下徒
相問長伴吹簫別有人
嬴女偷乘鳳下時洞中潛歇弄瓊枝不緣啼鳥春
饒舌青瑣仙郎可得知　白香山
弄玉潛過玉樹時不教青鳥出花枝的應未有諸
人覺只是嚴郎可得知　元稹
琪樹年年玉蘂新洞宮長閉綵霞春日莫落英鋪
地雪獻花無復九天人　武元衡
一樹瓏鬆玉刻成飄廊點地色輕輕女冠夜夜香
來處唯有堦前碎月明　王建
芳意將闌風又吹白雲離葉雪辭枝集賢雠校無
閒日落盡瑤華君不知　白居易

七言八句

鳳池西畔圖書府玉樹玲瓏景物閑長聽餘風送
天樂時登高閣望人寰青山雲繞闌干外紫殿香
來步武閒曾是先賢翔集地每看壁記一慙顔　劉

積學書藏

禹錫

路入平山萬木清松蘿簷蔚接烟甍鹿跑泉眼涵秋
影鴈帶雲容度晚晴花徑有時傳相國蘚碑無字
紀昭明六朝輪壁今何處嬴得千年蕙帳名　岳東
凡
纔入平園便有聲唐昌觀裡久知名已堆玉琖分
金粟更揷銀花小翠蘿蔓春風滕薜長山礬香
氣晉齊盟世間百卉應無恨不遇王公枉一生　楊
東山

七言律詩散聯

江南春晚經行地賸有唐昌玉蕊花露綺烟絺無
限態冰清玉潤自成葩　劉乆叔

樂府祖

下水船

百紫千紅翠惟有瓊花特異便是當年唐昌觀中
玉蕊尚記得月裡仙人來賞明日喧都市　甚時
又分與揚州本一朵冰姿難比曾向無雙亭邊半
酣獨倚似夢覺曉出瑤臺十里猶憶飛瓊標致　晁
補之

全芳備祖卷六

全芳備祖卷七 前集

天台陳景沂編輯

建安祝　穆訂正

花部

海棠

事實祖

碎錄

海棠爲花中神仙唐賈肥花木以海爲名悉從海上來李贊皇集以梅聘海棠但恨不同時耳金城記海棠有色無香惟蜀中嘉州海棠有香其木合抱花譜

紀要

唐明皇曾召太真妃〻被酒新起帝曰此乃海棠花睡未足耳楊妃傳杜子美母名海棠所以集中無海棠詩詩話劉淵村有三恨一恨鰣魚多骨二恨金橘太酸三恨海棠無香　羅隱爲錢塘令嘗手植海棠一本于舊治庭前王禹偁有詩賦之詩見賦咏徐老作海棠巢飲其上山谷詩注　真宗御製有雜花十題以海棠爲首賜群臣唱和沈立記曾端伯十友調咲今取友于十花芳友蘭也清友梅也奇友臘梅也殊友瑞香也淨友蓮也禪友薝蔔也佳友菊也仙友巖桂也名友海棠也韻友荼蘼也仍有玉友來奉佳賓酒也詞話

雜著

仁宗朝張冕學士賦蜀海棠詩沈立所以載諸海棠記中云山木瓜開千顆〻水林檎發一攢〻注云大約木瓜林檎花初發皆與海棠相類若冕言則江西人正謂海棠梨花耳惟紫錦色正謂之海棠沈立記言其花五出初則極紅如胭脂點〻及開則漸成纈暈至落則若宿妝淡粉審此則似木瓜林檎二花若非真者矣晏元獻云已定復搖春水色似紅還白海棠花然則張冕亦與元獻同意耳復齋漫錄惟紫綿色者謂之海棠餘乃棠梨花耳江浙間有一種柔枝長蔕顏色淺紅垂英向下謂之垂絲海棠與此不同類蓋强名耳

賦詠祖

五言散句

花謝東風老皮日休　海棠睡未足劉后村

野棠開未落沈約　紅透海棠嬌戴石屏

海棠花在否側卧卷簾看韓偓

要識吳同蜀須看綫海棠聖俞

醉生燕玉頰瘦聚楚宮腰

燕友色欲滴紫蠟蔕何長

當時杜子美吟徧獨相忘

積學書藏

臥聞海棠花泥污燕脂雪 東坡
杜甫句何嘗薛能詩未工 王元之
香裏無勍敵花中是至尊
別疑天與態不是地生根
日高春睡足露冷曉妝遲 白氏集
一片海棠紅報是花飛去 李春山

七言散句

蜀州海棠勝西川 聖俞
蜀樹成行翠竹圍 朱文公
獨倚闌干正惆悵海棠花裏鷓鴣啼 張蠙
未如此日家園樂數徧繁枝裊裊紅
濯雨正疑宮錦爛媚晴先奪曉霞紅 范純仁
綠嬌隱約眉輕掃紅嫩妖饒臉薄妝 王介甫
少陵為爾牽詩興可是無心賦海棠
幾經煖律移新歲旋見繁枝滿故枝
鬱鬱蒼髯真遠道絲絲紅萼是鄉人 東坡
驕暄不為海棠計長晝只添鸚鵡愁 子由
自憐病眼猶明在更把名花半醉看 秦敏
濯錦江頭千萬枝小年未解惜芳菲 韓持國
燕支濃透春風面翡翠新裁生色衣 楊廷秀
自是新晴生意思起來無力對春風
未晚啼鶯相喚語海棠飛盡一庭紅 陳止齋

積學書藏

天寒日晚行人樂自落自開還自香 張芸叟
燕子不禁連夜雨海棠猶待老夫詩 陳去非
只應夢萼多佳思誰與繁紅卻負春 王內翰
萬蕊粉姸照畫堂一株春思尚緘藏 程金紫
舊叢還有香心在卻被西風管領歸
精神不比籬邊菊莫把尋常醉眼看
過了海棠人不省夢中姑自詠梅花 嚴粲
綠章衣奏通明殿乞借春陰護海棠 陸放翁
疑是當年錦步障至今留得罩春風 俞海洞
翠幄不聞楊柳晚紅雪初上海棠春 湘山居士
海棠照日倚垂楊萬縷千絲影零亂 清非居士
淺著燕支調淡粉細將瑪瑙碎鋪茸 楊東山
效顰已笑林檎粉諸偏嫌謝豹緋 北磵
卻恨韶華偏蜀土更無顏色似川紅 吳仲俊
只為人前逞顏色天工罰取不教香 王方君
嬌容自是難將息也愛春晴也怕晴 翠巖齋
有客不來吾與懶海棠開盡更無詩 黃篤齋
翠草庭前生意足甘棠堤上去思多 厲小山
雨餘妃子華清沐雲暮仙從絳闕來 趙庸齋
固宜夜裡稱名友已向園中壓眾芳 王梅溪
杜陵應恨未曾識空向成都結艸堂
流鶯似避宮妝靚黃鵠銜將蜀種來 曾仝

積學書藏

野客帰時山月上棠梨葉頭瞑禽啼 白氏集

台嶺分霞争抱蕚蜀宫裁錦鬧纏枝 宋景文

五言古詩

景暄林氣深雨罷寒塘綠置酒此佳辰尋幽摹前躅翠樹麗臙華紫烟散清馥當由懐别恨敍莫向空谷 朱文公

高枝哄粲粲低枝明爍爍但與風相撩不與風相得風吹莫苦急游子嘆日晏彭祖與顔回相去獨瞬息 梅聖俞

盛若霞藏日鮮於血洒空高低千點赤深淺半開紅妝粉脂纔布膏唇檀更融色焦血可厭骵瘦不成豊 石曼卿

揺揺墻頭花朝開一何邃柔態不能勝幽情若有竚 王岐

揺揺牆頭花脉脉含幽姿把蕊惜青春將以遺所思所思在天外望望不可期

揺揺牆頭花咲咲美春色荒凉衆草間露此紅的皪草木本無情及時如自得

朝看開尚少暮看繁已多不惜花開繁所惜時節過昨日枝上紅今夕隨流波物理固如此古來知奈何 歐陽修

金鞭過南市紅燭宴西樓千株誇盛麗一枝賞纖柔那知茅簷底白髪見花羞花亦如病姝掩抑向客愁 陸游

月下看荼蘼燭下看海棠此是看花法不可輕傳揚荼蘼暗處看紛紛滿架雪海棠明處看滴滴萬點血

戢戢誰衆頭脉脉俱俛地既言是姊妹又却相妬忌面痕赤未没盡是傷爪㸔不然睡未醒被人沃井水 李泰伯

花葉兩分明春陰卧簾幙東風吹不斷日莫胭支薄 陳去非

柔條還自立絕色所不鬪昂然氣格高下視群卉陋 程金紫

怨淡添猩血矜香棄麝煤蛟綃翡翠帳寶鈿珊瑚盃 徐孝節

五言絶句

公舘似仙家池清竹徑斜山禽忽驚起衝落半庭花 劉隨州

艶翠春鋪骨妖紅醉入肌花仙别無訣一味惱燕支 楊廷秀

五言排律

桂須辭月窟桃合避仙源贈别難饒柳忘憂肯避萱輕輕飛燕舞脉脉息僞言蕙陋虚侵徑梨凡浪

積學書藏

積學書藏

占園論心畄蝶宿低面僝鶯喧不奈神仙品何韋
造化恩烟愁恩舊夢雨泣怨新婚畫恐明妃恨移
同卓氏奔王安石

五言八句

春色池塘綠忽驚花嶼紅亂英深淺色芳氣有無
中置酒賓朋集披襟賞咏同若非摹寫得應逐彩
雲空朱文公

五言律詩散聯

西域流根遠中都屬賞偏初無可比色意不許勝
妍薄瞑霞烘爛平明露濯鮮長衾繡作地密帳錦
為天宋景文

穠芳不隱葉併艷欲然枝褻彩分群鸞勻霞點萬
織回文錦成後甲煎燎烘時

好風傳馥郁凡卉愧芬芳爛熳雪成瑞藏織女有
薔程金紫

詩裡稱名友花中占上游風來香細〻何獨是嘉
州王梅溪

七言古詩

江城地瘴蕃草木只有名花苦幽獨嫣然一笑竹
籬間桃李漫山總粗俗也知造物有深意故遣佳
人在空谷自然富貴出天姿不待金盤薦華屋朱
唇得酒暈生臉翠袖卷紗紅映肉林深霧暗曉光

積學書藏

遲日煖風輕春睡足雨中有淚亦悽慘月下無人更
清淑先生飽食無一事散步逍遙自捫腹不問人
家與僧舍拄杖敲門看修竹忽逢絕艷照衰朽欲
息無言揩病目陋邦何處得此花無乃好事移西
蜀寸根千里不易到銜子飛來定黃鵠天涯流落
俱可念為飲一樽歌此曲明朝酒醒還獨來雪落
紛〻那忍觸東坡

帝城二三月海棠可萬株向來青女輕滕六戲與
一撼即日枯東皇夜遣司花女手挼紅藍滴清露
染成片〻淨練酥亂點梢〻酣日樹蓬萊仙人約
老翁寄牋招喚陸龜蒙為花一醉也不惜就中一事
最奇特海棠兩岍繡帷裹是間橫着湛胡牀陸龜
蒙踞牀忽倒臥烏紗自落非風墮花吹滿面雪霏
霏起來索筆手如飛臥去起來都是韻是醉是醒
君莫問好箇海棠花下醉臥圖如今畫手誰姓吳
楊誠齋

厭煩只欲長面壁此心安得頑知石杜門復出歎
習氣止酒還開懃定力成都二月海棠開錦繡帷
裹城迷巷陌燕宮最盛號花海伯圖雄豪有遺跡
猩紅鸚綠極天巧叠萼重跗曜朝日繁華一夢忽
吹散閑眼細思猶歷〻憂樂相尋豈易知故人應
記醉中詩夜闌風雨嘉州驛愁向屏風見折枝陸

積學書藏

放翁

常年春半花事竟今年春半花始盛衰翁不減少年狂走馬直與飛蝶競妍華有露洗愈明纖若無風搖不定莫數飄零作紅雨剩着倩笑臨妝鏡溪梅枯槁墮岩谷山杏輕浮真妾媵欲誇絕艷不勝說縱欠濃香何足病華燈銀燭搖花光翠杓金船豪酒與夜闌感事獨凄然繁枝空折誰堪贈 放翁

洛陽春信久不通姚魏開落故塵中揚州千葉昔曾見已歎造化無餘功西來始見海棠盛成都第一推燕宮池臺埽除凡木盡天地轉盼花光紅度雲墮空不飛去時有絳雪縈微風蜂蝶成團出無路我亦狂老迷西東此園低樹猶三丈錦繡却在青天上不須更著剪刀裁乞與齊奴開步障 放翁

七言古詩散聯

朝看不足暮秉燭何暇更尋梅與杏青泥劍棧將度時誇馬英辞霜氣冷 聖俞

杜陵先生詩萬紙剩欠題花無可擬昭陽深殿睡東風一日聲名勝妃子 趙分庵

七言絕句

濃淡芳春滿蜀鄉半隨風雨斷鶯腸浣花溪上空惆悵子美無心為發揚 鄭谷

名園封植幾經春露葉烟梢畫不真多謝許昌傳雅什蜀都曾不遇詩人

積學書藏

昔聞游客話芳菲濯錦江頭幾萬枝縱使許昌持健筆可憐終古愧幽姿

江東遺跡在錢唐手植庭花滿院香若使當年居顯位海棠今日是甘棠 王禹偁

東風嫋嫋泛崇光香霧霏霏月轉廊只恐夜深花睡去高燒銀燭照紅妝 東坡

海棠院裏尋春色日炙嬌紅滿院香不覺春風都過了東窗渾為讀書忙 山谷

為愛苞香炤地紅倚闌終日對芳叢夜深忽憶高枝好把酒更來明月中 文與可

看花南陌復東阡曉露初乾日正妍走馬碧雞坊裡去市人喚作海棠顛 放翁七首

為愛名花抵死狂只愁風日損紅芳綠章夜奏通明殿乞借春陰護海棠

花陰掃地置清樽爛醉歸時已夜分欲睡未成欹倦枕輪囷帳底見紅雲

宣華無樹著鶯帷有摩柯春水生故老能言當日事直將宮錦裹宮城

枝上猩猩血未稀樽前紅袖翠成圍應須直到三更看畫燭如椽為發揮

重歲丹砂品最高可憐寂莫棄蓬蒿會當車載金

錢去買得春歸未是豪
絲々紅萼美春柔不似踈梅只慣愁常恐夜寒花
索莫錦茵錦燭接涼州
露揉雨漬柳方濃日晒風熏杏正烘衹有海花棠非
旋染臙來大小便鮮紅 楊誠齋三首
百株都好却嫌渠練水東邊第一枝開與未開相
間看濃紅密々淡踈々
夜雨朝晴花睡餘海棠傾國萬方無館娃一樣三
千女露濕燕支洗面初
憶向宣華夜倚闌花共妍煖月光寒如今踏颯嫌
風露且看銅瓶滿插看 范石湖
淡月看花似霧中遶呼燈燭倚花叢夜來月色明
如畫却向庭蕪數落紅 止齋
未須比擬紅深淺更莫平章香有無過雨夕陽樓
上看千花那有此敷腴 張南軒
古寺留春醉得多紫薇花畔海棠窠無人歲晚仝
幽獨古樹陰森著薜蘿 張于湖
傳芳遠々自西隣錦傘高張慰眼新花淚覺來紅
淚落年々如憶故宮春 曾景建
萬紅夾路笑相迎彷彿前身石曼卿若向花中論
富貴笑蓉城劣海棠城 劉後村
幾樹繁紅映碧灣苧蘿山下見芳顔分明消得黃

金屋却墮荒蹊野徑間
色深乍擣守宮紅片細俄隨蛺蝶風到得離披無
意緒精神全在半開中
淡賞無煩羯鼓催解鞍便可坐莓苔莫將花與楊
妃比能與三郎作禍胎
十月園林不雨霜朝曦赫々似秋陽夜來聽得游
人語不見梅花見海棠 戴石屏
少陵不賦海棠詩留待風流相國詞閒種錦窠三
百本春風繞起蜀人思 金大用
海棠點々要詩催日暮紫綿無數開欲識此花奇
絕處明朝有雨試重來 陳去非
紅妝翠袖一番新人向園林作好春却笑華清誇
睡足只今羅襪久無塵
深院無人春日長游蜂來往燕飛忙海棠嬌甚成
羞澀凴仗東風催曉妝 湛道山
依々楊柳已藏鴉風度鶯聲到碧紗洗盡春光連
夜雨海棠贏得兩三花 趙信菴
幾樹繁紅一徑深春風裁剪錦成屏花前莫作淵
村恨且看楊妃醉未醒 北山
向晚鸞牋擘研紅相煩歸燕簾東風貯春未得偷
閒力遲放海棠花幾叢 俞梅山
幾多紅紫赴晨妝少待嬌羞似海棠自是東風分

積學書藏

霎劣饒他顏色減他香 黄書隱
換却春衫又却單東風㵾凜海棠寒清明節近歸
期遠又是將花客裡看 劉克齋
空谷嫣然笑靨開春風元自蜀山來少陵忘汝渾
閑事更有離騷忘却梅 曾茶山
小春破白惟梅耳檢點南枝花尚遲自是天工薄
寒素東風先到海棠枝 勉急
君王勤儉御經筵鬬却羊車今幾年白髮宮人無
職事海棠花下晒西氈 雪湖
貪詩閑費一生心水際雲崕到處尋可惜春花吾
老矣海棠烟雨閉門深 鄭雲林
移根千里入名園酒暈紅嬌氣欲暗昏待得太真春
睡醒風光已不似開元 陳三嶼
無波可照底須窺與柳爭嬌也學垂破曉驟晴天
有意生紅新晒一絢絲 楊誠齋
不關殘醉未醒鬆不為春愁懶散中自是新晴生
睡思起來無力對東風 誠齋

七言八句

靚妝濃艷雨濛茸高下池臺細細風却恨韶華偏
蜀土更無顏色似川紅尋芳只恐三春暮把酒欣
逢一笑同子美詩才猶閣筆至今寂寞錦城中 吳
中復

積學書藏

春風用意勻顏色銷得攜觴與賦詩濃麗最宜新
著雨妖嬈全在欲開時莫愁粉黛臨窗懶果信丹
青點染遲朝醉莫吟看不足羨他蝴蝶宿深枝 鄭
谷
誰道名花獨故宮東城盛麗足爭雄橫陳錦障闌
干外盡吸紅雲酒琖中貪看不須持夜燭倍狂真
欲擅春風拾遺舊韻悲零落瘦損晋圍擬未工 放
翁
四面週遭國艷叢危亭頓在艷叢中天開錦幄三
千丈日透紅妝八萬重積雨乍晴偏楚楚東風小
緩莫匆匆為花一醉非難事且道花穠復酒醲 誠齋

五首

竹邊臺榭水邊亭不要人隨只獨行乍煖柳條無
氣力半晴花影不分明一番雨過來幽徑無數新
禽有喜聲只欠翠紗紅映肉兩年寒食負先生
吾詩多為海棠歌花意依然怨不多已折未開渾
是韻乍濃還淡總由他留連春色能 底請託東
風定肯麼豈是少陵無句子少陵未見欲如何
小園不到負今晨曉喚嬌紅伴老身落日爭紅那
肯暮艷妝一出更無春林開露坐看搖影酒底花
光併入唇銀燭不燒渠不睡梢頭恰恰挂冰輪
垂絲別得一風光誰定全輸蜀海棠風攬玉皇紅

積學書藏

世界日烘清帝紫衣裳懶無氣力仍春醉睡起精神欲曉粧舉似老夫新句子看渠桃李敢承當

幽姿淑態弄春晴梅借風流柳借輕剩種直教臨野水半開長是近清明幾經夜雨香猶在染盡燕支畫不成詩老無心為題拂至今惆悵似含情劉屏山

燕支為臉玉為肌未赴春風二月期曾比温泉妃子睡不吟西蜀杜陵詩桃羞艷冶愁回首柳妬妖嬈祇皺眉燕子欲歸寒食近黄昏夜院雨絲絲朱淑真

子美無詩到海棠酒邊游戲畧平日烘不睡却半成睡風煖無香却自香花事一番勞應接春風强半被分張速來窠上尋徐老同醉花前作楚狂徐竹隐

七言律詩散聯

一枝低帶流鶯睡數片隨舞蝶飛堪恨路長移花不得可與無人與畫將歸鄭谷

輕盈千結亂櫻叢占得年芳近碧櫳逐處開齊高下朶幾番分破淺深紅晏元獻

宛轉風前不自持妖嬈微傳淡胭脂花如剪綵層層見枝似輕絲裊裊垂斯庵

樂府祖

積學書藏

訴衷情

海棠枝綴一重重清曉近簾櫳胭脂淡註勻偏偏向臉邊濃　看葉嫩惜花紅意無窮如花如葉歲歲年年共占春風晏元獻

桃源憶故人

碧紗影弄東風曉一夜海棠開了枝上數聲啼鳥粧點愁多少　妬雲恨雨腰支裊眉黛不收重掃薄倖不來春色老羞帶宜男草歐陽公

添春色

喚起一聲人悄衾枕夢寒曉障過雨海棠時時春色又添多少　社甕釀成微笑半破瓔甌攬健倒急投牀醉鄉廣大人間小秦少游

木蘭香

一簾疎雨道世無情還有恩生久克銷風動朱唇點點嬌　生平浩氣靜樂機關隨處是熏透寒衾蝴蝶休縈萬里心徐分軒

醉花陰

昨夜雨疎風驟濃睡不消殘酒試問捲簾人却道海棠依舊知否知否應是綠肥紅瘦李清照

蝶戀花

濯錦江頭春欲暮枝上繁紅著意留春住祇恐東君嫌面素新粧賸把燕支傅　曉夢驚寒初　過

積學書藏

珠簾問有餘花雨帳望草堂無一語丹青傳
得疑情處王道輔

前日海棠猶未破點點燕支染就真珠顆今日重
來花下坐亂鋪宮錦春無那　勝摘繁枝簪幾朶
痛惜深憐只恐芳菲過醉倒何妨花底卧不須紅
袖來扶我張村浦

洞仙歌

群芳未盡是海棠時候雨過寒輕好情畫最妖嬈
一樹全是初開雲鬟小塗粉施朱未就　全開還
自好駘蕩春餘百樣宮羅鬪繁繡縱無語也應心
恨我來遲恰柳絮將春歸後醉猶倚柔枝恰黃昏
這一點愁須共花同醉晁无咎

感皇恩

常歲海棠時偷閑須到多病尋芳懶春老偶來恰
直半謝妖嬈猶存便呼詩酒伴同顛倒　繁枝高
蔭疎枝低繞紅底盃盤花影照多情一片我歸來
不早斷腸鋪碎錦門前道

錦園春

醉痕潮玉愛柔英未吐露華如簇絕艷矜春分流
芳金谷　風疏雨沐月空把夜闌清淑杜老情疎
黃州賦吟誰憐幽獨張于湖

點蜂唇

積學書藏

絲蕊垂垂嫣然一笑新妝就錦亭前後燕子來時
候　誰恨無香試把花枝嗅風微過細薰錦袖不
止嘉州有王梅溪

醉落魄

馬啼塵撲春風得意笙歌逐歎門不問誰家竹只
揀紅妝高處燒銀燭　碧雞坊裡花如屋燕王宮
下花成谷不須悔唱關山曲只為海棠也合來西
蜀范石湖

芳塵休撲名花喚我相隨逐淺妝不比梅欺竹深
注朱唇粉面稱紅燭　阿嬌合貯黃金屋是誰却
遣來空谷酡顏偏倚闌干曲一段風流不枉到西
蜀京松坡

殢人嬌

多少燕友勻成點就千枝亂攢紅堆繡花無長好
更光陰去對景憶良朋故應招手　曾記年時花
開把酒枉淋淋春衫濕透文園今病問速能來否
却道有荼蘼牡丹時候張智宗

滿江紅

老子年來頗自許心腸鐵石尚一點鋪磨未盡愛
花成癖懊惱每嫌寒勒住丁寧莫被晴烘折奈愷
風烈日太無情如何得　張畫燭頻頻惜憑素手
輕輕摘更幾番雨過彩雲無迹今日不來花下飲

積學書藏

明朝空向枝頭覓對殘紅滿院杜鵑啼添愁寂劉
後村

卜筭子

嬌艷醉楊妃輕裊憐飛燕人在昭陽睡足時初試
妝深淺　一叚錦新栽萬里來何遠高燭休教照
夜寒嫋臉融春暖　葉石林
盡是手栽成合得天饒借風雨于花有底雖著意
相淩籍　做暖逼教開做煖催教謝不負明年花
下人只負栽花者　劉後村

水龍吟

東君直是多情好一夜都開盡杏梢零落欒闌花
暮不教寧靜風度秋千日移簾幙翠紅交映正是
太真浴罷西施濃抹都沈醉嬌相稱　磨徧綠窓
銅鏡挽春衫不堪比並莫雲空谷佳人何處碧苔
侵逕睡裏相看酒邊凝想許多風韻問因何卻欠
一些香味惹傍人恨　馬莊父

摸魚兒

甚春來冷烟淒雨朝朝遲了芳信驀然作暖晴三
日又覺萬株嬌困霜點鬢潘令老年年不帶看花
分才情減盡悵玉局飛仙石湖絕筆辜負這春韻
傾城色懊恨佳人薄命墻頭岑寂誰問東風日
暮無聊歎吹得胭脂成粉君試認花共酒古來二

積學書藏

事天尤吝年光去迅謾綠葉成陰青苔滿地做取
異時恨　劉後村

如夢令

江上綠楊芳草想見故園春好一樹海棠花昨夜
夢魂飛繞驚曉驚曉窓外一聲啼鳥　吳履齋

木蘭香慢

漸秋空向晚被風雨趲重陽正木落疎枝海棠枝
上忽見紅妝料應妬他蘭菊任年年獨自占秋光
故把春風嬌西向人逞艷呈芳　看來畢竟此花
強祇是欠些香悄一似武陵公子卻壓膏粱肯來
水邊竹下與幽人相對說淒涼只恐夜深花睡去故
五更微有清霜　劉叔凝

二郎神

深深院夜雨過簾櫳高捲正滿檻海棠開欲半仍
朵朵紅深紅淺遙認三千宮女面勻點點燕支未
徧更微帶春醪宿醉裊娜香肌嬌臉　日暖芳心
暗吐含羞輕顰笑繁杏夭桃爛熳愛日容易出墻
峴子美當年游蜀苑又豈是無心眷戀都只為天
然體態難把詩工裁剪　王梅溪

念奴嬌

綠雲影裡把明霞織就千重文繡紫膩紅嬌扶不
起好是未開時候半怯新寒半宜晴色養得燕支

積學書藏

透小亭人静嫩鶯啼破清晝　猶記携手芳陰一
枝斜帶艷嬌波溲秀小語輕憐花總見爭得似花
長久醉深淺休歸夜深同睡明月還相守免教春去
斷腸空歎詩瘦　謝竹友

水龍吟

晝長庭院深深春柔一枕流霞睡朦鬆欲醒嬌羞
還困錦屏圍翠豆蔻初肥櫻桃微綻玉闌同倚記
華清欲起渭流波暖紅漲膩脂水　燕子來時
天氣儘韶光與他為地芳叢雨歇霞痕日曬英英
仙意莫恨無香最憐有韻天然情致待問春能幾
五更猶是恃今宵醉　方秋崖

如夢令

雨洗海棠如雪又是清明時節為
花愁絶愁絶愁絶誰與春風分説

臨江仙

翠袖卷紗紅映肉無風玉骨生寒可堪新曉雨初
殘顰眉誰憐著粉淚滴闌干　聞道謫仙歌妙語
新妝再發愁顏霧簾雲幙薦金盤筆間長借句直
莫放春還　藏六居士

南鄉子

十月小春天紅葉紅花半面雨烟點滴紅酥真耐冷
爭先奪取梅魂鬬雪妍　坐待曉鶯遷織女機頭

積學書藏

蜀錦鮮枝上緑毛么鳳子飛仙乞取溲溲之作被眠
李方叔

踏青游

濯錦江頭羞殺艷桃穠李縱趙昌丹青難比暈輕
紅留淺素千嬌百媚照緑水恰如乍臨鸞鏡妃子
弄妝猶醉　詩筆因循不曉少陵深意但滿眼傷
春淚珠燕來時鶯啼處年年憔悴便除是秉燭凭
欄吟賞莫教夜深花睡　陳濟翁

菩薩蠻

東風去了秦樓畔一川烟草無人管芳樹雨初晴
黃鸝三兩聲　海棠花已謝春事無多也只有牡
丹時知他歸不歸　劉叔擬

燭影搖紅

蜀錦華堂寶箏頻送花前酒妖娆全在半開時人
試單衣後花面團春競秀如紅潮玉頰微透欲甦
還墜淺酒扶頭朦朧晴晝　金屋名姝恨情空貯
閑眉岫世間還有此娉婷拚盡珠量斗真艷可憐
消受倩鶯催天香共袖冷烟庭院淡月梨花空教
春瘦　劉處靜

棣棠　甘棠附

事實祖

碎録

棠棣移也注似白楊江東呼為夫移棠棣即夫移也一名奥李一名爵梅出禮記又詩云山有苞棣亦然小雅

紀要

棠棣燕兄弟也閔管蔡之失道故作常棣焉常棣之華鄂不韡韡疏猶鄂鄂然言外發也韡韡光正明也箋承華者曰鄂足也鄂足得華之光明則韡韡然盛喻弟以敬事兄兄以榮覆弟恩義之顯亦韡韡然又云常棣花反而復合詩小雅

雜著

豈以梨有用之為貴無用之為賤昔在召伯聽訟述職甘棠作頌垂之罔極晋孫綽賦

甘棠

碎錄

杜者赤棠甘者白棠杜梨也有杖之杜注沙棠如棠子如李無核呂氏春秋

紀要

甘棠召伯聽訟也召伯之教明于南國蔽芾甘棠勿剪勿伐召伯所茇詩名南召伯在朝有司請召民伯曰不勞一身而勞百姓非吾先君之志也於是廬于棠下百姓大悦詩人歌焉

賦咏祖

五言律詩散聯

濡賦幽芳在周詩榮蕚傳佛輪千幅細公帶萬釘圖宋景文

更衣入侍宮中貴韡韡芸黃殿後花鬪色長宜日光近生輝尤喜蓋陰斜依稀裀服開風袂約畧仙盤裹露華不與艷桃偷結子漫天飛去作朝霞梅聖俞

樂府祖

蝶戀花

花為年年春易改待放柔條繫取春常在宮樣妝成還可愛鬢邊舒作拖枝戴　每到無情風雨擺點檢群芳却是深叢耐搖曳綠羅金縷帶丹青傳得妖嬈態

全芳備祖卷七終

積學書藏

全芳備祖卷八前集

天台陳景沂編輯
建安祝　穆訂正

花部

桃花 桃木附

事實祖

碎錄

桃之夭夭灼灼其華 華如桃李 園有桃 俱毛詩

仲春之月桃始華 月令

紀要

漢武帝上林苑有緗桃紫紋桃金城桃霜桃 西京雜記

漢明帝常山獻巨桃核其桃霜下花至暑方熟使植園林 西京雜記

李將軍恂恂如鄙人口不能出詞及死之日天下知與不知皆為涕泣彼其中心誠信于士大夫也諺曰桃李不言下自成蹊此言雖小可以喻大 李廣傳

潘岳為河陽令栽桃李遶河陽滿縣花

北齊盧士琛妻崔氏有文學春日以桃花和雪與兒洗面云取白雪與兒洗面作老氣取紅花與兒洗面作妍華

明皇特禁苑中有千葉桃盛開帝與貴妃日夕宴花下帝曰不獨萱草忘憂此花亦能消恨 開元遺事

清明日崔護獨游都城南得居人莊叩門求飲有女子開門以盂水至及來歲清明護往則門已扃鎖題曰去年今日此門中人面桃花相映紅人面不知何處去桃花依舊咲春風後日復往聞哭聲一老父曰子非崔護耶吾女比見桃花詩句絕食而卒崔亦感動大呼曰某在此女遂復生 麗情集

石曼卿通判海州以山路高峻人路不通略無花卉點綴照映使人以泥裹桃仁拋擲于山嶺上一二歲間花發得滿山爛如錦綉 談圃

雜著

晋太元中武陵人捕魚為業溪行忘路之遠近忽逢桃花林夾岸數十步中無雜木芳華鮮美落英繽紛漁人甚異之復前行欲窮其林林盡水源便得一山山有小口彷彿若有光便捨舟從口入初其極狹纔通人復行數十步豁然開敞土地平曠屋舍儼然有良田美地桑竹之屬阡陌交通雞犬相聞其中往來種作男女衣着悉如外人黃髮垂髫並怡然自樂見漁人乃大驚問所從來具荅云便要還家為設酒殺雞作食村中聞有此人咸來問訊自云先世避秦時亂率妻子邑人來絕境不復出焉遂與外人間隔問今是何世乃不知有漢何論魏晋此人一一為言其所聞皆歎惋餘人各復延至其家皆出酒食停數日辭去此中人語云不

足為外人道也既出得其船便取向路處處誌之及郡下詣太守説如此太守即遣人隨其往尋問所誌遂迷不復得路南陽劉子驥高尚士也聞之欣然欲往來果尋病終後無問津者元亮桃源詩記劉禹錫元和十四年自潮州召至京師贈諸君子看花詩云紫陌紅塵拂面來無人不道看花回去都觀裡桃千樹盡是劉郎去後栽後再游去都觀絶句并序云余正元二十一年為屯田員外郎時此觀猶未有花是歲出牧連州貶潮州司馬居十有一年召至京師人皆言有道士手植仙桃滿觀如紅霞遂有前篇以誌之時之事旋又出牧今十有四年復為主客郎中重游玄都蕩然無復一株惟兎葵燕麥動搖春風耳因再題二十八字以俟後游時太和二年五月也詩曰百畝庭中半是苔桃花淨盡菜花開種桃道士歸何處前度劉郎今又來文集王得臣云禹錫入為主客郎中復作玄都觀詩且言始謫十年玄都道士植桃甚盛若霞又十四年過之無復一存惟兎葵燕麥動搖春風耳以祇權近聞者每薄其行唐史惟園有桃惟山有叢丹葩孽露紫葉繞風引霧如電映烟成虹伊春之秀乃華之太宗江淹山桃頌余嘗慕宋廣平之為相貞姿勁質剛態毅狀疑其鐵腸與石心不解

吐婉媚辭然覩其文而有梅花賦清便富艷得南朝徐庾體殊不類其為人也後蘇相公味道稱之廣平之名遂振嗚呼夫廣平之才不為是賦則蘇公果暇知其人哉然廣平困于窮拒于蹭蹬為是賦也邪日休于文尚矣狀花卉体風物非有所諷輙抑而不發因感發廣平之所作復為桃花賦其詞曰伊祈氏之作春也有艷外之艷華中之華衆木不得融為桃花厥花伊何其美寔多臺隸衆芳緣飾陽和開破嫩蕚壓低纖柯其色不深不淡亦腴亦歛素練輕茜玉顔半酡若夫美景妍時春含曉滋密如不勝繁若無枝妍妍婉婉夭夭怡怡或俛首若想或閉目如凝或向者如步或倚者如疲或温馨而不可熏或婑媠而莫容或持幽柔而旁午或撦冶而倒披或翹笑如望或凝然若思或奕偞以作態或窈窕以騁姿日將明兮似喜天將慘兮若悲近榆錢兮妝翠靨映楊柳兮顰愁眉輕紅拖裳動則裊香宛若鄭袖初見吳王夜景皎潔鬨然秀發又若嫦娥欲奔明月蝶散蜂寂當閨脉脉又若妲已未聞裂帛或開故楚艷艷春曙又若息偽含情不語或臨金塘或交綺井又若西子浣紗見影玉露厭浥妖紅墜色又若驪姬將潛而泣或在水濱或臨江浦又若神女見鄭交甫或臨廣筵或當

高會又若韓娥將歌歛態微動輕風婆娑暖紅又若飛燕舞于掌中半露斜吹或動或止又若文姬將賦而思手茸旖旎互交遮倚又若麗華侍燕初醉狂風猛雨一陣紅去又若褒姒初隨戎虜滿地春色階前砌側又若戚姬死于鞠域或品之中此花最忌以家為繁以多見鄙自是物情非関春意若氏族之斥素流品秩之卑寒士他日則日他耳則耳或以昵而稱珍或以疎而見貴或有實而花乖或有花而實悴其花可以暢君之心目其實可以充君之口腹匪乎茲花他則碌碌我欲修花品以此花為第一懼俗情之横議我曰不然為之則已我目吾目我耳吾耳妍蚩決乎口取舍斷于志豈于草木之獨然信為國兮如此 皮日休桃花賦并序

桃木

碎錄

玉衡星散為桃 春秋運斗樞

插桃于戶運灰其下童子入不畏而鬼畏之是鬼知不如童子也 莊子

桃剪以除不祥剪苕也今人以桃枝洒地以辟惡 侯鯖錄

刻桃李為符 明堂

桃者五木之精也厭伏邪氣桃之精生在鬼門以制百鬼故今作桃板人以著門以厭邪此仙木也 典術

孤桃枝之券令鷄夜鳴注取孤桃南北行枝長三尺折為券塗以為三歲雄鷄血夜安栖下則鳴 淮南畢方術

紀要

黃帝書稱上古之時有兄弟二人荼與鬱律度朔山上桃樹下簡百鬼妄禍人則縛以葦索執以食虎于是縣官以臘除夕飾桃人垂葦索畫虎于門效前事也 風俗通

老子西游省太真王母共食碧桃紫李 尹喜內傳

孟嘗君將入秦蘇秦往見孟嘗君曰人事者吾已知之所未聞者獨鬼事耳秦曰人臣之來固且以鬼事見君矣臣來過淄水上有土偶人馬與桃梗相與語桃梗謂土偶人曰子西岸之土也埏子以為人至歲八月降雨下淄水至則子殘矣土偶曰不然吾西岸之土殘則復西岸耳子東園之桃梗也刻削子以為人降雨下淄水至流子而去則子漂漂然將何如今秦四塞之國譬如虎口而君入之則臣不知君所如矣孟嘗君乃止 戰國策

賦詠祖

五言散句

山桃發紅萼 謝靈運

花蹊傳樹緣 唐太宗

紅入桃花嫩 杜甫

艷陽桃李節

三月桃花浪

桃陰想舊蹊

積學書藏

栽桃爛熳紅　五桃新作花 王維
火繞緋桃塢 杜牧　嶺桃紅錦艷
桃枝綴紅糝 韓文公　桃源識故蹊 劉長卿
桃源迷舊路　桃花色欲醉
桃花御溝裏
初桃麗新彩照地吐其芳 梁簡文帝
向日分千笑迎風共一香 唐太宗
敷水小橋紅涓涓照露叢 温飛卿
花在小樓空年年依舊紅 許渾
偶蒙春風榮生此艷陽質 李白
桃生葉婆娑枝葉四向多 張籍
小桃知客意春盡始開花 少陵
曾無千歲人安得千歲實 聖俞
種桃西庭下有意延東風
浮花出晚水苦節凌霜枝 芸叟
爭開不待葉密綴欲無條 東坡

七言散句

短短桃花臨水岸 少陵
輕薄桃花逐水流
夾岸桃花錦浪紅 李白
桃花亂落如紅雨 李賀
剪綃栽錦一重重 樂天

積學書藏

華陽觀裡仙桃發
桃花百媚如欲語 温岐
桃花點地紅斑斑 高適
竹外桃花三兩枝 東坡
桃花氣煖眼如醉
桃花不逐溪流水晉客無因入洞來 杜牧
河陽縣裏雖無數濯錦江邊未滿園 少陵
江上人間桃樹枝春寒細雨出疎籬
忠州且作三年計種杏栽桃擬待花 香山
日莫殘紅空滿地無人解惜為誰開
還向萬塋深竹裏一枝斜卧碧流中 元稹
僧虔蜜炬高三尺莫惜連宵照露叢 温岐
重門深鎖無尋處惟有碧桃千樹花 郎士元
桃花盡日隨流水洞在清溪何處邊 張顛
妃子紅酣對此君風流如在武陵春 白氏集
毋家井上瑶池品先得春風一面妝 石曼卿
緑蕚紅葩晚態新風流如陣戰愁人 种明逸
雪裡花開人未知摘來相顧共驚疑 歐陽修
草草紅多枝上稀芳條紅蕚憶來時
年年二月賣花天惟有小桃偏占先 梅聖俞
十月江南號小春新陽已放一枝新 張芸叟
雙桃栽罷還惆悵憶昨河陽舊種花 張文潛

積學書藏

劉郎想到長安日葵麥風前一嘆嗟
人間日月知多少坐見桃花爛熳時劉原父
可咲天桃夸風雪山家牆外見疎紅蔡君謨
樹正含芳酒且酤熙熙為尔醉春臺陶弼
三月宮桃滿上林一花千蕚貴春心
自是粉闈人未識莫因花晚咲春風王岐公
莫向東風恨開晚鳳城猶有未歸人
春風過柳綠如線晴日蒸桃出小紅王介甫
漁郎更覓桃源路因是人間別有天朱文公
小桃洗面添光澤未點胭支已自紅竹隱
世間是妬皆為妄只却去桃巢種松趙竹
小桃自與春風惡花不隨人獨下樓芳廷子
桃源自有長生路却是秦皇不得知元次山

五言古詩

吳地桑葉綠吳蠶已三眠我家倚東魯誰種龜陰田
春事已不及江行復湛然南風吹歸心飛墮酒樓前
樓東一樹花枝葉拂青烟此樹我所種別來向三年
桃今與樓齊我行尚未旋嬌女出平陽折花倚桃邊
折花不見我淚下如流泉小兒名伯禽與姊亦齊肩
雙行桃樹下撫背復誰憐念此失次序肝腸日憂煎
裂素寫遠意因之汶陽川李白寄二子

五言古詩徵聯

積學書藏

桃花開東園含咲誇白日偶蒙春風榮生此艷陽質李太白
食桃種其核一年核生芽二年長枝葉三年桃有
花香山
行逢二三月九州花相映川原曉報鮮桃李晨妝
靚
已謝西王苑復揖後山枝聊逢賞者愛栖址傍蓬
池任昉
太鄉丹在臉還鄉雪垂領領山尚能憶兒童謾不
省
桃花女將君服飾靚以豊徘徊顧香影似為悅已
容數枝有餘妍竊竄禁省中韓子蒼

五言絕句

禾黍不陽艷競栽桃李春翻令力耕者半作買花
人鄭谷
殘月迷春曉桃花怯夜寒何人未妝洗先傍玉闌
干崔德符

五言八句

初桃麗新彩焰地吐其芳枝間留紫燕葉底發輕
香飛花入露井交榦拂華堂若映窓前柳端疑紅
粉妝簡文帝
江暆洞庭急君山吃半川別知江有國大率水多
仙環繞八百里洪濛十萬年晚春桃正碧南客繞

積學書藏

浮船陳肥遯

五言律詩散聯

在處飄紅雨臨窓始夕陽何時清禁裡一咲伴仙郎王梅溪

七言古詩

神仙有無何渺茫桃源之説誠荒唐流水盤回山百轉生綃數幅垂中堂武陵太守好事者題緘遠寄南宮下南宮先生欣得之波濤入筆驅文詞文工畫妙各臻極異境怳忽移于斯架岩鑿谷開宮室樓屋連墻千萬日嬴顛劉蹶了不聞地坼天分非所恤種桃處々俱開花川原遠近蒸紅霞初來猶自念鄉邑歲久此地還成家漁舟之子來何所物色相猜更問語大蛇中斷喪前生郡馬南渡閱新主聽終詞絶共凄然自説經今六百年當時萬事皆眼見不知幾許猶流傳爭持酒食來相餽禮數不同樽俎異月明伴宿玉堂空骨冷寬清無夢寂夜半金鷄啁哳鳴火輪飛出客心驚人間有累不可住依然離别難為情船開棹進一回顧萬里蒼々烟水暮世俗寧知偽與真至今傳者武陵人韓文公

望夷宮中鹿為馬秦人半死長城下避世不獨商山翁亦有桃源種桃者一來種桃不許春采花食

積學書藏

實枝為薪兒孫生長與世隔知有父子無君臣漁郎放舟迷遠近花間忽見驚相問世上空疑古有秦山中豈料今為晉聞道長安吹戰塵春風回首一沾巾重華一去寧復得天下紛々經幾秦王介甫

神仙擁出蓬萊宮羅幃綉幙圍香風雲鬟繞々梳翡翠頳顔滴々匀猩紅千嬌百媚槃相逐爛醉芳春逞芳馥朝陽影裏綮瓊紅辰霜香中咽寒玉丞恩侍宴清(青)帝前錦衣半脱酣晝眠鶯々燕々扶不起巧呼苦喚殊可憐傍闌無力嬌欲語花群本是桃源女幾年流水飯胡麻今在武陵溪上住趙福元

誰家有女腰如束雙眸剪水肌凝玉裩紅香汗濕鮫綃低壓嬌花鬢雲綠春光瀲灩春晝長春風撲面春花香一聲環珮鳴丁當自臨鸞鏡匀新妝趙

七言古詩散聯

小徑升堂舊不斜五株桃樹亦從遮高秋摠餧貪人食來歲還舒滿眼花少陵

山桃紅花滿上頭蜀江春水拍山流花紅易衰如郎意水流無限似濃愁劉禹錫

南家桃樹深紅色日炤霞光看不得樹小花紅風易吹一夜風吹滿墻北元稹

緋桃一樹獨後發，意若待我留芳菲。清香嫩葉含不吐，日日怪我來何遲。歐陽公

七言絶句

奉乞栽桃一百株，春前為近浣花村。河陽縣裏雖無數，濯錦江邊未滿園。少陵

黃師塔前江水東，春光懶困倚微風。桃花一簇開無主，可愛深紅映淺紅。

百葉霜桃晚更紅，臨窓映竹見玲瓏。應知侍史歸天上，故伴仙郎宿禁中。韓文公

細腰宮裡露桃新，默默無言幾度春。至憶息亡緣底事，可憐金谷墮樓人。杜牧

東風漸急夕陽斜，一樹夭桃數日華。為惜紅芳今夜裏，不知和月落誰家。來鵠

山桃野杏兩三栽，樹樹繁花去後開。今日主人相引看，誰知曾是客移來。雍陶

天上碧桃和露種，日邊紅杏倚雲栽。芙蓉生在秋江上，不向東風怨未開。高蟾

樹頭樹底覓殘紅，一片西飛一片東。自是桃花貪結子，却教人恨五更風。王建

小樓一望那人家，出屋杏梢幾樹花。只恐東風能作惡，亂紅如雨墮窓紗。劉原父

野桃無主滿山隈，仙客攜樽獨自來。盡日馨香留我醉，每春顏色為誰開。王元之

千朶穠芳倚樹斜，一枝枝綴亂雲霞。憑君莫厭臨風看，占斷春光是此花。向敏中

衣裁緗縞態纖穠，猶在瑤池午醉中。嫌近清明時節令，趁渠新火一番紅。曾裘文

習習香薄薄烟，杏遲梅早不同妍。山齋盡日無鶯蝶，只與幽人伴醉眠。种明逸

雨後桃花作片飛，風前柳絮點人衣。春歸不用怨風雨，無雨無風春亦歸。黃靜齋

盡是劉郎手自栽，劉郎去后幾番開。東君有意能相顧，蛺蝶無情也不來。朱淑真

恰似西園一徑通，幾經霜盡野塘空。桃花錯認東風煖，却與芙蓉鬭小紅。趙信菴

隻槳春風款款移，斜陽平半落芳池。不妨暫向橋邊駐，更為桃花了一詩。陳月潭

桃源花發幾番春，聞說漁郎此問津。秦帝謾勞方士道，神仙已是避秦人。蕭冰崖

七言八句

上苑夭桃自作行，劉郎去後幾回芳。厭從年少追新賞，閑對宮花識舊香。欲贈佳人非溱洧，好紉幽佩與沉湘。鶴林神女無消息，為問何由返帝鄉。東坡

積學書藏

七言律詩徵滕

暖觸衣襟漠〻香間梅遮柳不勝芳數枝艷拂文君酒半里紅欹宋玉墻羅隱

任應雨杏惜無別最與烟分望不疎比合並饒皮名博士形相偏屬薛尚書林和靖

窓外既無偷竇客井邊還有蠹根蟲此中不是城東路花葉低昂任曉風名賢集

施朱施粉色俱好傾國傾城艷不同疑是藥宮同姊妹一時俱肯嫁東風邵康節

采藥人歸聞木氣尋仙路遠夢桃花買來山釀全如水亦解昏〻到日斜陸雲西

欲留王母盤中核兼采秦人洞裡薪此事渺茫花咲我不如醉賞故園春王梅溪

樂府祖

水調歌頭

瑤草一何碧春入武陵溪〻上桃花無數花上有黃鸝我欲穿花尋路直入白雲深處浩氣展虹蜺祇恐花深處紅露濕人衣　坐白石欹玉枕拂金徽謫仙何處無人伴我白螺盃我為靈芝仙草不為朱唇丹臉長嘯亦何為醉舞下山去明月逐人歸山谷

水龍吟

積學書藏

嶺梅香雪飄零盡繁杏枝頭猶未小桃一種妖嬈偏占春工用意微噴丹砂半含朝露粉墻低倚是誰家小女嬌癡怨別空凝睇東風裡　好是佳人半醉近橫波一枝爭媚元都觀裏武陵溪上空隨流水惆悵如紅雨風不定五更天氣念當年門裡如今陌上灑離人淚

虞美人

碧桃天上栽和露不是凡花數亂山深處水縈回可惜一枝如畫向誰開　輕寒細雨情何限不道春難管為君沉醉亦何妨只怕酒醒時候斷人腸秦少游

十年花底承朝露看到江南樹洛陽城裡又東風未必桃花得似舊時紅　胭脂睡起春纔好應恨人空老心情雖在只吟詩白髮劉郎辜負可憐枝陳去非

點絳唇

醉漾輕舟信流引到花深處塵緣相誤無計花間住烟水茫〻回首斜陽暮山無數亂紅如雨不記來時路

蝶戀花

穠艷嬌春〻婉娩雨借風饒學得宮妝淺愛把緣眉都不展無言脉〻情何限　花下當時紅粉面

準擬新年都向花前見争奈武陵人易散丹青傳得閨中怨 王道輔

滿江紅

柳帶榆錢又還是清明寒食正滿園羅綺滿城簫笛花樹看晴紅欲染遠山過雨青如滴問江南池館有誰來江南客 烏衣巷今猶昔烏衣事今難覓但年年燕子晚烟斜日抖擻一春塵土債悲涼萬古英雄迹且芳樽隨分趂芳時休虛擲 吴履齋

阮郎歸

長條嫋串紅綃無風時自搖十分妖艷更茁柳條殢春情態嬌 風景舞露痕嘲買來和蝶鐃故園愁絕楚宮腰相逢恨怎消 劉圻父

全芳備祖卷八

全芳備祖卷九 前集

天台陳景沂編輯

建安祝 穆訂正

花部

李花

事實祖

碎録

何彼襛矣華如桃李 詩 桃李無言下自成蹊 見桃花門

紀要

處士崔元徽東都有宅元徽入嵩山採术茯苓回宅中蒿萊滿院時春夜風月清爽忽有白衣引紅裳者曰姓李一曰陶氏乃命坐月下色皆殊絕滿坐芳香襲人 天寶遺事 憲宗以鳳李花釀換骨醪賜裴度 叙聞録 蕭瑀陳叔達于龍昌寺看李花相與論李有九標謂香雅細淡潔密宜月夜宜綠鬓宜泛酒皆實事 承平舊纂 沅陵王貫家李花開一夜奴婢遥見花作數團如飛仙狀上天去花上露倏作雨數千點花則七矣 樞要録 元微之白樂天兩不相下一日同咏李花微之先成曰葦綃開萬朶樂天乃服蓋葦綃白而輕一時所尚 高隱外書 見桃李歲歲同時並開而退之有花不見桃唯見李之

句殊不可解因晚登碧落堂望隔江桃李皆桃暗而李獨明乃悟其妙蓋炫晝縞夜云誠齋詩序老子之母適到李下生老子老子生而能言指李曰以此為我姓神仙傳東方朔令弟子叩道邊人家門不知室主姓名呼不應朔復往見博勞飛集其家李木上朔謂弟子曰主人當姓李名博汝呼當應室人中果有姓李名博者出與朔相見即入取飲與之韓詩外傳

賦咏祖

五言散句

仙李盤根大杜少陵

當知露井側復與夭桃隣江總

南國有佳人容華若桃李文選

鶯啼密葉外蝶戲脆花心沈約

世人種桃李多在金張門李白

自明無月夜強咲欲風天李商隱

桃花空落地終被咲妖紅錢起

春風且莫定吹向玉階飛丘為

西園有千葉淡泊更纖穠東坡

七言散句

羽蓋夢餘當晝立縞衣風急過牆來陳與義

春晝暖風薰翠幄暑天涼氣暗朱欄陶弼

碎錦不飛蒙樹合素雲歌亞舉枝難司馬公

重門深鎖春風入先折桃花與李花梅聖俞

祇有此花知舊意又隨風色過東牆蔡君謨

五言古詩散聯

盤根植瀛渚交幹橫倚天舒華光四海卷葉映三川唐太宗

冷局少風景買花栽作春前時櫻桃過今日雀李新嫋[條]紅蓓蕾婀娜含雨匀舊來薔薇叢鐃借與遠近隣始移棣蕚密不憖車下榛梅聖俞

五言八句

嘉李繁相倚園林淡泊春齊紈剪衣薄吳紵下機新色與晴光亂香和露氣匀望中皆玉樹環堵不為貧溫公

七言古詩

江陵城西二月尾花不見桃唯見李風揉雨練雪羞比波濤翻空杳無涘君知此處花何似白花倒燭天夜明群雞驚鳴官吏起金烏海底初飛來朱輝散射青霞開迷亂入眼看不得照耀萬樹繁如堆念昔少年著游燕對花豈曾辭酒杯自從流落幽感集欲去未到先思迴祇今四十已如此後日更老誰論哉力攜一樽獨就醉不忍虛擲委黃埃韓昌黎

平旦入西園梨花數枝若矜誇有一株李顏色慘々似含嗟問之不肯道所以獨繞百匝至日斜忽憶前時經此樹正見芳意初萌芽奈何趁酒不省錄不見玉枝攢霜葩泫然為女下雨淚無由返旆羲和車東風來吹不改顏蒼茫夜氣生相遮冰盤下薦碧寔脆斥去不御慙其花 昌黎

當春天地爭奢華洛陽園苑尤紛拏誰堆平地萬堆雪剪刻作此連天花日光赤色照未好明月暫入都交加夜領張籍投盧仝乘雲共至玉皇家長姬香御四羅列縞裙練帨無等差靜濯明妝有所奉顧我未肯置齒牙清寒瑩骨肝胆醒一生思慮無由邪 昌黎

七言古詩散聯

昨日摘花初見桃今日摘花還見李晴風暖日苦相催春物所餘知有幾中年多病壯心衰對酒思歸未及歸不及牆根花與草春來隨處自芳菲 歐陽修

七言絶句

朝摘桃花紅破萼暮摘李花繁滿枝客心浩蕩東風急把酒看花能幾時 王安石

東都綠李萬州栽君手封題我手開把得欲嘗先悵望與渠同别故鄉來 白樂天

近紅暮看失胭脂遠白宵明雪色奇不見桃花唯見李一生不識退之詩 楊誠齋三首

山莊又報李花穠火急來看細雨中除却斷腸千樹雪别無春恨訴東風

李花宜遠莫宜繁唯遠唯繁始足看莫學江梅作疏影家風各自一般々

長念詩人詠子嗟團栾繞樹日欹斜冰盤行薦炎天實不用青門學種瓜 王梅溪

為愛橋邊半樹斜解衣貰酒過橋家唐人苦死無標致只識玄都觀裡花 劉後村

七言八句

燕公樓下繁華樹一日遙看一百迴羽蓋夢餘當晝立縞衣風急過牆來洛陽路不容春到南國花應為客開今日喜看簪短髮感時傷舊意難裁 陳去非

樂府祖

尉遲杯慢

碎雲薄向碧玉枝綴萬萼如將汞粉勻開疑使柏麝熏却雪睍未應若況天賦標艷仍綽約當暄風暖日佳處戲蝶游蜂看着 重々綉奕珠箔障穠艷霏々異香漠々見說徐妃當年嫁了信任玉鈿零落無言自啼露蕭索夜深待月上闌干角廣寒

積學書藏

宮要與姮娥素妝一夜相學方侯雅言

林檎花

事實祖

碎錄

以味甘來衆禽故曰來禽洪玉父集

紀要

王羲之帖青李來禽子皆囊盛為佳函封多不生性法帖

雜著

生于玉井之側出自金膏之地梁孝威謝書

賦詠祖

五言散句

鏡調嬌面粉燈泛高籠纈元稹

直疑風起舞飛去替雲行鄭谷

五言古詩散聯

秋花冬更開夏實冬還結物理性難常人意自為孽梅聖俞

五言律詩散聯

積蠹無全葉疎叢有悴莖偶來庭樹下重看露葩榮梅聖俞

七言古詩

來禽花高不受折滿意清明好時節人間風日不

積學書藏

貸春昨暮胭脂今日雪舍東蕪菁滿眼黃蝴蝶飛去專斜陽妍媸都無十日事付與梧桐一夜涼陳簡齋

七言古詩散聯

東坡先生未歸時自種來禽與青李五年不踏江頭路夢逐東風泛蘋芷東坡

七言絕句

粲粲來禽已著花芳根誰徙向天涯好尋青李相遮映風味應同逸少家劉屏山

樂府祖

虞美人

落花已作風前舞又送黃昏雨曉來庭院半殘紅唯有游絲千丈舞晴空　殷勤花下重攜手更盡尊中酒美人不用斂愁眉我亦多情無奈酒闌時葉少蘊飲林禽花下作

梨花

事實祖

碎錄

洛陽梨花時人多攜酒其下曰為梨花洗妝唐餘錄

紀要

武后嘗季秋出梨花示群臣宰相以為祥衆賀曰得

積學書藏

陛下德被草木故秋再花周家仁及行葦之比杜景佺曰陰陽不相奪倫瀆則為災故曰冬無愆陽夏無伏陰春無淒風秋無苦雨今草木黃落而梨復花瀆陰陽也唐史天寶中上命宮中女子數百人為梨園子弟明皇襍録玄宗至馬嵬驛令高力士縊貴妃于佛堂前之梨木唐史

雜著

杭州其俗釀酒趁梨花開時熟則號梨花春故白公杭州詩云紅袖織綾誇柿蒂青旗沽酒趁梨花長慶集

賦咏祖

五言散句

梨花白雪香李白　梨花獨送香牧之

臨風千點雪周朴

春陰妨柳絮月黑見梨花山谷

尚記梨花村依々鬪暗香歐陽修

梨花春二月杜宇夜三更陳三嶼

七言散句

風寒露重梨花濕白樂天

雨帶啼痕白玉容韓忠獻

共籍梨花作寒食韓忠獻

雨暗梨花春自光孔方平

積學書藏

砌下梨花一堆雪孔方平

亂飄梨雪曉來天劉筠

滿樓明月梨花白

獨卧郡齋寥落意隔簾微雨濕梨花呂溫

最似孀閨年少婦白妝素袖碧紗裙白樂天

玉容寂莫淚闌干梨花一枝春帶雨白樂天

閒吹玉殿昭華琯醉折梨園縹蔕花杜牧

曲水飄香去不歸梨花落盡成秋苑李賀

梨花院落無人處竊取寧王玉笛吹張祜

寂莫空庭春欲晚梨花滿地不開門劉方平

梨花院落溶々月柳絮池塘淡々風

風入池塘邀柳絮月來院落伴梨花

東風二月淮陰郡唯見棠梨一樹花劉商

一片朝雲粉面寒雨餘仍帶淚闌干曾文昭

朝來經雨低含淚競寫真妃寂寞妝韓忠獻

常滋沆瀣充肌脆不假胭脂上臉紅

莫待海風終夜發狂隨柳絮擁籬根張芸叟

庭暗梨花疑有月堤晴楊柳自生烟陳三嶼

五言古詩

沙頭十日春當日誰手種風飄香未解雪壓枝自重看花思食實知味少人共霜降百工休把酒約寬縱山谷

五言古詩散聯

玉疊壘稱律潤金谷訪芳菲詎意龍樓下素蕊映朱扉襍雨疑露落因風似蝶飛豈不憐飄墜願入九重闈劉孝綽

當春花盛時雪滿山前後常期摘秋實磊磊落我手曹南豐

五言絕句

三月雪連夜未應傷物華只緣春欲盡留着伴梨花杜甫

淡客逢寒食村烟爛熳芳謫仙天上去白雪世間香王梅溪

五言絕句

綠陰寒食晚猶自滿空園雨歇芳菲白蜂聲寂莫繫一枝橫野路數樹出江村悵望頻回首何人共酒樽溫憲

共飲梨花下梨花插滿頭清香來玉樹白蟻浮金匳妝靚青蛾妬光凝粉蝶羞年年寒食夜吟繞若為愁穆清叔

五言律詩散聯

艷淨如籠月香寒未逐風桃花徒點地剛被咲顏紅錢起

巧解迎人咲還能亂蝶飛春風時入戶幾片落朝衣皇甫冉

開因寒食雨落盡故園風白玉佳人死青銅玉鏡空梅聖俞

園思前法部淚濕舊宮妃月白鞦韆地風吹蛺蝶衣强傾寒食酒漸老覺歡微

七言古詩

洛陽城外清明節百花零落梨花發今日相逢瘴霧海頭共驚爛熳開正月

七言古詩散聯

江南寒薄春常早花卉入春先自老嗟予衰病不及時見出園池半青草縱有餘葩在葉間行看落片隨風埽蔡君謨

紅梨千葉愛者誰白髮郎君心好奇徘徊繞樹不忍折一日千匝看無時袁陵寂寞千山裏地遠氣偏時節異歐陽修

此樹生此處絕艷無人顧春風吹落復吹開山鳥飛來自飛去歐陽修

寒食北園春已深梨花滿枝雪圍徧青春每向風外得秀艷應難雪中見文與可

七言絕句

桃溪惆悵不能過紅艷紛紛落地多聞道郭西千樹雪欲將君去醉如何韓退之

槿籬芳樹近樵家壠麥青〻一徑斜寂莫游人寒食後夜來風雨送梨花 温庭筠

梨花淡白柳深青柳絮飛時花滿城惆悵東欄一株雪人生能得幾清明 東坡

青女朝來冷透肌殘春小雨更霏微流鶯怪底事來往為擲金梭織玉衣 張芸叟

冷香銷盡晚風吹脉〻無言對落暉舊日村西千樹雪今隨蝴蝶作團飛 謝無逸二首

翦〻輕風漠〻寒玉肌消索粉香殘一枝帶雪墻頭去不用行人着眼看

玉作精神雪作膚雨中嬌韻越清臞若人會得嫣然態寫作楊妃出浴圖 趙福元

二月春風楊柳青知郎繫馬在長亭相思情味如中酒折盡梨花喚不醒 何菊潭

七言八句

朝來帶雨一枝春薄〻香羅蹙蘂勻冷艷未饒梅共色靚粧當與月為鄰許同蝶夢還如蝶似替人愁却咲人須到年〻寒食夜情懷為爾倍傷神 朱淑真

七言律詩散聯

風開咲頰輕桃艷雨帶啼痕白玉容蝶舞只疑殘雪墮月明惟覺異香濃 韓忠彥

繽紛紫雪浮鬚細冷淡清姿奪玉光剛咲何郎曾傅粉絕憐荀令愛薰香 阮南溪

樂府祖

水龍吟

素肌應怯餘寒艷陽占立青蕪地樊川照日靈關遮路殘紅斂避傳火樓臺妬花風雨長門深閉亞簾櫳半濕一枝在手偏勻引黃昏淚 別有風前月底布繁陰滿園歌吹朱鉛退盡潘妃却酒昭君乍起雪浪翻空粉裳縞夜不成春意恨玉容不見瓊英謾好與何人比

蝶戀花

鏤雪成花檀作蕊愛伴秋千搖曳春風裏翠袖年年寒食淚為伊牽惹愁無際 幽艷偏宜春雨細紅粉闌干有箇人相似鈿合金釵誰與寄丹青傳得凄涼意 王道輔畫梨花

驀山溪

減翠凋紅正是清秋杪深院娋香風看梨花一枝春早瓏璁映面依約認妖顰天淡〻月溶〻春意知多少 清明池館芳草年〻好更向五侯家把江梅風光占了休教寂莫孤負向人心檀板響寶杯傾滿鬢從他老曾海野暮秋應制

積學書藏

全芳備祖卷十前集

天台陳景沂編輯
建安祝　穆訂正

花部

杏花

事實祖

碎錄

葉似梅花差大而微紅其仁可入藥本草杏者東方歲星之精也典術天台山有杏花六出而五色號仙人杏述異記三月杏花盛可播白沙輕土之田四民月令

紀要

孔子游緇維之林坐杏壇之上弟子讀書孔子絃歌鼓琹莊子裴晉公有午橋莊文杏百株其處立碎錦坊異景錄張元姓廉潔南鄰有杏兩株杏𣪍多落元園中元悉還主者後周書神龍以來杏園宴後于慈恩寺塔題名唐進士杏花園初會謂之探花宴以少俊之人為探花使摭言唐明皇遇春雨初晴命取羯鼓臨軒縱擊面視柳杏皆發上咲曰此不喚我作天工可乎遺事司徒馬燧子卺以第中大杏進竇文場文場以進德宗未曾見頗怪卺令中令就封其樹卺惧進宅為奉承園桂苑叢

積學書藏

談太平園中有杏數株每至爛開大宴一株則令一娼倚其旁立館曰爭春開元中宴罷夜闌或聞花有嘆息之聲揚州事蹟

雜著

桃杏郁李花實灼爛潘岳閑居賦徐州古豊縣朱陳村有杏花一百二十里近有人為德慶户曹道過此村其花尚無恙也昔東坡詩云我是朱陳舊使君勸農曾入杏花村如今風物那堪話縣令催錢夜打門詩話

賦咏祖

五言散句

露杏初紅折白居易　烟濕杏花鬚李賀

紅簇交枝杏李賀　花開連錦帳姚合

曾伴曲江春文與可　淺紅欺醉粉梅聖俞

獨開新塹底半露舊燒枝張籍

紅輕欲愁殺粉薄似啼消吳融

明日期何處杏花開處村白樂天

孤村芳草遠斜日杏花飛寇萊公

艷蕊粘紅蠟仙葩綴薄羅梅聖俞

月淡斜分影池清倒寫真文與可

七言散句

種杏仙家近白榆杜甫

積學書藏

杏園淡泊開花鳳 白樂天
柳絲牽水杏花紅 鄭谷
杏花爭忍埽成堆 鄭谷
杏艷桃華奪晚霞 唐彥謙
霏微紅雨杏花天 韋莊
秦庭繁杏兩株開 張無盡
趙村紅杏每年開十五年來看幾迴 白樂天
近西數樹猶堪醉半落春風半在枝
莫怪杏園憔悴去滿城多少插花人 杜牧
大道青樓御苑東玉闌仙杏壓枝紅 韋莊
知有杏園無路入馬前惆悵杏花紅 溫飛卿
粥香餳白杏花天省對流鶯坐綺筵 李商隱
日日春光鬭日光山城斜路杏花香
烟閑綠楊官路靜雨闌紅杏宅門深 丁謂
記取明年作寒食杏花曾與此翁鄰 東坡
北園山杏皆高枝新枝放花如點酥 文與可
紅芳紫萼怯春寒蓓蕾粘枝密作團 王元之
唯有流鶯偏稱意夜來偷宿最繁枝
見說舊園為茂草寂寥無復萬株紅
絕憐欲白仍紅處正是微開半吐時 楊廷秀
行穿小樹尋晴朵自挽芳條嗅嫩香
春色滿園關不住一枝紅杏出牆來 葉紹翁

積學書藏

落梅香斷無消息一時春風屬杏花 施芸隱
客裏不知春早晚失驚紅雨到墻陰 鄭安晚

五言古詩

零露泣月蕊溫風散晴蕊天公了不睡連夜開此花芳心誰剪刻天質自清華惱客香無有美妝影橫斜中山古戰國殺氣浮高牙叢臺餘袪服易水雄悲笳自從此花開玉肌洗塵沙坐令游俠窟化作溫柔家我老念江梅不欲空咨嗟劉郎歸何日紅桃爍殘霞明年花開時舉酒望三巴 東坡

五言古詩散聯

春色芳盈野枝々綻曉英依稀映村塢爛熳開山城好折待賓侶金盤襯紅瓊 周庾信
春意竟相妬杏花應最嬌紅輕欲愁殺粉薄似啼消顧作年華夢翩々繞此條 吳融

五言絕句

年々曲江望花發即經過未飲心先醉臨風思倍多 劉禹錫
萬樹紅邊杏新開一夜風滿園深淺色焰在碧波中 王涯
帶雲猶誤雪映日欲期霞紫陌傳香遠紅泉落影斜 沈亞之
枕上杜鵑啼忽々早起時出門天未曉月在杏花

積學書藏

枝劉原父

殷紅鄙桃艷淡白咲梨花落處飄微霰繁時疊亂霞孫向

道白非真白言紅不若紅請君紅白外別眼看天工楊廷秀

獨卧南窗榻倏然五六旬忽聞鄰杏美故挽一枝春古詩

五言八句

不學梅欺雪輕紅照碧池小桃新謝後雙燕却來時香屬登龍客烟籠宿蝶枝臨軒須貌取風雨易離披鄭谷

七言古詩

居鄰北郭古寺空杏花兩株能白紅曲江滿園不可到處此寧避雨與風二年流竄出嶺外所見草木多異同冬寒不嚴地常泄陽氣發亂無全功浮花浪蕊鎮長有纔開還落瘴霧中山榴躑躅少意思照耀黃紫徒為叢鷓鴣鉤輈猿叫歇杳霧深谷攢青楓豈知此樹一來玩若在西國情何窮今旦胡為忽惆悵萬片飄泊隨西東明年更發應更好道人莫忘鄰家翁韓文公

杏花飛簾散餘春明月入户窺幽人褰衣步月踏花影炯如流水涵青蘋花間置酒清香發争挽長

積學書藏

條落香雪山城薄酒不堪飲勸君且吸杯中月洞簫聲斷月明中唯憂月落酒盃空明朝卷地東風惡但見落葉栖殘紅東坡

青春不揀勢薄厚春到人家盡花柳李園主人殊未來豈謂一枝先入手天晴月暖籠紫烟鏡裏紅顏獨施酒江梅已盡桃李遲此時此花即吾友闌邊漸雨枝上空歎息踟躕為之久榮枯何異人一生少壯暫時成老醜狂[illegible]躕未解惜光陰不飲千人常八九豈知大醉升糟丘太古乾坤隨處有更當種子如董仙傳米誰能問升斗山谷

七言古詩散聯

西亭昨日偶獨到猶有一樹當南軒殘芳爛熳開更好皓若春雪團枝繁歐陽文忠

七言絶句

杏園欲去〻遲〻正是風吹狼籍時近西數樹猶堪惜半落春風半在枝白樂天三首

忽憶芳時頻酩酊却尋醉處重徘徊杏花結子春深後誰解多情又獨来

憐君把酒徧惆悵曾是貞元花下人自別花來多少事東風二十四回春

二十餘年作逐臣歸来還見曲江春游人莫咲白頭醉老醉花間能幾人劉禹錫

積學書藏

劉郎不用閒惆悵且作花將閒共醉人等是貞元舊
朝士幾負仝見太和春元微之
活色生香第一流手中移得近青樓誰知艷性終
相負亂向春風咲不休薛能
落花流水認天台半醉閑吟獨自來惆悵仙翁何
處去滿庭紅杏碧桃開高駢
登龍曾入少年塲賜宴瓊林醉御觴爭戴滿頭花
爛熳至今猶雜桂枝香王元之三首
桃紅梨白莫爭春素態嬌姿兩未勻日暮墻頭試
回首不施朱粉是東隣
暖映垂陽曲檻邊一堆紅雪罩青烟春花自得風
流伴榆筴休拋買咲錢
垂陽一逕紫苔封人影蕭蕭落院中獨有杏花如
喚客倚墻斜日數枝紅王安石
淺注胭脂剪絳綃獨將妖艷冠花曹春心自得東
皇意遂甚玄都觀裡桃朱淑真
白白紅紅一樹春晴光耀眼看難真無端一枝蕭
蕭雨細錦金機卸作茵楊廷秀六首
紅藍細細糝晴苞紫玉森森走䐈條枯梗折教無
一寸并驅春力𦳣花梢
曾見乾條撼雪飛一暄爆出萬枝餘從今日日須
来看看到紅紅白白時

積學書藏

不信東皇也有私如何偏寵杏花枝于今更出紅
千葉且道化工奇不奇
看花千樹洛陽春白傅年年愛趙村月蕊晴葩風
露格老夫移得在東園
江梅已過杏花初尚却春寒着蕊疎待得重來幾
枝在半隨蜨翅半蜂鬚

七言八句

蓓蕾枝梢血點乾粉紅腮頰露春寒不禁烟雨輕
欺著只好亭臺愛惜看偎柳傍桃斜欲墜等鶯期
蜨猛成團京城巷陌新晴後買得風流更一般林
和靖
顆顆粧成蘂竈芽白邊開處近彤霞直宜相閣栽
培物更是仙人種植花高竹出羣猶仰慕香名超
栓合供誇諸賢繼有尋芳會欲奉歡游決自差韓
忠獻

七言律詩散聯

杏花菖葉漸斕斑率屬劭農入祖閑昔日郎君方
彩袖今朝太守已蒼顏屬小山

樂府祖

菩薩蠻

春風約畧吹羅幕一簾細雨春陰薄試把杏花看
濕紅嬌暮寒　佳人雙玉枕烘醉鴛鴦錦折得最

積學書藏

繁枝暖香生翠帷

水龍吟

小桃零落春將半雙燕却來池舘名園相倚初開繁杏一枝遥見竹外斜穿柳間深映粉愁春怨任紅歒宋玉墻頭千里曽牽惹人腸斷　常記山城斜路噴清香日遲風暖輕陰挫後馬前惆悵滿枝粧淺陰院簾垂雨愁人處碎紅千片料明年更發多應更好約隣翁看　晁次膺

憶秦娥

春寂莫長安古道東風惡東風惡胭脂滿地杏花零落　臂銷不奈黄金約天寒猶怯春衫薄春衫薄不禁淚珠為君彈却　康伯可

念奴嬌

杏花過雨漸殘紅零落胭脂顔色流鶯飄香人漸遠難託春心脉脉恨到王孫墻陰目斷手把青梅摘金鞍何處緑楊依舊南陌　消散雲雨須臾多情因甚有輕離輕折燕語千般爭解説些子伊家消息厚約深盟除非重見見了方端的而今無奈寸腸千恨堆積　沈公述

憶漢月

紅杏一枝遥見凝露粉愁香怨吹開吹謝任東風恨流鶯不能拘管　曲池連夜雨緑水上碎紅千

積學書藏

片直擬移來向深院任彫零不辜雙眼　杜安世

千秋歲

杏花風下獨立春寒夜微雨度疎星暉（桂）暉濃淡艶出嫋嫋繁妝亞朱檻倚輕羅醉裡添還卸　寂寞情猶下悵望驂鸞駕衣褪香欺麝一花搊一醉杯重憑誰把春去重簾翠幙人如畫　趙夰菴

春光好

胭脂臙粉光輕正新晴枝上鬧紅無處着近清明　仙娥進酒多情向花下相鬧盈盈不惜十分傾玉斝惜彫零　曽海野侍宸宴作

點絳唇

烟冷金爐夢回鴛帳餘香嫩更無人問一枕江南恨　消瘦休文須覺春衫褪清明近杏花吹盡薄暮東風緊　趙元鎮

清平樂

艶苞初拆偏惜東風力上苑梨花烟雨濕新染胭脂顔色　玉人小立簾櫳輕匀媚臉粧紅斜插一枝雲鬢看誰剩得春風　曽平丘應制

全芳備祖卷十前集

全芳備祖卷十一

天台陳景沂編輯

建安祝　穆訂正

花部

荷花

事實祖

碎錄

荷芙蕖也其莖茄其葉葭其本蔤其花菡萏其實
蓮其根藕其中的〻中薏尔雅茄古遐切荷莖也
葭荷葉也蔤芙必切荷本也莖下白蒻在泥中者
本根也　芙蓉一名荷花一名水芝一名水華有
紅白二色者差多花大者至百葉崔豹古今注
隰有荷花注荷花芙蕖也山有扶蘇詩彼澤之陂
有蒲與荷有蒲菡萏詩澤陂高原陸地不生此花
畀濕淤泥乃生此荷維摩經滄洲金蓮華州人妍
之如泥以間綵繪光影煥爛與真金無異但不能
入火而已更有莖出其花如蝶每微風則搖蕩如
飛歸人競採之以為飾語云不帶金蓮花不能到
仙家杜陽編南海有睡蓮夜則花低入水屯田韋
郎中從事南海親見之　五沃之土生蓮花管子
九疑山過半路皆竹松竹下狭路有青澗〻中有
黄色蓮芳氣竟谷王歆之神記華山頂有池〻中
生千葉蓮服之通仙因名華山華山記麻姑壇東
南池中有紅蓮近忽變碧今又白矣壇記

雜著

漢昭帝游柳池有芙蓉紫色大如斗花素味甘可
食芳氣襲人其實如珠拾遺記謝靈運以詞采名
鮑昭曰謝詩如初發芙蓉晋書遠法師居廬山東
林寺〻有白蓮花與陶潛十八人仝修淨土號為
白蓮社晋書魏正始中鄭公慤三伏之際率賓僚
避暑于歷城取大荷葉盛酒以簪刺葉令與柄通
傳翕之名為碧筩　芙蓉園魏文帝所開池種蓮
其中芙蓉即蓮花也產於陸者曰木芙蓉產於水
者曰水芙蓉亦猶芍藥有草有木是也杜詩注庾
杲字景行王儉用為衛将軍長使蕭緬與儉書曰
盛府元僚實難其選庾景行泛綠水依芙蓉何其
麗也時人以入儉府為蓮花池故緬書美之云本
傳王敦在武昌鈴下儀仗生蓮花五六句而落又
云無錫湖陂雨初止陂吏見一小婦人著青衣戴
傘呼之不得自投陂中是大蒼獺衣傘皆是荷花
搜神記宋文帝元嘉中蓮生建康額擔湖一莖两
華宋書南齊東昏侯鑿金為蓮花貼地令潘妃行
其上曰此步〻生蓮花也南史太液池千葉白蓮
帝與妃子共賞指妃謂左右曰何如此解語花耶

積學書藏
積學書藏

積學書藏

天寶遺事張昌宗以姿貌見幸楊再思每曰人言六郎似蓮花非也正謂蓮花似六郎耳唐書于頔因瑞蓮制曲號相府蓮唐史荷為衣兮蕙為裳緝芙蓉以為裳 搴芙蓉于木末 芙蓉始發襍芰荷離騷灼若芙蕖出綠波洛神賦焚芰製而裂荷衣孔稚圭北山移文芙蓉散其華文選玫庶卉之玲麗實總美于芙蓉宋傅亮賦澤芝芳艷擅奇水屬煉氣紅荷比符縹玉顏延之賦上星光而倒影下龍鱗而隱睒宋鮑昭賦望江南兮清且空對荷花兮丹復紅卧蓮葉而覆水亂高房而出叢梁簡文帝賦紫莖兮文波紅蓮兮芰荷梁元帝賦色兼列綵體煩衆號梁昭明太子賦河北櫂歌之妹江南採蓮之女春水廣兮檝潺湲秋風駛兮舟容與江淹賦見白露之先降悲紅蕖之已秋宋之問秋蓮賦復引舟于深灣忽八九之紅芰姹然如婦斂然如女墮蕊黦顏似見放棄杜牧荷花組綉一川李華渡江南採蓮花綠葉映長波迴風容與動纖柯 陰結其實陽發其華金房綠葉素株紫柯煌煌芙蕖令芳綠莖傅元歌披紅衣以耀彩寄清流而託根 或雨雨以相扶漸亭亭而獨出歐陽修賦水陸草木之花可愛者甚蕃晉陶淵明愛菊自李唐以來世人甚愛牡丹予獨愛蓮出淤泥而

積學書藏

不染濯漣漪而不妖中通外直不蔓不支香遠益清亭亭淨植可遠觀而不可褻玩焉予謂菊花之隱逸者也牡丹花之富貴者也蓮花之君子者也噫菊之愛陶後鮮有聞蓮之愛同予者何人牡丹之愛宜乎衆矣周茂叔愛蓮說

賦咏祖

五言散句

荷香風送遠梁元帝　朱華冒綠池曹植
芙蓉始發池謝靈運　魚戲動新荷謝元暉
菡萏溢金塘劉公幹　隔沿連香芰少陵
江天足芰荷　別浦列紅蕖
紅蓮搖白羽　長洲足芰荷
雨過亂紅蕖　水花晚色靜
荷淨納涼時　紅贓小湖蓮
霜倒半池蓮　野池蓮欹紅
越女歌採蓮　荷花鏡裡香李白
高荷蓋水繁退之　蒲蓮浩如海東坡
蓮拆碧圓傾樂天　翻翻江浦荷
紅蕖蓋明鏡　曉露洗紅蓮左司
避風紅出沒文與可　蓮塘亂眼紅陳無已
日分雙蒂影風合兩花香梁朱超同心蓮
荷生綠泉中碧葉齊如規晉張華

積學書藏

楫少宜迴徑舡輕好入叢梁劉緩
碧葉喜翻風紅蕖宜照日江皓
岍高知水落影合見菱稀陳祖孫
藕絲牽作縷荷葉捧成盃隋殷英童
蓮稀釧聲斷水短櫂歌長唐太宗
一望孤引綠㵠影共分紅
澤蘭多衆芳妍姿不相匹李靖
涉江玩秋水愛此紅蕖鮮太白
碧荷生幽泉朝日艷且鮮
荷花嬌欲語愁殺蕩舟人
都無色可並不奈此香荷李義山
白蓮方出水碧柳未鳴蟬劉夢得
莫遣西風動紅衣不奈秋陸龜蒙 劉夢得
拳攣荷葉子未得展憐心李羣玉 陸龜蒙
佳人呈素面對鏡理新粧王元之
力弱烟披素心危露滴珠丁晉公
美人艷新粧斂袂照秋水秦少游
荷背風翻白蓮腮雨退紅東坡
玉盃承露重鈿扇趁風遲楊文公
思逐蛟絲亂香愁翠被空楊文公
徐娘羞半面楚女妬纖腰錢思公
亂香清宿醉濃釀破狂愁劉原父

積學書藏

交陰分擢秀並葉爛齊芳

七言散句

菱花葉々淨如拭少陵
熟溪荷葉疊青錢
棹拂荷珠碎却圓
雨裛紅蕖冉々秋
裛露微々滴秋淚歐文忠
浦々風來趂藕花賈似道
此花此葉長相映翠破紅愁咲殺人杜甫
闔閭宮娃能採蓮明珠作佩龍為舡杜牧之
曲江千頃秋波淨平鋪紅蕖蓋明鏡韓文公
似說玉皇親謫墜至今猶著水龍袍太白
葉轉影翻當砌月花開香散入簾風香山
烟開翠扇清風曉水泛紅衣白露秋許渾
聚成捧足千々尘散作傳心一々燈陶弼
道是好花堪謾問幾時曾上美人頭韓忠獻
白公去後禪林在玉儉歸來幕府非張芸叟
漢宮姊妹爭新寵湘浦妃嬪望所思歐陽公
雲歸巫女粧猶潤浴出楊妃睡未醒杜祁公
五月臨平山下路藕花無數滿汀洲僧參寥
真妃無力半酣後西子多情欲步時白氏集
輕含洛浦水雲色微美月妃環佩聲李待制

一奩碧玉烟開曉十里紅雲風作秋 湛道山

五言古詩

圖花一蒂叅交葉半心開欲隨玉露熙不逐金風摧

晚日照空磯採蓮承晚暉風起湖難度蓮多摘未稀棹動芙蓉亂船移白露飛 梁簡文帝

新亭俯朱檻嘉木開芙蓉清香晨風遠縟綵寒露濃瀟灑出入世低昂多異容嘗聞色空喻造物難為工留連秋月宴迢遞東山鐘 柳子厚

碧玉小家女來嫁江南王蓮花亂臉色荷葉襍天香因持薦君子願襲芙蓉裳 梁元帝

勿言草卉賤幸宅天地中微根纔出浪短榦未搖風寧知寸心裡蓄紫復含紅 沈約

蓮生此泥中不與泥同調食蓮雖不甘知味良獨少吾家濮井塘十里秋風香安得同裘子歸製芙蓉裳 山谷

蓮花生淤泥淨色比天女空明世無匹銀瓶送佛所蔫然落寶床應返梵天去 潁濱

蘂仙初出波照日稚猶怯密挂碧羅蓋低護紅粉類館之水晶宮環以琉璃堞珠明浮盌戲酒樣流杯嘩青筆尖欲試綠箋緻還摺老亀大於錢辛勤上圃葉認聞人履聲入水一何捷 誠齋

湛湛曲池水曉含露清田田綠羅蓋粲粲白玉映英淡然絕世姿不與濃艷并俯鑑冰雪影詎懷兒女情山中徒淹留堂上空自成獨有忘機客相看兩無營

猛雨打萬荷怒聲戰鼓鼙水銀忽成泓一瀉無復遺不知微雨來翠盤萬珠璣荷翻珠不落細響密更疎青如雪觸窗三更夢闌時語君君不信對鏡當自知

熱熱屏人事偃卧忻巾裳過門二三友失喜跣下床鳴騶出華陌聯轡遵野塘崇軒俯萬荷濯濯涵波光都忘瘴海中疑墮玉井傍遠無膏粉氣近有冰雪涼製葉可以衣採菂可以嘗離騷譜靈草品比咏猶妃嬙曷不覩茲華意色和而莊風吹月露洗豈若冶與倡衆芳慕絕艷誰能參微香余詩縱枯淡一掃時世粧 劉後村

錦帶雜花鈿羅衣垂綠川問子今何去去採江南蓮 梁吳筠

金槳木蘭船戲採江南船蓮香隔浦度荷美滿紅鮮 劉孝威

微風搖紫柄輕露拂朱房中池所以綠待我泛紅光 沈約

桂舟輕不定菱歌引更長採採嗟離別無暇緝為
裳陳祖孫
淺香銀橐破瀉露玉盤傾我懃塵垢眼見此瓊瑤
英香山
剌莖淡蕩綠花片參差紅吳歌秋水冷湘廟夜雲
空韋左司
摘取芙蓉花莫摘芙蓉葉葉將歸問夫婿顏色何如
妾王昌齡
藕花斷復續莫辨浦與汀初聞露花香一洗塵市
腥呂東萊
芳姿香可人剛道六郎似誰謂前哲心愛蓮比君
子張怡然
奇奇水上花湛湛花下水花得水扶持水因花富
貴當中既植藕四畔還種葦自然秋風生便有江
湖意謝尭仁

五言絕句

鑑湖三百里菡萏發荷花五月西施採人看隘若
耶李白
佛愛我亦愛清香蝬不偷一般奇特處不上婦人
頭鄭谷
露華晞欲別渚烟雨漲橫塘容態天然別風流似六
郎白氏集

謾說黃金屋當年貯阿嬌爭如涉江女雙槳逐歸
潮
昨夜三更裡嫦娥墜玉簪馮夷不敢受捧出碧波
心楊大年
荷葉罩芙蓉圓青映嫩紅佳人南陌上翠蓋立春
風曹修古

五言八句

雖聽採蓮曲誰識採蓮心漾楫愛花遠回船愁浪
深烟生極浦色日落半江陰仝侶憐波靜看粧墜
玉簪戎昱
忽忽䕫府句弁送遠公蓮翠蓋臨風迥冰華浥露
鮮舞衣清縞袂倒影爛珠躔想像芙蓉闕冥冥絕
世緣文公

五言律詩散聯

金紅開似鏡半綠卷如盃誰謂回風力清香不滿
來杜甫
魚戲都堪數鷗飛絕自由會須窮一賞詰曲任扁
舟劉原父

七言古詩

若耶溪旁採蓮女笑隔荷花共人語日照新粧水
底明風飄香袖空中舉岸上誰家游冶郎三三五
五映垂楊紫騮嘶入落花去見此踟躕空斷腸李

積學書藏

太白
太華峰頭玉井蓮開花十丈藕如船冷比雪霜甘比蜜一片入口沉痾痊我欲求之不憚遠青壁無路難夤緣安得長梯上摘實下種七澤根株連韓文公

君不學叔隗李隗南入晋又不學大喬小喬東入吳一種桃根與桃葉若為化作雙芙蓉臨淮政成有餘暇坐令舉室生瀟洒鴛溪一幅萬里寬移得浙川入圖畫天空水濶江茫茫想見女英與娥皇九疑雲深蒼梧遠冰姿泣露不成粧苦心抱恨何時了香骨應甘沒秋草不如回首謝秋風分作尹邢來漢宮周知微

郎採蓮妾採蓮蓮花開似妾初年蓮房結實妾生子郎全採取應相憐暖香雖斷相牽連鄭菊山

湧金門外涼生草無數荷花鬧嬌好自憐奩病不出門無奈心情被花惱夜來一雨愁思濃晚看玉露垂庭草便須扶杖買蘭舟莫待紅粧為霜老湛道山

七言古詩散聯

平池碧玉秋波瑩綠雲擁扇青搖柄水宮仙子鬪紅粧輕步凌波踏明鏡彩橋下有雙鴛戲曾托雙鴛問情意半開微斂竟無言裛露微微滴秋淚

積學書藏

芙蓉花開秋水冷水面風風見花影飄香上下兩嬋娟雲在巫山月在天張文潛

翠蓋佳人臨水立寂寞雨中相對泣溫泉浮出玉肌寒檀粉不施香汗濕一陣風寒碧浪翻珍珠零落難收拾任菴

七言絶句

涔陽女兒荷滿頭毵毵仝泛木蘭舟秋風日暮南湖裡爭唱菱歌不肯休劉言史

水國烟香足芰荷就中芳瑞此難過風情為許吳王近紅萼從教一倍多陸龜蒙

素蕊多蒙別艷欺此花真的在瑤池還應有恨無人覺月曉風清欲墜時

漢室嬋娟雙姊妹天台縹緲兩神仙當時盡有風流過謫向人間作瑞蓮邵康節

會看翠蓋擁紅妝不覺湖邊一夜霜卷却天機雲錦段從教匹練寫秋光

日日移床趁下風清香不盡思何窮若為化作龜千歲巢向田田亂葉中東坡二首

鑿破蒼苔漲作池芰荷分得綠參差曉開一朶烟波上是畫真妃出浴時

芙蓉照水天嬌斜白白紅紅各一家近日新花出新巧一枝能着兩般花杜祁公二首

積學書城

司花手法我能知說破方知未大奇亂剪素羅裝
一樹畧將數朶蘸燕支
紅白蓮花開共塘兩般顏色一般香恰如漢殿三
千女半是濃粧半淡粧　誠齋
水中仙子並紅腮一點芳心兩處開想是鴛鴦頭
白死雙魂化作好花來　僧仲殊
嬌紅姬姹不勝姿只許行人半面窺恰似姑蘇明
月夜水晶宮殿貯西施　趙竹隐
初對庭除似浦池寶陀光緣射精暉等閑游女來
攀折免使蘭橈水濺衣　白氏集
吳姬一曲採蓮歌回首秋風卷碧波翠蓋不能聳
雨露鴛鴦應怨夜寒多　吳菊潭
晚來一棹鑑湖東隊隊峯巒入短篷一色藕花三
十里淡粧濃抹錦青紅　虞可齋
雨餘無事倚闌干媚水荷花粉未乾十萬瓊珠天
不惜綠盤聳出與人看　王月浦
一樣娉婷絕代無水宮魚貫出瓊鋪緣何買得淩
波女為有荷盤萬斛珠　鄭安晚
結亭臨水似舟中夜雨瀟瀟亂打蓬荷葉曉看猶
不濕却疑誤應五更風　江古心
水邊舟子競招招陌上車塵晚更囂只有幽人無
个事荷花深處弄輕橈　劉漫塘

積學書城

扇颭宮羅衣浸床湘妃晚浴試紅粧闌干月滿難
成夢風露侵人徹骨涼　陳古澗
萬柄綠荷裊颭盡雨中無可蓋眠鷗當初作疊青
錢滿肯信池塘有暮秋　許梅屋
翠蓋紅幢耀日鮮西湖佳麗會郡仙波平十里鋪
雲錦風度清香畫趂船　楊巽齋
萱草軒窓處處幽須中不著客中愁芭蕉葉上無
多雨分與池荷一半秋　孔山

七言八句

白玉花開綠錦池風流御史報人知看來應是雲
中墮偷去須從月下移已被寒蟬催婉娩更經涼
雨動擁擬習家秋色堪圖畫只看山翁倒接䍦　吳
融
綠荷舒卷涼風攪紅萼開榮紫菂重雙女漢皋爭
咲臉二妃湘浦並愁容自憐秋露柔姿結不曉春
妖冶態濃終恐玉京仙子識却持歸種碧蓮峯　李
紳
晴久芳池可跣行萍枯唯有草縱橫朱苞未見叢
叢折綠柄纔看寸寸生悴若放臣臨楚澤厄於學
士踏秦坑輸他杭越女如錦畫舫名姝夜按笙　劉
後村

七言律詩散聯

積學書藏

素房含露玉冠鮮紺葉搖風鈿扇圓本是吴中絰
進藕今為伊水寄生蓮白香山
芙蓉池裡葉田々一本雙枝炤碧泉濃艷共研香
各散東西分麗蒂相連姚合
玉膩肌膚碧玉房纍々波面覩紅糚坐忘佛土三
年夢來結人間一夏涼高九萬
樂府祖

漁家傲

葉有清風花有露葉籠花罩鴛鴦侶白錦項絲紅
錦羽蓮女妬鸞飛不許長相聚 日脚沉紅天色
暮青涼傘上微々雨 須回步枉
教雨裏分飛去歐陽公

蝶戀花

一曲天香金粉膩蓮子中心自有深々意々密蓮
深秋正媚將花寄恨無人會橋上少年橋下水
小棹歸時不許牽紅袂浪濺荷心圓又碎無端欲
伴相思淚
水浸秋天風皺浪縹緲仙舟只在秋江上和露採
蓮愁一晌看花却是啼粧樣 折得蓮莖絲未放
蓮斷絲牽特地成惆悵歸棹莫隨花蕩漾江頭有
个人相望
越女採蓮秋水畔窄袖輕羅暗露雙金釧照影摘

積學書藏

花々似面芳心只共絲爭亂 鸂鶒灘頭風浪晚
霧嗅烟昏不見來時伴隱々歌聲歸棹遠離愁引
着江南岸
雨過蒲桃新漲綠蒼玉盤傾墮碎珠千斛姬嬙擁
前紅簇々溫泉初試真妃浴 驛使南來丹荔熟
故剪輕綃一色須時服嬌汗易晞凝醉玉清涼不
用香綿撲宋景文
妖艷秋蓮生別浦紅臉青腰舊識凌波女炤影美
糚嬌欲語西風豈是繁華主 可恨良辰天不與
纔々過斜陽又值黃昏雨朝落暮開空自許竟無人
解知心苦晏叔原

漁家傲

荷葉田々青炤水孤舟挽在花陰底昨夜蕭々疎
雨墜愁不寐朝來又覺西風起 雨擺風搖金蕊
碎合歡枝上香房翠蓮子與人長廝類無好意年
年共在心中裏歐陽修
為愛蓮房都一柄雙苞雙蕊雙紅影雨勢斷來風
色定池水靜仙郎綵女臨鸞鏡 妾有容華君不
省花今恩愛猶相並花却有情人薄倖心耿々因
花又染相思病

採桑子

湘妃浦口蓮開盡昨夜紅稀懶過前溪閒艤扁舟

看雁飛　去年謝女池邊醉晚雨霏微記得歸時
旋折新荷蓋舞衣　晏叔原

臨江仙

獵獵風蒲初暑過蕭然庭戶秋清野航渡口帶烟
橫晚山千萬疊別鶴兩三聲　秋水芙蕖聊蕩槳
一樽同破愁城蓼花灘上白鷗明暮雲連極浦急
雨暗長汀　蘇養直

新荷葉

雨過回塘圓荷嫩綠新抽越女輕盈畫橈輕送蘭
舟波光艷粉紅相間脉脉嬌羞菱歌隱隱漸遙依
約凝眸　隄上郎心波間妝影遲留不覺歸時暮
天碧襯蟾鉤風蟬噪晚餘霞影幾點沙鷗漁笛不
道有人獨倚南樓　晁无咎
艷態還幽誰能潔淨争妍淡抹疑濃肯將自在自求
憐終嫌獨好任毛嬙西子羞扇六郎塗浣似和不
似依然　赫日如焚諸餘只恁光鮮雨過風生也
應百事隨緣香須道地對一池着甚沉烟根株好
在淤泥白藕如椽　陳龍川

念奴嬌

水楓葉下乍湖光清淺涼生商素西帝宸游羅翠
蓋擁出三千宮女絳彩嬌春鉛華掩畫占斷鴛鴦
浦歌聲搖曳浣紗人在何處　一枝　廣

寒宮殿冷落淒愁苦雪艷冰肌羞澹泊偷把胭脂
勻注媚臉籠霞芳心泣露不肯為雲雨金波影裏
為誰長恁凝竚　僧仲殊

如夢令

嘗記溪亭日暮沉醉不知歸路興盡欲回舟誤入
藕花深處爭渡爭渡驚起一行鴛鷺　李易安

鵲橋仙

藕花亭上無塵無暑灧灧一池秋淨綠羅寶蓋碧
瓊竿翠浪裏重重月影　一家姊妹兩般妝束濃
淡施朱傳粉夜深風入微寒問誰在牙床酒醒趙
德莊

洞仙歌令

若耶溪路別岸花無數斛欹嫩紅向人語綠荷相西
倚恨回首西風波淼淼三十六陂烟雨　新妝明
照水汀渚生香不嫁東風被誰誤遣躑躅客意千
里綿綿仙浪遠何處淩波微步想南湖潮生畫橈
歸正月曉風清斷腸凝竚　康伯可
曉風收暑小池塘荷淨獨倚胡床酒初醒起徘徊
時有香氣吹來雲藻亂葉底游魚動影　空擎承
露蓋不見冰容惆悵明妝曉鸞鏡後夜月涼日月
淡花低幽夢覺　欲憑誰省且應記臨流恁欄
干便遙想江南紅酣千頃　劉光祖

積學書藏

鷓鴣天

曉日初開路未晞夕烟輕散雨還微暗搖綠露遊魚戲斜焰紅雲屬玉飛　情脉脉恨依依沙邊空見棹船歸何人解舞新聲曲一試纖腰半尺圍葉石林

菩薩蠻

南軒面對芙蓉浦宜風宜月還宜雨紅少綠多時簾前光景奇　繩床烏木几盡日繁香裡睡起一篇新與花為主人　陳簡齋

踏莎行

楊柳回塘鴛鴦别浦綠萍漲斷蓮舟路斷無蜂蝶慕幽香紅衣脫盡芳心苦　返焰迎潮行雲帶雨依依似與騷人語當年不肯嫁東風無端却被秋風誤　賀方回

相思歡

亭亭秋水芙蓉翠帷中又是一年風露笑相逢天機畔雲錦亂思無窮路隔銀河猶許西風曲　向子諲

蘭陵王

蓼汀側朝露依依美色知何許湘女淡妝羽節飛來帶秋碧輕裹素綃纖誰與明璫競飾無言處相倚邂應有柔情正堆積　當年駐香鵜記章媚羅

積學書藏

裙波映文席斜陽返焰暮雨濕愛天際涼入愁寂念疇昔謾太華峰頭幽夢尋覔而今兩鬢如花白但一線才思半星生心力新詞奇句便做有怎道得張約齋

昭君怨

月在碧壺中佳人向亂荷中去花氣襍風涼滿船香　雲被歌聲搖動酒被詩情斷送今夜卧花心擁紅衾

烏夜啼

曉來閑立回塘一襟香玉颭雲妝風外數枝涼相並渾如私語惱人腸飛去方知白鷺在花旁

念奴嬌

鬧紅一舸記來時長與鴛鴦為侶三十六陂人未到水佩風裳無數翠葉吹涼玉容銷酒更洒菰蒲雨嫣然搖動冷香飛上詩句　日暮青蓋亭亭情人不見爭忍凌波去只恐舞衣寒易落愁入西風南浦高柳垂陰老魚吹浪留我花間住田田多少幾回沙際歸路　姜堯章

壺中天

水晶宮殿放三千龍女凌波浮浴花裡彫房分洞戶隱隱釘頭齊簇處子嬌羞碧雲無袖密護圖嵯玉堤頭微露半身猶掩金縷　如是紫府篷開蕩

纖指出玲瓏牕屋倩剝霓裳輕手搔搯損些々香玉端的中心密藏芳意苦々何時是巴城憔悴採歌猶舞新曲鄭松莊

沁園春

淺碧芙蓉素艷亭々前身阿嬌記湘濱露冷酥容倍潔華清水滑酒暈全消瑤剪豐肌雪翻碎萼白羽鮮明時自搖風流處是古香幽韻時度鮮飈瓊枝壁月清樽對千朵嬋娟俏翠飄況水晶臺榭低迷淨綠冰霜詞調隱約輕桃細認京房種奇字秀已覺青衿横素腰西風晚饒看花開十丈玉井非遥劉玉溪

全芳備祖卷十一

全芳備祖卷十二前集

天台陳景沂編輯

建安祝　穆訂正

花部

菊花

事實祖

碎録

菊治蘠爾雅馬蔺為紫菊瞿麥為大菊烏喙苗為鴛鴦菊旋復花為艾菊仝上菊有筋菊有白菊有黄菊一名延年一名日精菊有兩種一種紫莖香而味甘美葉可作羹一種青莖而大作蒿艾氣味苦不堪食名薏非真菊也本草季秋之月菊有黄華月令

紀要

桓景隨費長房學長房曰九月九日汝家當有大灾厄急縫囊盛茱萸臂繫上登山飲菊花酒續齊諧記魏文帝與鍾繇書曰歲往月來忽復九月九日九為陽數俗因其名以為宜于長久是月芳菊紛然歸榮輔體延年莫斯之貴謹奉一束以助彭祖之術本記陶潜九月九日無酒宅邊菊叢摘盈把坐其側悵望久之見白衣至乃江州王弘送酒即便就酌醉而后歸續晋陽秋南陽酈縣有甘谷

谷中水香美其上有大菊落水從山流下得其滋液谷中二十家仰飲此水上壽百二三十中壽百餘歲七十八十則謂之夭風俗通酈縣北八里有菊水其源悉芳菊被崖水甚甘馨胡廣久患風羸常汲水飲後疾遂瘳年及百歲荆川記道士朱孺子吳末入玉笥山服菊花乘雲升天名山記康風子服甘菊花桐實後得仙神仙傳

雜著

朝飲木蘭之墜露兮夕餐秋菊之落英離騷蘭有馨兮菊有芳漢武秋風詞三徑就荒松菊猶存陶潛歸去來辭翠葉雲布黃蕊星羅盧諶賦陸龜蒙自號天隨生宅荒少牆屋多隙地前後皆樹以杞菊春苗姿肥得以採擷供左右杯案及夏五月枝葉老硬氣味苦澀旦暮猶督責兒輩掇拾不已遂作杞菊賦文粹蘇東坡守膠西廚傳索然不堪其憂日與通守劉君廷式循古城廢圃求杞菊食之作後杞菊賦文集張南軒為江陵之數月方春經行郡圃命採杞菊付之庖人或謂先生據方伯之位頤指如意乃從野人之餐得毋近於矯激有仝于脫粟布被者乎先生應之曰天壤之間孰為正味厚或腊毒淡乃其至唯杞與菊中和所萃驗南陽于西河又頹齡之可制于是又作續杞菊賦文

集菊草屬也以黃為正所以槩稱黃花漢俗九月飲菊以祓除不祥蓋九月律中無射而數九俗尚九日而用時之草也南陽酈縣有菊潭飲其水者皆壽神仙傳有康生服其花而成仙菊有黃花北方用以準節令大畧黃花開時節候不差江南地暖百卉造作無時而菊獨不然攷其理菊唯有烈高潔不與百卉同其盛衰必待霜降草木黃落而花始開嶺南冬至始有微霜故也一名日精一名周盈一名傅延年所宜貴者苗可以菜花可以藥囊可以枕釀可以飲所以高人隱士籬落畦圃之間不可以一日無此花也陶淵明植于三徑采于東籬裛露掇英汎以忘憂鍾會賦以五美謂圓華高懸準天極也純黃不雜后土色也早植晚發君子德也冒霜吐穎象勁直也杯中體輕神仙食也其為所重如此然品類有數十種而白菊一二年多有變黃者余在二水植白菊百餘株次年盡變為黃花今以色之黃白及雜色品類可見于吳門者二十有七種大小顏色殊異而不同自昔好事為牡丹芍藥海棠竹筍竹譜記者多矣獨菊花未有為之譜者殆亦菊花之闕文也余始以所見為之若夫耳目之未接品類之未備更俟博雅君子與我同志者續之史正志韓魏公在北門有詩云

不羞老圃秋容淡，且看黃花晚節香。識者知其晚節之高。李彥平

鄭谷《十日菊》詩云：自緣今日人心別，未必秋香一夜衰。此意甚佳，而病在氣不長。詩話

王荊公《殘菊》詩：黃昏風雨打園林，殘菊飄零滿地金。歐陽公見之，戲金公曰：秋花不比春花落，憑仗詩人仔細吟。荊公聞之，笑曰：歐九不學之故也。豈不見楚詞云「夕餐秋菊之落英」？或云《詩》之「訪落」，訓始，蓋謂始開之花耳。史正志序

賦咏祖

五言散句

白露滋園菊 謝惠連

芳菊舒金英 唐德宗

寒光發黃采 張景陽

時菊委嚴霜 文選

笑酌黃金花

黃花催逸興 李白

時菊碎榛叢

菊垂金秋花

雨荒深院菊

故里樊川菊

盃迎露菊鮮

菊蕊獨盈枝

重岩細菊斑

寒花只暫香

輕露栖叢菊 少陵

霜曉菊鮮鮮

園菊茂新芳

牆根菊花好 韓文公

我屋南窗下，今生幾菊叢 淵明

細葉抽輕翠，圓花簇嫩黃 唐太宗

晚來高興處，搖蕩菊花期

異芳初艷菊，故里亦高梧

羹煮秋蓴滑，盃迎露菊新

庭前有白露，暗滿菊花團

愁眼看秋露，寒城菊自花

滿步如松碧，全時待菊黃

伊昔黃花酒，如今白髮翁

坐開桑落酒，來把菊花枝 少陵

時過菊潭上，摘此黃金花 太白

擷其黃金蕊，泛此白玉枝 永叔

緊緊秋菊早，卓為霜中英 老泉

輕霜臨菊月，細雨似梅天 王潛齋

薦菊明詩眼，看梅長道心 陳三嶼

七言散句

野徑冷香黃菊秀 永叔

菊殘猶有傲霜枝 東坡

竹葉于人既無分，菊花從此不須開

苦遭白髮不相放，羞見黃花無數新

籬邊老却陶潛菊，江上徒逢袁紹盃 少陵

江頭赤葉楓愁客，籬外黃花菊對誰 嚴氏

不是花中偏愛菊，此花開后更無花 元微之

陶令思歸未得歸，黃花想見繞東籬 周益公

牢裹烏紗莫吹却，免教白髮見黃花 徐竹隱

積學書藏

萬菊未開傾竹葉紫桑有憂繞籃輿 趙庁齋
問花何事人偏愛會遇淵明把玩來 吴荆谿
秋風為我語籬菊且耐寒香伴白雲 王滄灣
九日黃花依舊好蛩聲空自怨深秋 陳錦山
白衣不到東籬伴吟得黃花滿口香 黃溪雲
想得東籬黃已徧到家及取未凋零 湛道山
草卧夕陽牛犢健菊留秋色蟹螯肥 方秋崕
不因彭澤休官去未必黃花得許香 沈唯齋
莫言滿眼無知己耐久黃花是故人 徐集孫
西風昨夜吹推黃葉秋亦無心在菊花 趙鈞月
猶作霓裳舞妖態零紅墜粉濕秋根 張芸窓
黃花自與淵明別不見閒人直到今 和父

五言古詩

結廬在人境而無車馬喧問君何能爾心遠地自
偏採菊東籬下悠然見南山山氣日夕佳飛鳥相
與還此中有真意欲辨已忘言 淵明
秋菊有佳色裛露掇其英汎此忘憂物遠我遺世
情一觴雖獨進杯盡壺自傾日入羣動息歸鳥趍
林鳴嘯傲東軒下聊復得此生 淵明
和澤周三春爍爍涼秋節露凝無游氛天高風景
徹陵岑聳逸峯遥瞻皆奇絶芳蘭開林耀青松冠
岩列懷此貞秀姿卓為霜中傑銜觴念幽人千載
撫爾訣儉素不復展厭厭覺涼月 淵明
越山春始寒霜菊晚最好朝來出細蕊梢覺芳歲
老孤根蔭長松獨秀無衆草晨光雖焰耀秋雨半
摧倒先生卧不出黃蕊紛一埽無人送酒壺空腸
嚼珠寶香風入牙頰楚些發天藻新英蔚已滿宿
根寒不槁揚揚美芳蜓生死何足道頗訝昌黎公
恨尔生不早 昌黎
騷人足奇思香草比君子况此霜下傑清芬絶蘭
芷氣禀金行氣德備中黃美古來隺髮翁餐英飲其
其水但恐藜藿傷課僕加料理 老泉
黃花候秋節遠自夏小正坤裳有正色鞠衣亦令
名一從人僞勝遂與天力爭易姓寓非俗改顏隨
所今新奇既易售粹駮定相傾疾惡逢伯厚識真
似淵明君言我所印世論誰能評願君為霜風一埽
紫與赬 東坡
黃花不負秋與秋作光輝夜霜為作惠朝日為解
圍今晨豈重九節意入芳菲孤芳擅天地衆卉亦
已微殷勤黃金靨焰耀白板扉沽酒欲壽花孔方
與我違静坐絶省事未覺此計非夕英豈不腴騷
人自難肥 陳簡齋
手種黃金花摩挱待其成朝來風雨過萬彙秋聆
竮起問花知否獨立當亭亭當於清霜下退然得

此生南山與東籬我亦學淵明久落塵網中叫花花不應陳簡窓

五言古詩散聯

少年飲酒時踊躍見菊花今來不復飲每見長咨嗟屹立摘滿手行行把歸家昌黎

是節東籬菊紛披為誰秀岑生多新詩性亦嗜醇酎采采黃金花何由滿衣袖杜甫

五言絕句

每恨陶彭澤無錢對菊花如今九日至自覺酒須賒少陵

青蕊冒珍叢幽姿含曉露政尔破荒寒詎免傷遲暮誠齋三首

味苦誰能愛香寒只自珍嘗將潭底水普供世間人

五言八句

籬落歲云暮數枝聊自芳雪裁新蕊蜜金拆小苞香千載白衣酒一生青女霜春叢莫輕薄彼此有行藏羅隱

寒花開已盡菊蕊獨盈枝舊摘人頻異輕香酒暫隨地偏初衣袂山擁更登危萬國皆戎馬酣歌淚欲垂杜甫

五言排律

家家菊盡黃梁園獨如霜瑩淨真琪樹分明對玉堂仙人披雪氅素女厭紅妝粉蝶來難見麻衣拂更香南風搖羽扇含露滴瓊漿高艷遮銀井繁枝覆象床桂叢慚並發梅蕚妬先芳一入瑤華咏從茲播樂章劉禹錫

五言律詩散聯

暗暗淡淡紫融融冶冶黃陶令籬邊宅羅含宅裏香李義山

綠綠黃金裾亭亭白玉膚極知時好異擬與歲寒俱墜地良不忍抱枝寧自枯吳履齋

七言古詩

庭前甘菊移時晚青蕊重陽不堪摘明日蕭條醉盡醒殘花爛熳開何益籬邊野外多衆芳采擷瑣細升中堂念茲空長大枝葉結根失所纏風霜杜甫

病眼仇究一束書客舍蔭蓴菊一株看來看去兩相厭花意蕭條恰似無清曉扇輿過花市陶家全圃移在此千株萬株都不看一枝兩枝誰復顧平地拔起金浮屠瑞光千尺照碧虛乃是結成菊花塔蜜蜂作僧僧作蝶菊花障子更玲瓏翡翠六扇排屏風金錢裝面蜜如積金鈿滿地無人識先生一見雙眼開故山三徑何獨懷君不見內前四時

積學書藏

有花賣和寧門裡花如海

七言絶句

誰将陶令門前菊幼作酴醾白玉花小草真成有
風味東園添花老生涯山谷二首
呂園未肯輕沽我時欲買此園且寄田家砌下栽
他日秋先媚重九清香知是故人來
共坐闌邊日欲斜更将金蕊泛流霞欲知却老延
齡藥百草摧時始見花歐陽永叔
菊生不是遇淵明自更淵明遇菊生歲寒霜寒心
獨苦淵明元是菊花精誠齋三首
物性從來各一家誰貪寒瘦厭年華菊花自擇風
霜國不是春光外菊花
鶯樣黃裳錢樣裁冷霜涼露濺浮埃比他紅紫開
差晚時節來時畢竟開
城荒葉落風颼颼淮水茫茫古渡頭白首不堪行
樂地黃花點點是離愁趙信菴三首
落托山園載酒來江梅含雪倚春臺菊花無藉秋
光老猶自離披帶雨開
黃花焰眼又經秋山自青青江自流多謝龍頭蟄
禁客年年把酒到江樓
羞與春華艷治同殷勤培溉待西風不須牽引淵
明比隨分籬落要幾叢劉後村

積學書藏

獨向隣園看菊回隔籬驚見一枝梅西我憐我太
寂寞特地遣花将句來徐介軒
秋風雨度身為客已見重陽未到家村酒不堪供
節事祇将青眼看黃花翁浩堂
況埽官廳頓菊栽老兵怕碍客車來費人早晚勤
澆灌何似籬邊自在開趙台山
一段風流玉琢成開從霜后越精神休嫌茉莉非
吾配會識張良似婦人二隱
白白黃黃自歲寒詩翁但作菊花看牡丹茉莉非
吾事自是特人被滿瞞
親向東籬手自栽夕陽小逕重徘徊花應得似人
乖角過了重陽爛熳開
愛花千古說淵明肯把秋光不似春我重此花全
晚節賸栽三徑伴閑身
新分菊本自鋤山手縛枯藤作矮欄比似著書空
用力種花猶得一年看高菊澗

七言古詩

青叢馥郁早抽芽金蕊斕斑著花秋意止應宜入
淡泊化工可是惜鉛華輕烟細雨重陽節曲檻疎
籬五柳家暮最朝吟供採摘更憐寒蝶共生涯劉屏山
香名不枉入騷壇最愛霜林耐歲寒切莫逢人嘆
遲暮何曾委地有飄殘人如靖節本堪採世久靈

均少得餐甚矣吾衰閉門坐籬邊自折一枝看　潘紫岩

七言八句散聯

陶詩只作黄金實鄞客新傳白雲英素色不同籬下發繁花疑是月中生　李義山

樂府祖

少年行

去年秋晚此園中携手玩芳叢拈花嗅蘂惱烟撩霧沉醉倚西風　今年重對芳叢處追往事又成空敲徧闌干向人無語惆悵滿枝紅　歐陽修

定風波

與客携壺上翠微江涵秋影雁初飛塵世難逢開口咲菊花須插滿頭歸　酩酊但酬佳節了雲嶠登臨不用怨斜暉古往今來誰不老多少牛山何必更沾衣　東坡

水調歌頭

江水浸雲影鴻雁欲南飛携壺結客何處空翠緲烟霏塵世難逢一咲況有紫萸黄菊須插滿頭歸風景今朝是身世昔人非　酬佳節須酩酊莫相違人生如寄何事辛苦怨斜暉無盡今來古往何限春花秋月變化倏無依問取牛山客何必獨沾衣　朱文公

南鄉子

黄菊滿東籬與客携壺上翠微已是有花兼有酒良期不用登臨怨落暉　滿酌不須遲莫待無花空折枝寂寞酒醒人散后堪悲節去花愁蝶不知　山谷

鷓鴣天

黄菊枝頭生曉寒人生莫放酒杯乾風前横笛斜吹雨醉裏簪花倒着冠　身健在且加餐舞裙歌板盡清歡黄花白髮相牽挽付與時人冷眼看

受恩深

雅致裝庭宇黄花開淡竚細香明艷盡天與助秀色堪餐向曉自有真珠露剛被金錢妬疑買秋天容易獨步　粉蝶無情蜂已去要上金樽唯有詩人曾許待宴賞重陽恁時盡把芳心吐陶令經回顧憔悴東籬冷烟疎雨　柳耆卿

醉花陰

薄霧濃陰愁永晝瑞腦噴香獸時節又重陽玉枕紗厨半夜秋初透　東籬把酒黄昏后有暗風盈袖莫道不消魂簾捲西風人比黄花瘦　李易安

破陣子

憶得去年今日黄花正滿東籬曾與主人臨小檻共折香英泛酒巵長條插鬢垂　人貌不應遷換

積學書藏

珍叢又覩芳菲重把一尊尋舊徑可惜光陰去似飛風高露冷時　晏叔原

驀山溪

年芳已遠涼夏疎疎雨菊占此時開背佳期清秋何處滴成金豆彈破栗文圓臨水檻倚風亭全勝東籬暮　茱萸未結誰是多情侶菖葉與葵花也相饒也相妬主人着意何必念登高浮酒面解煩襟消盡當筵暑　仲殊

鷓鴣天

一種濃華別樣粧留連春色到秋光解將天上千年艷翻作人間九日黃　凝薄霧傲繁霜東籬恰似武陵鄉有時醉眼偷相顧錯認陶潛作阮郎　張于湖

如夢令

野菊亭亭爭秀閒伴露荷風柳淺碧小開花誰摘誰看誰嗅知否知否不入東籬杯酒　張約齋

念奴嬌

老夫白髮尚兒戲廢圃一番料理餐飲落英并墜露重把離騷枯起冷艷幽香深黃淺白占斷西風裏飛來斐蜷繞叢欲去還止　嘗試銓次群芳梅花差可伯仲之間耳佛說諸天金世界未必莊嚴如此尚友靈均定交元亮結好天隨子籬邊坡下

積學書藏

一盃聊泛菊蕊　劉後村

鵲橋仙

寒叢美日寶鈿承露籬落亭亭相倚當年彭澤未歸來料獨抱幽香一世　疎風冷雨淡烟殘焰日日重陽天氣帽簷已是半敧斜問甕裏新篘熟未　盧蒲江

好事近

秋色到東籬一種露紅先占應念金英冷淡摘胭脂濃染　依稀十月小桃花霜蕊破霞臉何事淵明風致却十分妖艷　劉圻父

一落索

瘦得黃花能小一簾香香東籬雲冷正愁予猶幸是西風少　葉下亭皐渺渺秋何為者無錢持蟹對黃花又孤負重陽也

全芳備祖卷十二

全芳備祖卷十三前集

天台陳景沂編輯
建安祝　穆訂正

花部

巖桂花

事實祖

碎錄

梫木桂樹也一名木樨花淡白其淡紅者謂之丹桂黃花者能子叢生岩嶺間 尒雅

紀要

月中有桂樹 淮南子 月桂高五丈下有人常斫之樹瘡隨合人姓吳名剛西河人學仙有過謫令伐樹 酉陽襍俎 皐塗之山有桂木八樹在賁禺東八樹成桂言其大也賁禺即番禺也 山海經 桂陽郡有桂嶺放花徧白林嶺盡香 地理志 淮南子劉安好道感八公共登山斫桂樹而賦有大小桂山因以自號招隱士者劉安小山之所作也 楚辭注 有左翁者坐桂樹下以玉杯承甘露與吳猛服之 廬山記 晋郄詵對策第一武帝問之曰臣今為天下第一猶桂林一枝 晋史

雜著

桂樹叢生兮山之幽偃蹇連蜷兮枝相繚山氣巃嵸兮石嵯峨谿谷嶄岩兮水曾波猿狖郡嘯兮虎豹嘷扳援桂枝兮聊淹留王孫來兮不歸春草生兮萋萋歲暮兮不自聊蟪蛄鳴兮啾啾坱兮軋山曲岪心淹留兮恫慌惚罔兮沕憭兮慄虎豹穴叢薄深林兮人上慄嶔岑碕礒兮硱磳磈硊樹輪相糾兮林木茷骫青莎襍樹兮薠草靃靡白鹿麏麚兮或騰或倚狀貌崟崟兮峨峨凄凄兮漇漇獼猴兮熊羆慕類兮以悲攀援桂枝兮聊淹留虎豹鬭兮熊羆咆禽獸駭兮忘其曹王孫兮歸來山中兮不可久留 小山招隱 朱桂黝倏于南北 靈光殿賦 桂樹列兮紛敷吐花紫兮布條實孤 飲菌若之朝露兮搆桂木以為室 桂蠹不知所淹留兮蓼蟲不知死於葵菜 桂芳香兮正堅故君子依之 並文選 桂棹兮蘭枻 桂棟兮棼橑 結桂枝兮延佇沛吾乘兮桂舟援北斗兮酌桂漿 並楚詞 南州之炎德兮麗桂樹之冬榮 遠遊 天竺山昔有梵僧云從天竺鷲山飛來八月十五夜嘗有桂子落故白樂天詩仙花桂子落紛紛 東坡詩注 竇禹鈞有子五人俱登科馮道贈之詩曰靈椿一樹老丹桂五枝芳 詩集

賦咏祖

五言散句

微風動桂華 嵇康　秋風生桂枝 沈休文
有喜留扳桂　禮闈曾攫桂
丹桂風霜急　賞月延秋桂 少陵
仙籍桂香浮 御製　霧密前山桂 柳子厚
桂子秋皎潔 孟浩然　青桂隱遥月
南州實炎德桂樹凌寒山 謝靈運
相思在何處桂樹青雲端 李白
桂子月中落天香雲外飄 宋之問
斫却月中桂清光應更多 少陵
轉蓬行地遠攀桂仰天高
故園松桂發萬里共清輝
蒼蒼山中桂團團霜露色 文選
窮冬百草死幽桂乃芬芳 韓文公
山中有桂花莫將花如霰 王維
離披得幽桂芳本欣盈握 柳宗元
瓊葉潤不凋珠英粲如織 李德裕
何年霜夜月桂子落寒山
桂熟長收子蘭生不作畦 王建
忽逢幽隱樹如見獨醒人 于武陵
蟾宮分異種人世散清香 白氏集
弟子已攀桂先生猶卧雲 方干
近方薝蔔黄遠比茉莉小 林高隱

七言絶句
山頭老桂吹古香
聯翩桂花墜秋月 李長吉
兎寒蟾冷桂香白 李義山
清露香浮黄玉枝 陳簡齋
山雲漠漠桂花濕 東坡
桂子高攀第一枝
桂折一枝先許我楊穿三葉盡驚人 白香山
長抱秋蟾滋秋氣偶搖風露墜階除 叅寥
松椿自有千年壽蘭蕙何無十里香 白氏集
國香熏舍先生醉秋葉栽花客子迷
楚塞山深草木馨秋來處處發菁英
天將秋氣蒸寒馥月借金波摘小黄
夾路兩行森翠蓋西風半夜散麩金 誠齋
憶曾寒露飄金粟自領兒童拾薄金
已搜杞菊到詒厥絶與木樨親友于
露下高高月當戶夢回酒醒客聞砧
看來看去能幾大如何着得許多香
天門金粟如來藏人立廣寒宮殿秋

五言古詩
問春桂桃李正芳華年光隨處滿何事獨無花春
桂答春華詎能久風霜搖落時獨秀君知否 王績

積學書藏

世人種桃李多在金張門攀折爭捷徑及此春風暄一朝天霜下榮耀難久存安知南山桂綠葉垂芳根清陰亦可託何惜植君園 太白

謫官去南裔清湘繞靈岳晨登黃葭岍霜景霽紛濁披雜得幽桂芳本欣盈握火井困烟燼薪採久摧剝道傍且不顧岑嶺況幽邃傾筐擁故壤棲息期鸞鷟路遠清涼宮一雨悟無學南人始珍重微我誰先覺芳意不可傳丹心徒自渥 柳子厚移桂

有客賞芳菲移根自幽谷為懷中山趣愛此岩下綠晚露秋暉浮清陰欒闌曲更待繁花白邀君美芳馥 歐陽永叔

化工吝幽香斑斑被花木亂亂寒岩桂高韻蓋群馥無人盡日芳守志何幽獨士分恥求知女貞憖自鸞淒涼楚山秋樛枝吐金粟淺水映輕明微颸發含蓄棧端靜忽聞馬上遙相逐踟躕為延佇但見林巒綠瓶罌誰折贈清芬鬬廬屋久處不自知作至稱馥郁客悲芳歲暮憂繞寒溪曲長吟小山詞古意恐難復 劉屏山

天心不求金富嫗不復藏居然土仝價散作草木芳英英國中葵一心傾太陽采采籬下菊令汝壽命康唯此木之桙更貯萬斛香雄姿傲霜雪鱗甲森青蒼三賢鼎足立正色凜相望豈比桃李徒紅

積學書藏

紫粉披昌聊息貪者心來上君子堂歲晚從我游寘汝兄弟行 張子湖

五言古詩散聯

不歸天上月空老山中年無人為移植 入上林園 香山

團團桂叢孤枝葉寒更媚託根庭宇間自有幽人致何必問嫦娥青雲借餘地 曾文昭

五言絕句

堂中有八樹繁華無四時不識風霜苦安知零落期 梁藹雲

新叢入望苑舊幹別層城請視今移處何如月裏生 庾肩吾

不是人間種移從月脇來廣寒香一點吹得滿山開 楊誠齋

喬木生夏涼芳甤散秋馥未覺歲將寒扶疎方繞屋 朱文公

五言八句

未植蟾宮裡寧移玉殿幽枝生無限月花滿自然秋俠客條為馬仙人葉作舟願君期道術攀折可淹留 李嶠

日暖山上路鶯啼知已春忽逢幽隱樹如見獨醒人石冷開常晚風多落已頻樵夫應不識歲久伐

積學書藏

為新　于武陵
山中緑玉樹瀟灑向秋深小閣芬微度詩帷氣欲
侵披懐清露曉遇賞夕嵐陰珍重王孫意天涯淚
滿襟　朱文公三首
亭亭岩下桂歲晚獨芬芳葉密千層緑花開萬點
黄天香生淨想雲影護仙妝誰識王孫意空吟招
隱章
露浥黄金蕋風生碧玉枝千林向搖落此樹獨華
滋木末難同調籬邊不並時攀援香滿袖歎息共
心期

五言律詩散聯

玉蕋琅玕樹天香知意薰露寒清透骨風定遠含
芬　菊磵

七言古詩

玉階桂影秋綽約天香為捲浮雲薄嬋娟醉眠水
晶殿老蟾不守餘香落蒼苔忽生霜月裔仙芬淒
冷真珠蕚娟娟石畔為誰妍香霧着人清入幕夜
深醉月寒相就荼蘼却作傷心瘦羙雲仙女淡綷
衣烟裙不著鴛鴦繡眼中寒香誰同惜冷吟徑名
梅花覡小蠻為洗玻璃杯晚來秋饗蒲桃碧　毛澤
民
西風夜入小池塘木犀漏泄月中香一粒粟中香

積學書藏

萬斛君看一梢幾金粟　誠齋

七言絶句

瀹雪凝酥點嫩黄薔薇清露染衣裳西風掃盡狂
蜂蝶獨伴天邊桂子香　韓子蒼
彈壓西風擅衆芳十分秋色為伊忙一枝淡貯書
窓下人與花心各自香　朱淑真二首
月待圓時花正好花將殘後月還虧須知天上人
間物同稟秋清在一時
輕薄西風未辦霜夜揉黄雪作秋光吹殘六出猶
餘四正是天花更着香　謝無逸
雨過西風作晚涼連雲老翠出新黄清芬一日來
天闕世上龍涎不敢香　鄧志宏
衆芳搖落九秋期横出天香第一枝莫似寒梅太
孤絶更教遙夜笛中吹　文公三首
仙衣綫試鬱金黄便覺秋風滿院香定觀極知先
透徹道心豈是故迎將
秋到寒岩桂樹叢小山吟罷思悲翁不妨更作淹
留計占取人間十里風
學仙深娓似吳郎賴有吾廬兩子蒼疑是廣寒宮
裏種一秋三度送秋香　王梅溪
誰遣秋風開此花天香來白玉皇家鬱金裳浥薔
薇露知是仙人蕚緑華　方秋崖

翠葉金花小胆瓶輕拈欵嗅不勝情從敎失陷沈
烟冷驀地熏心夢也清 徐分軒
露洗金蟲一半開層〻碧玉映樓臺西風昨夜吹
香過人在闌干待月來 何菊潭
多因仙國山邊植豈是嫦娥月裡香碩為兒孫積
陰德東堂時占一時芳 朱貫之二首
人間植物月中根碧樹分敷散寶熏自是莊嚴等
金粟不將妖艷比紅裙
天公憐我太岑寂每歲殷勤兩度開收拾落英將
底用博山香裡薦清杯 鄭行可

七言八句

月鉠霜濃巵却乾此花元屬桂堂僊鷲峯子落鷲
前夜蟾窟枝空認室記昔年破械高僧憐耿介練裙溪
女鬪清妍頗公採擷紉幽佩莫遣遺芳老澗邊東
坡
應世何曾識桂林花仙夜入廣寒深移將天上衆
香國寄在梢頭一粟金露下風高月當戶夢回酒
醒客聞砧詩情惱得渾無那不為龍涎與水沈誠
齋二首
分得吳剛斫處林鷲兒洒色不須深系從犀首名
千朮派別黃香字子金衣濺薔薇蕪水麝韻如月
杵應霜砧餘芳熏入旃檀骨從此人間有桂沈

積學書藏

翠圍侍女擁紅幢霞臉調朱笑額黃共醉東君千
日酒更翻西母九霞觴人間天上高低影月下風
前自在香輸得廣寒宮裡客年〻綠鬢賣秋光楊
濟翁謝周益公
重〻簾幙護金猊小樹花開逼麝臍寒色十分新
癖粟春心一點暗通犀香延棋畔仙人斧影駐燈
前太乙藜從此再週花甲子伴公長醉玉東西 徐竹溪

樂府祖

清平樂

人間花少菊少芙蓉老冷淡仙人偏得道買住西
風一笑 前生應是紅梅黃如點破氷肌只道暗
香猶在參差清似南枝 朱希真
小山叢桂最有留人意拂葉扳花無限思雨濕濃
香滿袂 別來過了秋光翠簾昨夜新霜多少月
宮閑色姮娥與借微芳 劉原父
斷崖流水香度青林底元配騷人蘭與芷不數春
風桃李 淮南巖桂小山詩翁合得扳翻身到十
洲三島心遊萬壑千巖 蘇養直
黃衫相倚翠葆層〻底八月江南風日美美影山
腰水尾 楚人未識孤妍離騷遺恨千年無住菴
中新事一枝喚起幽禪 陳簡齋
秋光如洗釀作鵞黃蟻澈入千巖佳樹裏惟許修

門人醉　輕鈿重上風鬟不禁月冷霜寒步障深沉歸去依然滿江山　韓叔夏

少年痛飲憶向吳江醒明月團圓高樹影十里薔薇水冷　大都一點宮黃人間直恁芬芳怕是秋天風露染教世界都香　稼軒二首

月明秋曉翠蓋團團好剪碎黃金教恁小都着葉兒遮了　折來休似平時小窓能有高低無頓許多香處只消三兩枝兒

秦樓月

香簌簌小山叢桂烘溫玉烘溫玉酒愁花暗沈腰如束　煩君剩與陽春曲為君細拂羅衾馥羅衾馥一春幽夢與君相續　趙介庵

滿庭芳

秋入微陰涼生平遠小山愁絕天南似聞還斷飛策偏千巖葉底輕黃纂纂惱人是微裂方絨倏然勝清真冷淡無限寄塵凡　澄潭歌兩岸波光搖動碧影相參任西風十里吹度松杉我自寒灰槁木凝神處不覺熏酣歸來晚飛花無迹明月滿空涵　劉秀冲

月窟盤根雲岩分種絕知不是塵凡琉璃剪葉金粟綴花繁黃菊周旋避舍友蘭蕙羞殺山樊清香遠秋風十里鼻觀已先參　酒闌聽我語平生半世江北江南經行無處窮綠水青山嘗被此花相惱思共結[老]屋中間不知爾薌林底事遊戲到人寰　向伯恭

生查子

我愛木中犀不是凡花數清似水沈香色染薔薇露　薌林月冷時玉筍雲深處歸夢托西風夜夜江頭露　向薌林

蝶戀花

岩桂秋風南埭[露]墻外行人十里香隨步此是薌林遊戲處誰知不向根塵住　今日對花非浪語憶昨明花[光]早辱君王顧生怕素繩輕點污思鱸何似思花去　向伯恭

桂枝香

天高氣肅正月色分明秋容新沐桂子初收三十六宮都是不辭散落人間去怕群花自嫌凡俗向他秋[晚]喚回春意幾番幽獨　是天上餘香賸馥雖怪一樹香風十里相續坐對花旁但見色浮金粟芙蓉只解添[秋]思況東籬淒涼黃菊入時太淺背時太遠愛尋高躅　龍川

驀山溪

嫣然一笑風味人間沒來自廣寒宮直偷得天香入骨軟金縷屑點綴碧瓊枝花藏葉葉籠花剛被

積學書藏

風吹拂　道人衾帳不用沉烟熨揷滿枕屏山覺身在藍橋仙窟一觴一咏消得九秋愁籬邊菊畹中蘭甘避芳塵不鄭松菴

霜天曉角

綠雲剪葉低護黃金屑占斷花中聲譽香韻兩清潔　勝絕君聽說是他來處别試看金衣猶帶金庭露玉堦月

水龍吟

智瓊嬌額塗黃為誰種作秋風蕊寒香半露綠幃深護猶聞十里山麝生臍水沈削蠟一時羞避向錢唐江上中秋月下有人暗尋遺子　不奈書生氣對群花領畧風味騷人已去欲紉幽佩重為湘酹天賦風流友梅兄蕙與桃奴李向明窗棐几纖枝未老眼明如水楊補之

臨江仙

玉宇凉生清禁曉丹葩色照晴空珊瑚敲碎小玲瓏人間無此種來自廣寒宮　雕玉闌干深院靜嫣然凝笑西風曲屏須占一枝紅且圖歌醉枕香到夢魂中張材甫

小闌干

露華深釀古香濃一樹出雲叢窗間試與開培秋事聊寄幽悰　鈎簾靜對西風晚塵外小房櫳輕

積學書藏

陰淡日淺寒清月想見山中盧浦江

全芳備祖卷十三

國家圖書館藏

積學書藏

全芳備祖卷十四

天台陳景沂編輯
建安祝　穆訂正

花部

葵花附葵菜　黄葵　一丈紅

事實祖

碎録

葵有三種一取其花名蜀葵一取其葉名蒲葵一取其可食名葵菜南方草木記有戎葵今蜀葵也如木槿花晋傳元蜀葵賦序曰其苗似瓜瓠既大而潔鮮黄色耀日爾雅志黄葵常傾葉向日不令照其根説文蜀葵有檀心色如牡丹姚黄蕊則蜀葵也本草黄葵治便淋及催生處處有之春生苗葉與蜀葵頗相似葉尖狹多刻缺夏末開花淺黄色與蜀葵别種將産時取四十九粒子研爛温熱酒調下小花者名錦蜀葵又名戎葵本草若葵藿之傾太陽曹子建表

葵菜　葵菜也説文七月亨葵及菽豳風葵承露也大莖小葉花紫黄色爾雅

一丈紅　浙間又一種葵俗名一丈紅花有五色南方草木記

紀要

積學書藏

仲尼曰鮑莊子智不如葵葵猶能衛其足左傳公儀休為魯相食於舍而茹葵葵美愠而拔之曰又奪園夫紅女之利乎董仲舒策魯監門女嬰相從績中夜泣曰衛世子不肖是以泣其偶問其故曰宋司馬得罪於宋出奔於魯馬逸食吾園葵是歲失利一半由是觀之禍福相及也韓詩外傳魯漆室女曰昔晋客舍我家繫馬於園馬逸賤吾園葵使我終歲不厭葵味列女傳丁次都不知何許人為遼東丁氏作奴丁氏常使買葵問何得此云從日南來列仙傳周顒清平終日長蔬王儉謂顒曰卿山中何所食最勝荅曰赤米白塩緑葵紫蓼又曰春初早韭秋末晚菘南史北齊彭城王攸在郡王氏種葵三畝被人盗之王密書葵葉明旦令人入市看之遂得偷者北史本傳符堅欲南師夢葵生城南以問婦曰若君遠出難為將也異苑

雜著

襄荷依蔭時藿向陽緑葵含露白薤負霜潘岳賦

布濩交加翁茸分葩疏莖密葉翠蕚丹花梁王筠賦

惟兹珍草懷芬吐榮挺河渭之膏壤吸息井之元精繞銅雀而疏植映昆明而羅生作妙觀於神洲扇令名於東京馳驛命而遠致攢華林而麗庭中脩翹之冉冉播圓葉之青青虞翻賦蝶翅堪憎

蜂鬚可妬幾多之金粉遭竊一點之檀心被污韓
偓賦

賦詠祖

五言散句

紅葵旌節花顛濱、　葵枯猶向日　文選
香宜配碧葵　少陵
青ゝ園中葵朝露待日稀　沈休文
譬如後園葵有葉待秋霜　文選
流目視西園曄ゝ榮紫葵　淵明
無以肉食資取笑葵與藿　文選
水烟通徑草秋露接園葵　少陵
葵花雖粲ゝ蒂淺不勝簪　東坡

七言散句

爛煑葵羹斟桂醑風流可惜在蠻村　東坡
西崦人家應自樂紫葵燒笋餉春耕
秋風似學金丹術戲把琉黃製酒杯　陳司封
一樹黃葵金盞側勸人相對醉西風　潘德久

五言古詩

貧廚何所有炊稻烹秋葵紅粒香復軟綠葉滑且肥饑來止於飽ゝ後復何思ゝ憶榮遇日迨今窮退時今亦不凍餒昔日無餘資口既不減食身又不減衣撫心私自問何者是榮衰　香山

昨日一花開今日一花開今日花正好昨日花已老人生不得長少年莫惜床頭沽酒錢請君有錢向酒家君不見戎葵花　岑參

弱質困夏永奇姿蘇曉涼低昂黃金盞照耀初日光檀心自成暈翠葉森有芒古來寫生人妙絕誰似昌晨妝與午醉自態含陰陽君看此花枝中有風露香　東坡

五言古詩散聯

種葵此園中葵生鬱萋ゝ朝榮東西傾夕顛西南晞零露垂澤鮮明日耀其輝豐條併春盛落葉後秋衰慶彼晚凋福忘此孤生悲

翩ゝ晚凋葵孤生寄此閒被蒙覆恩露微軀後時殘庇足同一智生理名萬端不若閒道易但傷知命難　並陸機

淘來少汲水多汲井水渾刈葵莫放手放手傷葵根　杜甫

採葵莫傷根傷根葵不生結交莫羞貧羞貧交不成　古詩

白若繒初斷紅如顏欲酡生令仙駕儼幢節紛駢羅物性有常妍人情輕所多菖蒲倚自秀棄擲不吾過　溫公

積學書藏

錦江何日別漆水今朝見清露繞顏色秋鶯一分
淺文與可

花生初咫尺意思已尋丈一日復一日看〻衆花
上吳荆溪

五言絶句

慙君能衛足歎我遠遊根白日如分照還歸守故
園李白

五言八句

炎天花盡歇錦繡獨成林不入當時眼其如向日
心寶釵知見棄幽蝶或來尋情許清風下芳醪對
一斟韓忠獻

七言絶句

此花莫遣俗人看新染鵝黃色未乾好逐秋風天
上去紫陽宮裡要頭冠李涉

名花八葉嫩黃金色照書窗透竹林無奈美人閑
把嗅直疑檀口印中心

嬌黃初綻欲題詩盡日含毫有所思記得玉人春
病較道家妝束厭禳時薛能

眼前無奈蜀葵何淺紫深紅數百窠能共牡丹爭
幾許得人輕處祇緣多陳標

白露清風催八月紫蘭紅藥共淒涼黃花冷淡無
人看獨自傾心向太陽劉原父

積學書藏

閑時閑淡斂時愁蘭菊應容預勝流剩欲持杯相
領略一庭風露不禁秋范蜀公

黃葵貴麗不妖嬈一朵新晴松外高還是逼英臨
黼座朦朧曉日照天高宋景文

昔年南國看黃葵雲髻金釵向後垂今日村家籬
落下秋風寂莫兩三枝王正美

紅白青黃美淺深旋分幢葉自成陰但疑承露矜
殊色誰識傾陽無二心楊巽齋

都將葵葉蓋亭中樹似桄榔葉似棕欲問天公覔
微雪妝成急響打船篷誠齋

蒻笠端能直幾錢騎奴不擬雨連天蓋頭旋折山
葵葉擘破青〻傘半邊

七言八句

人笑戎葵定是痴不愁曦景早和遲便令陽霧先
難到也則傾心苦為誰衛足平生非我志向陽一
點只天知話頭試問程休父休父丹衷便是葵誠
齋

七言律詩散聯

拓罷淮南金戩牙時平來坐野僧家槍旗謾摘社
翦雨旌節旋移春後花洪平齋

恐是牡丹重換紫久疑芍藥再翻紅槁娆不　桑
間女蔽芾深迷苧下翁陳石齋

樂府祖

菩薩蠻

秋花最是黄葵好天然嫩態迎春早染得道家衣淡妝梳洗時　晚來清露滴一一金杯側插向緑雲鬟便隨王母仙晏元獻

蓼花

事實祖

碎録

一名天蓼一名澤蓼本草以薅荼蓼詩載芟子又集於蓼詩小毖　膾炙用蓼禮記鶉鷄羮駕六蓼同上

紀要

越王念吴欲復怨非一日也苦思勞心夜以継日臥則嘗蓼吴越春秋　霍丘古號東蓼西蓼蓋古之蓼國也安豐志

雜著

蓼蟲在蓼則生在芥則死非蓼仁而芥賊也戰國策　覩茲茂蓼紛葩吐盈猗那隨風緑葉厲莖爰有蠕蟲厥伏似蝗群聚其間食之以生則困不知辛況乎人以安逸爲心乎漢孔臧

賦詠祖

五言散句

蓼花被隄岸柳子厚　鹽豉煎片蓼鄭毅夫　蓼雜芳菲疇韓文公　群芳坐衰歇聊自舞春風石曼卿　輕紅隨秋澡東坡

七言散句

水蓼冷花紅簇簇白香山　雨濕蓼花千穗紅温八叉　蓼花無數入船窗李元膺　暮天新雁起汀洲紅蓼花疏水國愁羅鄴　花穗迎秋結晚紅園林清淡更西風宋景文　簇簇菰蒲映蓼花水痕天影蘸秋霞林君復

五言八句

簇簇復悠悠年年拂漫流差池畔黄菊冷落歸清秋晚帶鳴蟲急寒藏宿鷺愁故溪歸不得憑仗繫漁舟鄭谷

七言絶句

秋歸南浦蟪蛄鳴霜落横湖溪水清卧雨幽花無限思抱叢寒蝶不勝情東坡

分紅間白汀洲晚拜雨揖風江漢秋香　耐清霜去却恐蘆花先白頭劉後村

七言律詩散聯

紅穗已沾巫峽雨緑痕猶帶錦江泥吟狂不覺驚幽鷺坐困翻疑在舊溪張忠定

樂府祖

行香子

金井先秋梧葉飄黃幾回驚覺夢初長雨微烟淡疎雨池塘漸蓼花明菱花冷藕花凉　幽人已慣枕單衾冷任商飈　撚年光問誰相伴終日清狂有竹間風樽中酒水邊床王晋卿

蘆花

事實祖

碎錄

蒹葭蘆葦也爾雅

紀要

雁啣蘆以避矰繳淮南子

五言散句

蘆花留客晚杜　　蘆花似朝霜李

七言散句

楓葉荻花秋瑟瑟白

十年九陌寒風夜夢掃蘆花洗客衣

歸燕羇鴻共斷魂荻花楓葉泊孤村張載

最愛蘆花經雨後一篷烟火飲漁船和靖

白蘋滿棹歸來晚　看蘆花一夜霜蘇養直

忘却蘆花叢裡宿鷺來誤作雪天吟張一齋

門外酒旂風竹定櫓聲搖　出蘆花趙訥軒

白鳥一雙簾外去蘆花風靜釣舟閑

五言八句

摧折不自守秋風吹若何暫時花帶雨幾處葉沉波體弱春苗早叢長夜露多江湖　搖落亦恐歲蹉跎少陵

避世水雲國卜隣鷗鷺家風前揮玉麈霜後幼楊花骨相緣詩瘦秋聲訴月華欲掐盧處士歸去老生涯誠齋

七言古詩

琵琶亭前夜泊舟荻花索索風飀飀潯陽夜靜月如畫琵琶寂莫江空流王溪雲

七言絶句

釣罷歸來不繫船江村月落正堪眠縱然一夜風吹去只在蘆花淺水邊司空文明

竹映風窗數處斜旅人愁坐思無涯夜來留得湖山夢全為乾蘆似荻花唐彦謙

雨折霜乾不耐秋白花黃葉使人愁月明小艇湖邊宿即是江南鸚鵡洲東坡

渺渺臨窗思美人荻花楓葉帶鷄聲夜深吹笛移船去三十六灣秋月明鄭克己

夜合花

事實祖

碎録

安和五臟和心志令人歡樂無憂又云合歡夜合也生益州山谷間近洛有之人家多植於庭除以梧桐枝甚柔弱葉似皁莢梗細而密互相交結風來一似相解不相牽綴其葉至暮而合一名合昏五月花發紅白色瓣上若絲茸至秋而作莢子極薄細類要圖經欲蠲人之憂則贈以丹棘一名忘憂欲蠲人之忿則贈以清裳合歡也崔豹

紀要

晉嵇康種之舍前嘗曰合歡蠲忿萱草忘憂本草心胃塡錯取夜合掌大一枝水煑服之故后山詩云探囊一試黃昏湯詩話

賦咏祖

五言散句

消忿贈合歡古詩　青枝散紅叢東坡

合歡尚知時鴛鴦不獨宿少陵

五言古詩

南隣有奇樹承春挺索華豐翹被長條綠葉蔽朱柯因風吐微音芳氣入紫霞我心羡此木願徙著子家夕得遊其下朝得弄其葩晉楊芳

俗人之愛花重色不重香吾今得眞想似矯時之常所愛夜合花清馥踰衆芳葉葉自相對故斂隨陰陽不斷曆草滋獨擅堯階祥得此合歡名憂忿誠可忘茸茸紅白姿百和夜風颺沉水燎庭檻薰陸芳纓裳彌月固未歇况玆夏景長凡目不我貴馥裂徒自將仲尼失滅明史遷疑子房以貌不以行舉世空悲傷予欲先馨德郁艷孰可方直饒妖牡丹須遜花中王韓忠獻

移晚較一月花遲過半年紅開杪秋日翠合欲昏天白露滴不死涼風吹更鮮後時誰肯顧惟我起君憐樂天

五言八句

綺樹滿朝陽融融有露光雨多疑濯錦風散似分妝葉密烟蒙火枝低繡拂墻更憐當暑見留咏日偏長元微之

七言絕句

合歡枝老拂簷牙紅日開成纈暈花最是清香合蠲忿累旬風送入窗紗韓忠獻

百合

事實祖

碎録

春生苗高數尺幹粗如箭四面有葉如雞距又似柳葉青色葉近莖微紫莖端碧白四五月開紅白花如石榴紫而大根如胡蒜重疊生三十瓣人蒸

積學書藏

食之益氣類要圖經

賦咏祖

五言古詩散聯

接葉有多重開花無異色含露合低垂從風時偃

柳　梁武帝

五言古詩

少陵晚崎嶇托命在黃獨天隨自寂寞療饑惟杞

菊古來淪放人餘業被草木我客漢東城鄰曲見

末𩦺不應惱鵝鴨更忍累口腹過從首三張伯仲

肩二陸賴儒分子薑雪茁餽萌竹實撈到百合可

使當重肉軟温甚鴟蹲瑩淨豈鴻鵠食之倘有助

蓋昔先所服詩腸貯微甘茗碗爭餘馥果堪止淚

無欲縱望鄉目

牽牛花

事實祖

紀要

牽牛生花如鼓子花稍大作碧色子有黃殼作小

房實稍黑類蕎麥陶隱居云作簩生花狀如扁豆

黃色子作小房實黑色形如毬子核療脚氣此藥

始出田野人牽牛易藥故以名之本草

賦詠祖

七言散句

積學書藏

宮殿無人土花碧

紅芭蕉映黑牽牛

鼓子秋求染碧衣陳古潤

秋來難得花成染蘭闌引牽牛上短籬趙山臺

五言古詩

楚女霧露中籬上摘牽牛花蔓相連延星宿光未

收采之一何早日出顏色休持賓梅窗間染董奉

盤羞爛如珊瑚枝惱翁齒牙菜齒牙不能餐粱肉

坐為仇梅聖俞

牆根有冬瓜費盡滋溉力牽牛獨得志抽走無尋尺

既上吾屋壁復罥我籬落遊藤僅細縷逆節分豆葉未

欲揮鋤斤且與妝秋色任他繞屋去庶表幽人宅

五言古詩散聯

柔條長百尺秀萼包千葉不惜作高架為君相引

接文與可

弱質不自持雖落分布濩霜刀剪翠雲零落不知

數李釣翁

五言八句

西風棋子谷藤蔓絡紫紫閑名在星河上花開曉露

間秋空同碧色晚日轉紅顏若挂青松頂翛然不

可攀趙蘇境

七言絶句

積學書藏

銀漢初移漏欲殘步虛人倚玉欄杆仙家染得天邊碧乞與人間向曉看

素羅頂笠碧羅簷晚卸藍裳著茜衫望見竹籬心獨喜翩然飛上翠瓊簪

莫笑渠儂不服箱天孫為織錦雲裳浪言偷得星橋巧只解冰盤染紫薑

曉思歡欣晚思愁繞籬縈架太嬌柔木犀未發芙蓉老買斷西風恣意秋

青花緑葉上疎籬別有長條竹尾垂老覺殘妝差有味滿身秋露立多時 姜白石二首

不見青青繞竹生西風籬落抱枯藤道人一任空花過愁殺山陰覓句僧

青青柔蔓遶修篁刷翠成花著處芳陰是折從河鼓手天孫斜插鬢雲香 巽齋

一泓天水染朱衣生怕紅埃透日飛急整離離蒼玉佩曉雲光裡渡河歸 施東洲

圓似流泉碧剪紗墻頭藤蔓自交加天孫滴下相思淚長向秋深結此花 林浦山

紅蓼黃花取次秋籬巴處處碧牽牛風烟入眼俱成趣祇恨田家歲薄收 徐橘隱

凌霄花

事實祖

積學書藏

碎錄

錢塘西湖有詩僧清順居其上自名藏春塢門前有二古松各有凌霄花絡其上順常晝卧子瞻為郡守一日屏騎從過之順指落花覓句子瞻為作木蘭花木事集

賦咏祖

七言散句

固知臭味非相類奈有縈纏不自由 曾南豐

引蔓聞花欲透雲托身下倚老松身 蔣梅邊

五言古詩

草木不解行隨生自有理觀此引蔓柔必憑高樹起氣類固有合縈纏豈由己仰見蒼虬枝上發丹霞蕊層霄不易凌樵斧者誰子 聖俞

凌波條體纖柔枝葉上綴青青亂松樹直幹幹遭蒙蔽不有嚴霜威焉能堅脆 曹文昭

七言絕句

宜饒枝幹凌霄去猶有根原與地平不道花依他樹發强攀紅日鬪鮮明 楊繪

嫋嫋枯藤淺絳葩夤緣直上照殘霞老僧不作依附想將謂青松自有花 趙汝向

樂府祖

木蘭花

積學書藏

雙龍對起白甲蒼髯烟雨裏踈影微香下有幽人晝夢長　湖風清軟雙鵲飛來争噪晚翠颭紅輕時墮凌霄百尺英東坡

全芳備祖卷十四

積學書藏

全芳備祖卷十五

天台陳景沂編輯
建安祝穆訂正

花部

酴醿

事實祖

碎錄

酴醿本作稌縻後加酉海錄

紀要

唐寒食宴宰相用酴醿酒　酴醿本酒名世以所開花顏色似之故取為名歲時記唐召侍臣學士食櫻桃飲酴醿酒並以琉璃盤和以香酪景龍文館記

賦詠祖

五言散句

晝屏風自展香山

簇簇霜葩密層層玉葉同聖俞

臨風難自持為舞白霓裳張文潛

無葉直國色有韻自天香宋景文

光凝直照夜枝軟或牽衣潁濱

國艷寧施粉天香自染衣曾文昭

側葉光艷薄餘芳馣氣微蔡君謨

青春逐流水素質獨輕微 芸叟
玉女雕瓊萼仙禽借翦衣 晏元獻

七言散句

風動翠條腰嫋娜 白香山
不問春歸自放花 趙信菴
酴醾縛籬金沙墻 葉水心
少府無妻春寂莫花開將尔當夫人 白香山
殘春鈴閣無公事來就酴醾當晚衙 蘆溪
媚條無力倚風長架作圓陰覆坐涼 宋景文
姑射真人玉骨香淡月微風惜寂夜盡 元賛
風霜老枯獻龍蛇中有青春白玉葩 張文潛
金沙豐腴合德艷酴醾輕盈飛燕身
高堂神女蘭供澤姑射仙人雪瑩肌 楊元素
傾家釀酒經年醉不使春風負玉壺 劉原父
强挽春風留一醉露香還可折朝酲
不作殘春十日飲定知無奈此香何
綠葉黄花相映深水邊臺畔結浮陰
晚風尚自知人意時去時來管送香 張芸叟
曉來風入萬花動零落滿頭飛下時 劉巨濟
癸畢崇壇冷玉球月斜星淡思悠悠 晏元獻
誰遣虬枝上高架稍覺行雲覆行路 王梅溪
園林綠樹成陰後亭院青春欲老時
走上松梢繞却好為他滿插一頭花 楊廷秀
借令落盡仍香雪且道開時是底花
快晴似為酴醾計急雨還妨燕子飛 范石湖
玉立春深雪不如生香透骨雪應無
還將盧舍全身面換却何郎粉色姿 劉溪翁
青蛟暖盡拏雲上白雪深春壓架香 徐溪月
催趲荼醾交夏景安排芍藥送春光 易寓言
可堪收拾歸屏枕頗欲浮沈付酒杯
疎籬半掩荼醾面小立黄昏等燕歸 徐桃渚
不料忽成惆悵事片時飛盡白薔薇 周汾陽

五言古詩

倡女卷春袂迎風戲玉除近叢看影密隔樹望花稀橫枝斜綰袖嫩葉下牽裾牆高攀不及花新摘未舒莫疑插鬢少分人猶有餘 梁元帝
新花臨曲池佳麗復相隨鮮紅同映水輕香共逐吹繞架尋多處窺叢見好枝今新猶少恨將放復嫌萎釵邊爛熳插無處不相宜 劉瓊
荼醾不爭春寂莫開最晚青蛟走玉骨羽蓋蒙朱幰不妝艷已絶無風香自遠淒涼吳宮闕紅粉埋故苑餘香此入花千載尚悽惋 東坡

五言古詩散聯

下騰赤蛟身上抽碧龍頭千枝蟠一蓋一蓋簪萬

積學書藏

毬花要帶月看香要和露收一點落衣袂經月氣
未休一點入釀甕經歲味尚留 謝克仁

五言散句

故作酴醾架金沙祇謾栽似矜顏色好飛度雪前
開 王安石

來自蠶叢國香傳弱水神折醒疑破鼻併艷欲留
春 宋景文

清香透水檻榮蔭在天家翠輦宸遊後珠欄畫影
斜 吳充

風枝張雨蓋露臉汗何郎收拾歸醽醁芳姿韻更
香 王梅溪

又五言四句

叢葉扶金蕊微風動弱枝北人言語巧喚菊作酴
醾 徐致中

五言排律

梅殘紅葉遲此物共春輝名字因壺酒風流付枕
幃墜鈿香經草飄珥淨垣衣玉氣晴虹發沉材鋸
屑霏直知多可厭何忍摘今稀當恨金沙學嚬時
正可揮 黃山谷

五言八句

雨過無桃李惟餘雪覆牆青天映妙質白日照繁
香影動春微透花零韻更長風流到樽酒獨足助

積學書藏

詩狂 陳簡齋

五言律詩散聯

穠因天與色麗共日爭先剪碧排千萼研朱綴萬
房 香山

烟條塗石綠粉蕊撲鵞黃根動彤雲湧枝搖赤羽
翔

乍見疑回面遙觀誤斷腸風朝舞飛燕雨夜泣蕭
娘桃李慚無語芝蘭遜不芳山榴何細碎石竹苦
尋常蕙慘偎欄避蓮羞映浦藏怯教蕉葉顫妬得
柳花狂豈可輕嘲詠應須痛比方 白香山

生成從火令顏色占中央綠葉排圓翠青苞蓄異
香叢陰周曲榦纖刺比鋒芒 种明逸

七言古詩

臬〻長數尋青〻不作林一莖獨秀當庭心數枝
分作滿庭陰春日遲〻欲將半庭陰毿〻正堪玩
枝上嬌鶯不畏人葉底蛾飛自相亂秦家女兒愛
芳菲畫眉相喚採葳蕤高處紅鬚欲就手低邊綠
刺已牽衣蒲萄架上朝光滿楊柳園中暝鳥飛連
袂踏歌從此去風吹香氣逐人歸 儲光羲

花飛十不啻五六青子團枝朱紫簇江南桃李總
成陰不論少城與韋曲酴醾珍重不浪開晚堆綠
雲點水玉體熏山麝非一臍水洗銀河費千斛滴

成小蓓窗于糝亂走長條柔可東醉眸須及月下來破臭試從風裏觸先生未必被花惱偶與門人暮春浴為憐壓架千萬枝小立旁邊須新薙剃拚好語寵瓊甃更掇青英付醽醁先生何得便杜門霜鬢猶須玉堂宿 誠齋

西湖野僧夸藏氷半年化作真水精南湖詩人笑渠拙不知儂家解乾雪藏氷窨子山之幽總聽九地山鬼愁儂家藏雪有妙手分明晒在翡翠樓向來巽二拉滕六玉妃夜投玉川屋剪水作花吹朔風揉雪為粉散寒空醉揮雨袖拂銀漢梢得萬斛冷不融瓊田絮月拾翠羽砌成重樓天半許盤作青蛟吐綠露亂飄六出熏沉炷人間雪脆那可藏天人雪落何曾香三月盡頭四月首南湖香雪今誰有分似誠齋老詩叟碎挼玉花泛春酒一飲一石更五斗 誠齋

七言古詩散聯

京師三月酴醾開高架交垂自為洞素蕊層層紫蕊香醲歸光祿春生甕東陌西阡走鈿車芳林廣囿飛朱鞚 聖俞

已憐正發香晻暖猶暖將開花的礫半垂野水弱如墜直上長松勇無敵風中娜娜應數丈月下煌煌真一色 穎濱

不傅人間玉奩粉別有天上金爐烟獨清合作諸蘭佩深白未數楊花綿春風爛熳倚墻角一月不復燒龍涎 石敏若

庭前積水過不流落葉千片水上浮憐花不忍見凋謝風力顛猛摧嬌柔 張無盡

七言絕句

鑿斷千家作一池不栽桃李種荼蘼莫教葉落秋風後荆棘滿庭君始知 賈島

平生為愛此香濃仰面長迎落絮風每至遺恨典刑猶在酒杯中 韓維

漢宮嬌額半塗黃肌骨濃熏班馬香日色漸遲風力細倚闌偷舞白霓裳 山谷三首

沉水衣籠白玉苗不蒙湔拂若無聊煩君斫取西莊柳扶起春風萬萬條

酴醾一架最先來夾竹金沙次第栽濃綠扶疎雲對起醉紅撩亂雪先開

長憶故山寒食夜野荼縻發暗香來分無素手簪羅髻且折霜甃浸玉醅 東坡

後圃荼蘼手自栽清于芍藥釅于梅舊來酒客今無幾三嗅馨香懶舉杯 穎濱

氷肌雪艷映殘春燠日薰風入四鄰任是主人能愛惜也拚一半與遊人 張芸叟

積學書城

明紅暗紫競芬菲送盡東風不自知占得餘香慰
愁眼百芳無得似荼蘼 劉康父
東皇收拾春歸去獨遣荼蘼殿後塵憐我寒窓賦
愁寂時看玉面送殘春 王蘆溪
名園雨盖謾重々不似青蛇出甕中好事主人仍
好定施移韻友乞山翁 王梅溪
仰架遥看時見些登樓下瞰脫然佳荼蘼蝴蝶渾
無辨飛去方知不是花 誠齋三首
雪顆雲條一架春酒中風度夢中聞東風不是無
顏色過了梅花便到君
香雪支離半墜風柔條無奈不成叢阿鑾如許風
流骨打困秋千細雨中 謝幼譕
東風滿架索春饒三月梁園雪未消賸馥
蘭麝柔條無力帶瓊瑤 戴石屏
紛々紅紫落莓苔帶月和烟特地開疑是玉妃新
浴出翠雲梯上舞風臺 徐竹隱
雨後溪流半沒沙粉墻責酒是誰家客中不覺春
深淺開了酴醾一架花 湛道山二首
一春多雨少晴光眼底青春去意忙已恨點衣紅
作陣幾憐滿架雪生香
穠華先占早春芳色別先容五樣妝步㩇東郊風
力軟吹來只是一般香 百花新詠

積學書城

梅釀蘭氲芍藥清旃檀染律婆天磬試開春趙當
年 何籍珠簾翡翠屏
布葉敷條翠作圍自生芒刺護裳衣莫嫌野興難
拘束只伴春風亦見幾 陳三嶼
一年春事到酴醾香雪紛々又撲衣儘把檀心好
看取與留春住莫教歸
酴醾架倒無人架全似老夫狂醉時昨夜一番溪
雨橫又添苔蘚到花枝 周方泉

七言八句

肌膚冰雪薰沉水百草千花莫比芳露濕何郎試
湯餅日烘荀令炷爐香風流徹骨成春酒夢寐宜
人入枕囊輸與能詩王主簿瑤臺影裏據胡牀 山
谷
榮華休羨黑頭公且對芳辰賞麗叢十萬青條寒
挂雨三千粉面笑臨風莫將擬雪才情賦與與觀
梅況味同只恐春歸有遺恨典刑猶在濁醪中 劉
彥沖
花神未怯春歸去故遣仙姿殿後芳白玉体輕蟾
魄瑩素紗囊薄麝臍香夢思洛浦嬋娟態愁記瑤
臺淡淨妝勾引詩人清絕處一枝和雨在東墻 朱
淑真
青蛟蜕骨萬條長玉架盤雲護曉光外面看來些々

積學書藏
子葉中間著得許多香一枝縞色分明好百卉含
羞不敢芳飛殺衡花漫海燕被渠勾引一春忙劉
溪翁

七言律詩散聯

曉啼珠露渾無力繡簇羅裙不著行若綴壽陽公
主額六宮爭肯學梅妝李嶠
瓊林殿側玉鈎闌雪覆新花四月闌客影酡容千
客坐柔條何啻萬龍蟠劉原父
雨後酴醾將結局風前芍藥正催妝道人不管春
深淺贏得山中歲月長王庵僧
獨嫵朱臉花容俗全學瑤臺玉女妝素月共成中
夜色好風分散四鄰香程金紫

樂府祖

鷓鴣天

紅紫飄零綠滿城春風于此獨留情誰將十幅吳
綾被撲向薰籠一夜明　風不定雨初晴曉來苔
上拾殘英速教貯向鴛鴦枕猶有餘香入夢清晁
次膺

滿江紅

千種繁香又已去翩然無跡誰信道酴醾枝上靜
中收得曉鏡洗妝非粉白曉衣(艹)舞餘衫碧䋫寶
鈿珠珥不勝持濃陰夕　金剪度還堪惜霜蝶睡

積學書藏
無從覓知多少好詞清夢釀成冰骨玉女散花無
酒聖仙人種玉麪香德帳攀條玉記得鬟絲青東風
客趙德莊

臨江仙

鶯喚屏山驚睡覺嬌羞須索郎扶酴醾斗帳冷熏
爐翠穿簾落索香淨玉流蘇　長記枕痕消醉色
日高猶倦妝梳一枝春瘦想如初夢迷芳草路望
斷素麟香張仲宗
不恨綠陰桃李過酴醾正向人開一樽清夜月徘
徊花如人意好月為此花來　未信人間香有許
卻疑同住瑤臺紛紛殘雪墮深杯直教攀折盡猶
勝酒醒回韓南澗

少年遊

去年同醉酴醾花下健筆賦新詞今年君去酴醾
欲破誰與醉為期　舊曲重歌斟別酒風露泣花
枝章水能長湘水遠流不盡兩相思向薌林

浣溪沙

翠羽衣裳白玉人不將朱粉污天真清風為伴月
為鄰　枕上解隨良夜夢壺中別是一家春同心
小館更尖新

西江月

紅退小園桃杏綠生芳草池頭塘誰教芍藥殿春光

積學書藏

不似酴醾宮樣　翠蓋更蒙朱幰熏爐剌𨩀沉香
娟〻風露滿衣裳獨步瑤臺月上

點絳唇

羽蓋垂〻玉英亂簇春光滿韻香清遠暖日烘庭
院　露浥瓊枝臉透何郎暈凝餘香恨古人不見誰
與花公論　梅溪
野態芳姿枝頭占得春長久怕鉤衣袖不放攀花
手　試問東山花似當時否還依舊摘仙去後風
月今誰有

賀新郎

會與瑤姬約恍相逢翠裳搖曳珠纓聯絡風露青
冥非人世攬結玉龍驂鶴爱不讓千條輕弱禱祀
花神憐惜取到開時晴雨須斟酌枝上雪莫消却
惱人還佀中狂藥凴危闌燭光交映樂聲遙作
身上春衫香薰透看到參橫月落算茉莉獨低一
着坐有緱山王郎子倚玉簫度曲鸞為酢君不顧
鑄成錯　劉後村　王廣文示酴醾詞夜飲花下用韻
想赴瑤池約向東風名姬駿馬翠韉金絡太液池
邊鵷群下又似南樓呼鶴畫不就濃纖嬌弱羅帕
封香來天上瀉銅盤沆瀣供清酌春去也被留却
芳魂再返應無藥佀詩咏綠衣黃裹感傷而作
愛惜尚嫣蜂採去何況流鶯蹙落且放下珠簾遮

積學書藏

着除却江南黃九外有何人敢與花酧酢君認取
莫教錯　劉后村黃酴醾
淺把宮黃約細端相普陀烟裏金身珠絡蕚綠華
輕羅襪底飛下祥雲彩鶴九疑山中蕚綠華黃雲
承襪到年家朶〻賽蜂腰纖弱已被色香撩病思
儘鶯兒酒美無多酌春不足怕殘却　人間難得
殘春藥更枝頭流鶯喚起少年狂作留取姚家花
相伴羞與萬紅同落臉肯釀蠟梅同著樂府今無
黃絹手問斯人清唱何人酢休草〻認題錯
院宇重〻掩翠况〻亭陰轉午繡簾高捲金鴨香濃
熏寶篆驚起雕梁語燕正架上酴醾開徧嫩蕚梢
頭舒素態似月娥初試宮妝淺風力嫩異香軟似
佳人無意拈針線遶朱闌六曲徘徊為他留戀
試把花心輕〻數暗卜歸期近遠奈數了依然重
怨把酒問春〻不管枉教人只恁空腸斷腸斷了
今消遣

如夢令

今夜酴醾風起應是玉消瓊碎淡蕩滿城春惱破
愁人春睡須醉須醉莫待梅黃雨細

聲〻慢

羞朱妬粉染霧裁雲淡然蒼佩仙裳半嶺風妝莫着
道梳洗家常碧羅亂縈小帶翠虬寒一架春香礙

積學書藏

思苦倚晴嬌無力如待韓郎　客幄籠芳吟夜任露沾輕袖月轉空梁弱骨柔姿偏解勾引詩狂遺鈿碎金滿地恨無情風送韶光閑晝永看青之垂蔓引過東墻史可堂

全芳備祖卷十五

積學書藏

全芳備祖卷十六

天台陳景沂編輯
建安祝　穆訂正

花部

紫薇花

事實祖

碎録

紫薇花小而叢其色紫俗所謂怕痒花也坡詩注

紀要

唐制中書舍人如制誥姚崇為紫薇令開元改紫薇舍人又曰紫薇省唐書壹曰臺前有紫薇兩株俗云樂天所種也　哲宗朝邇英閣講論語終篇賜執政講讀書官吏宮宴遣中使就賜御書詩各一幅東坡得樂天紫薇花絕句坡集

賦咏祖

七言散句

不先搖落應為有　已欲別離休更開李義山

薄膚癢不勝輕爪　嫩幹生宜近禁廬梅聖俞

五言古詩

幾年丹霄上出入金華省暫別萬年枝看花桂陽嶺南方足奇木公府成佳境紫葩垂組綬金縷攢鋒頴露濘暗傳香風輕徐就影興生紅藥後愛與

甘棠並不學夭桃姿浮榮在俄頃劉禹錫

亭亭紫薇花向我如有意高烟晚冥濛清露晨熙綴豈無陽春月所得時節異靜女不爭寵幽姿如自起歐陽永叔

紫薇異種木名與星垣同應是天上花偶然落塵中艷色麗朝日繁花清曉風

五言絕句

天上絲綸閣如今萬里賒飄零空自歎曾對紫薇花王右丞

盛夏綠遮眼此花紅滿堂自慙終日對豈是紫薇郎王梅溪

堂前紫薇花堂下紅藥砌繁華天上春偪仄人間世曾文昭

五言八句

明麗碧天霞千莖紫綬花香開萄令宅艷入孝王家幾歲自榮辱高情方嘆嗟有人移上苑猶足占年華劉禹錫

五言律詩散聯

宮中萬年木天上紫薇垣此地飛塵隔經年絳雪翻劉原父

誰妙精花品殊標號紫薇貴應隨赤馭種合近黃扉樹動情何密花濃艷欲飛數枝臨省戶幾朶入宮闈趙后鳴金瑟秦娥捲秀幃無情笑梅白淺俗厭桃緋張俞

七言絕句

絲綸閣下文章靜鐘鼓樓中刻漏長獨坐黃昏誰是伴紫薇花對紫薇郎白香山二首

一叢暗淡將何比碧淺籠晨襯紫巾除卻微之應見愛人間少有別花人

曉凝瑞露一枝新不占園林最上春桃李無言又何在向風偏笑艷陽人杜牧之

人言清禁紫薇郎草詔紫薇花影旁山木不知官況別也隨紅日上東廊陶弼

壹白堂前合抱花秋風落日照橫斜閑人此地知多少物化無涯上有涯

折得芳鞋兩眼花題詩相報字傾斜筐中尚有絲綸句坐覺天光照海涯

一樹濃姿獨看來秋庭暮雨洗塵埃天涯地角同榮謝豈要移根上苑栽李義山

晴霞艷艷覆簷牙絳雪霏霏點砌沙莫管身非香按吏也移花對紫薇花

禁門深鎖寂無譁濃淋灕兩相麻唱出五更天未未曉一池月浸紫薇花洪平齋

風標雅合對詞臣映砌窺窗伴演綸忽發一枝深

谷裡似知茅屋有詩人

七言八句

紫薇花對紫薇翁名目雖同貌不同獨占芳菲當夏景不將顏色托春風潯陽官舍雙高樹興善僧城一大叢何似蘇州安歇處處木蘭堂下月明中白香山

禁中五月紫薇木閣後近聞新著花薄薄嫩膚搔鳥爪離離碎葉剪成霞鳳凰浴出池波響鵁鶄陰來日影斜六十無名空執筆顛毛應咲映簪花聖俞

七言律詩散聯

西掖重雲開曙暉北山疎雨點朝衣千門柳色連青瑣三殿花香入紫薇岑參

八月吳天覺早涼翠叢初拆碎朱房繁枝欲卧不勝力落片時飛猶自香蔡君謨

樂府祖

賀新郎

此木生林野自唐家置絲綸閣托根其下長伴詞臣揮帝制因號紫薇堪詫料想紫薇垣降種紫薇郎况是同名者兼二美作佳話　一株乃肯臨茅舍肌膚薄長身挺立扶疎瀟洒定怯麻姑爬痒爪只許素商陶冶擊絳雪柔枝低亞我憶香山東坡老只許詩便為增聲價後當有

繼風雅祝和父

杜鵑花

事實祖

碎錄

一名山石榴一名山躑躅一名杜鵑花杜鵑啼時開白集其花生深生蜀人號曰映山紅荊楚山壁之間最多坡詩注躑躅所在有之春生苗似鹿葱葉似紅花莖高四尺夏開花似凌霄山石榴旋葍花等而正黃色羊誤食其葉則躑躅而死故以為名今嶺南蜀道徧生皆深紅谷色如錦繡然圖記

紀要

鶴林寺在潤州有杜鵑花高丈餘每至春月爛熳僧相傳云正元中有僧自天台移栽之其後有殷七七字文祥周寶舊識之及移鎮浙西嘗餙其花院鎖閉時或窺見有二女子共游林下俗傳花神也寶一日謂七七曰鶴林之花天下奇絕嘗聞能作時花今重九將近能開此花副此日乎七七乃前二日往鶴林寫中夜女子來謂七七曰妾為上帝所命司此花今與道者開之然此花不久歸閬苑矣于是女子暫然不見及九日爛熳如春寶大驚異遊賞累日俄不見其後兵火焚寺樹失根株信歸閬苑矣坡詩註物以希見為珍不必異種也

積學書藏

鶴林寺杜鵑乃今映山紅又名紅躑躅在山東彌山亘野殆與榛莽相似而鶴林之花至以為外國僧鉢盂中所移上帝命玉女下司之已踰百年終歸閬苑是不特土俗罕見雖神仙亦不識也王建宮詞云大儀前日煖房來囑向昭陽乞藥栽敕賜一窠紅躑躅謝恩未了奏花開其重如此則宮禁中亦鮮之容齋隨筆

賦咏祖

七言散句

杜鵑花落杜鵑啼 白香山

杜鵑啼處血成花 冠萊公

莫怪行人頻悵望杜鵑不是故鄉花 司空圖

山榴躑躅少意思照耀黃紫徒為叢 韓退之

山榴花似結紅巾容豔新妍占斷春 白香山

當時只道鶴林仙能遣秋光放杜鵑 東坡

楓林翠壁楚江邊躑躅千層不忍看

牧童出捲烏鹽角越女歸簪謝豹花 徐竹隐

遊人莫苦忙春早躑躅花殘有牡丹 陳錦山

一聲杜宇啼春風明朝緋挂千山叢 王梅溪

造物私我小園林此花大勝金腰帶

五言古詩散聯

山中泉壑暖幽木寒更芽春鳥各噤口游子未還

積學書藏

家云誰未及還對此重新嗟何必因啼血顏色勝明霞 聖俞

夏園無雜英灼灼山榴開落日杜鵑苦花仍萎蒼苔餘芳不可贖含章空徘徊 張俞

五言律詩散聯

漸綻胭脂萼猶含琴軫房離披亂剪綵斑駁未成妝絳焰燈千炷紅裳妓一行好差青鳥使封作百花王 香山

泒花裊餘翠燭影無多研迸火燒閑地紅星墮遠天

七言古詩

九江三月杜鵑來一聲喚得一枝開江城上佐閑無事山下劚得廳前栽爛熳一闌十八樹根株有數花無數千房萬葉一時新嫩紫殷紅鮮麴塵淚浥浪搵胭脂臉剪刀栽破紅綃巾 香山

紫躑躅滅燭攏裳倚山腹文君新寡作歸道羞怨春風不能哭我從相識便相憐但是花叢不回目山花漸暗月漸明月照空山滿山綠山空月午夜無人何處我顏知如玉

七言古詩散聯

忠州州裏今日花廬山山頭去年樹已憐根損漸新栽還喜花開依舊數 香山

南漪杜鵑天下無被香殿上紅氍毹鶴林兵火緣
如夢不歸閬苑歸西湖東坡

七言絶句

玉泉南澗花奇怪不似花叢似火堆今日多情惟
我到每年無故為誰開香山

蜀國曾聞子規鳥宣城還見杜鵑花一叫一回腸
一斷三春三月憶三巴太白

蜀客千年尚怨誰聲聲啼血向花枝滿山明月東
風夜正值愁人不寐時羅鄴

春紅嬌謝又秋紅蜀國亡來入楚宮應見蜀冤啼
不盡更憑顔色訴西風吴融

嫩紅輕紫仙姿貴合是山中寂莫開九陌風塵肯
相顧可憐望使下山來劉原父

雲樹重重和淚冷故宮遺廟有知音泰吴萬里皆
芳草染到山花恨最深趙成德白花二首

春山未有杜鵑啼花發杜鵑知不知寄語催歸儘
哀怨莫將啼血污仙姿

氷肌玉骨擅無瑕不與山花鬬艷妝欲染啼紅冤
杜宇爭如傅粉伴何郎

泣露啼紅作麽生開時偏值杜鵑聲杜鵑口血能
多少恐是征人滴淚成誠齋

何須名苑看春風一路山花不負儂日日錦江呈
錦樣清溪倒照映山紅

金鴨香燒午夜烟空彈寳瑟怨流年東風一架薔
薇雪老盡春風是杜鵑柳月澗

露凝丹臉弄芳肌不御鉛華亦自奇强學海棠春
睡足如何學得未醒時北澗僧

蜀魄啼山血染枝幼成紅艷送春歸不須聲裡催
人去纔見花開便合歸陳龜峰

鮮紅滴滴映霞明盡是冤禽血淚成羈客有家歸
未得對花無語雨含晴巽齋

深藏密葉人難見斷送春光夢一空啼得血流成
底事只應多作映山紅劉肅仲

輕剪梢頭薄薄羅子規澌血恨難磨園林莫道香
飛盡嫩緑枝頭不用多易寓言

七言律詩散聯

一叢千朶壓闌干剪碎紅綃却作團風弱舞腰香
不盡露銷粉臉淚新乾香山

樂府祖

定風波

百紫千紅過了春杜鵑聲苦不堪聞却解啼教春
小住風雨空山招得海棠魂　一似蜀宮當日女
無數猩猩血染赭羅巾畢竟花開誰作主記取大
都花屬惜花人稼軒

沁園春

儘為花愁儘為春歸直恁恨深況雨急黃昏寒欺客路月明夜半人夢家林店舍無以烟楚鄉寒食一片花飛那可禁小凝竚顰紅蔫翠老江樹陰〻汀洲杜若誰尋想朝鶴怨兮猿夜吟甚連天芳草凄迷離恨拂簾香架撩亂身心汝亦知乎吾今倦矣甕有餘春可共斟歸來也問淵明而後誰是知音 方秋崖

啼魄一天涯怨入芳華可憐零落血染烟霞記得西風秋露冷曾浼司花 明月滿窓紗倦客思家故宮春事與愁賒冉〻斷魂招不得翠冷紅斜高竹屋

全芳備祖卷十六

全芳備祖卷十七

天台陳景沂編輯
建安祝　穆訂正

花部

薔薇

事實祖

碎錄

薔薇一名牛勒一名牛棘一名山棗一名薔蘼本草經一號野客

紀要

薔薇紅色大食國花露也五代時以十五瓶入貢厥後罕有至者今則採茉莉為之然其水多偽試之當用琉璃瓶盛之翻搖數四其泡周上下為真香錄

賦詠祖

五言散句

醉暈淺深妝 香山

已從槐借葉更與荔為裳 張功父

猩〻疑血點瑟〻戲金裝 香山

胭脂含咲臉蘇合裛衣香

九微燈運轉七寶帳熒煌

麗藥惜不掃婉枝長更佇 孟郊

積學書藏

醉紅不自力狂艷如索扶
忽驚紅琉璃千艷萬艷開
通體全無力酡顏不自持　魏野
綠深微露刺紅密玉藏枝
雨聲籠錦帳風勢偃羅幃
葉密應藏刺花繁不露條　白氏集

七言

胭脂濃抹野薔薇　楊廷秀
穠華自古不得久況是倚春不得春巳空　陸龜蒙
可憐閑麗難勝日照得深紅似淺紅
鶯聲漸老柳飛時狂風吹落猩々血　僧齊巳
紅萼似嬌塵染污青條飛上別林開　王元之
攀折若無花底刺豈教桃李獨成蹊　夏竦
石家錦帳依然在閒倚東風應不收　白氏集
好把膽瓶收露水亦須南渡貶薔薇　陳水崖
湘紅染就高張起蜀錦機成乍剪來　劉后村
可惜荼蘼都過了繞籬猶自有薔薇　張谷山
薔薇野性能拘束過了隣家屋上紅　趙[illegible]境
解向人間占五色風流不盡是荼蘼　劉原父

五言古詩

當户種薔薇枝葉太葳蕤不摇香已亂無風花自
飛春閨不能静開匣理明妃曲池浮采々斜岸列

積學書藏

依々或閒好音度時見啣泥歸且對清酤湛其餘
任是非　梁柳惲
似錦如霞色連春接夏開波紅分影入好風帶香
來得地依東閣當階奉上台淺深還有態次第暗
相催滿地愁英墜綠堤惜棹回芳濃濡雨露明麗
隔塵埃似着胭脂染如經巧婦裁奈花無別計只
有酒殘杯　劉禹錫

五言古詩散聯

石榴珊瑚蕊木槿𡍮星葩豈如兹木麗逢春始發
花迴風舒紫萼照日吐新芽　梁簡文帝
經植宜春舘靃靡上蕊宮片舒獨帶紫半卷未全
紅葉疎籬蔽日花密易傷風佳麗新妝罷含咲折
芳叢　梁鮑泉
低枝詎勝葉輕香幸自通發萼初攢紫餘采尚霏
紅新花對白日故蕊逐春風　齊謝朓

五言絶句

不到東山久薔薇幾度花白雲還自散明月落誰
家　李白

五言八句

四面垂條密浮陰入夏清綠攢傷手刺紅墜斷腸
英粉著蜂鬚膩光凝蝶翅明雨中看亦好況復值
初晴　朱慶餘

積學書藏

堪愛復堪傷無情不久長浪搖千臉淚風舞一身香似濯文君錦如啼漢女妝所思雲雨外何處寄馨香李羣玉

海外薔薇水中州未得方旋偷金掌露淺染玉羅裳已換桃花骨何須賈氏香更須麴生輩同訪墨池楊誠齋

七言古詩

仙機軋軋織鳳凰花開七十有二行天霞落地攢紅光風枝嫋娜時一揚飛葩散馥繞空王忽驚錦浪洗春色又似宮娃逞妝飾終當一使移花根還比蒲桃天上植孟郊

七言絶句

一架長條萬朶春嫩江深緑小窓勻只因根下千年土曾瑩西川織錦文裴説

朶朶精神葉葉柔雨晴香拂醉人頭石家錦障依然在閑倚東風夜不收杜牧

碎剪紅綃間緑叢風流疑在列仙宮朝真更欲薰香去爭擲霓衣上寶籠魏野

紫透紅殷態度陳露葵生色借芳新春風便是黃金屋羞殺黃金屋裡人

紅殘緑暗已多時路上山花也則稀藞苴餘春還仔細燕支濃抹到薔薇誠齋

積學書藏

七言八句

浥露寒風匝樹開呼童淨掃架邊苔湘紅染就高張起蜀錦成乍剪來公子但貪花夾道貴人自愛藥翻堦寧知野老茅茨下亦有繁英送一杯劉后村

七言律詩散聯

曉風抹盡燕支顆夜雨吹殘蜀錦機當晝開時正明媚故鄉疑是買臣歸

還列從容蹀躞歸光風駘蕩發紅薇鶯藏密葉宜新霽蝶繞低枝愛晚暉艷色當軒迷舞袖繁香滿徑拂朝衣儲光羲

樂府祖

生查子

玉女翠帷熏香粉開妝面不是占春遲羞殺群花見　纖手執柔條絳雪飛千片流入紫金卮未許停歌扇李橘山

金沙

賦咏祖

五言絶句

故作荼蘼架金沙秖謾栽似矜顔色好飛度蠟前開王安石

七言絶句

海棠開後數金沙高架層層吐絳葩咫尺西城無

力到不知誰賣魏家花王安石

天遣荼蘼玉作花紫綿揉色染金沙憑君着意樽前看便與春山立等差山谷

獨種荼蘼冷都伊金沙作伴暖相依荼蘼枯了來年補且看金沙也自奇誠齋二首

雙松樹子碧團團紅錦纏頭白錦冠儘放花枝過墻去不妨分與路人看

滿架氷肌合碧雲翻堦碧袖助紅裠玉堂只有金沙在伴值明年又屬君周益公

七言八句

金沙道是賤群芳不道荼蘼輸一場十里紅妝踏青出一張錦被晒晴香只須舊蔭已無暑更走新條如許長君恨昨朝來草草夜來風雨更禁當誠齋

樂府祖

采桑子

青條綠葉結起蓬瀛連萬疊風引飄飄下有紅波引六鰲　五城烟臉剪碎綠雲紅點點帖在山腰旁有斑斑雪未消仲殊

木香花

賦咏祖

五言散句

青春逐流水素質獨輕微張芸叟

七言散句

喚將梅蕊要同韻羞殺荼蘼不解香晁詠之

莫惜金錢買玉英擔前春老過清明盧溪

霜甤不艷薇爭白檀蕊無烟蕙惜馨湘山居士

生憐一架明于雪

七言絶句

庭前一架已離披莫折長枝折短枝要待明年春盡後臨風三嗅寄相思芸叟

粉刺叢叢鬭野芳春風揺曳不成行只因愛學宮妝樣分得梅花一半香劉原父

七言八句

廣寒宮闕月樓臺露裡移根月裡栽品格雖同香氣俗如何却共牡丹開張浮休

朱簾高檻俯幽芳露浥烟霏玉襯妝月冷素娥偏有態夜寒青女不禁香從教春事年年晚要使詩人日日狂替取秋蘭紉佩好忍隨風雨受凄涼晁詠之

樂府祖

點絳唇

日蓋垂垂玉英亂簇春光滿韵清香遠暖日烘庭院　露浥瓊枝臉透何郎暈空凝恨古人不見誰

積學書藏

與花公論 王梅溪　已見荼蘼内

全芳備祖卷十七

國立中央圖書館收藏

積學書藏

全芳備祖卷十八前集

天台陳景沂編輯
建安祝　穆訂正

國立中央圖書館收藏

花部

柳花

事實祖

碎録

柳花一名絮本草楊花入水經宿花為浮萍東坡詩注

紀要

謝安姪女道韞乃謝奕之女雪下叔父安曰何所似也安兒子曰撒鹽空中差可擬道蘊曰未若柳絮因風起晋書

賦詠祖

五言

飛綿亂上空陳祖孫　仰蜂黏落絮杜牧

春陰妨柳絮白樂天　柳花闌度竹韓

春風吹柳絮賈島

落絮風捲盡春歸不留迹歐公

葉似鏡中眉花如關外雪韋承慶

邂逅一杯酒東風柳絮天吴履齋

輕袂楊花落遥裝燕子隨賈秋壑

積學書藏

本是無情物南飛又北飛 僧子蘭

七言散句

糝徑楊花鋪白氈
輕〻柳絮點人衣
雀啄江頭楊柳花
生憎柳絮白于綿 並少陵
推排春雪到楊花 吴履齋
顛狂柳絮隨風舞輕薄桃花逐水流 少陵
憑鶯説向楊花道絆惹春風莫放歸 白樂天
楊花榆莢無才思祇解漫天作雪飛 韓文公
百花長恨風吹落惟有楊花獨愛風
輕花細葉滿林端昨夜春風晚色寒 孫光憲
閶門風暖落花乾飛徧江城雪不寒 李邕
為問如何揷楊柳明年飛編作浮萍 東坡
長恨滿天柳絮輕只將飛舞逐清明
一春情緒空撩亂不是天生穩重花 韓忠獻
依微謝女吟來雪零落襄王夢後雲 齊吴良
二月紛〻飛作雪白門啼煞護兒鴉 宋景文
回雪有風嘗借舞落梅無笛可供愁
花邊嬌軟粘蝶翅陌上輕狂趁馬蹄 朱淑真
風絮流花一任渠北窓高卧綠陰初 東萊
風前輕薄佳人命天外飄零蕩子身 高九萬

積學書藏

行人自逐楊花去不是楊花肯送人 陳長樂
落花飛絮將春去斷雨零雲入暮寒 吴履齋
飛花落絮滿長安飲盡離杯度渺漫 賈秋壑
莫欺春到荼蘼盡更有楊花落後飛 孫月境
芳草綠邊洒鸂鶒楊花飛處避河豚 趙庸齋
楊柳若知行客恨不教飛絮撲人衣 王花洲
惟有楊花思空濶正零落處是閑時 王太冲
賦質太輕難作主飄踪無著易粘人 陳肥遯

五言古詩散聯

輕飛不假風輕落不委地撩亂舞晴空發人無限思 劉夢得
垂楊拂綠水搖艷東風前花開玉關雪葉暖金窓烟 李白
晴天黯〻雪來送青春夢無意似多情千家萬家去 夢得

五言絶句

寒食少天氣春風多柳花倚樓心目亂不覺見棲鴉 少陵

五言八句

楊花三月暮撩亂送春歸盡日閑相逐無風亦自飛輕〻攔乳燕故〻撲征衣莫上高樓望徘徊盼落暉 蔡確

積學書藏

七言絕句

輕盈裊娜占年華舞榭妝樓處處遮春盡絮飛留不得隨風好去落誰家 劉禹錫

煬帝行宮汴水濱數枝殘柳不勝春晚來風起花如雪飛入宮墻不見人

楊子江頭楊柳春楊花愁殺渡江人數聲風笛離亭晚君向瀟湘我向秦 鄭谷

灞岸晴來送別頻相偎相倚不勝春自家飛絮猶無定爭把長條絆得人 羅隱

永豐坊裡舊腰肢青青初種時看盡道邊離別恨爭教風絮不狂飛 張右史

銀毬拋出翠烟深聚散高低不自禁飄去長郊迎暖日飛來深院怯春陰 王岩叟

亂條猶未變初黃倚得東風勢便狂解把飛花蒙日月不知天地有清霜 曾南豐

春花未老楊花飛遊子此情傷別離攀折楊花贈離別駸駸匹馬歸何時 楊繪

只道垂楊管別離楊花一去不思歸浮蹤浪跡無拘束飛到蛛絲也不飛 誠齋

三月名園草色青夢回猶聽賣花聲春光不管人憔悴飛絮紛紛美晚晴 趙信庵

蜨撲蜂黏發出狂飄然欲上白雲鄉無端却被遊

積學書藏

蜂攪綰住東風舞幾場 李梅亭

柳漸成陰萬縷斜舞腰柔弱美韶華一庭春色無人管簷雨聲中飛盡花 顏賈仲

苦無筋力太輕薄何物如君得自由帶雨飄來成墜雪捲風歸去作春毬 石敏若

柳送腰肢日幾回更教飛絮舞樓臺顛狂忽作高千丈風力微時穩下來 陳簡齋

短長亭外柳依依念我思歸未得歸粉蝶不知行客恨也隨風絮點征衣 虞詔

七言八句

飄揚南陌起東鄰漠漠濛濛暗度春花巷暖隨輕舞蜨玉樓晴拂艷妝人縈迴謝女題詩筆點綴陶公漉酒巾何處好風偏似雪隋堤河上古江津 劉禹錫

弱植驚風急自傷暮來翻遣思悠揚曾飄綺陌隨高下敢拂朱欄競短長縈砌乍飛還乍舞撲池如雪又如霜莫令歧路頻攀折漸擬清陰到畫堂 薛逢

隨風墜露事輕儇巧占人間欲夏天只恐障空飛去似雪從教糝徑白于棉未央宮暖粘歌袖楊子江清惱客船老去强看愁底事昏花滿眼意茫然 張芸叟

積學書藏

寒勒花遲却速殘暖將絮過忽吹還雪飄霽日光
風急毬滚迴廊曲榭閑萬里雲天皆去處羣飛跡踪
跡恣中間道渠催得春闌著春不緣渠獨不颺誠
齋

樂府祖

水龍吟

似花還似非花也無人惜從教墜拋家傍路思量
却是無情有思縈損柔腸困酣嬌眼欲開還閉夢
隨風萬里尋郎去處又還被鶯呼起　不恨此花
飛盡恨西園落紅難綴曉來過雨遺踪何在一池
萍碎春色三分二分塵土一分流水細看來不是
楊花點點是離人淚東坡

燕忙鶯懶芳殘正堤上柳花飄墜輕飛點畫春林
誰道全無才思閑趁游絲靜臨深院日長門閉傍
珠簾散漫垂垂欲下依前被風扶起　蘭帳玉人
睡覺怪春衣雪沾瓊綴綉床漸滿香毬無數纔圓
却碎時見蜂兒仰粘輕粉魚吹池水望章臺路杳
金鞍遊蕩有盈盈淚章質夫

二郎神

日高睡起又恰見柳梢飛絮倩說與年年相挽却
又因他相誤南北東西何時定看碧沼青浮無數
念蜀郡風流金陵年少那尋張緒　應許雪花比

積學書藏

並撲簾排戶更羽綴遊絲毡鋪小徑腸斷鶺鴒喚
雨舞態顛狂腰肢輕怯散了幾回重聚空暗想昔
日長亭別有酒杜鵑催去馬莊父

蝶戀花

蠢蠢黄金初脱后暖日飛綿取次粘窗牖不見長
條低拂酒贈行應已輸纖手　鶯擲金梭飛不透
小榭危樓處處添奇秀何日隋堤縈馬首路長人
倦空思舊周美成

天仙子

三月灞橋烟共雨拂拂依依飛到處雪毬輕颺美
精神撲不住留不住常繫柔腸千萬縷　只恐舞
風無定擬容易著人容易去肯將心事向才郎待
擬處終須與作个羅幃收拾取張于湖

清平樂

柳塘新漲艇子操雙槳閑倚曲樓成悵望是處春
愁一樣　傍人幾點飛花夕陽又送栖鴉試問畫
樓西畔暮雲恐近天涯呂居仁

全芳備祖卷十八

全芳備祖卷十九前集

天台陳景沂編輯

建安祝　穆訂正

花部

木蘭花

事實祖

碎録

木蘭葉氣味辛香不及桂本草

紀要

孝哀帝元嘉元年芝生後庭木蘭樹上古今注北海于君病癩見市有賣藥姓公孫帛因問之公曰明日木蘭樹下當授卿明日往授素書二卷以消災救病無不愈者神仙傳

雜著

元宴授節猛寒嚴烈㦲〻堅氷霏〻白雪木應霜而枯零草隨風而摧折翁青翠之茂葉繁旖旎之弱條諒撫節而嬌時獨茲茂而不凋成公綏賦

張摶為蘇州刺史植木蘭花于堂前嘗盛開燕客命即席賦之陸龜蒙後至張連酌浮之徑醉强索筆題兩句云洞庭波浪渺無津日〻征帆送遠人頹然醉倒客續之皆莫詳其意既而龜蒙稍醒續曰幾度木蘭船上望不知原是此花身遂為絶唱

嵗齋録

賦詠祖

七言散句

木蘭花下可怜條遠道音書轉寂寥徐鉉

五言古詩

二月二十三木蘭開折初〻當新病酒復以久離居愁絶更傾國驚新聞遠書紫絲何日障油壁幾時車羙粉如塲重調紅或有餘波痕空映襪烟態不勝裾桂嶺含芳遠蓮塘屬意疎瑶姬與神女長短定何如李義山

五言律詩散聯

未識春風面先聞樂府名洗妝濃出塞進艇客登瀛鄭毅夫

七言古詩

曉來隨手抹新粧半額蛾眉宮様黄鉄夜洗盡薔薇露觸處聞香不炷香君不見同時素馨與茉莉究竟帶些脂粉氣又不見錢塘欲語嬌荷花粗枝大葉忒鉛華何如个樣隱君子色香不俗真有味根苗在處傲炎涼敢與松栢爭雪霜椒桂蘘猶君雜處小窗相對毋相忘劉招山

七言絶句

紫房日照胭脂拆素艶風吹膩粉開悟得獨饒脂

積學書藏

粉態木蘭曾作女郎來樂天二首
膩如玉指塗朱粉光似金刀剪紫霞從此時時春
夢裏應添一對女郎花
石上紅花低照水山頭綠篠細含烟天上一本徐
熙畫只欠鷓鴣相對眠張芸叟

辛夷花

事實祖

碎錄

正二月間花既落無子夏秋再著花即離騷所謂
辛夷者本草一名侯桃人家園庭多種本高數丈
葉似柿而長初出如筆故北人呼為木筆花其子
如相思子本草注

雜著

剪客葉而對嘉樹注辛夷也李衛公懷松樓記

賦詠祖

七言散句

谷口春殘黃鳥稀辛夷花發杏花飛錢起
辛夷始花亦已落況我與子非壯年杜甫

五言古詩

昔年將出谷幾日對辛夷倚樹怜芳意攀條惜歲
滋清陰須暫憩秀色正堪思只待揮金日殷勤泛
羽巵李衛公

積學書藏

辛夷吐高花衛公曾手植根洗今已非不改舊時
色平泉幾易主況乃刺史宅韓忠獻

五言絕句

綠隄春草合王孫自流玩況有辛夷花色與芙蓉
亂裴迪

七言古詩

問君辛夷花君言已斑駁不是辛夷不爛開顧我
筋體官束縛縛遣推囚名刺史狼籍囚徒滿田地
明日不推緣國忌依前不得花前醉韓員外家好
辛夷開時乞取三兩枝折枝為贈君莫惜縱君不
折風亦吹元微之

七言絕句

紫粉筆含尖火焰紅胭脂染小蓮花芳情香思知
多少惱得山僧悔出家白樂天

桐花附頳桐　刺桐

事實祖

碎錄

季春之月桐始華月令

紀要

頳桐花嶺南處處有之自夏初生至秋蓋草也葉
如桐其花連枝萼皆深紅俗呼為頳桐花南方草
木狀刺桐花溫陵城留從効重加版築植刺桐環

繞其樹高大而枝葉蔚茂初夏開花極鮮紅如葉先萌芽而其花後發主明年五穀豐熟郡志

賦詠祖

七言散句

喚起十年閩嶺夢顏桐花畔見紅蕉蘇子美

誰與深春共憔悴偶江一樹紫桐花徐抱獨

梅葉陰〻桃李盡春光已到白桐花呂鸞集

城角日高人寂〻小庭行徧拾桐花劉原父

五言古詩

朧月山上館紫桐垂好陰可憐顯淡色無人知此心舜沒蒼梧野鳳歸丹穴吟遺落在人世光華那復深年〻怨春意不競桃李林惟古清明後牡丹還復侵況此空館閑云誰恣幽深徒煩鳥噪集不語山嶔岑滿院青苔地一樹蓮花簪自開還自落暗芳終暗沉尔生不得所我願栽為琴元微之

春令有常候清明桐始發何此巴蜀中桐花開十月香山

一株青玉立千葉綠雲委亭〻五丈餘高意猶未已山僧年九十清淨老不死自去手種時一顆青桐子劉原父

五言古詩散聯

春隨井氣生白花飛濛〻晚枝滴甘露味落寒泉中

得時花葉鮮照影清香助當軒蔽赤日對卧醒百慮南豐

五言絕句

雨濯猩冠茜晴烘雀頂丹因人顏色好護惜著朱欄歲寒集

七言絕句

聞道鄉人說刺桐花如後發始年豐我今到此憂民切只愛青〻不愛紅丁晉公

猗〻小豔夾通衢晴日熏風送越姝只是紅芳移不得刺桐屏幛滿中都陳陶

春色來時物喜初春光歸日興闌餘更無人餞春行色猶有桐花管領渠誠齋二首

老去能逢幾個春今年春事不關人紅阡紫陌何曾夢壓尾桐花也俗塵

萬年枝花一名冬青

賦詠祖

七言散句

好風吹動萬年枝

七言絕句

百子池邊種最奇無人識是萬年枝細花密葉青

青子嘗得披香雨露滋 楊龍圖

禁路風清飛早鴉官卑難趁紫宸衙了無公事鈎簾坐閒看冬青落細花 任叅政

楝花

事實祖

碎録

苦楝鵷雛食其實 亦名金鈴子 凡二十四番花信風始梅花終楝花 歲時記

紀要

建武元年長沙人歐回見屈原曰苦蛟龍竊筒米可以楝葉塞以綵絲縛之二物蛟龍所畏 齊諧記

賦詠祖

五言散句

密葉已成蔭高花初著枝 陳后山

橘花

賦咏祖

五言八句

花靜何須豔林深不偶香初開何處覓小摘莫令長春落秋仍發梅薫雪未强縹姿汲寒甃淺浸一枝涼 誠齋二首

不夜非關月無風也自香著花能許細落子不多長玉蕊開猶半金鬚探更强得秋何恨晚映暑卻生涼

七言八句

一種靈根有異芬初開猶勝結丹蕡白于薝蔔林中見清似旃檀國裏聞淡月珠胎明璀璨微風玉屑撼繽紛平生前令薰衣癖露坐花間至夜分 劉後村

柚花

賦詠祖

五言八句

春融百卉茂葉素榮敷綠枝淑郁麗芳遠悠揚風日遲南國富佳樹騷人留恨辭空齋對日夕愁絕鬢成絲 朱文公

含笑花

事實祖

碎録

含咲花出海南有紫白二種 本草

賦詠祖

五言散句

未嘗逢露茁只恐欲傾城 劉濤

七言散句

不語向人如欲笑 白氏集

涓涓滴露紫含咲 東坡

積學書藏

積學書藏

積學書藏

花非識面嘗含咲
草解忘憂々底事花名含笑々何人丁謂
如今只有花含笑々道秦王欲學仙東坡
試問嫣然如可買會須一笑與千金白氏集
深情厚意知多少盡在嫣然一笑中

五言絕句

瓜香濃欲爛蓮蒼碧初匀含咲知何處低頭似愧
人徐溪月
薄々沉薰骨英々玉煉顏惱人風味別斗帳夢中
間歲寒集

五言律詩散聯

自有嫣然態風前欲笑人消々朝泣露盎々夜生
春鄧溫伯

七言絕句

秋來二笑再芬芳紫笑何如白笑強只有此花偷
不得無人知處忽然香誠齋二首
薰風破曉碧蓮含香意猶低白玉顏一粲不曾容
易發清香何自徧人間
春風滿面喜津々縱有痴拳不忍嗔尚恐意觀安
註脚笑他何事與何人劉後村
肥樣雕成玉色仙碧瑤幢裏[illegible]嬋娟道渠解笑何
曾咲只合更名小白蓮蕭文仙

積學書藏

猷笑佳人絕可憐姿々靨輔巧承顴一枝不用千
金買雨洗風吹却粲然許仲啓

七言八句

菖蒲節序芰荷時翠羽衣裳白玉肌暗折花房須
日暮遥將香氣報人知半開微吐長懷寶欲說還
休竟俛眉樹脆枝柔惟葉健不消更話只消詩誠
齋
一點瓜香破醉眠誤他詩客枉流涎如何滴露牛
心李化作垂頭玉井蓮初喜曉光將莞尔竟羞午
影不嫣然忽看吐下金櫻核藪々聲乾暮葉邊許
仲啓

樂府祖

楊柳枝

綠蠟芳跌雪一包綻瓊梢清香却暑賞堂坳晚風
飄笑靨含羞藏碧葉為誰嬌長隨茉莉展輕綃
伴良宵

山茶花

事實祖

碎錄

有紅白二種又有千葉者名品頗多不能盡錄草
木記南山茶葩蕚大倍中州者色微淡葉柔薄有
毛結實如梨大如拳中有數子如肥皂子大別自

積學書藏

有一種葉厚硬花深紅如中州所出者　虞衡志

賦詠祖

五言散句

葉硬經霜綠花肥映雪紅　張芸叟
栽培奪天巧接綴假人功

七言散句

蒼然老樹昔誰種照耀萬朶紅相圍　南豐
惟有山茶殊奈久獨能探月占春風　曾裘甫
性晚每經寒始折色深却愛日微紅　劉後村
道人贈我歲寒種不是尋常兒女花
新枝綠嫩籠和日繁艷紅深奪曉霞　桂水集

五言古詩散聯

誰怜兒女花散火氷雪中堂中調丹砂染此鶴頂紅　東坡
南國有嘉樹華若赤玉杯曾無冬春改當冒霰雪開　聖俞
山茶又晚出舊不聞圖經花深嫵少態曾入蘇公評邇来亦變怪粉然著名稱黃香開最早與菊為輩朋粉紅更妖嬈玉環帶春醒偉哉紅百葉花重枝不勝猶愛並山茶開花一尺盈日丹又其亞不減紅帶鞋吐絲心抽鬚鋸齒葉剪稜白茶亦數品玉磬尤精明桃葉何從來派別疑武陵愈出愈奇

積學書藏

怪一見一歎驚　徐溪月

七言古詩散聯

蒼然老樹昔誰種照耀萬朶紅相圍蜂藏鳥伏不得見東風用力先吹噓近思前者葉蓋地萬木瘦損徒空枝　南豐

七言絕句

淺為玉茗深都勝大曰山茶小樹紅名譽謾多朋援少年〻身在雪霜中　陶弼二首
江南池館厭深紅零落空山烟雨中却是北人偏愛惜數枝和雪小屏風
遊蜂掠〻粉絲黃荷葉猶收密露香待得春風幾枝在年來殺菽有飛霜
山茶相對本誰栽細雨無人我獨來說似與君〻不見爛紅如火雪中開
花近東溪居士家好攜樽酒欵攜茶玉皇收拾還天上便恐筠陽無此花　俞國寶
玉潔氷寒自一家地偏驚此對山花歸來不負西游眼曾識人間未見花

七言律詩

長明燈下石闌干長共杉松鬬歲寒葉厚有稜犀角健花深少態鶴頭丹久陪方丈曼陀雨羞對先生苜蓿盤雪裹盛開知有意明年歸后更誰看東

坡

樹子團〻映碧岑初看喚作木犀林誰將金粟銀絲膾簇飣朱紅菜碗心春早橫招桃李妬歲寒不受雪霜侵題詩畢竟輸坡老葉厚有稜花色深誠齋

青女行霜下曉空山花獨殿衆花叢不知戶外千林縞且看盆中一本紅性晚每經寒始折色深却愛日微烘人言此樹猶難養暮溉晨澆自課童

七言律詩散聯

鶯聲老矣移難曉宦頂丹時看始嘉雨葉鱗〻成上蓋春枝艷〻首羣花 王梅溪

山丹花

賦詠祖

五言散句

堂前種山丹錯落瑪瑙盤 東坡

五言古詩

昔游嶺海間幾見巒卉折素英溥夕露朱葩爛晴日歸來今幾年晤對祇寒碧因君賦山丹悅復見顏色 朱文公

七言古詩散聯

山丹吹出青藜火金蜓窺叢何婀娜朱槿更作猩袍紅誇道凡人嘗印可茉莉從傍粲然咲掩却諸

香誰似我素馨蕭然山澤臞至香不數脂粉腴陳山齋

七言絕句

亭下佳人錦繡衣滿身纓絡綴明璣晚來銷魂無尋處花已飄零露已稀 東坡 二首

烟紅露綠曉風香燕舞鶯啼春日長誰道使君貧且老綉屏錦帳咽笙簧

人間花木眼曾經未識斯花狀與名丹却青山莫春色續他紅樹墜時英

軒窗一日粲三英盡室無塵眼倍明閩粤固害矜絕美風騷猶未及知名 陳止齋

團欒蜂蕊簇枝間鉛鼎成丹七返還乞與幽人伴幽獨不妨相對雨朱顏 鄭松窓

七言八句

春去無芳可得尋山丹最晚出幽林栊紅一色明羅袖金粉犀蟲集寶簪花似鹿蔥還耐久葉如芍藥不多深香泥瓦斛移山麓聊著書窗伴小吟 誠齋

偶然避雨過民舍一本山丹恰盛開種久樹身樛似蓋澆頻花面大如杯怪疑朱草非時出驚問紅雲甚處來可惜書生無事力千金移畫入闌栽 劉後村

全芳備祖卷十九終

積學書藏

全芳備祖卷二十前集

天台陳景沂編輯

建安祝　穆訂正

花部

朱槿花木槿同

事實祖

碎錄

朱槿花莖葉皆如桑葉光而厚樹高山四五尺而枝婆娑自二月開花至中冬始歇其花深紅色五出大如蜀葵有蕊一條長于花葉上綴金屑日光所鑠疑君焰生一叢之上日開數百朶朝開暮落揷枝即活出高涼郡一名赤槿一名日及南方草木狀蕣木槿也朝華暮落說文椵木槿籬本草有女同車顏如舜華注木槿也詩仲夏之月木槿榮月令莊子貴支離悲木槿淮南子

紀要

汝陽王璡嘗戴砑絹帽打曲上自摘紅槿置帽上極滑久而方安曲終花不墜以為能曰花奴資質明瑩必是神仙中謫墮來也開元遺事

雜著

覽庭隅之嘉木慕朝華之可玩盧湛覽中堂之奇樹稟沖氣之至清應青春之敷蕊逮朱夏而誕英

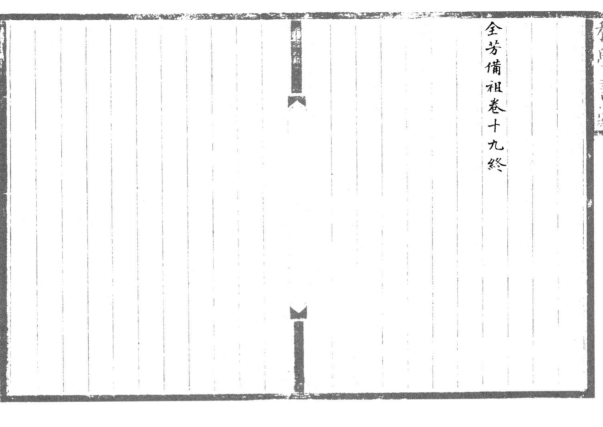

紅葩紫蔕翠葉素莖傳咸草木春榮秋悴此花朝開暮落嵇咸賦皎日昇而朝華玄景逝而夕零夏侯湛賦日及多名蕣賓肇生東方記乎夕死郭璞贊以朝榮潘文體其夏盛嵇賦閔其秋零此則京華之麗木非千越之蕣英南中羣草衆花之寶雅什未名騷人失藻雨來翠潤露歇紅渠疊萼疑擎低莖若倒朝霞映日殊未妍珊瑚照水定非鮮千葉芙蓉詎相似百枝燈花復羞然江總賦其為花也色甚鮮麗迎晨而榮日中則衰至夕而零莊周載朝菌不知晦朔此朝不及夕者乎蘇彥詩序朝菌者蓋朝華而暮落世謂之木槿或謂之日及詩人以為舜宣尼以為朝菌其物向晨而結逮明而布見陽而盛終日而損不亦異乎何名之多哉潘尼賦

賦詠祖

五言散句

蕭條槿花風白樂天　槿枝無宿花

朝榮殊可惜暮落實堪嗟

回頭向殘照殘照更空虛李義山

蓮後紅何患梅先白莫誇

吾聞調羹槿異味及粉榆注冬用槿也山谷

七言散句

槿花一日自為榮樂天

槿艷繁開照日紅陳草閣

槿籬芳樹近樵家麥隴青青一徑斜溫岐

槿籬護藥繞通徑竹筧通泉自徧村秦觀

五言絶句

晨日映籬生流暉種艷明紅顏易零落何異此花榮六一集

五言古詩散聯

君子芳桂性春濃秋更繁小人槿花心朝在夕不存文粹

風露雖已冷天色亦黃昏中庭有槿花榮落向一晨秋開已寂莫夕殤隕何紛紛正憐少顏色復歎不逡巡男兒老富貴女子晚婚姻頭白始得志色衰方事人後時不護已安得如青春樂天

七言絶句

風露淒淒秋景繁可憐榮落在朝昏未央宮裏三千女但保紅顏不保恩李義山

籬外涓涓澗水流槿花半照夕陽愁欲題名字知相訪又恐芭蕉不奈秋竇鞏

秋蕣晚英無艷色何因栽種在人家使君只別羅敷面爭解回頭愛白花白香山

甲子雖推小雪天刺桐猶綠槿花然陽和長養無

積學書藏

時歇却是炎州雨露偏　張登

赤板橋西小竹籬槿花還似去年時淡黄衫子渾無色腸斷丁香畫小兒　崔涯

朱槿移栽釋梵中老僧非是愛花紅朝開暮落關何事祇要人知色是空　僧紹隆

風雨無人羡晚芳野橋千樹鬪紅房朝榮暮落成何事可笑紛華不久長　張俞二首

朝菌一生迷晦朔靈蓂千歲換春秋如何槿艷無終日獨倚闌干為尔羞

野槿扶疎當縛籬山深不用掩山扉客來踏破松梢月鶴向主人頭上飛　陸雲西

七言八句

夾路疎籬錦作堆朝開暮落復朝開抽苞粔籹輕拖粉近蒂胭脂釅抹腮占破半年猶道少何曾一日不芳來花中却是渠長命換舊添新底用催　誠齋

七言律詩散聯

曉艷欲開孫武陣晚英爭墮綠珠樓來如急電無因駐去似驚鴻不可收

佛桑花

事實祖

碎錄

積學書藏

花似槿四時嘗開婦人簪帶之　臨漳志　佛桑花比朱槿頗耐久葢二種也　清漳志　佛桑其花丹重敷柔澤葉如桑其花五六出大如蜀葵有葉一條長於花葉上綴金屑日光所鑠疑為焰　朝生暮隕　南海異名記　荔枝以鹽梅浸佛桑花為紅漿漬之曝乾色紅而甘酸　蔡君謨

紀要

明道中子為漳中軍事判官晚秋至州西耕園驛庭有佛桑數十株開花繁盛念其寒月窮山方自媚好乃作耕園驛佛桑花詩一首既而乘桴東下又作溪行一首慶曆七年余使本路明年夏四月自汴來漳復至是驛花尚仍舊追感昔遊因紀前事并載舊篇龕西壁云　蔡君謨詩序

賦詠祖

五言散句

野人家焰焰燒紅有佛桑　蔡君謨

七言八句

使舲迢遞到天涯候館遷延感歲華白髮却攀臨砌樹青條猶放過牆花悲來唯有金城砌醉後曾乘海客槎欲問昔遊無處所晚煙生水自沉沙　蔡君謨二首

溪館初寒似早春寒花相倚媚行人可憐萬木凋

積學書藏

零盡獨見繁枝爛熳新豔夜占雲表路幽香一時
過轍中塵名園不肯爭顏色灼灼夭桃野水濱

茶花

賦咏祖

七言散句

青裠玉面初相識九月茶花滿地開 陳簡齋

七言律詩

細嚼花鬚味亦長新芽一粟葉間藏稍經臘雪侵
肌瘦疑得春雷發動狂開落空山誰比較蒸烹來
歲最先嘗 子由

巴欖花 附榿花

賦詠祖

七言八句

南湖窠木已交加種欖栽榿更北涯生眼錯呼為
野合欖新鶯知不是桃花榿綠雲四合藏陰屋翠
浪全機織素紗桂隱主人臞見骨不餐酥酪只餐
茶 誠齋

山枇杷花

賦詠祖

七言散句

若使此花兼解語推因御史定違程 白樂天

七言古詩

積學書藏

山枇杷花似牡丹殷潑血往來來傳過青山正值
山花好時節壓枝凝豔已全開映葉香苞纔半裂
緊縛紅袖欲支頤慢解絳囊初破結金綫叢飄繁
蕊亂珊瑚朶重纖莖折因風旋落裠片飛帶日斜
看日精熱亞木依岩半側傾籠雲隱霧秋愁絶 元
微之

七言律詩散聯

火樹風來翻絳焰瓊枝日出晒紅紗回看桃李都
無色映得芙蓉不是花爭奈結根深谷底無因移
得到人家 香山

七言絶句

萬里青峯蜀門口千樹紅花山頂頭春盡憶家歸
未得低紅如解替君愁 樂天

月季花

事實祖

紀要

有紅白二色每月一開花

賦咏祖

五言散句

四時花不絶 張芸叟　開花不遺月 子由

人間不老春 白氏集

七言散句

積學書藏

月季祇應天上物 張文潛

春色四時長在目 白氏集

但聞花開日日紅

天下風流月季花 陳參政

花落花開無間斷春來春去不相關 白氏集

牡丹最貴惟春晚芍藥雖繁只夏初

一壺不覺叢邊盡暮雨霏霏欲濕鴉 陳參政

五言古詩

幽芳本長春暫瘁如蝕月且將付造物未易料枯枿也知宿根深便作紫筍茁乘時出婉婉為我暖栗烈先生早貴重廟論推英拔而今城東瓜不記名南笼陋居有遠寄小圃無闊蹋還為久處計坐待行年匝臘果綴梅枝春杯浮竹葉誰言一萌動已覺萬木活聊將出玉蕊新插向綸巾折 東坡

羣花各分榮此花魁時序聊披淺深艷不易冬青慮真宰竟何言予將造形悟 宋景文

五言絕句

月季花上雨春歸一憑闌東西南北客更得幾回看 陳簡齋

紅褋映肉色薄暮無乃寒園中如許多獨覺賦詩難

七言絕句

積學書藏

牡丹殊絕委春風露菊蕭疏怨晚叢何似此花榮艷足四時常放淺深紅 韓魏公

七言八句

只道花無十日紅此花無日不春風一尖已剝胭脂筆四破猶包翡翠茸別有香超桃李外更同梅鬭雪霜中折來喜作新年看忘却今辰是季冬 誠齋

樂府祖

醜奴兒

牡丹不好長春好有個因依一兩枝兒但是風光總屬伊 當初祇為嫦娥種月正明時教恁芳菲伴着團圓十二回 王冠卿

麗春花

賦咏祖

七言散句

塵壓鴛鴦廢鄒機滿頭空插麗春枝 名賢集

五言古詩

百花競春華麗春應最勝少須好顏色多漫枝頭剩紛紛桃李枝處處總能移如何貴重却怕有人知 杜甫

蓬蒿眼已熟收拾到阿麗從分色紅白未害格奴婢爭妍知不足出剩以自衒上有寒梅枝春霜正

積學書藏

憔悴張右史

五言八句

梁苑花銷去黄臺早自薰不同罌子粟别是石榴
裠婀娜纔勝掌參差莫夢雲王郎尋水竹駐屐幾
殷勤

五言律詩散聯

照眼妝新就扶頭酒半醒妖姿隨變化薄命易飄
零徐溪月

七言律詩散聯

嬌困扶頭怜半醒淡濃宜面鬪新妝並肩罌粟多
合怨具體牡丹惟欠香徐溪月

長春花

賦咏祖

五言古詩散聯

長春如稚女飄摇倚輕颸卯酒暈玉頰紅綃卷生
衣東坡
鄉邑已無路僧廬今是家聊乘數點雨自種兩株葩
花陳簡齋
蘺落失秋序風烟添歲華衰翁病不飲獨立到栖
鴉

七言散句

自有嬌紅間蒼葉不隨凡卉待春回巽齋

積學書藏

七言八句

誰言造化無偏意獨抱春光向此中葉裏儘藏雲
外碧枝頭賸帶日邊紅曾同桃李開時雨欲伴梧
桐落後風費盡主人歌與酒不教閑却賞花翁

樂府祖

一落索

葉底枝頭紅小天然窈窕後園桃李謾成蹊占得
春多少　不管雪消霜曉朱顔長好年年若許醉
花開待拚了花間老舒信道

壽春花

賦咏祖

七言絶句

花開綴玉碧敷腴香挹南薰景又殊天賦芳姿長
不老命名為壽定非誣楊巽齋

迎春花

事實祖

碎録

閣前迎春花二月初始開與小桃同時劉原父

賦詠祖

七言散句

朱門深鎖不知春苒苒年光暗中換王岐公

五言律詩散聯

淺艷作鶯羽纖條結兎絲偏凌早春發應誚衆芳遲 晏元獻

七言絶句

幸與松筠相近栽不隨桃李一時開杏園豈敢教君去未有花時且看來 香山

金英翠蕚帶春寒黄色花中有幾般憑君與向遊人道莫把蔓菁花眼看

覆闌纖弱緑條長帶雪冲寒折嫩黄迎得春來非自足百花千卉共芬芳 韓忠獻

迎得新春入舊科獨先嘉卉占陽和今年頓被寒摧折應為尖頭送暖多

穠李繁桃刮眼明東風先入九重城黄花翠蔓無人顧浪得迎春世上名 劉原父

沉沉華省鏁紅塵忽地花枝覺歲新為問名園最深處不知迎得幾多春

華省當時緑鬢郎金樽美酒醉紅芳今日對花不成飲春愁已與草俱長

仙掌花

賦咏祖

七言絶句

緑葉枝頭數簇紅不禁風日變芳容未應得近花壇列只可山巒到野農

剪春羅花

賦詠祖

七言絶句

誰把風刀碎薄羅極知造化著工多飄零易逐春光老公子樽前奈若何 翁元廣

全芳備祖卷二十終

積學書藏

全芳備祖卷二十一前集

天台陳景沂編輯
建安祝　穆訂正

花部

水仙花

事實祖

紀要

馮夷華陰潼鄉隄首人服八石得水仙清令傳江妃二女游於江漢之濱逢鄭交甫解佩以與之劉向列仙傳杭州西湖上有水仙王廟坡詩註

雜著

世以水仙為金盞銀臺蓋单素者其中有一酒盞深黄而金色至十葉水仙其中花片捲皺密蹙一片之中下輕黄而上淡白如染一截者與酒盃之狀殊不相似安得以舊日俗名易之要之单葉者當命以舊名而千葉者乃真水仙云誠齋詩序

賦詠祖

五言散句

雪宫孤弄影水殿四無人楊廷秀

天仙不行地且借水為名

至今寒花種清徹瑩心神徐致中

薤葉秀且聳蘭香細而幽

積學書藏

七言散句

姑射樓臺簇水仙陳朝老

碧玉簪長生洞府黄金盃重壓銀臺錢穆父

王昆相倚帶仙風壁立春前萬卉空鄭安晚

曉風洛浦凌波際夜月江皋解佩時徐淵子

極知今歲無曹植稱得陳玄記洛神僧船窓

弱水蓬萊歸不得梅花相與伴春寒

五言古詩

仙人湘色裘縞衣以裼之青帨紛委地獨立春風時吹香洞庭暖弄影清晝遲寂寂籬落陰亭亭與子期誰知園中客能賦會真詩陳簡齋

隆冬凋百卉江海厲孤芳如何蓬艾底亦有春風香紛敷翠羽帔温靚白玉相黄冠表獨立淡然水仙裝弱植愧蘭蓀高標摧氷霜湘君謝遺褋漢水羞捐璫嗟彼世俗人欲火焚衷腸徒知慕佳冶詎識懷真剛凄凉栢舟誓惻愴終風章卓哉有遺烈千載不可忘朱文公

江梅丈人行歲寒固天姿蠟梅微著色標致亦背時胡然此柔嘉支本但自持迺以平地尺氣與松篁夷粹然金玉相承以翠羽儀獨立萬槁中氷膠雪垂垂水仙誰强名相宜未相知刻畫近脂粉而况山谷詩吾聞抱太和未易形似窺當其自英華

積學書藏

造物且霽蕆平生根剛槁未老茁髮衰掇花置膽瓶吾今得吾師 止齋

定州紅花甆塊石藝靈苗方苞茁水仙厥名為玉霄適從閩越來綠綬擁翠絛十花帽其顛一一振鷺翅粉鞓閒黃白清香從風飄回首天台山更識膽瓶蕉 許仲企

五言古詩散聯

坐令參一枝蛾眉淡初埽咲美黃金盃連臺盤拗倒 曾文清公

贈以金琅玕捧以白玉人約體動芳氣妙與蘭蓀紉 徐致中

花仙凌波子乃有松栢心人情自棄忘不改玉與金 趙西山

樊弟墮小白梅兄吟老蒼仲氏似白眉表表金玉相 徐月溪

五言絕句

韻絕香仍絕花清月未清天仙不行地且借水為名 誠齋

開處誰為伴蕭然不可鄰雪宮孤美影水殿四無人

清真處子面剛烈丈夫心翠帶拖雲舞金卮照雪斟苦吟吟不得移入伯牙琴 林可山

積學書藏

如聞交珮解疑是洛妃來朔吹欺羅袖朝霜滋玉臺 僧船窓

七言古詩

凌波仙子生塵襪波水盈盈步微月是誰招此斷腸魂種作寒花寄愁絕含香體素欲傾城山礬是弟梅是兄坐對真成被花惱出門一笑大江橫 山谷

七言古詩散聯

琴中此操淡而古花中此名清且高金盞銀臺天下俗誰以奴僕命離騷

七言絕句

折送南園栗玉花併移香木到寒家何如持上玉宸殿乞與官梅定等差 山谷五首

錢塘昔聞水仙廟荊州今見水仙花暗香靜色撩詩句疑在林逋處士家

得水能仙天與奇寒香寂寞動冰肌仙風道骨今誰有淡埽蛾眉參一枝

借水開花自一奇水沉為骨玉為肌暗香已壓荼蘼倒只此寒梅無好枝

淤泥已作白蓮藕糞壤能開白玉花可惜國香天不管隨緣流落野人家

宮樣鵞黃綠蒂垂中州未省見仙姿只疑香水綃

積學書藏

機女來伴清秋宋玉悲張文潛
湘君遺恨付雲來雖墮塵埃不染埃疑是漢家涵
德殿金芝相伴玉芝開陳圖南
早於桃李晚於梅氷雪肌膚姑射來明月寒霜中
夜靜素蛾青女共徘徊劉貢父
水中仙子來何處翠袖黄冠白玉英報道幽人被
渠惱著詩送與老難兄
瘴土風烟那有此只疑姑射是前身仙風道骨難
消得付與霜臺衣繡人張于湖
淨色只應撩處士國香今不落民家江城望斷春
消息故遣詩人詠此花
江妃靈却蕋珠宮銀漢仙人謫此中偶赴月明波
上戲一身氷雪舞東風誠齋二首
額間拂殺御袍黄衣上偷將月姊香待倩東風作
媒却西湖嫁與水仙王
金玉其相一兩花遐心空為尔興嗟山礬不用来
修敬只許江梅共一家游寒岩二首
黄瑤白壁綴幽花珍重高人為嘆嗟織女横河溪
月隨盃盤狼籍水仙家
天然初不事鈆華此是無塵有韻花翠帶詎容縈
俗客金盃只合勸詩家
林下清風自一家梢親梅竹近蘭芽只緣羞與凡

積學書藏

花伍移植名園不肯花
瑤池来宴老仙家醉到風流萼緑華白玉斵笄金
暈頂幼成痴絶女皃花豫章来氏二首
花盟平日不曾寒六月曝根高處安待得秋殘親
手種萬姬圍繞雪中看
七言八句
薤葉葱根兩不差重蕤風味獨清嘉薄揉肪玉圍
金鈿細染鵞黄剩素紗臺琖元非千葉種丰容要
是小蓮花向來山谷相看日知是他家是黨家誠
齋二首
生來體弱不禁風匹似蘋花較小豊腦子醸熏衆
香國江妃寒損水晶宮銀臺金盞談何俗礬弟梅
兄品未宮寄語金華老仙伯凌波仙子更凌空
歲華揺落物蕭然一種清芬絶可憐不許淤泥侵
皓素全憑風露發幽妍騷魂洒落沉湘客玉色依
稀捉月仙却笑涪翁太脂粉謾將高雅匹嬋娟劉
後村
七言律詩散瞬
矮叢傍砌小成陰凍徹腴謝水沉細著鮮風扶弱
幹誊將雲露酌芳心華裾冉冉低香綬葉玉稜稜
襯嫩金僧北磵
玉潤金寒窈窕身翩翩翠袖挽青春水晶宮裏神

仙女香　山中得道人胡雪幾回埋不死南州一
出淨無塵葛天民

樂府祖

菩薩蠻

人〻盡道黄葵淡儂家解説黄葵艷可喜萬般宜
不勞朱粉施　摘承金盞酒勸君千萬壽擎作女
真冠試伊嬌面看

高梧葉下秋光晚珍叢花出黄金盞還似去年時
傍欄三兩枝　人情須耐久花面長依舊莫學蜜
蜂兒等閑悠颺飛

相思一夜庭花發窗前忽認生塵襪曉起艷寒妝
雪肌生暗香　佳人纖手摘手與花全色插鬢有
誰宜除非潘玉兒　謝竹友

雲娥雪姊羞相倚凌波共酌春風醉的皪玉壺寒
肯教金盞單　只疑湛蝶夢翠袖和香擁香外有
鴛鴦風流烟水鄉　高竹屋

促拍醜奴兒

清露濕幽香想瑤臺無語淒涼飄欲去依然如夢
雪渡銀潢　又是天風吹淡月珮丁東攜手西廂
冷〻玉趾沉〻素琴舞遍霓裳　朱希真

朝中措

幽芳獨秀在山林不怕曉寒侵應咲錢塘蘇小語
嬌終帶吳音　乘槎歸去雪濤萬頃誰是知心寫
向生綃屏上蕭然伴我寒衾　曾紘父

綠華居處渺雲深不受一塵侵細看宜州新句平
生總是知音　凌波一去屏山夢斷誰最關心惟
有青天碧海知渠夜〻孤衾　曾紘父

賀新郎

雲臥衣裳冷看蕭然風前月下水邊幽影羅襪塵
生凌波步湯沐烟波萬頃愛一點嬌黄成暈不記
相逢曾解佩甚多情為我香成陣待和淚揾殘粉
靈均千古懷沙恨〻當時匆〻忘把此花題品
烟雨淒迷僝僽損翠袖遙〻誰整謾寫入瑤琴幽
憤絃斷招魂無人賦但金枝的皪銀臺潤愁滯酒
又還醒　辛稼軒

金人捧露盤

夢湘雲吟湘月弔湘靈有誰見羅襪塵生凌波步
穩背人羞整六銖輕娉〻裊〻暈嬌黄玉色輕明
香心靜波心冷琴心怨客心驚怕珮解却返瑤
京杯擎清露醉春蘭友與梅兄蒼烟萬頃斷腸是
雪冷江清　高賓王

減字木蘭花

景陽樓上鐘聲曉半面啼妝匀未了殘月紛〻斜
影幽香暗斷魂　玉顏應在昭陽殿却向前村深

積學書藏

夜見氷雪肌膚還有斑斑雪點無

天仙子

白玉為臺金作盞香是江梅名閬苑年年把酒對君歌歌不斷盃無筭花月當樓人意滿　翹戴一枝蟬影亂樂事且隨人意換西橋回首月明中花已綻人何遠可惜國香天不管馬莊父

南柯子

翠袖熏龍腦烏雲映玉臺春葱一簇屬金杯曾記西樓同醉角聲催　娲娲凌波淺深深步月來隔紗微咲怨郎猜素艷濃香依舊去年開

金盞子

得水能仙向漢皋遺佩碧波涵月藍五煖生烟稱縞袂黃冠素姿氷潔亭亭獨步立風前奈香多愁絕當時事琴心妙處雖傳有誰堪說　歲晚杳無人更短景繁雲天欲雪瀟湘烟水茫茫但萬里相思寒江空闊慇勤折向梅邊聽玉龍吹徹丁寧道百年兄弟相看晚節趙雲齋

搗練子

心自小玉釵頭月娥飛下白蘋洲水仙月下遊江漢洞庭舟香名薄倖寄青樓問何如打泊浮李方舟

卜算子

積學書藏

佩解洛波遥絃冷湘江渺月底盈盈誤不歸獨立風塵表　窓綺護幽妍瓶玉扶輕裊到後知誰語素心寂寂山寒峭盧直院

山礬花

事實祖

碎錄

山礬一名鄭花一名七里香雜志

紀要

江南野中有一種小白花木高數尺春開極香野人謂之鄭花王荆公嘗欲作詩而陋其名予請名曰山礬花人採鄭花葉以染黃不借礬而成色也故名山礬海外孤絕處補陁落伽山譯者謂小白花山疑即此花尔不然何以觀音老人端坐不去耶山谷山礬花詩序

賦詠祖

七言散句

山礬是弟梅是兄山谷

可惜不當梅蕊破幽香合在弟兄間曾文清

七言古詩

秋風刻穀鷖黃染七里尋香不辭遠荒溪日暮下牛羊滿路幽香誰擢眼世間草木久紛然妖然紅慢綠徒爭先何當伴君過一世細看四面秋香懸張

東窓
黄龍山中春事晚山谷道人上山坂鼻端山礬花氣濃怪底經行衆芳苑一種風姿極可人幽姿正色相鮮新素馨籍甚不足意黄淡羞澁終非眞清非道士

七言絶句

北嶺山礬取意開輕風正用此時來平生習氣難料理愛著幽香未擬回山谷二首

高節亭邊竹已空山礬獨自倚春風二三名士開顔笑把斷山光水不通

春冰薄壓枝柯倒分與清香是月娥忽是雪天深澗底老松擎出白婆娑王元之

青雲葉底雪花繁只與田家插髻鬟不枉涪翁初著句能令大士久開顔曾文清

一樹山礬宫樣妝曉風微送雨中香鼻端空寂誰知許莫怪狂風取次狂謝幼槃

漫山白蕊殿春華多貯清香野老家頻向風前招蜨使客通家籍省梅花張季霊

折來適意插銅壺能白能香雪不如比似梅花輸一著枝肥葉客久清癯鄒良山令

只有江梅合是兄水仙終似號夫人李方政尔難為弟無恨詩評未逼眞方秋崖

玲瓏葉底雪光寒清晝香薰草木間移植小軒共宴坐恍疑身在普陀山祝和父

樂府祖

南柯子

細葉黄金嫩繁花白雪香共誰連壁向河陽自是不須湯餅試何郎　婀娜琚瓏髻輕盈淡薄妝莫令韓壽在伊傍便逐游蜂驚蜨過東牆徐師川

全芳備祖卷二十一終

全芳備祖卷二十二前集

天台陳景沂編輯

建安祝　穆訂正

花部

瑞香花

事實祖

碎錄

瑞香花紫而香烈非羣芳之比其始盖出於廬山之中廬山

紀要

成都志瑞香芳草也其本高纔數尺生山坡間花如丁香而有黃紫二種冬春之交其花始發植之庭檻則芬馥出於户外野人不以為貴宋景公亦闕而不載予令春城後二十年守成都公庭僧圃靡不有也予恐其沒於草一日見知於時殆與人事無異感而圖之為之序　呂大防瑞香圖序

賦詠祖

五言散句

結為楚臣佩散亂天女襟　東坡

著葉團青盖開花炷寶薰　韓子蒼

紫袖染難透瓊膚洒轉香　誠齋

七言散句

此花清絶更纖濃　東坡

玉英全寶碧琳琅　陶弼

粉面固宜垂紫袖錦裳何必著中軍　周益公

齊開忽作欒枝錦未折猶疑紫素馨　誠齋

檻中紫艷纔盈握天上花香暗襲人　張芸叟

風雨雖披枝葉瘦可憐終不減清香　曾文昭

世人競重薰錦子素何曾怯瑞香龍　王梅溪

便覺麝囊無遠韻頻挑蟻蠹有新芽　劉後村

宣和殿裏春風早紅錦熏籠二月時　陳子高

濛濛清露濯幽葩醉質斕斑襯曉霞

山家安得瑞龍腦春事不專紅鶴翎　方秋崖

長時不爇沉檀炷連月如薰腦麝香　王既唱和集

曉露染成雞舌紫東風吹作麝臍香　陳古澗

五言古詩

幽香結成紫来自孤雲岑骨香不自知色淺意殊深移栽青蓮宇遂冠薝蔔林結為楚臣佩散落天女襟君持風霜節耳聽笑歌音一迷蘭蕙質稍回鐵石心置酒要妍暖養花須晏陰及此陰晴間恐致慳嗇霖綠雲知易散鶗鴂憂先吟明朝便陳迹就著丹青臨　東坡次曹子方詠瑞香

五言古詩散聯

芳蕤何蒨絢尤物真旖旎五葉映雕欄三椏駢粉

【中國古農書集粹】

積學書藏

蕊妍分春月蒄香徹肌膚(骨)髓蘇叟溪

香蜜綴紅糝寶薰幕宮羅幽窓小團團微風自婆娑陳子高

衆妙與春競紛々持所長此花最幽遠如以禮自將猗々敢回步簷蔔亦退藏樵隱居士

五言絶句

真是花中瑞本朝名始聞江南一夢后天下遇清芬王梅溪

五言八句

得地秋根遠交柯繞指柔露香濃結桂池影鬪蟠虬黛葉輕雲緑金花笑菊秋如何南海外萬里隔炎州錢起

外著明霞綺中裁淡玉紗森々千萬笋旋々兩三花小蘂迎風喜輕寒索幞遮香中真上瑞蘭麝敢名家誠齋

短々熏籠小團々錦帕圍浮陽烘酒思沉水着人衣茉莉通家遠椒花具體微春愁渾瘦盡別有瘦中肥

七言絶句

織錦天孫矮作機紫茸翻了白花枝更將沉水濃薰却日淡風微欲午時楊廷秀

夜綴香窠添露華晝移翠斛馥窓紗將身扶起簾帷看生怕簾帷挨着花誠齋移瑞香花斛

積學書藏

廬阜當年春睡濃花名從此擅春功紫袍四迸呈鮮粉如蓺仙香透錦籠白氏集

繁花簇粉烘晴日藹有濃香透暖風六曲欄干凝睇處錦籠爭似玉為籠詠白瑞香

粉面芳心碧玉裳持來宛作故山香征途不覺春如許更問蘭芽幾寸長鄭安晚

七言律詩

上苑夭桃自作行劉郎栽後幾回芳厭從年少追新賞閑對宮花識舊香折贈佳人非泛洧好紉幽佩弔沉湘寉林神女無消息為問何由去帝鄉東坡

侵雪開花雪不侵開時色淺不教深碧團欒裏笋成束紫蓓蕾中香滿襟別泒近傳廬阜頂孤芳元自洞庭心詩人自有熏籠錦不用衣篝炷水沉誠齋

近看丁香萬粒攢遠看却與紫毬般誰將玉胆薔薇水新濯(壝)膚錦繡襌净界薰修尔芬馥無人剪枝別自擅欒下元前至上元后省得龍沉與麝蘭誠齋

針來大筍束仍攢作麼開時色𡖖般筍令金爐炷沉水昭容紫袖襯中襌同花異葉枝々別一種千

枝節〻孌雪裏寒香得三友溪邊梅與雪邊蘭試
齋
生來體弱不禁風匹似蘋花較小豐腦子濃薰衆
香國江妃寒損水晶宮銀臺金盞談何俗梏弟梅
兄品未公寄語金華老仙伯凌波仙子更凌空試
齋　此首已現水仙門
玲瓏巧蹙紫羅裳令得東君著意妝帶露欲開宜
暖日臨風微困怯春霜發揮文字來廬阜彈壓芳
芬入醉鄉最是午窓初睡醒薰籠贏得夢魂香朱
淑貞
一樹婆娑整復斜使君輙贈到田家自慚甕牖繩
樞子不稱香囊錦傘花小借煖風為破萼旋澆秋
水待抽芽丁寧男子勤封植留與甘棠一樣誇劉
後村謝太守送瑞香花
樂府祖
西江月
公子眼花亂發老夫鼻觀先通領巾飄下瑞香風
驚起謫仙春夢　后土祠中玉蕊蓬萊殿後鞓紅
此花清絕更纖濃把酒何人心動東坡
剪就碧雲闘蕊刻成紫玉芳心淺春不怕峭寒侵
煖徹熏籠瑞錦　花裏清芬獨步尊前勝韻難禁
飛香直到玉杯深消得厭〻痛飲張材甫

浣溪沙
臈后春前別一般梅花枯淡水仙寒翠雲裏着紫
霞冠　妙品只今推第一寶花元不是人間為君
更酌小龍團張于湖
點絳唇
護雨烘晴紫雲縹緲來深院晚寒誰見紅杏梢頭
怨　絕代佳人萬里沉香殿光風轉夢餘千片猶
恨相逢淺趙德莊
欄檻陰沉紫雲呈瑞餘寒凜捲簾歌枕香逼幽人
寢　入夢何年廬阜聞名稔風流甚阿誰題品換
作薰籠錦王梅溪
水龍吟
當年睡裏聞阿誰喚作花間瑞巾飄沉水籠薰古
錦香擁青綾被白初日酣晴和風送暖十分清致掩
窓綃待得香融酒醒儘消受這春思　縱把萬紅
排比想較伊更爭些子詩仙老子春風妙筆要題
教似十里揚州三生杜牧可曾知此趣紫唇微綻
芳心半透與騷人醉方秋崖
簷蔔花
事實祖
碎錄
一名梔子一名木丹一名越桃本草簷蔔梔子花

也與雪皆六出坡詩註凡草木花五出而薝蔔六出韓詩外傳諸花少六出者惟梔子六出陶貞白曰即薝蔔花是也酉陽雜記如人入薝蔔林中聞薝蔔香不聞他香佛書樓石山多梔子名山志望氣占人家黃氣者梔子樹也境地圖

紀要

漢有梔茜園漢書晉有華林園種梔子晉書晉令諸宮有秋梔子守護者置吏一人同上蜀有紅梔花其形六出孟知祥召百官於芳林園賞之萬花谷

雜著

林蘭近雪而揚猗註林蘭梔子謝靈運賦

賦詠祖

五言散句

梔子艷色殊杜甫

色疑瓊倚樹香似玉京來劉夢得

七言散句

桃蹊李徑年雖古梔子紅椒艷復殊杜甫

六花薝蔔林間佛九節菖蒲石上仙東坡

五言古詩

有美當堦木霜露未能移金蕡發香米映日以離離幸賴夕陽下餘景及西枝還思照綠水君階無曲堦餘榮未能已晚實猶見奇復留傾筐德君恩信未貲謝朓

林蘭擅孤芳性與凡木異不受雪霰侵自足中和氣欲知清淨身即此林間是曾文昭

舉世多植蘖而我學種梔顏色固不別良楛誠異宜團欒綠階下豈畏秋風吹同心誰可贈為詠昔人詩梅聖俞

五言古詩散聯

素華偏可喜的的半臨池疑為霜裹葉復道雪封枝日斜光隱見風還影合離梁簡文帝

濯雨時擒素當飈獨含芬豐榮殊未紀銷落竟誰聞宋顏彥

五言絕句

禪友何時到遠從毗舍園妙香通鼻觀應悟佛根源王梅溪

五言八句

梔子比衆木人間誠未多於身色有用與道氣俱和紅取風霜實青看雨露柯無情移得汝貴在映江波少陵

樹恰人來短花時雪樣看孤姿妍外淨幽馥暑中寒有朶篸瓶子無風忽鼻端如何山谷老只為賦山礬誠齋

五言律詩散聯

一花分六出十葉是重臺玉潔渾無玷金黃謾奪胎 北澗

七言絕句

何處飛來薝蔔林老枝樛屈更蕭森淒涼杜老江頭坐又對行吟得自箴 朱文公

一根曾寄小峯峦薝蔔香清水影寒玉質自然無暑意更宜移就月中看 朱淑真

清淨法身如雪瑩肯來林下見孤芳樹花六出無炎暑省爇銅匜幾炷香 蔣梅邊

薝蔔標名自寶坊薰風開徧一庭霜閑來掃地跏趺坐受用此花無盡香 楊巽齋

未說司花刻玉工已知名與佛相同可憐結了薰風子依舊身歸色界中 潘鄭臺

樂府祖

風入松

芳叢簇簇水濱生勻引午風清六花大似天邊雪又幾時雪有三層明艷射回峰翅淨香熏透蟬聲晚薝人共月同行疎影動銀屏指尖輕撚都如玉聽畫欄高囀流鶯道是花枝比得不成花也多情 張約齋

點絳唇

毗舍遙遙異香一炷馳名久妙香稀有臭觀深參透問訊東來知誰先後稱仙友千花為偶近有江西守 王梅溪花幾妙香

最高樓

花解笑冷淡不求知長是殿衆芳時鮮鮮秀頸磋圓玉洛陽翠佩剪琉璃向人前迎茉莉送荼蘼幾欲把清香換春色費多少黃金酬不得梅雨妬麥風欺細腰空戀當時蕊同心猶結舊年枝謝家娘將遠寄待憑誰 馬古洲

全芳備祖卷二十二終

積學書藏
積學書藏

全芳備祖卷二十三前集

天台陳景沂編輯

建安祝　穆訂正

花部

蘭花　蕙花附

事實祖

碎錄

蘭香草也說文蘭與澤蘭相似生水傍紫莖赤節綠葉光潤本草同心之言其臭如蘭易繫五月五日以蘭湯沐浴大戴記婦人或賜之茝蘭則受獻諸舅姑禮記佩帨茝蘭內則民之好我芳若椒蘭荀子蕙薰草也生下濕地麻葉而方莖赤花而黑實即零陵香也本草蕙草零陵香也唐人但名鈴子香取其花倒懸如鈴也郡志古所謂蕙乃今之零陵香今之蕙不知起於何時也朱文公蕙花詩註

紀要

鄭文公有賤妾曰燕姞夢天使與已蘭曰余為伯鯈而祖也以是為而子以蘭有國香人服媚之文公與之蘭而御之辭曰妾不才幸而有子將不信敢徵蘭乎公曰諾生穆公名之曰蘭左傳鄭國之俗上巳於溱洧兩水上執蘭招魂祓除不祥韓詩漢尚書郎含香握蘭官儀先主殺張裕諸葛亮救之帝曰芳蘭當門不得不鋤蜀志謝安嘗謂諸子弟曰子弟何預人事答曰譬如芝蘭玉樹欲其生於庭堦云晉書龍翔年改秘書省曰蘭臺秘書郎曰省郎唐書幸新豐賜李泌湯池給香粉蘭澤唐德宗霍定與友生遊曲江以千金求人竊貴侯亭榭園中蘭花插帽兼自持往羅綺叢中賣之士女爭買拋擲金錢曲江春宴錄蕙草綠葉而紫花魏武帝以為香燒之廣志王維貯蘭蕙以黃磁斗養以綺石累年弥盛汗漫錄

雜著

芝蘭生於深林不以無人而不芳君子修道立德不以困窮而改節家語孔子曰與善人居如入芝蘭之室久而不聞其香與之俱化矣與不善人居如入鮑魚之肆久而不聞其臭亦與之俱化矣家語是故日月欲明浮雲蓋之叢蘭秀發秋風敗之文子蘭芷不為莫服而不芳君子行道不為莫知而止國語紉秋蘭以為佩　秋蘭兮蘼蕪羅生兮堂下綠葉兮素枝芳菲菲兮襲予　秋蘭兮青青綠葉兮紫莖　蘭芷幽而有芳　戶服艾以盈腰兮謂幽蘭其不可佩　浴蘭湯兮沐芳澤　沅有芷兮澧有蘭　懷蘭英兮把瓊若並楚辭蘭有秀兮

積學書藏
積學書藏

積學書藏

菊有芳懷佳人兮不能忘漢武秋風辭循彼南陔言采其蘭注以為佩也束晳補忘詩爰有奇特之草產乎空崖之地仰鳥路而裁通視行踪而莫企挺自然之高介豈衆情之服媚寧紉結之可求非延竚之能泊稟造化而均育與卉木而齊致入坦道而銷聲屏幽山而靜異獨見識于琹臺及逢知于綺季陳周弘賦紫莖丹花左思賦葳蕤兮紅芳李白集蘭以秋芳陸士衡芳蘭在門不得不鋤李德裕伐櫻桃賦蘭以香自焚東漢書十步之内必有芳蘭說苑猗蘭操者孔子所作也孔子聘諸侯莫能任自衛反魯隱谷之中見香蘭獨茂喟然歎曰夫蘭當為王者香今乃獨茂與衆草為伍乃止車援琹鼓之自傷不逢時託辭於蘭云蘭之猗猗揚揚其香不採而佩於蘭何傷韓琹操蘭之猗猗宵宵其香遯世無悶抱道深藏不以無人而遂廢其芳監礴冰霜之際虛徐蕭艾之塲揭之揚之於古有光不採而佩於蘭無傷豈膏黍之為用也必焚必割犀珠之畢通也必割必絶雖佩玉而垂紳亦吐哺而握髮李農父

蕙

余既滋蘭之九畹兮畹畦也又樹蕙之百畝　蘭並變而不芳兮荃蕙變而為茅何昔日之芳草兮

積學書藏

今直為此蕭艾也　光風轉蕙汎崇蘭些注光風者雨止日出而風也草木之有光也轉搖也汎搖動貌崇高也　豈為紉夫蕙茝　既替余以蕙纕兮復申之以攬茝　中恐夫蕙華之曾敷兮紛旖旎乎都房何曾華之無實兮從風雨而飛颺以為君獨服此蕙兮嗟無異于衆芳並楚詞山谷以蘭似君子蕙似士大夫大槩山林十蕙而一蘭也離蕙騷云既滋蘭之九畹又植蕙之百畝則知楚人賤蕙而貴蘭矣蘭蕙叢生蒔以砂石則茂澆以湯茗則芳是則同也至其一幹一花而香有餘者蘭也一幹至五七花而香不足者蕙也細葉為蘭潤葉為蕙山谷記蘭蕙二物本草言之甚詳劉次莊云今沅澧所生花在春則黄不若秋紫之芬馥又黄魯直云一幹一花而香有餘者蘭一幹數花而香不足者蕙今按本草所言之蘭雖未之識然而云似澤蘭則今處處有之可類推矣蕙則自為零陵香猶不難識其與人家所種葉類茅而花有兩種如黄說者皆不相似劉說則又詞不分明大抵古之所謂香草必其花葉皆香而燥濕不變故可刈而為佩若今之人所謂蘭蕙則其花雖香而葉乃無氣其香雖美而質弱易萎皆非可刈而佩者也朱文公楚辭辯證楚詞所詠香草曰蘭曰蓀曰

茝曰葯曰虈曰荃曰芷曰蕙曰薰曰蘪蕪曰江蘺曰杜若曰杜衡曰揭車曰留夷澤者但一切謂之香草而已如蘭一物或以為都梁香或以為澤蘭或以為猗蘭草今當以澤蘭為正山中又有一種如大葉門冬春開花則香此則名幽蘭非真蘭也蓀則今人所謂石菖蒲者茝葯虈芷雖有四名止是一物今所謂白芷是也蕙即零陵香一名薰蘪蕪即芎藭苗一名江蘺杜若即山薑也杜衡今人呼為馬蹄香惟荃與揭車留夷終莫能識余他日當徧求其本列植欄檻間以為楚香亭遯齋閑覽

賦咏祖

五言散句

秋蘭被幽崖 魏文帝　秋蘭被長坂 曹子建

握蘭勤徒結 謝靈運　秋蘭映玉墀 文選

清露被蘭皐 阮嗣宗　種蘭忌當門 袁淑

蘭橋不改芳 文粹　猗蘭奕葉光 少陵

紫蘭含幽色 韋左司　風蘭舞幽香 孟遲

庭蘭紫芽出 白樂天　蘭秋香風遠 李白

芳蘭哀自焚 李太白　水光澤蘭葉 李賀

流馨馥秋蘭 潘正叔　歸鴈映蘭時

搴蘭流水曲 歐陽修　佩蘭思潔身

蕙草流芳根 李白

寄君青蘭花惠好遮不絕 李白

光華童子佩柔軟美人心 劉夢得

春蘭抱幽姿無意生蒿艾 曾文昭

楚人歌紫蘭華葉無傳久 司馬溫公

苗分鄭七穆香發謝諸郎 陳止齋

靜參皆有得習處卻無聞 趙汝談

雖為通國寶而有出塵心

七言散句

蘭生谷底人不鋤 李白

烟開蘭葉香風暖

蘭在幽林亦自芳 劉夢得

光風催蘭吹小殿 李賀

更許光風為汎香 張文潛

荒郊深處有芳蘭 王逢

從來託跡喜深林 參寥

曾伴靈均賦楚騷

說道中心比芳草不知讒舌起椒蘭 晏元獻

療痾炎帝與書功紉佩楚臣空有意 梅聖俞

燕結夢中惟是見謝家庭戶本來多 文潞公

深林幽寂秋雨晦叢蘭猗猗無所佩 劉原父

江梅久無騷客賦一枝正可薦靈均 參寥子

葉侵海氣三分瘦花比家山一樣香 潘子岩

積學書藏

積學書藏

清潤潞卿王不如中庭蕙草雪消初 楊巨源
靈均九畹應無比福地三茅浪自誇 楊東山
國香不欲論家譜合姓孫枝作鄭花 鄭安晚
靈均去后無人佩修郭亭空絕賞音 船窓僧

五言古詩

靈芝生河洲動搖因洪波秋蘭榮亦晚嚴霜悴其柯良哉二芳草不值泰山阿 後漢酈炎

蕙草生山北託身失所依植根陰崖側夙夜懼危頹寒泉浸我根淒風常徘徊三光照八極獨不蒙餘暉

蘭生不當戶別是閑庭草夙被霜雪欺紅榮已先老謬接瑤華枝結根君王池顧無馨香美叨沐春風吹臨風若可佩卒歲長相隨 李白

孤蘭生幽園衆草共蕪沒雖照陽春暉復悲高秋月淅瀝飛霜早綠艷共休歇若無春風吹香氣為誰發

春蘭如美人不採羞自獻時聞風露香蓬艾深不見丹青寫真色欲補離騷傳對之如靈均冠佩不敢燕 東坡

秋至百草晦寂寞寒露滋蘭皋一以悴蕪穢不能治端居念離索無以遺所思願言托孤根歲宴以為期 朱文公寄蘭一首

積學書藏

幽獨歷事屏畹晚秋蘭滋芳馨不自媚掩抑空相思晤對日方永披叢露未晞脩然發孤詠九畹陳悲詩 朱文公

幽人非愛山出山將何之居常種蘭蕙歲寒久當知初藝止百畝餘地惜奚為先生無廣居千岩一茅茨四面止藝蕙中間綫置雖銳綠紛宿叢修紫擢幼枝孤幹八九花一花破初蕤西風淡無味微度成香吹燈夢得幽馥月寫傳靜姿我欲擬芳英和露充晨炊眷然不刪不忍環玩自忘金豈無衆花草不願秋風涯種時亂不擇歲晚悔可追 誠齋

藝蘭當九畹蘭生香滿路紉君身上衣光明奪纖素孤芳一衰歇凋零濕秋露佩服得君子亦足慰遲暮 周竹坡

五言古詩散聯

秋蘭蔭玉池池水清且芳㳂魚自踊躍兩鳥時回翔 晉傅玄

楚客重蘭蓀遺芳今未歇葉柔清淺水花點暄妍節紫艷映渠鮮輕香含露潔 李衛公

根移地因偏花老色未改意蘇瘴霧餘氣壓初寒外婆娑靖節牕髣髴靈均佩 王右丞

五言絕句

藝植日繁滋芬芳時入座青葱春如濯皎潔秋英

墮温公

昔人慕猗蘭佩服比修潔往々卒歲間山中行採掇參寥

健碧繽々葉斑紅淺々芳幽香空自秘風肯秘幽香誠齋

今花得古名旖旎香更好適意欲忘言壓編詎能考朱文公

蘭居地之陰藹々含華滋此本不以剛而為剛者師葉水心

五言律詩

蕙本蘭之族依然臭味同重為水仙佩相識楚詞中幼色雖非實真香亦竟空云何微起馥鼻觀已先通東坡

秋蘭遞初護芳意滿中襟想子空齋裏凄涼楚客心夕風生遠思晨露洒中林頗意孤根在幽期得重尋朱文公求蘭一首

七言古詩散聯

陽崕月窟得芳叢滿握帰來誇所逢淨埽幽徑植蘚墀紫莖綠葉美奇姿疎簾風軟日華薄芳馥滿懷君自知參寥

七言絕句

謾種秋蘭四五莖疎簾底事太關情可能不作涼風計護得幽香到晚清朱文公

一朶俄生几案光尚如逸士氣昂藏秋風試與平章看何事當時林下香趙虛齋

蕭艾榮枯各有意深藏芳潔欲奚為世間鼻孔無憑託且伴幽窓讀楚詞劉後村

寒谷初消雪半林紫花搖美畫陰々是誰曾見吹香處千古春風楚客心吳潭菊

七言八句

雪徑偷開淺碧光水根亂吐小紅芽生無桃李春風面名可山林處士家故坐國香倒朝市不容霜節老雲霞江蘺蕙圃非吾耦付與騷人定等差楊廷秀

深林不語抱幽貞賴有微風遞遠馨開處何妨依蘚砌折來未肯戀金瓶孤高可挹供詩卷素淡堪教入畫屏莫咲門無佳子弟數枝濯々映階庭劉後村二首

兩盤去歲共移來一置雕欄一委苔我折扶持令葉瘦君能調護遣花開隷人挑蠹巡千匝稚子澆泉走幾回亦欲效顰芸小圃地荒終恐費栽培樂府祖

醉花陰

輕紅蔓引綠多少前青蘭葉巧人向月中帰留下

積學書藏

星鈿彈破真珠小　等閑不管春知多著綉薰圍
繞只恐被東風偷得餘香也分付着閑花草仲殊

浣溪沙

楚客才華為發揚深林着意不相忘夢成燕國正
芬香　莫把品名閑議擬且看青鳳羽毛長十分
領取面前香仲殊

全芳備祖卷二十三

積學書藏

全芳備祖卷二十四前集

天台陳景沂編輯
建安祝　穆訂正

國立中央圖書館收藏

花部

櫻桃花

事實祖

碎錄

一名含桃見櫻桃實注

紀要

晉式乾殿前櫻桃二株含章殿前一株華林園二
百七十株晉宮閣銘

雜著

古人有言芳蘭在門不得不鋤春茲櫻之攸止亦
在物之宜除觀其體異修植村非棟幹外沉森以
茂密中紛錯而交亂先羣卉以效諂望嚴霜而凋
換綴繁英而霰集騈朱實以星燦譏林甫也蕭穎
士伐櫻桃賦

賦咏祖

五言散句

紅蘂滿婁枝崔興宗

湘葉未開蕊紅葩已發光王僧達

野棠開未落山櫻發欲燃沈約

積學書藏

人行已荒徑落花半枯槎 永叔

七言散句

背人不語向何處下堦自折櫻桃花 李長吉

風光莫占少年家白髮殷勤最戀花 李涉

別來幾春未還家玉窗五見櫻桃華 李白

尋芳常恨見花遲豈意探花獨後時 歐陽修

病目試尋蜂蝶處櫻桃花發見清明 名賢拾遺

五言古詩斷聯

櫻桃千萬枝照耀如雪天王孫宴其下隔水疑神仙 劉禹錫

五言八句

皎日照芳菲鮮葩含素輝愁人惜春夜達曉想岩扉風靜陰盈砌露濃香入衣恨無金谷妓為我奏思歸 李衛公

五言律詩散聯

偶因移曉雨似欲占春風嫩葉藏輕綠繁葩露淺紅 文與可

七言古詩斷聯

晨暉照屋清露稀櫻桃花房欲開齊繁華無得造物巧不與衆卉爭高低參差萼芋相照耀恍惚滿眼令人迷 劉原父

山櫻抱石蔭松枝比並餘花發最遲賴有春風嫌

積學書藏

寂莫吹香度水報人知 王文公

櫻桃花發滿晴柯不賭嬌嬈只賭多落盡江梅餘半朶依然風韻合還他 楊廷秀

樂府祖

採桑子

櫻桃謝了梨花發紅白相催燕子歸來幾處風簾繡戶開 人生樂事知多少且酌金杯管咽絃哀謾引蕭娘舞袖回 晏叔原

浣溪沙

小圃春光不待邀蚤通消耗與含桃晚來芳意半寒梢 帶笑不言春淡淡試妝未徧雨瀟瀟東君少女可憐嬌 毛澤民

石榴花

事實祖

碎錄

一名海榴凡花以海名皆自海外來 雜志

張騫使西域還得安石榴花係塗林種 博物志

溫湯朝元閣七聖殿達殿石榴皆太真所植 洪氏雜志

崔元徽遇數美人李氏陶氏又緋衣少女曰石醋醋又有封家十八姨來石醋醋曰諸女伴皆住苑中每被惡風所撓常蒙十八姨相庇處士每歲旦作與一朱旛圖日月五星則免矣崔許之其日

積學書藏

立播東風刮地折木飛花而葩中花不動崔方悟衆花之精風家姨乃風神也石醋醋乃石榴也傳異記

雜著

披緑葉於脩條綴朱華於弱幹豈金翠之足珍實兹葩之可翫新莖濯潤膏葉垂腴丹臉綴於朱房緗的點乎紅鬚潘岳賦風觸枝而翻藹雨淋條而殖苓環青軒而燧引繞翠波而星分宋顔氏賦縹葉翠萼紅華絳采照列泉石苓披山海江淹頌其在晨也灼若九日之栖扶桑其在夕也爽若燭龍之吐潛光傳玄賦王荊公作内相時翰院中有石榴一叢枝葉甚茂但只發一花故荊公題云濃緑萬枝紅一點動人春色不須多余每以不見全篇為恨遯齋閑覽以為唐人詩非也王直方詩話

賦詠祖

五言散句

花宜插鬢紅温岐　榴開帶雨紅張説

鮮葩猩血染楊文公

蠟珠攢作蒂緗綵剪成叢温飛卿

翠葉如新剪花紅似舊栽梁元帝

新枝含淺緑晚萼帶深紅隋魏彦

畏日助殷紅過雨滌濃翠温公

積學書藏

都緑賦色淺遂不稱春繁宋景文詠淡紅

七言散句

石榴花發滿溪津李賀

風翻火艶欲燒天香山

梅榴紅綻錦窠新元微之

胭脂新染薄羅裳謝幼槃

紅纈誰家合羅袴古詩

江上年年小雪遲年光獨報海榴知李嘉運

薫風四月濃芳歇火王燒枝拂露華劉原父

安石榴花開最遲絳裳深樹出幽扉東坡

日烘麗萼紅縈火雨過菖條緑噴烟李迪

緑葉晚鶯啼處密紅房初日照時繁歐陽公

春花開盡見深紅夏葉始繁明淺緑梅聖俞

五言古詩

魯女東窓下海榴世所稀珊瑚映緑水未足比光輝清香隨風發落日好鳥歸願為東枝低舉手拂羅衣無由共攀折引領望金扉李白

弱植不盈尺遠意駐蓬瀛月寒空階曙幽夢綵雲生糞壤擢珠樹莓苔插瑣莢芳根閟顔色徂歲為誰榮柳子厚

炎州氣序異十月榴始華是誰初植此石罅抽根斜緑陰蔽朝曦朱艶奪暮霞始猶一二枝俄已千

積學書藏

百葩染人不能就函史無以加洛陽擅牡丹久矣埋胡沙蜀州誇海棠邈然隅夔巴安知籬壁間亦有尤物耶坐令農圃室化為金張家詩人好摹擬凍蕊并寒槎斯篇倘令見無乃識吾奢 劉後村

庭前安榴樹花稀更可怜青旌擁絳節伴我作神仙遅日耿不暮微陰晦弥鮮一樽兼百慮心賞覺悠然 陳簡齋

五言古詩散聯

靈園同嘉稱幽山有奇質傳采久弥〔鮮〕含華豈期玉寶長願微名隱無使孤株出 沈休文

塗林未應發春暮轉相催燃燈疑夜火連株勝蚤梅 梁元帝

五言絕句

荷葉參差捲榴花次第開但令心有賞歲月任渠催 荆公

窈窕安榴花乃是西隣樹墜萼可憐人風吹入幽戶 朱文公

五言排律

何言安石國萬里貢榴花迢遞河源遠因依漢使槎酸辛犯葱嶺憔悴涉龍沙初到摽珍木多來比亂麻深抛故園裡少種貴人家唯我荆州見怜君胡地賒 元微之

積學書藏

春去花彌盡紅榴暖欲燃後時何所恨處獨不祈怜葉葉自相偶重重久更鮮流珠沾暑雨改色淡朝烟著子專寒酒移根擅化權愧非無價手刻畫竟難傳 陳無已

五言排律散聯

緣葉裁烟翠紅英動日華新藂瀼透影疎牖燭籠紗委作金爐焰飄成玉砌瑕乍驚珠綴密終恐綉幃奢琥珀烘梳碎胭脂類嫩搽風翻一林火電轉五雲車絳帳迎宵日芙蓉綻蚤芽淺深俱隱映前後各分葩宿露低蓮臉朝光借綺霞暗紅徒激灩濯錦莫周遮俗態能嫌舊芳姿尚可嘉 微之

七言古詩

紅榴雙葉元自雙誰能一朝使渠隻如何陳張刎頸交借兵相危不餘力有情著物指死爭誰知有情而無情 山谷

七言絕句

五月榴花照眼明枝間時見子初成可憐此地無車馬顛倒青苔落絳英 韓文公

幾年封植愛芳叢韶艷朱顏竟不同從此休論一春事看成古木看衰翁 柳柳州

蹙蹙生紅露滴珠薰風深愧曉妝初折來戴朶頻拈看應訝羅裙色不如 武朝宗

積學書藏

似火山榴映小山繁中能薄艷中閑一朵佳人玉
釵上祇疑燒却碧雲鬟杜牧
五月榴花忽見春白頭逐喜一番新可能略不解
春意只有尋花問葉人陳後山
待鬭南風欲炷香東風打併往西堂石榴已看乾
紅蕊却問春歸有底忙誠齋
舊羅綀薄剪薰風已自開花蔕亦同不肯染時輕
著色却將窓綠護深紅
七言八句
一叢千朵壓闌干剪碎紅綃却作團風裊舞腰香
不盡露銷顏頰淚成乾薔薇帶刺攀常懶菡萏生
泥玩亦難不比此花簷戶下任人攀折任人看韓
昌黎
樂府祖
梁州令
翠樹芳條颭的的裙腰初染佳人攜手弄芳菲綠
陰紅影方展雙紋簟　插花照影窺鸞鑑只恐芳
容減不堪零落春晚青苔雨後深紅點歐陽公
賀新郎
乳燕飛華屋悄無人桐陰轉午晚涼新浴手弄生
綃白團扇扇手一時似玉漸困倚孤眠清熟簾外
誰來推綉戶枉教人夢斷瑤臺曲又却是風敲竹

積學書藏

石榴半吐紅巾蹙待浮花浪蕊都盡伴君幽獨
穠艷一枝細看取芳心千重似束又恐被西風驚
綠若待得君來向此花前對酒不忍觸共粉
淚兩簌簌東坡
南歌子
紫陌尋春去紅塵拂面來無人不道看花回惟見
石榴新蕊一枝開　冰簟堆雲髻金樽灩玉醅綠
陰青子莫相催留取紅巾千點照池臺
阮郎歸
深庭邃館鎖清風榴花芳艷濃陽光染就欲燒空
誰能窺化工　觀物外喻聲中靈砂別有功若將
一粒比花容金丹色又紅
芙蓉花
事實祖
碎錄
産於陸者曰木芙蓉産於水者曰草芙蓉亦猶芍
藥之有草木也草木記唐人謂木芙蓉為木蓮鶴
山叢志一名拒霜其木叢生葉大而其花甚紅九
月霜降時候開東坡為易名曰拒霜東坡集
紀要
孟後主於成都四十里羅城上種此花每至秋四
十里皆如錦綉高下相炤因名曰錦成成都記　慶

暦中有一朝士將曉赴朝見美女三十餘人靚妝麗服兩兩並馬而行觀丈丁度按轡於其後朝士驚曰丁素儉何姬之衆耶有一人最後行朝士問曰觀丈將宅眷何往曰非也諸女御迎芙蓉館主尔俄聞丁卒石林燕語石曼卿亾世後其故人有見之者云我今為仙主芙蓉城欲呼故人共遊不諾忽然騎一素騾而去歐公歸田錄東坡云九月十日君猷置酒秋香亭有拒霜獨向君猷開坐客喜笑以為非使君莫可當此故作詩詞以記之詞集

賦咏祖

五言散句

託根地雖卑凌霜花亦茂梅聖俞

麴塵輕抱蕊宮纈巧妝叢宋景文

何人露秋纈不管著秋霜文與可

霜樹不知醜葉與花爭紅許棐

七言散句

芙蓉城中花冥冥東坡

莫怕秋無伴醉物水蓮開後木蓮開白樂天

芙蓉生在秋江上肯向東風怨未開高蟾

情知邊地風霜惡不肯將花占剩秋宋景文

何事獨蒙青女力牆頭催放數苞紅王禹玉

莫知何處忤青帝不使東風管領吹百家吟

落晚自憐窺露浥忍寒誰念倚羅籬文與可

芙蓉雖與秋相似獨對層臺襯曉妝湘山居士

且看小檻新花蕊休泥他家晚菊叢山谷

霜花留得紅妝面酌盡齋中竹葉瓶

玄冥蹙迫三秋盡青女催殘一夜空

芙蓉牆外垂垂發九月憑闌未怯風陳簡齋

舊時憶在延真館玉作芙蓉院院明韓子蒼

風露商量借膏沐胭脂深淺入肌膏楊延秀

亂剪素羅妝一樹略將幾朵醮胭脂

一帶拒霜三十里又催簫鼓作秋聲徐竹隱

待教滿地妖紅落獨與秋風作主人張俞

就中一種芙蓉別只恐鶯黃學道妝戴石屏

五言古詩

有美不自蔽安能爭孤根盈盈洒西岸秋至風露繁麗影別寒水穠芳委前軒芰荷諒難雜反此生高原

初約山寺遊端為怪奇石那知雲水鄉化作錦綉國入門徑深深過眼秋寂寂隅竹小亭明稠紅漏疎碧山僧引幽踐絕巘恣佳陟三步綺為障十步霞作壁四圍盡芙蓉山僧所手植秋英例臞淡此花獨腴澤却憶補外時朝士作祖席是間萬枝梅

積學書藏

積學書藏

冷射千崕白舊遊不可尋常枝半榛棘誠齋

五言古詩散聯

玉女襲朱裳重重映皓質晨霞擢丹叢片片明秋日蘭澤多衆芳妍姿不相匹李衛公

芳菲能幾時顏色如自愛鮮鮮弄霜曉裊裊含風態蕙蘭植秋香桃李嬌春醉時節雖不同盛衰終一致莫咲黃菊花籬根守憔悴歐陽修

甚疑牡丹叢但病皮骨老不宜入秋看只可隅水眺李泰伯

湖上野芙蓉含思秋脉脉娟娟如靜女不肯傍阡陌詩人杳未來幽艷冷難宅歐公

五言絶句

閑吟鮑昭賦更起屈平愁莫引西風動紅衣不耐秋陸龜蒙

木末芙蓉花山中發紅蕚澗戶寂無人紛紛開且落王維

浩露浸湘蘂夾風獵絳英繁霜不可拒切勿愛空名宋景文

深淺霜前後應同舊渚紅裳芳坐裊娜聊自舞秋風石學士

溪邊野芙蓉花水相媚好半看池蓮淨獨伴霜菊嬌歐陽永叔

紅芳曉露濃綠樹秋風冷共喜巧回春不妨閑弄影

染露金風裏宜霜玉水濱莫嫌開最晚元自不爭春誠齋

江南江北樹秋至僅成叢向晚誰爭艷酡顏淺作紅宋景文

玉蘂折蒸栗金房落晚霞涉江從楚女採菊聽陶家梅聖俞

芙蓉乃微木晚艷獨嬌春襛粹覺蘭瘦芬敷知菊貧張文潛

五言八句

新開寒露叢遠比水邊紅艷色寧相妬嘉平偶自同採江秋節晚搴木古祠空須歡勤來飲無令便逐風韓文公

拒霜花已吐吾宇不凄涼天地雖肅殺草木有芬芳道人宴坐處侍女古時妝露濃濕丹臉西風吹綠裳陳簡齋

孤芳託寒木一曉一番新春色不為主天香勤動人丹楓見流落黃菊坐因循莫訝偏相愛哀遲似我身陶弼

五言律詩散聯

霜深纔吐艷日暮更饒紅掩映殘荷浦馮凌敗菊

叢　憎船窓

七言古詩

人間八月初霜嚴芙蓉溪上春酣〻二南變盡魯叟華七國破後卯軻談人間三月春風好溪上芙蓉跡如掃周家盛處伯夷枯漢室隆時賈生老小色造化幾能窮幾回枯折還芳叢只應人老不復少有酒且發衰顏紅　唐子西

七言古詩散聯

清霜夜隕秋荷敗翠蓋紅妝愁割愛碧條蒼葉生春妍買斷秋光作容態　劉叔擬

七言絶句

水面芙蓉秋已衰繁條倒景看花時平生露滴垂紅臉似有朝開暮落悲　李嘉運

翠幄臨流結絳囊多情長伴菊花芳誰憐冷落清秋後能把柔姿獨拒霜　劉珵

種處雪消春始動開時霜落雁初過試栽金菊叢相近織出新番蜀錦窠　歐陽公

水邊無數木芙蓉露滴胭脂色未濃正是美人初醉著强抬清鏡晚妝慵　王介甫

千林掃作一番黃只有芙蓉獨自芳喚作拒霜如未稱看來却是最宜霜　東坡

今年古寺摘芙蓉憔悴真成澤畔翁聊把一枝閑照水明年何處對霜紅　張文潛

蜀國芙蓉名二色重陽前後始盈枝畫調粉筆妬班處繡引金針闕刺時　文與可

晚妝懶困曉妝新火急來看趁絶晨蛺蝶花枝欺我老競將紅露滴烏巾　誠齋

湖上秋風起櫂歌萬枝映柳更倚荷老來不作繁華夢一樹池邊已覺多　後村

池上秋開一兩叢未妨冷淡伴詩翁而今縱有看花處不愛深紅愛淺紅

曉妝如玉暮如霞濃淡分秋染此花終日獨醒千底事晚知爛醉是生涯　劉圻父

紫茸排蕚露微紅不比春花對日烘冷落半秋誰是侶可怜妖艷嫁西風　陳龜峯

妖紅美色絢池臺不作匆〻一夜開若遇春時占春榜牡丹未必作花魁　胡松窓

四十里城花發時錦囊高下照坤維雖妝蜀國三千色難入豳風七月詩　張立

七言八句

木蕖何似水芙蕖同個聲名各自都風露商量借膏沐胭脂深淺入肌膚喚回春色秋光裏饒得紅妝翠蓋無字曰拒霜深不可却愁霜重要人扶　誠齋

綠裳丹臉水芙蓉不謂佳名偶自同一朶分酣初日色千枝應發去年叢莫驚墜露添新紫更待微霜暈淺紅却笑牡丹猶淺俗但將濃艷醉春風方秋崖

樂府祖

少年遊

霜華滿樹蘭凋蕙慘秋艷入芙蓉胭脂嫩臉黃金輕蕊猶自怨東風　前歡往事當歌對酒無限到心中更憑朱檻憶芳容腸斷一枝紅　晏元獻

三臺令

魚藻池邊射鴨芙蓉苑裏看花日色赭黃相似不著紅鸞扇遮　池北池南水綠殿前殿後花紅天子千秋萬歲未央明月清風　柳耆卿

卜算子

曉雨洗新妝艷艷驚褭眼不趁東風取次開待得清霜晚　曲港照回流影亂微波淺作態低昂好自持江潤烟村遠　葉石林

菩薩蠻

水明玉潤天然色拼作西風客不肯嫁東風殷勤霜露中　綠窗梳洗晚罰飲琉璃盞斜日上妝臺酒紅和困來　范石湖

紅雲半壓秋波急艷妝染露嬌啼色佳夢入仙城風流石曼卿　宮袍呼醉醒休捲西風錦明日粉香殘六橋烟水寒高竹屋

全芳備祖卷二十四終

全芳備祖卷二十五前集

天台陳景沂編輯

建安祝　穆訂正

花部

茉莉花

事實祖

碎録

茉莉似薔薇之白者香愈於那悉茗南方草木狀

今多採茉莉蒸取其液以似薔薇香譜花作末和面藥甚奇經歲其香不歇王右丞詩注或以薰茶及烹茶尤香雜志廣州城西九里曰花田盡栽茉莉及素馨鄭松窻詩注

紀要

那悉茗花與茉莉花皆胡人自西國移植於南海南人怜其花香競植之陸賈南越行紀曰越南之境五穀無味百花不香此二花特芳香者緣自胡國移至不隨水土而變與夫橘北為枳異矣彼之女子以綵絲穿花心為首飾南方草木狀

雜著

東坡謫儋耳見黎女簪茉莉戲云暗麝著人簪茉莉大全集

賦咏祖

五言散句

冰姿淡不妝白氏集　九里花田地鄭松窻

庭中紅茉莉冬月始葳蕤少陵

佛香紅茉莉番供碧玻璃蔣之奇

七言散句

尋得天花伴衆芳王右丞

日暮園人獻寶珠王梅谿

名字惟因佛書見根苗應逐賈胡來葉廷珪

王母欲歸香滿路曉風催下玉搔頭王民瞻

西域名花最孤潔東山芳友更清幽王梅溪

五言古詩散聯

萼跌排珠圓碎簇柔梢垂蔫然經月餘艷色愈不衰始疑神功火化結丹砂為謝工部

火令行南國彤雲閒丹霞之子方熱中濯之冰雪花植根郤月盤趣駕七香車許仲啓

五言八句

翠葉光如沃冰葩淡不妝一番秋早秀徹日座旁香色照祇園靜清回瘴海涼倘堪紉作佩老子欲浮湘劉彥沖

曠然塵慮靜為對夕花明密葉低層幄冰蕤亂玉英不因秋露濕詎識此香清預恐芳菲歇微吟小砌行朱文公

積學書藏

玉蘂琅玕樹天香知見薰露寒清透骨風定遠含芬爽致消煩暑高情謝曉雲透憐河朔飲那得醉時聞

五言律詩散聯

風韻傳天竺隨經入漢京香飄山麝馥露染雪衣輕 鄭松窓

七言古詩

江梅去〻木樨晚芝草石榴剌入眼茉莉獨立更幽佳龍涎避香雪避花朝來無熱夜涼甚急遣山童問花信一枝帶雨折來時走送詩人覓好詩誠齋

七言古詩散聯

自是天上氷雪種占盡人間富貴香不煩鼻觀偷馥郁解使心地俱清涼南船賈客俱到岸東道主人容寄廊 許野雪

七言絶句

歆烟裛露暗香濃留寄遥臺月下逢萬里春回人寂莫玉顔知復為誰容

香嚴童子沉薰鼻姑射仙人雪作膚誰向天涯收落蘂發君顔色四時朱 王右丞

風流不肯逐春光削玉團酥素淡妝疑是化人天上至毘耶一夜滿城香 白氏集

積學書藏

茉莉名佳花亦佳遠從佛國到中華老來恥逐蝇頭利故向禪房覓此花 王梅溪

露花洗出通身白沉水薰成換骨香近說根苗移上苑休慙系本出南荒 葉廷珪

玉瑳蓮子作尖丸龍腦熏香簇滿冠好是瑩無紅一點若教紅却不堪看 松窓

靈種傳聞出越裳何人提挈上蠻航他年我若修花史列作人間第一香

雖無艷態驚羣目幸有秋香壓九秋應是仙娥宴歸去醉來掉下玉搔頭 江奎

一卉能薰一室香炎天猶覺玉肌涼野人不敢煩天女自折瓊枝置井傍 劉後村

荔枝香裏玲瓏雪來助長安一夜涼情味于人最濃處夢中猶覺鬢邊香 許梅屋

炎州綠女雪為肌十二朱闌月未移香逼簟紋眠不得為渠醒過打鐘時 徐千里

刻玉雕瓊作小葩清姿元不受鉛華西風偷得餘香去分與秋城無限花 趙福元

腑麝龍涎韻不侔薰風移植自南州誰家浴罷臨妝女愛把闌花帶滿頭 楊巽齋

七言律詩散聯

海客園林珠樹木水仙宮從玉簪裳錦挑每用紅

積學書藏

絲綫蜂採須成白蜜房陶弼

重譯新離越裳國一枝都掩桂林香養成崖谷黄蜂蜜羞死江湖白藕房

樂府祖

南歌子

五月炎州路千叢撲地開只疑標韻是江梅不道薰風庭院雪成堆　寶髻瓊瑶綴仙衣翡翠裁一枝長伴荔枝來付與玉人和笑插鸞釵韓南澗

驀山溪

撫蓮吟就詹蔔還曾賦相伴更無花移爐熏日長難度柔柔葉裏玉碾小芙蕖生竺國長閩山移向玉城住　池亭竹院宴坐水圍處緑遶百千叢夜將闌争迎露然曾評論嬈媚勝江梅香秋月韻宜風消盡人間暑張約齋

鵲橋仙

北窗凉透南窗月浴罷滿懷風露不知何處有花來但恠底清香無數　炎州珍産吴兒未識天與人間獨步冰肌玉骨歲寒時倩閩止堂名堂中留住張于湖

洞仙歌

玉肌翠袖較似茶蘼瘦幾度熏醒夜窗酒問炎州何事得許清凉塵不到一段冰壺剪就　晚來庭

積學書藏

户悄暗數流光細摘芳英黯回首念日暮江東偏為魂銷人易去幽韻清標似舊正簟紋如水帳如烟更禁向月明露濃時候盧蒲江

素馨花

事實祖

紀要

素馨舊名那悉茗一曰野悉蜜昔劉王有侍女名素馨其家上生此花因以得名龜山志

賦咏祖

五言散句

細花穿弱縷盤向緑雲鬟韋隐

七言散句

山林託足雖無地猶在佳名萬里聞黄公度

七言古詩散聯

衆芳發越充南溟梅花腦飛水夷沉露積棧檀新降真薰陸射光琉璃瓶山川草木一天芬素質如玉侔衆馨朱待制

七言絶句

昔日雲鬟鎖翠屏只今烟塚伴荒城香銷斷絶無人間空有幽花獨擅名傳天諫

羞將姿媚隨花譜受伴孤高上月評獨恨遇寒成弱植色香殊不避梅兄陳止齋

積學書藏

妙香真色得之天羞御鉛華學如妍只向温柔鄉裏活怕寒不許上林傳鄭松窗

樂府祖

菩薩蠻

層層細剪冰花小新隨荔子雲帆到一露一番開玉人催買栽　愛花心未已摘放冠兒裏輕浸水晶涼一窩雲影香張約齋

念奴嬌

調冰弄雪想花神清夢徘徊南土一夏天香收不起付與藥仙無語秀入精神涼生肌骨銷盡人間暑稼軒愁絕惜花還勝兒女　長記歌酒闌珊閒時向晚笑挹金莖露月浸闌干天似水誰伴秋娘窓戶困殢雲鬟醉歌風帽總是牽情處返魂何在玉川風味如許劉叔安

霓裳中序第一

青嚬素靨海國仙人偏耐熱餐盡風膏露屑便萬里凌空肯憑蓮葉盈盈步月悄似怜輕去瑶闕何人在憶渠癡小點點愛輕捷　愁絕舊遊輕別忍看鎖香金篋凄涼夜簟香濃詩魂真化風蝶冷沓清到骨夢十里梅花霽雪歸來心事厭厭自共素娥說尹梅津

全芳備祖卷二十五

積學書藏

全芳備祖卷二十六前集

天台陳景沂編輯
建安祝　穆訂正

花部

萱草花

事實祖

碎録

一名鹿葱坡詩注一名宜男草花如蓮宜懷姙者佩之必生男風土記神農經曰中藥養性謂合歡蠲忿萱草忘憂博物志吳中謂萱草療愁述異記其葉四垂其跗六出徐勉賦惠書慰沃雖萱草忘憂皐蘇釋早無以加也王朗與太子書鹿葱根苗可以薦於俎世人欲求男者服之猶良也嵇含序水葱花葉如鹿葱花色有紅黃紫三種出始興婦人懷姙佩其花生男者即此花非鹿葱也交廣人佩之極有驗然其土多男子不厭女子故不常佩也南方草木記

紀要

焉得諼草言樹之背伯兮孔氏曰諼訓忘非草名背北堂也孔氏曰士昏禮云婦洗在北堂有司徹云主婦北堂房屋所居之地總謂之堂房半以北為北堂房半以南為南堂釋文諼本又作萱說文

作蘐云今人忘憂也詩注嵇康種之舍前古今注

雜著

草號宜男既曄且貞厥貞伊何惟乾之嘉其曄伊何綠葉丹花光采晃曜配彼朝日君子耽樂好和琴瑟固作螽斯微立孔臧福齊太姒永世克昌曹子建宜男草頌猗猗令草生於中方花曰宜男號應禎祥遠而望之煥若三辰之麗天近而察之晃若芙蓉之鑒泉於是狡童嫒女以時來征結九秋之永思含春風以娛情晉傳玄宜男花賦淑大邦之奇草兮應有百之休祥稟至貞之靈氣兮顯嘉名以自彰冠衆卉而挺生兮承木德於少陽體柔性剛蕙潔蘭芳結纖根以立本兮嘘靈幄于青雲順陰陽以滋茂兮實含章之有文遠而望之灼若丹霞照青天近而觀之燁若芙蓉鑒綠泉萋萋翠葉灼灼朱華煒若珠玉之樹煥如景宿之羅充后妃之盛飾兮登紫薇之內庭回日月之輝光兮隨天運以虛盈夏侯湛宜男花賦

賦咏祖

五言散句

忘憂當樹萱李白　萱草含丹粉溫建筠

我非兒女萱東坡

叢疎露始滴芳餘蝶尚留韋左司

牘鵠金英樸纖蓮玉股抽宋景文

若教花有語卻解使人愁晏元獻

萱草兒女花不解壯人憂孟郊

藝萱盈九畹蘇子憂國病山谷

我有憂民心對君忘不得石舍人

移萱樹之背丹霞間縹色

萱草朝始開呀然黃鵠觜蘇子由

穠花夫豈少愛此入風雅朱喬年

七言散句

不聞幽艷接江蘺晏元獻

宜男謾作後庭草不是櫻桃結子紅溫飛卿

五言古詩散聯

野馬不任騎兔絲不任織既非中野花無堪麕麚食沈約

修莖無附葉繁萼攢庭首每欲問詩人定得忘憂否宋景文

萱草雖微花孤秀能自拔亭亭亂草中一一芳心插東坡

種萱不種蘭自謂憂可忘綠葉何萋萋春愁更茫茫劉原父

五言絶句

可愛宜男草垂採映何家何時如此葉結根復含

積學書藏

花梁元帝
萱草生堂堦遊子行天涯慈親倚堂門不見萱草
花聶夷中
杜蘭能散悶萱草忘憂憂借問萱逢杜何如白見
劉白香山
春條擁新翠夏花明夕陰北堂罕悴物獨爾淡冲
襟朱文公
西窓萱草藂昔是何人種移向北堂前諸孫時繞
羙
莫訝萱枝小能施宮樣妝只緣沾染足絶似杜蘭
香徐竹隱

五言八句

從來占北堂雨露借恩光與菊亂佳色共葵傾太
陽人生真苦相物理忌孤芳不及空庭草榮衰可
兩忘山谷

七言絶句

人心與草不相同安有樹萱憂自釋若言憂及此
能忘乃是人心為物易聖俞

樂府祖

清平樂

小庭春老碧砌紅萱草長憶小闌閑共繞携手緑
叢含咲　别來音信全乖舊期前事堪猜門掩日

積學書藏

斜人静落花愁黙青苔

金錢花

事實祖

碎録

金錢花日開夜落風土記

紀要

梁豫州掾屬叟陸以賭金錢金錢盡以金錢花相
足魚洪謂得花勝得錢雜録

賦咏祖

五言散句

金錢色傍秋東坡　　繁多終不負白氏集
風流似不貧

七言散句

堪疑劉寵遺風在不許山陰父老貧李衛公
如今莫共金錢鬬買斷秋天是此花陸龜蒙
厚重圓殊泰半兩輕飄薄似漢三分白氏集

七言古詩

黄金錢誰解數十指如春葱惟有河間女金錢多
不知數手結羅裳拾将去鄭内翰

五言八句

披沙百煉貴濟世五銖圜作色都疑似須形適自
然蕭蕭愁意蚤采采露華鮮貧謝侏儒甚煩君慰

眼前 劉原父

七言絶句

占得佳名繞樹芳依〻相伴向秋光若教此物堪收貯應被豪家盡劚將 羅隠

也無稜郭也無神露洗還同鑄出新青帝若教花裏用牡丹應是得錢人 來鵠

陰陽為炭地為爐鑄出金錢不用磨謾向人前逞顔色不知還解濟貧無 白氏集

名貴已居三品上價高仍在五銖先春來買斷深紅色燒得人心似火燃 石楙

巧冶都由造化爐風磨雨洗好形模花神果有神通力買断春光用得無 章藝齋

金鳳花

事寳祖

碎録

一名鳳仙花 草木記 菊詩中呼為菊婢因此得名 張文潛

賦咏祖

五言散句

金鳳為婢妾紅紫徒相鮮 張古史

七言散句

飛花只合秦樓去莫與金釵壓翠蟬 僧北澗

五言古詩

天霜凋九陵梧桐日枯槁鳳德何其衰驚飛下幽草九苞空彷彿衆彩各自好黄中獨含章見晚更倒託根幔亭峰弱質深自保便翾金翅短淡泊乃凡道俗眼迷是非人間迹如埽 劉圻父

鮮〻金鳳花得時亦自媚物生無貴賤罕見乃為貴 徐溪月

手植中庭地分破紫蘭畹緑葉紛映階紅芳爛盈眼輝〻丹穴禽矯〻翅翎展 劉原父

七言古詩

花有金鳳為小叢秋色已深芳盛發英〻秀寔質具體文采爛然無少闕纖莖翩〻翠影動紅白紛亂如點纈誰云脆弱易飄墮自卯至巽亦數月鋪茸轉彩翦難似只把長條恣穿結常疑一似小兒花性命所係不忍折君不見昨夜雨今朝風一隊飛鸞返丹穴 文與可

七言絶句

九苞顔色春意動丹穴威儀秀氣攢題品直須名最上昂〻驤首倚朱闌 晏元獻

憶繞朱闌手自栽緑叢高下幾番開中庭已過無人迹狼籍深紅點緑苔 歐陽公

細看金鳳小花叢費盡司花染作工雪色白邊袍

色紫更饒深淺四般紅楊誠齋
小似釵頭綫粟金不将紅淺咲紅深虛名冗利閑
花草寂莫朝陽采羽瘖僧北澗

樂府祖

水龍吟

階前砌下新涼嫩姿弱質婆娑小仙家甚處鳳雛飛下化成窈窕尖葉參差柔枝裊娜體将玉造自川葵放後堂萱謝了是園苑無花草 自恨西風太早送芳容紫團緋繞管裏低昂笆頭約掠空成懊惱圓胎結就小鈴垂下直開臨才 凡間謫墮不如西帝闕曾裒抱陳肥遯

金燈花

賦詠祖

七言散句

但看青玉五枝燈蟠螭火盡光欲然李頎
如龍乍化青藜焰寧用窓前設短檠楊巽齋

五言古詩散聯

煌煌五枝燈下有玉蟠螭漢宮已荊棘此地生何為既無膏火用虛名徒自欺晏元獻

七言絶句

花鬚為飯露為漿黑霧玄霜剪薄裳飛繞金燈來又去不能知有幾多香誠齋

蘭香藝處光猶淺銀燭燒時焰不馨好向書生窓下種免教辛苦更囊螢晏元獻

滴滴金花

賦詠祖

七言絶句

滿庭黃色抑何深一滴梅霖一滴金莫使貪夫來見此鬧名亦起覬覦心謝幼槃
秋來蔓草莫相侵露摘花梢滿地金若入山陽丹竈裏還如松柏歲寒心百花集

玉簪花

賦詠祖

七言絶句

宴罷瑤池阿母家嫩瓊飛上紫雲車玉簪墜地無人拾化作東南第一花山谷
素娥昔日宴仙家醉裏從他寶髻斜遺下玉簪無覓處如今化作一林花
玉色瓷盆綠柄深夜涼移向小窓陰兒童莫訝心難展未展心時玉似簪飯牛翁

玉玫瑰

賦咏祖

五言古詩散聯

瑤楮縷空濛水繞捲重疊寒光欲衝斗迴秀難藏

積學書藏

葉誰碎辟邪香氤氲飛作蝶宋景文

紅玫瑰

賦咏祖

七言八句

非関月季姓名同不與薔薇譜牒通接葉連枝千萬緑一花兩色淺深紅風流各自胭脂格兩露何私造化工别有國香收不得詩人薰入水沉中誠齋

玉繡毬

賦詠祖

七言絶句

紛〻紅紫鬪芳菲爭似團酥越様奇料想花神閑戲擊悞隨風起墜縈枝楊巽齋

衮繡毬

賦咏祖

七言絶句

琢玉英標不染塵光涵月影愈清新青皇宴罷呈餘技抛向東風展轉頻楊巽齋

積學書藏

萬蝶花

賦咏祖

七言絶句

誰倡殘春蝶戀花一團粉翅壓枝斜美人欲向釵頭插又恐驚飛鬢裏鴉蘇穎濱

粉翼紛〻簇幾叢揺風欲趂賣花翁詩眸覧倦方欹枕栩〻猶疑在夢中楊巽齋

真珠花

賦咏祖

七言絶句

風中的礫月中看解作人間五月寒一似漢宮梳洗了玉瓏葱壓翠雲冠張芸叟二首

千璣萬琲照庭除細雨斜風拂座隅莫道長安貧似磬緣階繞砌盡真珠

黄雀兒花

象〻花發映庭除柳帶榆錢總不如一任春風吹滿地幽人步屧自虚徐巽齋

賦咏祖

七言絶句

管領東風知幾春也将俗態染香塵有人不具看花眼惱殺飄蓬老病身翁元廣

鷄冠花

積學書藏

事實祖

碎録

矮鷄冠或云即玉樹後庭花也蘇子由詩註

賦咏祖

五言散句

雨餘疑飲啄風動欲飛鳴白氏集

對立如期鬬初開若欲飛

七言散句

紫冠黄鈿綢繆寒山谷

西風吹得一枝生昂首風前飛不去鄭內翰

五言古詩

神農記百卉五色異甘酸乃有秋花實全如鷄幘丹籠烟何聳之泣露更團之取譬可無意得名殊足觀逼真歸造化任巧即雕刻赤玉書留魏丹砂句誦韓誠能因物化誰謂入時難有客驅亂穎臨風運筆端嘗嗟古今闕每惜此芳殘擣情苦精妙繼音漸未安梅聖俞

秋至天地閉百芳變枯草愛尔得雄名宛然出陳寶來甘階墀陋肯與時節老赤玉刻績栗丹芝謝凋橋鮮之雲葉卷槊之冕翁好由來名實副何必榮華早君看先春花浮浪難自保

七言絶句

積學書藏

出牆那得大高鷄只露紅冠隔錦衣却是吾兒工料事會稽真个不能啼誠齋二首

陳倉金碧夜雙斜一隻今栖紀涓家别有飛來矮人國化成玉樹後庭花

如飛如舞到瑶臺一項春雲若剪栽誰謂移根莫笑畔玉鷄知應太平來王逢原白花

木雞不與衆鷄同曾逐旌陽上碧空學得仙家餐玉法至今木血不能紅趙山臺

一叢濃艷對秋光露滴風揺倚砌傍曉景乍看何處似道家新染紫羅裳百花集

濯濯高花染血猩却怜金距起鬬争宋家窓下宜栽此莫問臨風不解鳴巽齋

秋光及物眼猶迷著葉婆娑擬碧鷄精采十分佯欲動五更只欠一聲啼趙循道

亭亭高出竹籬間露滴風吹血染乾學得京城梳洗樣舊羅包怯緑雲鬟錢熙

全芳備祖卷二十六

全芳備祖卷二十七前集

天台陳景沂編輯

建安祝穆訂正

花部

石竹花

賦咏祖

五言散句

麝香眠石竹 杜甫

七言散句

種玉亂抽青節瘦刻繒輕染絳花團 王文公

車馬不臨誰見賞可憐一觧度春風

五言古詩

萋萋結綠枝曄曄垂朱英常恐零露降不得全其生嘆息聊自思此生宣我情昔我未生時誰者今我萌蘖置勿重陳委化何足驚 王無功

真竹乃不花尒獨艷暮春何妨兒女眼誰尒勝霜筠世無王子猷豈有知竹人粲粲好自持時來稱此君 張文潛

蜂蠶紅蘂爛蟲啼碧叢短秋風掠地起只有蒼苔管文與可

數點空階下閑疑細雨中那能久相伴嗟尒蔕秋風 皇甫冉

七言律詩散聯

麝香眠後露檀匀繡在羅衣色未真斜倚細叢如有眼冷搖數欲無春 王文公

所種晚芳聊在目可閑秋色易為花深枝苒苒裝溪翠碎片英英剪海霞 林和靖

樂府祖

採桑子

古羅衣上金針樣繡出芳研玉砌朱闌紫艷紅英照日鮮 佳人畫閣新妝了對立叢邊試摘嬋娟貼向眉心學翠鈿 晏元獻

紫竹花

賦咏祖

七言絶句

長夏幽居景不窮花開芳砌翠成叢窓南高卧追凉際時有微香逗晚風 楊監丞

罌粟花

事實祖

碎録

一名米囊一名御米花紅白色其子一罌數千萬粒大小如葶藶子象穀米囊 本草

雜著

罌小如罌粟細如粟與麥偕衆與稼皆熟苗堪春

積學書藏

菜實比秋穀研作牛乳烹為佛粥嘆我氣衰飲食無幾肉食不消食菜寡味柳槌石鉢煎以蜜水便口利喉調養肺胃三年杜門莫適往還幽人衲僧相對忘言飲之一杯失笑欣然　蘇子由

賦咏祖

七言散句

萬里客愁今日散馬前初見米囊花　雍陶

七言絶句

鳥語蜂喧蝶亦忙爭傳天詔〻花王東君羽衛無供給探借春風十日粮　謝幼槃

鉛膏細〻點花梢道是深春雪未消一斛千囊蒼玉粟東風吹作米長腰

茶粒齋園刮罌子作湯和蜜味尤宜中年强飯卻丹石安用咄嗟成淖糜

錦帶花

事實祖

碎録

一名海仙花一名文官花此花出荊楚間有花如錦遂名錦帶花條如郁李春末方開紅白二色　杜詩注

雜著

海仙花者世謂之錦帶維揚人傳云初得於海島

積學書藏

間其枝長而花蜜若錦帶然予視其花未開如海棠既開如木瓜而繁麗嫋弱過之或一朵滿頭冠不克荷惜其香淺而無子但可鈎壓其條移植他所因以釋草釋木驗之皆無有也近之好事者作花譜以海棠為花中神仙予謂此花不在海棠下宜以仙為號目為錦帶俚孰甚焉又取始得之地命曰海仙且為賦詩三章　王元之賦海仙花詩序

貢士舉院本故勇技營有花初開白次綠次緋次紫故名為文官花　萬花谷

賦咏祖

七言散句

禮部又開南省榜書花羞聽叫文官　陳古

七言絶句

一堆絳雪壓春叢嫋〻長條弄曉風借問開時何所似人將繡被覆薰籠　王元之　三首

春憎窈窕教無子色為妖嬈不與香盡日含毫難比興花中應是衛莊姜

何年移植在僧家一簇柔條綴彩霞錦帶為名卑且俗為君呼作海仙花

萬釘簇錦若垂紳圍住東風穩稱身聞道沈腰易寬減何妨留與繫青春　巽齋

鵠袍換綠羿初心旋賜銀緋與紫金堪念紛〻名

積學書藏

利客對花應是欵侵尋

七言八句

天女風梭織露機碧絲池上茜欒枝何曾繫住春歸脚只解縈長客恨眉節ゝ生花ゝ點ゝ茸ゝ晒日ゝ遲ゝ後園初夏無題目小樹微芳也得詩誠齋

賦咏祖

蜜友花

七言絶句

黄花端逼菊花真朶ゝ相迎意更親情似春濃非淡泊何妨呼酒對佳賓 異齋

滴露花

賦咏祖

七言絶句

九秋瑞露滴成芽不是榆花即桂花星女月娥宫不鎖天風吹落野人家 陶弼

芸花

賦咏祖

五言六句

有芸如苜蓿生在蓬雚中黄花三四穗結實貽無窮草盛芸不長馥烈隨微風 聖俞

雁來紅

積學書藏

賦咏祖

五言散句

葉從秋後變色向晚來紅 徐竹隠

七言散句

記得去年今日到矮籬花滿雁來紅

五言八句

開了元無雁看來不是花若為黄更紫乃借葉為葩藜莧真何擇雞冠却較差未應樺蒴輩赤脚也容他 誠齋

山礬花

賦咏祖

七言絶句

故鄉寒食荼䕷發百和香濃村巷深漂泊江南春欲盡山礬髣髴慰人心

紫陽花

賦咏祖

七言絶句

何年植向仙壇上到晚移栽到梵家雖在人家人不識與君名作紫陽花 香山

杏香花

賦咏祖

五言絶句

客說何州事經營香味佳訝予獨無語貪嗅杏香花 卲康節

茨菰花

賦咏祖

七言律詩

折來趂得未晨光清露晞風帶月凉長葉剪刀剗不斷小花茉莉淡無香稀疎略糝瑤臺雪升降常涵翠管漿恰恨山中窮到骨茨菰也遣入詩囊 楊東山

水紅花

賦咏祖

五言散句

于今尚未好漢〻宜秋雨 宋景文

七言散句

今日特向東城開畫時只合銜魚翠 聖俞

五言古詩散聯

紅芳宵露清翠節晚窗迎雨後晒殘日秋容滿檻庭 文與可

灼〻有芳艷本生江漢濱臨風輕笑久隅浦淡妝新白鷺烟中客紅蕖水上鄰 聖俞

夏砌緑莖秀秋簷紅穗繁終然體不媚無乃對虞翻 宋景文

積學書藏

俳佪花

賦咏祖

五言絶句

命咲無人咲含嬌何處嬌徘徊花上月空度可憐宵 沈警

七言絶句

移得芳根取意栽遥知面〻紫花開縹緲不許春歸去猶遺香風擬曲來

碧蟬兒花

賦咏祖

七言絶句

楊葩簌〻傍疎籬薄翅舒青勢欲飛幾悮佳人將扇撲始知錯認枉心機 巽齋

露洗芳容别種青墻頭微弄晚風輕不須强入羣芳社花譜元無汝性名 翁元廣

滿堂春

賦咏祖

七言絶句

花發園林晝錦如列仙行綴在蓬壺千金須擲豪家賞一笑春風無向隅 巽齋

粉團兒花

賦咏祖

積學書藏

七言絶句
碎敲瓊玉簇輕紗蛺蝶穿飛色更嘉綽約仙姬和
露折烏雲斜插映鉛華 百花新咏

波羅花

樂府祖

清平樂
雲峯秀叠露冷琉璃葉北畔波羅花弄雪香度小
橋淡月　與君踏月尋花玉人雙捧流霞吸盡盃
中花月竹風相送還家 毛東堂

孩兒花

賦咏祖

七言絶句
纖褓初見似嬌癡鼓舞春風二月時何事自開還
自落可怜造化亦兒嬉 百花新咏

史君子花

賦咏祖

七言絶句
竹籬茅舍趁溪斜白〻紅〻墻外花浪得佳名史
君子初無君子到君家

曼陀羅花

賦咏祖

五言八句

積學書藏

我圃殊不俗翠𦼮敷玉房秋風不敢吹謂是天上
香烟迷金錢夢露醉木蕖妝同時不同調曉月照
低昂 陳簡齋

小玉蕖花

賦咏祖

五言絶句
簌〻碎金英絲〻鏤玉莖步摇釵朶見老眼為增
明 劉允叔
山礬紛似玉黃蘗碎如金二美傳春晚同心契尔
音

闍提花

賦咏祖

七言絶句
此花移種自招提借佛為名識者希優鉢曼陀果
何似併參香色問因依 鄭松窓

玉手鑪花

賦咏祖

七言絶句
習〻東風二月餘此花宜近玉庭除美人雲鬢不
宜插獻與觀音作手鑪 百花集
小院無人春意深凌風傲日出墻陰只因落在山
儒手那得王孫為賞音 翁元廣

積學書藏

御仙花

賦咏祖

七言絶句

不逐凡花逞艷嬌移根上苑獨清高君王曾選裝
金帶修錫持荷耀錦袍 巽齋

御帶花

賦詠祖

七言絶句

未放枝頭嫩葉青先開絳蕊照春晴若無顔色宜
宮院安得花間御帶名 翁文廣

望仙花

賦咏祖

七言絶句

風捲珠簾挂玉鈎彩雲開處望仙儔妍姿不逐東風
君去日照斜暉上小樓 百花集

木槲花

賦咏祖

七言絶句

上苑年年占物華飄零今日在天涯只應長作龍
城守剩種庭前木槲花 柳子厚

薾㯃花

賦咏祖

積學書藏

七言絶句

清晨步上金鷄嶺極目漫山薾㯃花雪蕊瓊絲亦
堪賞樵童蠶婦伐歸家 劉允叔

太平花

賦咏祖

七言散句

紫芝奇樹謾前聞未若斯花叫氣薰種向春臺豈
無象望中秀色似卿雲 楊巽齋

天南竺花

賦咏祖

七言絶句

花發朱明雨後天結成紅顆更輕圓人間熱惱誰
醫得止要清香淨業緣 巽齋

紅鉢盂花

賦咏祖

七言絶句

蛤匝枝頭簇絳英朱髹梵器上天成檻邊更挿鑾
董葉依約如歸佛手擎 巽齋

佛手花

賦咏祖

七言絶句

丹葩點㯃細輕浮蒼葉輕排指樣柔香案淨瓶安

頓了還能摩頂濟人不楊監丞

佛見咲

賦咏祖

七言絶句

芳葩豐美折輕紅想是祇園秀氣鍾解使金仙猶動色窺闌誰不鮮愁容巽齋

散水花

賦咏祖

七言絶句

盈枝點綴雪花鮮環映清流分外妍壓是東君歸騎速不知墜下玉絲鞭百花新集

寳相花

賦咏祖

五言六句

開榮同此日淡艶自先光不為露益色不為風益香節換葉已密尚可見餘芳梅聖俞

全芳備祖卷二十七終

全芳備祖卷之一後集

天台陳景沂編輯

建安祝　穆訂正

果部

茘枝附龍眼

事實祖

碎録

茘枝樹高五六丈大如桂樹緑葉蓬蓬冬夏榮茂青華朱實大如雞子核黄黒似熟蓮子實白如肪甘而多汁似安石榴有酸甜者夏至將中翕然俱赤則可食也一樹下子百斛廣志　茘枝性熱有人日啖千顆未嘗作疾即少熟以蜜漿解之　最忌麝香或遇之花實俱落盡　民間以鹽梅鹵浸佛桑花為紅醬漿茘枝漬乾曝之色紅而甘酸可三四年不蛀茘枝譜　核之細者謂之焦核茘枝之最珍者也廣志　李直方第果品以緑李為首楞梨為副櫻桃為三柑子為四蒲桃為五或曰若論為首當用茘枝國史補遺

龍眼一名比目一名益智本草　葉似茘枝質味殊絶純甜無酸可敵茘枝廣志　龍眼樹如茘枝但枝葉稍小殼青黄色形如彈子核如木梡子而不堅肉白而帶漿其甘如蜜五六十顆作一穗如蒲桃

積學書藏

然荔枝過即龍眼熟故號曰荔枝奴 草木記

紀要

漢武破南粤於上林苑中起扶荔宮以植所得龍眼荔枝菖蒲皆百餘本土產南北異宜時多有枯悴者荔枝自交趾移植于庭者無一生焉猶移而不息偶一株稍茂終無華實三輔黄圖 漢永元間嶺南獻生荔枝十里一置五里一堠晝夜傳送唐羌上書以謂上不以滋味為德下不以貢膳為功切見交趾七郡獻生荔枝龍眼等南州土地炎熱惡蟲猛獸不絕於道至於觸犯死亡之患然此二物升殿未必延年益壽詔敕大官勿復受獻 本紀 漢單于來朝賜橙橘龍眼荔枝東觀漢紀 魏文帝詔曰南方有龍眼荔枝西國有蒲桃石蜜果之珍異者令歲貢焉 魏史 唐元宗正月十五夜於殿中撒出閩中紅錦荔枝令宮人拾之 開元遺事 明皇令方士以藥傳荔枝根得核小宮人呼為丁香子 同上 貴妃生日長生殿新曲未有名會南海進荔枝至因名荔枝香 外傳 唐天寶中取涪州荔枝自子午谷路進入 蜀志 貴妃嗜生荔枝每歲飛騎馳進七日七夜至京人馬多斃于路百姓苦之 本傳 楊妃生于蜀好荔枝南海荔枝勝蜀者故每歲飛馳以進然方暑而熟經宿輒敗 唐書 白樂天在忠州為荔枝圖寄朝士 劉崇姻舊或干以財率不答但畫荔枝圖與之 杜陽編 本朝故相陳文惠公祠堂下有手植荔枝郡人謂之將軍樹 坡詩注

積學書藏

雜著

荔枝生巴蜀間形狀團團如帷蓋葉如冬青花如橘春榮實如丹夏熟朵如蒲桃核如枇杷殼如紅繒膜如紫綃瓤肉潔白如氷雪漿滋甘如醴酪大略如彼其實過之若離本枝一日而色變二日而香變三日而味變四五日外香味盡去矣元和十五年夏南賓守樂天命工圖而書之蓋為不識者與識而不及一二者云 白樂天荔枝圖序 荔枝之于天下惟閩粤南粤巴蜀有之漢初南粤王尉佗以之備方物於是始通中國司馬相如賦上林云荅遝離支蓋夸言無有是也東京交趾七郡貢生荔枝十里一置五里一堠晝夜奔騰有毒蟲猛獸之害臨武長唐羌上書言狀詔太官省之魏文帝有西域蒲桃之比世譏其謬論豈當時南北斷隔所擬出於傳聞耶唐天寶中妃子尤愛嗜涪州歲命驛致時之詞人多所稱咏張九齡賦之以託意白居易刺忠州既形于詩圖而序之雖仿佛顏色而甘滋之勝莫能著也洛陽取于嶺南長安來于巴蜀雖曰鮮獻而傳置之速腐爛之餘色香

積學書藏

味之存者亡幾矣是生荔枝中國未始見之也九齡居易雖見新實驗今之廣南州郡與夔梓之間所出大率早熟肌肉薄而味甘酸其精好者僅比東閩之下等是二人者亦未遇真荔枝也閩中惟四郡有之福中最多而興化軍最爲奇特泉漳時亦知名列品雖高而寂寞無紀將尤異之物昔所未有乎蓋亦有之而未始遇乎人也予家莆陽再臨泉福二郡十年往還道由鄉國每歲得其尤者命一寫生彙集既多因而題目以爲倡始夫以一木之實生于海濱之險地遠而能名徹上京外被夷狄重于當世是亦有足貴者其於果品卓然第一然性最畏寒不堪移植而又道里遼絶雖不得班盧橘江橙之右少發花彩此所以爲之歎息而不可不傳述也第一篇興化軍風俗園地勝處惟種荔枝當其熟時雖有他果不復見省大重陳紫富室大家歲或不嘗雖别品千計不爲滿意陳氏欲採摘之先閉户隔墻入錢度錢與之得者自以爲幸不敢較其直之多少也今列陳紫之所長以例衆品其樹晚熟其實廣上而圓下大可徑寸有五分香氣清遠色澤鮮紫薄而平瓤厚而瑩膜如桃花紅核如丁香母剥之凝如水晶食之消如絳雪其味之至不可得而狀也荔枝以甘爲味雖有

積學書藏

千株莫有問者過甘而淡失味之中惟陳紫之於色香味自拔其類此所以爲天下第一也凡荔枝皮膜形色一有類陳紫則以爲中品若夫厚皮尖刺肌理黄色附核而赤食之有查食已而澀雖無酢味亦自下等矣第二篇福州種植最多延施原野洪塘水西尤其盛處一家之有至於萬株城之中當州署之北鬱爲林麓暑雨初霽晚日照耀絳囊翠葉鮮明蔽映數里之間焜若星火非名畫之可傳而精思之可入也觀覽之勝無以爲比初著花時商人計林估之以立券若後豐寡商人知之不計美惡悉爲紅鹽去聲水陸浮轉以入京師外至北戎西夏其東南舟行新羅日本琉球大食之屬莫不愛好重利以酬之故商人販益廣而鄉人種益多一歲之出不知幾千萬億而鄉人得飫食者蓋鮮以其斷林鬻之也品目總三十有三惟江家綠爲州之第一第三篇　蔡君謨荔支譜論

江家綠　陳紫興化　方家紅
游家紫　小陳紫　宋公荔
藍家紅　周家紅興化　何家紅漳州
法石白泉州　綠核　圓丁香
虎皮　牛心　玳瑁紅
硫黄　朱柿福州　蒲桃

積學書藏

蚶殼　龍牙　水荔枝
蜜荔枝　丁香荔　大丁香
雙髻　真珠　十八娘
將軍荔　釵頭顆　粉紅
中元紅　火山本出廣南

以上計三十二品言姓氏尤其著言州郡記所出也不言姓氏州郡四郡皆或有之

牡丹花之絕而無其實荔枝果之絕而無花昔樂天有感于二物矣然斯二者惟不兼萬物之美故各得其精造化之理宜如此也余少游洛陽花之盛處也因為牡丹作譜君謨閩人也故能識荔枝而譜之因念昔人嘗有感二物而三人者適各得其一之詳故書其所以然而附于君謨之譜末歐陽公譜後論莆田荔之名品皆出天成雖以其核種之終與其本不相類宋香之後無宋香所存者孫枝耳陳紫之後無陳紫過墻則為小陳紫矣筆談謂之焦核荔枝今勿生旁枝其核自小里人謂不然此果形狀變態百出不可以理求或似龍芽或似鳳爪釵頭之可簪綠珠之旁綴是豈人力所能加哉初方氏有樹結實枝千顆故重其名以二百顆送蔡忠襄公紿以常歲所產止此公為目之曰方家紅著之於譜印證其妄自後花實雖極繁

積學書藏

茂逮至成熟所存者未嘗越三百遂成語讖此段已載遯齋閒覽中郡中黄處權復志其詳如此容齋隨筆君謨譜所論名目三十有二已詳矣閒有不論或論未備及有遺逸者今論于後

蕙團　傳元云雙髻小荔枝也每朶數十皆並蒂雙垂

真珠　圓如白珠無核

蒲桃　一穗之實至三百顆纍纍然

火山　本出南越今閩中僅有之

丁香　核如丁香出福州天慶觀

十八娘　閩王審知有女弟好食因此得名其女塚在福州城東報恩院塚旁有此樹

方家紅　最大者出興化軍尚書屯田郎中方氏家

狀元紅　最晚者

藍家紅　出泉州亦第一出尚書都官員外郎家

周家紅　第一陳紫于方家紅為次

玳瑁紅　出福州色紅而點黑

游家紫　出興化軍

陳家紫　出興化軍著作郎陳綺家為第二也

小陳紫　出興化軍

江綠　出福州為第一

積學書藏

緑核　出福州
硫黄　出福州
法石白　出泉州法院色青白
圓丁香　如丁香而圓
釵頭　顆紅而小可施於釵頭
朱柿　色如朱柹
牛心　狀如之
虎皮　色紅而青斑如虎皮出福州
龍牙　彎曲如爪無核出興化軍
雖受氣于震方實稟精于離火　紫紋紺理黛葉
緗枝　緑橞靡靡青英苾苾不豊其花但旨其實
張九齡賦　緑葉雲舒朱實星映孔稚圭啟灼灼若
朝霞之映日離離如繁星之麗天王逸賦　荔子丹兮
蕉黄雜肴蔬兮進侯之堂　羅池廟碑
南海出荔枝焉每至季夏其實乃熟狀甚環瑰殊
特甘滋百草之中無一可比余往在西掖嘗盛稱
之諸公莫之知固未之信惟舍人彭城劉侯弱年
累遷經于南海一聞斯談倍復嘉歎以為甘美之
極也又謂龍眼凡果而與荔枝齊名魏文帝方引
蒲萄及龍眼相比是時二方不通傳聞之大謬也
每相顧聞議欲為賦述世務卒卒此志莫就及理
郡暇日追叙往心夫物以不知為輕味以無味而

積學書藏

疑遠不可驗終為永屈況士有未效之用而身在
無譽之間苟無深知與彼亦何以異也因導揚其
實遂作此賦云
果之美者厥有荔枝雖受氣于震方實稟精于離
火乃作酸於此裔爰負陽以從宜蒙休和之所播
涉寒暑而匪虧下合圍以擢本傍蔭畝而抱規紫
文紺理黛葉緗枝蓊茸靃靡環合蔡纚如蓋之張
如帷之垂雲烟沃若孔翠于斯靈根所盤不高不
卑陋下澤之沮洳惡層崖之險巇彼前志之或妄
何側生之見疵爾其勾芒在辰凱風入律肇氣含
滋芬敷謐溢緑蕙菲菲青英苾苾不豊其花但旨
其實如有意乎端本故微文而顯質蔕約房而挷
萃皮龍鱗以駢比膚玉英而含澤色江萍以吐日
朱苞剖明璫出同然數寸猶不可匹朱玉齒而殆
銷雖瓊漿之可軼彼衆味而有五惟甘旨之不一
伊醇淑之無算非精言之可悉聞者嘆而悚企見
者訝而驚佗心恚可以蠲忿口爽可以忘疾且欲
神于醴露何比殺於甘橘援蒲萄以見擬亦古人
之深失若乃華軒洞開嘉賓四會當時煜爚客或
煩憒而斯果在焉莫不心侈而體泰信珊盤之仙
液實玳瑁之綺緒有終食于累百愈益氣而理内
故無厭于所甘雖不貪而必愛沈美李而莫取浮

甘瓜而自退豈一座之所榮冠四時而為最夫其貴可以薦宗廟珍可以羞王公亭十里兮莫致門九重兮曷通山五嶠兮白雲江千里兮青楓何斯美之獨遠嗟尔命之不逢每被銷于凡口罕獲知于貴躬柿何稱乎梁侯梨何幸乎張公亦因地之所遇孰能辨乎其中哉

龍眼

事實祖

雜著

左思蜀都賦邛竹緣嶺園桂臨崖旁挺龍目側生荔枝有緣葉之蔞蔞結朱實之離離張九齡賦荔枝云雖觀上國之光而被側生之誚桂老亦云側生野岸及江浦不熟丹宮滿玉壺雲壑布衣鮐背死葢指臨武長唐羌勞人害馬翠眉須也龍眼惟閩中及南越有之太冲自言十年作賦三都所有皆責土物之貢至于言龍目亦不自知其失也山谷詩注

賦咏祖

五言散句

輕紅擘荔枝 杜

蠻果榮焦荔 山谷

一色鮮猩紅 程金紫

有龍會著眼 白氏集

憶昔南海使奔騰獻荔枝 杜

莆陽荔子乾皺殼紅釘螯 聖俞

荔子幾時熟花頭今正繁 東坡

新來嘗小綠又勝擘輕紅 石屏

獨使皺皮生弄色映瑚俎 東坡

七言散句

墻頭荔子已斕斑 程金紫

映我綠衫渾不見對公銀印最為鮮 樂天

香連翠葉真堪畫紅透青籠實可憐

摘來正帶淩晨露寄出須憑下水船

十年結子知誰在自向中庭種荔枝

側生野岸及江浦不熟丹宮滿玉壺 丹宮玉壺至尊所御 少陵

二京曾見畫圖中數本芳菲色不同 鄭谷

葉似楊梅蒸霧雨花如盧橘傲風霜 東坡

天與蠻羅裝寶髻更援猩血染殷紅 山谷

贈我甘酸三百顆稍知身作近南宮

五月照江鴨頭綠六月連山柘枝紅

荔子凝丹摘晚鮮江南來路與雲連 君謨

京華百卉爭鮮貴自是芳根著海濱 穎濱

絳衣仙子過中元別業辭枝去不遠

托根曾是三山下結實應歸萬木先

南省佳實傳名久曾憶巴山寄楚人 劉原父

水晶肉白殼皮紅香變香移味不同 張无咎

春甌水動茶花白落日雲生荔子紅　晁冲之

嶺南荔子豈今年必有人知姑射仙

海山珠樹玉斕斑擬譬炎雲覲玉顏　王右丞

紅錦皺縫包玉液青綃伴翦襯金丸　汪内翰

綠幄紫籠文縠皺絳囊包就寸珠圓　程金紫

味重帶新馳驛貢花旌難老隔年芳

文園渴疾正如醒誰念流涎向側生　曾文韶

蘭蕙香浮矜解後雪氷膚在酒酣闌

紅消白瘦香猶在想見當年十八娘　蘇子由

白蓮近結三千女丹荔遐招十八娘　周文忠

水晶透幙輕含液絳縠離包未變香　朱待制

甘露落來雞子大曉風凍作水晶團　誠齋

西川紅錦無此色南海綠羅猶帶酸

臨水靧妝新雨後出墻背向曉風西

側生海畔遠難將風日尤能變色漿　劉後村

五言古詩

南州積炎德嘉樹凌冬綠薰風海上來丹荔逾夏熟煌煌錦綉林亭亭翡翠屋鵠頭斕晨霞天酒瑩寒玉流聲感中華採擷如不足開元百馬死漢堠五里促君王玉食閟此薦知不辱迨今糟粕餘猶足驚凡目憶初成上林四方會奇木使臣得安榴天馬來苜蓿擢芽自幽遐托地幸滲漉我欲咎真宰嚊玆限荒服將非名寶雄百果為羞縮區區化工意聊爾存衆族　劉貢父

龍眼與荔枝異出同父祖端如柑與橘未易相可否異哉西海濱琪樹羅玄圃纍纍似桃李一一似流膏乳坐疑星隕空又似珠還浦圖經未嘗說玉食遠莫數獨使皺皮生弄色映琱俎蠻荒非汝辱幸免妃子汚　東坡

五言古詩散聯

叔師貴其珍武仲稱其美良由自遠致含滋不留齒　梁劉齋

平昔誰相愛驪山遇貴妃枉教生處遠愁絕摘來稀　鄭谷

五言排律

奇物標南土芳林對北堂素華春漠漠丹實夏煌煌葉捧低垂戶枝擎重壓墻始因風弄色漸與日爭光夕訝條懸火朝疑樹點妝深于紅躑躅大較白檳榔星綴連心朶珠排耀眼芳紫羅裁襯縠白玉裹填囊早歲曾聞說今朝始摘嘗嚼疑天上味嗅異世間香潤勝蓮生水鮮逾橘得霜燕支掌中顆甘露舌頭漿物少猶珍重天高若渺茫已教生暑月又使阻遐方粹液靈難駐妍姿嫩易傷近南光景熱向北路途長不得充王賦無由寄帝鄉惟

積學書藏
積學書藏

積學書藏

君堪擲贈面白似潘郎樂天
五月南遊渴欣逢荔子丹殼匀仙鶴頂肉露白晶
丸色映離為火甘殊木作酸枝繁恐相染樹重欲
成團未蚌遺珠顆紅犀露角端爽能消内熱潤可
濯中乾桂嶺無霜處梅天暴雨殘一簇氷蚕繭千
苞火鳳冠隔瓤銀葉嫩透膜玉凝寒陶㢮

五言八句

丞相祠堂下將軍大樹旁炎雲駢火實瑞露酌天
漿爛紫垂先熟高紅挂遠揚分甘徧鈴下也到黑
衣郎東坡
櫻桃真小子龍眼是凡姿橄欖為下輩枇杷客作
兒陳從易
火齊驪龍脫紅綃玉露團謫居深不負沉醉亦何
難張芸叟

七言古詩

十里一置飛塵灰五里一堠兵火催顛坑仆谷相
枕籍知是荔枝龍眼來飛車跨山鶻横海風枝露
葉如新採宮中美人一破顏驚塵濺血流千載永
元荔枝來交州天寶歲貢取之涪至今欲食林甫
肉無人舉觴酬伯游我願天公憐赤子莫生尤物
為瘡痏雨順風調百穀登民不飢寒為上瑞君不
見武夷溪邊粟粒芽前丁後蔡相籠加爭新買寵

積學書藏

各出意年年鬬品充官茶吾君所乏豈此物致養
口體何陋耶洛陽相君忠孝家可憐亦進姚黄花
東坡
南村諸楊北村盧楊梅盧橘也白衣青菓久不枯
垂黄綴紫煙雨裏特與荔枝為先驅海山仙人絳
羅襦紅紗中單白玉膚不須更待妃子咲風骨自
是傾城姝不知天公有意無遣此尤物生海隅雲
山得伴松檜老霜雪自困楂梨粗先生洗醆酌桂
醑氷盤薦此頳蚌珠似聞江鰩斫玉柱更洗河豚
烹腹腴我生涉世本為口一官久已輕蓴鱸人間
何者非夢幻南來萬里真良圖東坡
炎精孕秀多靈植荔子佳名聞自昔絳囊剖雪出
琱盤尋常百果無顏色鬬天六月雨初晴星火熒
煌耀川澤歘如彩鳳戲翱翔爛若彤雲推翕赩中
郎栽品三十二陳紫方紅冠傳匹鹽蒸蜜漬尚絶
偏琢瓊空羨南飛翼我聞政和全盛時貢翰不滅
開元日涪州距雍已云遠況此奔馳東海側繡衣
使者動輶車黄紙封林徧阡陌浮航走轍空四郊
妙品人間無後得上方供給只纖毫往往盡入公
侯宅驪山廢苑狐兔靜艮岳新宮鼙鼓急繁華今
古共淒涼繞樹行吟悲野客西風刮塵戰馬昏一
聽胡笳雙淚滴陳簡齋

粵犬吠雪非差事粵人語氷夏蟲似北人氷雪作
生涯氷雪一窖活一家帝城六月日亭午市人如
炊汗如雨賣氷一聲隔水來行人未喫心眼開甘
霜甜雪如壓蔗年年窖子南山下去年藏氷減工
夫山鬼失守嬉西湖北風一夜動地惡盡吹出氷
作南雹飛來嶺外荔枝梢絳衣朱裳紅錦包三山
露珠凍寒泚火傘燒林不成水北人藏氷天奪之
却與南人消暑氣誠齋
君欲和詩無匆匆唱首天下文章公今年荔子況
倍熟亭亭錦蓋高張空猿偷鶴啄牧童採林間殘
顆猶殷紅在昔唐家充歲貢吟諷何止杜陵翁南
窮交州西蜀土快馬馱送如飛龍絳囊氷肌初照
眼玉環一笑恩光濃惟閩以遠幸免浣一顆不到
甘泉宮自從陳紫無真本鮲玉晚出尤稱雄邇來
雞舌擅瑰瑋贊香諛味萬喙同麟堂仙人稱題品
天為此果開遭逢乃知微物似有數聲價亦與時
汚隆列聖儉德被華戎微如淮白不敢供奈何置
驛奉私室安得木鐸覲民風山蹊谷塹物力窮血
肩跪足馳筠籠請公移此食荔嘆置在薰風殿閣
中後村

七言古詩散聯

蜀中荔枝止嘉州餘波及眉半有否稻糠宿火却
霜囊結子僅與黃金侔子由
名園競擷絳紗色蜜漬瓊膚甘且滑北游京洛墮
紅塵箬籠白晒脯最珍
郴江六月水如湯江邊荔子紅且黃摘時須是帶
枝葉滿盤璀璨堆琳瑯

七言絶句

遐方不許貢珍奇密詔惟教進荔枝漢武碧桃爭
得此杜令方朔謾偷兒韓偓
封閑玉籠雞冠澁葉襯金盤鶴頂鮮想得佳人微
露齒翠釵先取一枝懸山谷
巧裁絳片裹神漿崕蜜天然有異香應似仙人金
掌露侍成氷日茜羅裳
長安回首繡成堆山頂千門次第開一騎紅塵妃
子咲無人道是荔枝來杜牧
憶昔瀘戎摘荔枝青楓隱映石逶迤京華應見無
顏色紅顆酸甜只自知杜甫
羅浮山下四時春盧橘楊梅次第新日啖荔枝三
百顆不妨長作嶺南人
絳縠囊收白露團未曾封植向長安昭陽殿裏纔
聞得已道佳人不耐寒子由
玉潤氷清不受塵仙衣裁剪絳紗新千門萬戶誰
曾得只有昭陽第一人南豐

積學書藏

剖見隋珠醉眼開丹砂緣手落塵埃誰能有力如
黄犢盡摘繁星始下來
厚葉繊枝雜絳裳使君分寄驛人忙彩毫封處曾
留葉筠籠開時不減香 蔡端明
一錢不值程衛尉萬事稱好司馬公白髮永無懷
橘日六年惆悵荔枝紅 山谷
今年荔子熟南風莫愁留滯太史公五月臨江鴨
頭緑六月連山柘枝紅
舞女柘枝也荔枝熟雖晩臨江嬌影自惱公見李
賀惱公篇天與戲羅裝寶髻更揆猩血染殷紅
莆田乾荔老楊梅荔枝名誰在開元得見之却憶
沉香亭北畔輕紅曾照赭黄衣 郭功父三首
紅綃皮皺核丁香日曝風凝玉露漿不向海邊為
逐客長安無此荔枝香
署館風沉睡眼新醒荔枝新熟暗香生玉繊為剥紅
綃顆甘露初凝濕水晶
選荔過于蜑士難味佳能有幾登盤林家新出金
釵子合入君謨譜後看 蕭大山
絳衣揺拽縼冰肌依約華清出浴時何物鵶兒驅
不去前身恐是食酥兒 李梅亭
曾入坡仙海上山清冰寒露洗高巖老天不與詩
為地却欠閩中住一番 方秋崖二首

積學書藏

風枝露葉走筠籠玉潤冰寒擘綃紅自往胸中評
史記久聞格調略相同
荔子如今尚典刑秋林園實著嘉名雖無赭玉南
風面却顧筠籠千里行 張南軒二首
手自封題寄故人聊將風味赴詩情千年尚憶唐
羗疏不汚華清驛騎塵
却貢無因送上天漫山如錦但堪憐羅浮所產真
奴隷只為曾逢玉局仙 後村四首
十顆千錢品最珍北人鮐背未濡唇若生京洛豪
華土買斷丹林肯貰緍
輦轂嘗新索價高土人棄擲等弁髦不嗔園客工
偷竊絶喜天工饗老饕
風韻能令百草低難將盧橘鬭新奇品題自合遜
詩祖模寫何妨覓畫師

七言八句

錦筵火齊砌金盤五月甘漿破齒寒南國已隨朱
夏熟北人猶指畫圖看烟嵐不續丹櫻獻玉座空
悲羯鼓殘相見任誇雙蒂美多情莫唱水晶丸 劉
貢父
王公權家荔枝緣廖致平家緑荔枝試傾一杯重
碧色快剝千顆輕紅肌潑醅蒲萄未足數堆盤馬
乳不同時誰能同此勝絶味惟有老杜東樓詩山

積學書藏

谷
代北寒蘆擣韭萍奇芭零落似晨星逢盬久已成
枯腊得蜜猶疑是薄刑欲就左慈求拄杖便從李
白蹄滄溟攀條與立新名字兒女稱呼恐不經東
坡　蜜漬生荔枝
柳花著水為浮萍荔實周天兩歲新本自玉肌非
鵠洛至今丹殼似猩刑侍即賦咏窮三峽妃子烟
塵動白溟莫遺詩人説功過且隨香草附騷經東
坡
時新滿座問名字別久何人寄色香葉似楊梅蒸
霧雨花如盧橘傲風霜每憐蓴菜下盬豉肯與蒲
萄一酒漿回首鶖塵卷飛雪詩情真合與君嘗東
坡
挺秀窮荒嘆未遭昔賢吟賞著風騷縱班盧橘材
非偶不近長安價愈高烟雨萬枝遥若畫塵埃一
騎咲徒勞珊盤此日無遺選品格妍媸敢自逃劉
屏山
炎蒸午枕夢滄浪落落星苞喜乍嘗筆下丹青千
品色釵頭風露一枝香雞冠借喻何輕許馬乳爭
名固不量值得當時妃子咲驪山千古事凄涼屏
山
一點胭脂染蒂旁忽然紅變綠衣裳紫瓊骨骼丁

積學書藏

香瘦白雪肌膚午暑涼掌上氷丸那忍觸尊前風
味獨難忘老饕更啖三百顆却怕甘寒凍斷腸誠
齋
幽林傍挺綠婆娑咏嗢雖微奈美何香割蜜脾知
韻勝價輕魚目為生多左思賦咏名初出王局揄
楊論豈顱地極海南秋更暑登盤猶足洗沉疴劉
屏山咏龍眼

七言律詩散聯

先帝貴妃今寂莫荔枝還復入長安炎方每續朱
櫻獻玉座應悲白露團少陵
夜郎城近含春瘴杜宇巢底起暝風腸斷渝瀘霜
霰薄不教葉似灞陵紅鄭谷
托根初不異南山十八妖嬈帶渥丹玉潤滿苞甘
露浥文綃團蹙絳紗丸便為仙苑千年果回笑幽
皐九畹蘭張元盡
仙果移從海上山露華供夜鶴分丹朱砂芒刺差
紅顆龍目團圓避赤丸光射腰金凌寶印影回殿
砌拂猗蘭洪駒父

樂府祖

浪淘沙

五嶺麥秋殘荔子初丹絳紗囊裹水晶丸可惜天
教生遠處不近長安　往事憶開元妃子堪憐一

積學書藏

從蒐散馬嵬關只有紅塵無驛使滿眼驪山歐陽
六一

憶昔謫巴蠻荔子親擎氷肌照映柘枝冠日襞輕
紅三百顆一味甘寒　重入鬼門關也似人間一
雙和菓揮雲鬢賴得不相燕玉而同倚闌干黄浩
翁

定風波

準擬階前摘荔枝今年歇盡去年枝莫是春光厮
料理無比譬如痎瘧有休時　碧甃朱欄情不淺
何晚年來枝上報纍纍雨後園林坐清影蘇醒紅
裳剝盡看香肌山谷

晚歲炎州聞荔子赤英隨墜壓闌枝萬里來逢方
意歇愁絶滿盤空憶去年時　澗草山花光照坐
春過等閑苦李又纍纍辜負寒泉浸紅皺銷瘦有
人耽病損香肌山谷

减字木蘭花

閩溪珍獻過海雲帆來似箭玉座金盤不貢奇葩
四百年　輕紅釀白雅稱佳人纖手擘骨細肥香
恰是當年十八娘東坡

南鄉子

天與畫工知賜得衣裳總是緋每向華堂深處見
憐伊兩個心腸一片兒　自小便相隨綺席歌筵

積學書藏

不暫離苦恨人人分折破東西忽得成雙似舊時
東坡咏雙荔枝

滿庭芳

青幄高張瓊枝巧綴萬顆香染紅殷絳羅衣潤疑
是火燃山白玉釵頭試參黄金帶奇巧工鑽題評
處仙家異種分付在人間　年年輸帝里歡呼内
監妝黙金監况曾得真妃笑臉頻看炎嶺當時奏
曲風流命樂府名傳憑誰道移歸禁苑長使近天
顔古詞

西江月

名與牡丹聯譜南珍獨比江瑶閩山入貢冠前朝
露葉風枝裊裊　香玉滿苞仙液縐紅圓蹙鮫綃
華清宫殿蜀山遥一騎紅塵失笑康伯可

醉落魄

霓裳弄月氷肌不受人間熱分明蜜露枝枝結碧
樹珊珊容易與君折　玉環舊事誰能説迢遥驛
路香風徹故人莫恨東南别不寄梅花千里寄紅
雪韓南澗

浣溪沙

只説閩山錦繡圍忽從團扇得生枝縐紅衫子映
豐肌　春線應憐壺漏永夜深頻見獨花飛塵催
一騎憶來時張于湖

搗練子

紅粉裹絳金裳一色仙酒艷晨粧醉温柔別有香清暑殿偶風涼雞頭擘破君王泣(誤)梨花春夢長

李方舟

壺中天

素肌瑩淨陽鮫綃貽襯猩紅妝束火傘𠏉空鎔不透一塊玲瓏氷玉破暑當筵褪衣剝蒂微露真珠肉中心比于向人何太焦縮　應恨舊日楊妃塵埃走徧向南閩西蜀因入筠籠消黯攬香色精神愁慼賴有君謨為傳家譜不棄青黃綠到頭甜口是人都要圖熟　鄭松窓

浣溪沙

酒拍胭脂顆顆新丹砂燃火棄精神暑天秋杪錦生春　香味已驚櫻實淡絳皮還笑荔枝酸　美人偏喜破朱唇

全芳備祖卷之一

全芳備祖卷之二後集

天台陳景沂編輯

建安祝穆訂正

果部

蓮

事實祖

碎録

荷芙渠也其莖如茄其葉蕸其本蔤其花菡萏其實蓮其根藕其中的的中薏爾雅　菂五月中生啖脆美至秋皮黑菂或可食或可磨以為飯輕身益氣令人強健毛詩注

紀要

宋元嘉十八年揚州刺史王濬川治後池有兩蓮駢生雙房分體宋書泰始二年嘉蓮雙萼並實合跗同莖生豫州鯉湖　仝上馬郁為秘書監張承業以權貴任事與客晏集陳列珍果客無敢先啖者郁食之盡承業私戒主者他日郁至惟以乾蓮子置前郁知不可啖輒中出一小鐵椎碎食之承業大笑云為公易之勿敗吾案後唐

雜著

採淳菂摘負質折碧皮食素實味甘滋而清美同嘉異果橙橘晉夏侯湛賦　龍見萌秀夾中結芳傳

亮賦綠房紫的靈光殿賦金房綠莖傅元賦

五言散句

池蓮折秋房韓　蚕寒氷繭瘦王琪

美物薦嘉賓翦摘助加籩山谷

欲傾春笋手且為剥蓮蓬

綠房含青寶金條垂白瑯曾陸筠

蓮實大如指分甘念母慈山谷

七言散句

青房圓實齊戢戢張籍

半脱蓮房露壓欹東坡

露冷蓮房墜粉紅少陵

半脱蓮房露壓欹綠荷深處有浮龟東坡

蓮子擘時須是蓋東坡

刺分玉蛹堆盤脆嚼破氷毛饒齒涼雲隱

綠宮袍裡素中禪全身却作如來色

五言古詩

蓮實大如指分甘念母慈共房頭䶢䶢更深兄弟

思實中有久荷拳如小兒子令我憶衆雛迎門索

棗李蓮心政自苦食苦何能甘甘餐恐腊毒素食

則懷慚蓮生汚泥中不與泥相調食蓮誰不甘知

味良獨少吾家雙井塘十里秋風香安得同袍子

歸製芙蓉裳山谷

採花莫掣葉掣葉傷蓮根食子莫棄心味苦生意

存宋謙父

蓮房前後熟供啖不須齊肉嫩山蜂子稜深大馬

蹄尚連餘澁在深映亂荷底脆美如新採近根猶

帶泥温公

七言絶句

城中擔上賣蓮房未抵西湖泛野航旋折荷花剥

蓮子露為風味月為香東坡

綠玉蜂房白玉蟬折來帶露復含煙玻瓈盌面氷

漿底醉嚼新蓮一百圓

蜂不禁人採蜜忙荷花蕋裡作蜂房不知玉蛹甘

于蜜又被詩人嚼作霜

山蜂愁雨損蜂兒葉底安巢更倒垂只有荷蜂不

愁雨蠟房仰卧萬花枝

蜂兒來自宛溪中兩翅雖無宛是蟲不是荷花窠

裏蜜方成玉蛹未成蜂

新妝千百秋蓮的剥盡紅衣搗玉霜不假參同成

氣味跳枝梳裡綠荷香

樂府祖

漁家傲

粉筆丹青描未得金針綵線工難敵誰傍暗叢輕

採摘風淅淅船頭觸散雙鸂鶒　夜雨染成天水

積學書藏

質朝陽烘出胭脂色將落又開人共惜秋氣逼監
中已見新蓮菂 晏叔原

藕

事實祖

碎録

荷芙蕖其根藕 爾雅 荷根也一曰蔤乃莖下白蒻
在泥中者 說文

紀要

西王母進千年碧藕 拾遺記 有碧衣女子詠詩云
藕隱玲瓏玉 樹萱録

賦咏祖

五言散句

秋藕折絲輕 謝朓　佳人雪藕絲 杜
蹹藕野池中　藕絲牽作縷 隋殷黄
茵陳春藕香 杜　早藕凝鬆雪 楊廷秀

五言絕句

不知淮水濁丹藕為誰開
北雪猶繫在無絲可得飄輕拈愁欲碎未嚼已先
消 誠齋

五言古詩

平生氷雪姿七星羅心胸豈無有絲毫上稗天子
聰而不自薦達胡為手泥中沉痾正無賴安得君

積學書藏

從容其子亦可憐風味知乃翁 胡致陰

五言律散聯

綠應蛟乞與珠是蜂分來盬貯氷尤潔刀侵雪易
摧防風骨外折混沌竅中開 陶弼
翻浴龍蛇動撐船牙角張清泉浴泥澤槊齒碎氷
霜 丁晉公

七言散句

紅藕香中萬點珠 溫飛卿
吳中白藕浴中裁 白香山
自是天姿不汙者水深泥濁奈君何 宋景文
綠芳翠紫暗相失紅藕白絲空自纏 陶弼

七言古詩

太華峯頭玉井蓮開花十丈藕如船冷比雪霜甘
比蜜一片入口沉痾痊我欲求之不憚遠青壁無
路難夤緣安得長梯上摘實下種七澤根株連韓
退之

七言絕句

荷衣芰製雪為容家住雲烟太華峰外面看來真
璞玉胸中琱出許玲瓏 誠齋

七言八句

昔過臨平邵伯時小舟就買藕尤奇如拈玉麈涼
雙手似濁金莖噀上池好事渠紅無意思癡人蒸

積學書藏

熟減風姿炎州地狹陂塘少渴殺相如久藥醫劉後村

菱

事實祖

碎錄

菱蔆也說文菱蕨𣘼柱令水中菱芰是也生水中葉浮水上其花黃白色實有二種一四角一二角水栗也說文淮漢以南凶年以菱為蔬猶以橡為資也廣志加籩之實菱芡栗脯　冬食菱藕棗栗芡出禮菱芡寒暖以菱花開背日芡花開向日也仇池筆記菱花以為裳芡花以為衣楚辭注屈到嗜芰有疾召宗老而囑之曰祭我必以芰及祥宗老將薦芰屈建命去之曰夫子不以私欲干國之典也國語孫楚之論屈建曰加籩之品菱芡存焉楚多陂塘蓮芰所生父自嗜之而折按窐祝既毀就養無方之禮又失奉死如生之義建何忍焉本傳杜厲叔事莒公自以為不見知居海上夏食菱冬食橡栗呂氏春秋龔遂為渤海太守勸民蓄果實菱芡本傳魚弘為湘東王鎮西司馬述職西上道中乏食緣路采菱作飯給所部梁書東平呂球豐財美貌乘船至曲阿湖值風不得行泊菰際見一小女乘舟採菱舉體皆衣荷葉因問曰汝非鬼耶衣服何至如此女有懼色答曰子不聞荷衣兮蕙帶倏而來兮忽而逝然有懼色迴舟理棹逡巡而去球遙射之即獲一獺向者之船皆是蘋蘩蘊藻之菜見老獺立岸側如有所候望見船過因問曰君來不見湖中採菱女耶球答云在後尋射獲老獺焉或云湖中嘗有採菱女容色過人有時至人家結好者甚衆也幽冥錄

雜著

雜蘊藻而俱浮閒芙蓉而外發梁庾信啟　菱結帶兮荇含緣沈氏賦　萍之浮與菱葉之浮相似也菱植根萍隨波杜恕論　鳧躍唼喋于菱芰潘岳賦

積學書藏

賦詠祖

五言散句

紫菱生軟角庾信　冰果剝菱芡杜

採菱寒刺上杜　菱葉亂尋萍韓

菱翻紫角刺　朶頤進芰實柳

隔沼連香芰　新菱剝釀紅誠齋

轉葉香隨風舒花影凌日陶弼

七言散句

青菱引蔓空爭角張俞

菱透浮萍綠錦池杜牧之

江南稚女珠腕繩桂棹容與歌採菱梁武帝

堆盤菱熟臙脂角藉藻鱸鮮淡墨鱗 陳堯佐
雨過亂蓑堆野艇月明長笛和菱歌 蘇養直
梅雨晴時插秧鼓蘋風起處採菱歌 放翁

五言古詩

濁水菱葉肥清水菱葉鮮義不遊濁水志多苦言潮沒巨區藪潦深雲夢田朝隨北風去暮逐南風還浦口多漁家相與邀我船飯稻以終日羹蓴將永年方冬水物窮又欲休山樊盡室相隨從所貴無憂煎 儲光羲

菱花落復合桑女罷新蠶桂棹浮星艇徘徊蓮葉南 梁簡文帝

妾家五湖口採菱五湖側玉面不關妝雙眉本翠色 賈旭

風生紫葉聚波動芰莖開含花復含實正待佳人來 江洪

紫角菱實肥青桐菱葉老孤根未能定不及寒塘草 聖俞

七言古詩

紫菱如錦綵鴛翔盪舟遊女滿中央採菱不顧馬上郎爭多逐勝紛相向時轉蘭橈破輕浪長鬟弱袂動參差釵影釧文浮蕩漾笑語哇咬顧晚暉蓼花緣岸扣舷歸歸來共到市橋步野蔓繫船萍滿衣家家竹樓臨廣陌下有連橋多估客攜觴薦芰夜經過醉踏大堤相和歌屈平祠下流江水月照寒波白雲起一曲南音此地聞長安北望三千里 劉夢得

七言絕句

菱池如鏡淨無波白點花移青角多時唱一聲新水調謾人道是採菱歌 白樂天

含機綠錦翻新葉滿匣青銅瑩古花最愛晚來鷗與鷺宿烟翹雨便為家 林和靖

幸自江湖可避人懷珠蘊玉冷無塵何須抵死露頭角荇葉荷花老此身 誠齋

官濠水落雨三 正是秋初雨後天菱荇中間開一路晚來誰過採菱船

柄似蟾蜍般樣肥葉如蝴蝶翅相差蟾蜍翹立蝶飛起便是菱花著子時

樂府祖

鵲橋仙

連汀接渚縈蒲帶藻萬鏡香浮光滿濕烟吹霽木蘭輕照波底紅嬌翠纖 玉纖採處銀籠攜去一曲山長水遠綠鴛雙慣貼人飛恨南浦離多夢短 張約齋

芡 芡菰 鳧茈附

事實祖

積學書藏

碎錄

一名鴈頭菜似荷而大葉上蹙衂如疿實有芒刺其實如米可以度飢崔豹古今注一名鴻頭又名鴈喙莖青刺黃本草南楚謂之雞頭北燕謂之葰淮泗之間謂之芡菰一名烏芋本草皂茈芀也爾雅王莽末南方飢饉民庶入野澤掘鳬茈食之漢史

五言散句

鴻頭排刺芡韓
平池散芡盤
水果剝蔆芡杜
風能折芡觜韓
剝芡珠走盤山谷
剖蚌煑雞頭

七言散句

千頭剖蚌明珠熟山谷
明珠論斗煑雞頭
菰葉風翻凍剪刀樂天
綉頭金鬚濫倒光團圓皺綠雞頭葉飛卿
蝟毛蒼蒼磔不死銅盤𩓥𩓥釘頭生聖俞
吴雞鬭罷絳幘碎海蚌捧出珍珠明
風開黃觜鐵為鬚斧砍砂磨旋出厨陳堯佐
磨沙漉水莩穀滑砍桂煑釜風波聲宋景文
鼻觀温芳炊桂歇齒根軟熟剩胎餘誠齋
玉質欲藏如許脆鐵芒何苦太尖生鄭安曉

積學書藏

五言律詩

三伏池塘沸雞頭美可烹香囊聯錦破玉指剝珠明菜皺非蓮蓋根甘似竹萌不應徒適口炎帝亦曾名陶弼

蟹肥螯正滿石破髓初堅節物秋風早尊罍夜月偏頴濱

七言古詩

六月京師暑雨多夜夜南風吹芡觜凝祥池鎖會靈園僕射荒陂安可擬爭先園客採新苞剖蚌得珠從海底都城百物貴新鮮厥價難酬與珠比金盤磊落何所薦滑臺潑醅如玉醴自慚竊食萬錢厨萬口飄浮嗟病齒却思年少在江湖野艇高歌芰荷裏香新美全手自折玉潔沙磨軟還美一瓢固不羡五鼎萬事適情為可喜何時遂買潁東田歸去結茅臨野水

芡菜初生皺如縠南風吹開輪脫輻紫苞青刺攢蝟毛水面放花坡裏熟森然赤手初莫近誰料明珠藏滿腹剖開膏液尚模糊大盎磨聲風雨速清泉活火會未久滿堂坐客分升掬紛然咀嚼惟恐遲勢若群雛方脫粟東都每憶會靈沼南園陂塘積無足東遊塵土未應嫌此物秋來日常食蘇頴濱

積學書藏

芡盤團團開碧輪城東濠中如聋銀漢南父老舊不識日日岍上多少人斬頭鬅鬆露初熟綠刺紅針剖寒玉提籠當筵破紫苞老蚌一開珠可掬文與可

七言絶句

龍宫失曉惱江妃也養鳴鷄報早暉要啄稻梁無半粒只教滿頷飽珠璣　誠齋

七言古詩散聯

水晶冷淩碧叢玉琉璃湧出青光蝟何人採得離波瀾襞破顆顆生光寒玉　岩叟

七言八句

江妃有訣煑真珠菰飯牛酥軟不如手擘雞頭金五色盤傾灑頷排千珠夜光明月供朝嚼水府靈官恐夕虛好與藍田餐玉法編歸辟穀赤松書　誠齋二首

三危瑞露滴成珠九轉丹砂煉不如鼻觀温芳炊桂歇齒根軟熟剥胎餘半漚鷹爪中秋近一炷龍涎丈室虚却憶吾廬野塘畔滿山柿葉正堪書

樂府祖

浣溪沙

堪爲席上珍銀瑙百沸霹靂膌薰蕭娘欲餌意中人　拈處玉纖龍蚌顆剥時瓊齒嚼香津仙郎

積學書藏

入口即身輕

全芳備祖卷之二

積學書藏

全芳備祖卷之三後集

天台陳景沂編輯
建安祝　穆訂正

果部

橘附柚　枸櫞

事實祖

碎録

橘葉與枳無辨刺出於手莖間夏初生白花至冬
而黄熟本草江陵千樹橘其人與千户侯等貨殖傳
橘州在長沙縣西南四里江中時有大水州渚皆
沒此州獨存寰宇記昭潭無底橘州浮湘中記璇
樞星散為橘春秋運斗樞厥包橘柚錫貢注小曰
橘大曰柚禹貢橘踰淮而北為枳此地氣然也考
工記夫樹柤棃橘食之則美嗅之則香淮南子柚
條也爾雅有條有梅柚大橘也赤黄而酢風土記
柚條橘柤皆可於口也莊子吳越之間有木為其
名曰櫞碧樹而冬青實丹而味酸列子泡花南人
名柚也春末開花圓白如大球氣極清芳與茉莉
素馨相軋番禺人取以蒸香大抵挹取其氣令自
薰陶以入香骨未嘗以甑釜炊㷿虞衡志
枸櫞似橘如柚大而倍長味酢廣州記枸櫞子形
如瓜皮如橙而金色故人重之愛其香氣南中女

積學書藏

工競取其肉雕刻花鳥以蜜浸之點以胭脂亦不
讓于鏤木瓜冬瓜也嶺表録

紀要

晏子使楚楚王進橘置削晏子并食不割王曰橘
當剖對曰臣聞之賜人主前者瓜桃不削橘柚不
剖今者萬乘無目故不敢剖臣非不知也晏子春
秋
橘白花赤實皮馨味美自漢武帝交趾有橘長
官一人秩二百石主貢御橘異物志吳黄武中交
趾太守士燮獻橘十七枚一蔕以為瑞異群臣稱
賀揩含録吳王餽魏文帝大橘帝詔曰南方有橘
酢正裂人牙時有甜耳吳志陸績年六歲初見袁
術術出橘績懷三枚去拜而墮地術謂曰陸郎作
賓客而懷橘乎答曰欲歸遺母術大奇之吳志王
右軍帖云奉橘三百顆霜未降未可多得法帖庾
亮為平西將軍進橘十二實共一蔕郡臣賀續世
説蘇耽將仙告母曰後二年郴人大疫乃植橘鑿
井曰受病者但食一橘葉飲水一盞當自愈令郴
州蘇仙觀乃其舊宅本州圖經虞愿始數歲家人
橘樹冬熟諸兒競取之愿獨不取人皆異之南史
楊由為成都文學掾少治易曉占候忽有風起大
守閤由由曰南方有進木實者色黄赤頃之五官
掾貢橘數包益州耆舊傳巴園人種橘收兩大橘

如三斗盎剖之有二叟相對身長尺餘象戲一叟曰橘中之樂不減商山但恨不得深根固蒂耳一叟曰僕飢矣須龍脯食之食訖以水噀地爲二白龍而去幽冥錄 唐太宗蓬萊殿九日宴群臣賜湖南新橘 江陵進乳柑橘上命種于蓬萊宮結一合歡實上與妃子持玩曰此果似知人意楊妃外傳 劉晏自江淮茗橘珍甘常與本道分貢競欲先至雖封山斷道以禁前發每厚貲致之常冠諸府廣記 柳玭爲嶺南節度廨中橘柚熟既食遂計直以還于官本傳 柳毅見龍君叩海岸橘樹名橘社異聞傳 陳允升好道術撫州危全諷迎寘郡中常夜坐危謂之曰豐城橘美頗思之允升曰方有一船泊豐城港去城十五里少還即返攜一布囊數百枚江淮異錄 建中詔江南橘爲歲供廟饗本紀

雜著

后皇嘉樹橘徠服兮受命不遷生南國兮深固難徙更一志兮綠葉素芬其可喜兮曾枝剡棘圓可摶兮青黃雜揉文章爛兮精色內白類可任兮紛縕宜修姱而醜兮屈原橘頌 黃甘陸吉楚之二高士也黃隱於泥山陸隱于蕭山楚王聞二人名遣使召之吉先至賜爵左庶長封洞庭君尊寵在群臣右久之甘始來一見拜溫尹平陽侯班賜令尹兩人立朝久尊貴用事一旦吉位居上甘心銜之群臣皆疑之會秦遣陳軫鍾離意使楚楚召燕章臺群臣皆與甘坐上坐吉咈然謂之曰請與子論事甘唯唯吉曰齊楚約西擊秦吾引兵踰關身犯霜露與枳棘最下者同甘苦率家奴千人戰甘州之上拓地至漢南而歸子功孰與甘曰不如也曰神農氏之有天下也吾剝膚剖肝怡顏下氣以固蒂之術獻上上喜之命記注官陶洪景狀其方畧以付國史出爲九江守宣上德澤使兒童亦懷之子才孰與甘曰不如也吉曰是二者皆出吾下而位居吾上何也甘徐應之曰君何見之晚也每歲太守勸駕乘傳入金門上玉堂與虞荔申棖梅福棗嵩之徒列侍上前使數子者口呿舌縮不克措一語當此之時屬之于子乎屬之于我乎吉默然良久曰屬之于子矣甘曰此吾所以居子之上也于是群臣皆服歲終吉以疾免更封甘子爲穰侯吉之子爲下邳侯穰侯遂廢不顯下邳以美湯樂官至陳州治中太史公曰田文論相吳起說相如回車廉頗屈 樊衣尹姬悔甘吉亦然傳曰女無美惡入宮見妬士無賢不肖入朝見嫉此之謂也雖美惡之相遠嗜好之不齊亦烏可勝道哉東坡 質葳甤而懷風性耿介而凌霜謝靈運賦 真枝凝

積學書藏

碧懋湘岍之多陰華實變黃動江潭之秋色碧葉
獨潤金衣更鮮 李德裕賦 甘踰萍實剖食即同于
楚謡寒比蔗漿析酲何慚于漢史 劉禹錫表 爛日
色麗彤廷賀表春白花兮玉團香氣清兮紫檀久
柯不改兮蒼官秋實正味兮木酸棘直兮所難世
所知兮惟蘭葉不採兮汝安 鄭松窓

賦咏祖

五言散句

朱苞待霜潤 沈約　寒橘帶霜甘 許渾
齒良嫌橘醋 米景文　香能破腥惡 香山
天寒橘柚垂 杜　橘安幺金丸 山谷
綠橘憐同氣 丁謂　黃知橘柚來 少陵
荒庭垂橘柚　茅檐依橘柚
橘柚當家僮 柳　寒初榮橘柚
人煙寒橘柚 李　星懸橘柚村 劉禹錫
春飛白玉花秋吐黃金實 程金紫
此郊千樹橘不見比封君 杜
芳條結繁萃圓實變霜朱 梁苑雪
逢君金華宴得在玉階前 張華
磊落蠙珠圓參差金壺裡 劉原父
頌聲騷客誤錫貢禹書遲
荆州持大橘亦名作黃柑 晁以道

積學書藏

彼美出南國關山不常有 張芸叟
香散風前麝漿寒霜後蜜 程金紫

七言散句

橘州田出仍甘腴 杜少陵
願憑朱實表丹誠 白香山
楚香寒食菊花時 杜牧之
君家秋實羅浮種 山谷
清園一洗黃金團 張文潛
黃金毬獻相麾盪 南豐
珠顆形容隨日長瓊漿氣味得霜成 香山
手植黃柑三百顆春來新葉滿城隅 柳
幾樹花開聞噴雪何人橘實見垂珠
千里晚霞雲夢北一州霜橘洞庭南 張泌
莫遣兒童酸打盡要看霜後十分黃 山谷
書后合題三百顆頻隨驛使未應慳
江南碧木映霜秋丹實清香破客愁 劉原父
氣味豈同淮枳變皮膚不作楚梅酸 李邦直
浥霜大齊纍纍熟噀露金苞冉冉香 王臨川
入苞豈數橘柚賤芼鼎始足鹽梅和 曾南豐
唯有橘園風景異碧叢叢裏萬黃金 范石湖
那堪富有千頭橘便可稱為四老人 徐竹隱
香于梔子細于梅柳絮梨花向後開 丁公言

五言古詩

伊橘少生意，雖多亦奚為。惜哉結實小，酸澁如棠梨。剖之盡蠹蝕，林擬夾所宜。紛然不適口，豈止存其皮。蕭蕭半死菜，忽忽別故枝。玄冬霜雪積，況與回風吹。常聞蓬萊殿，羅列瀟湘姿。此物歲不稔，玉食失光輝。絕盜尚憑陵，當君減膳時。汝病是天意，吾意罪有司。憶昔南海使，奔騰獻荔枝。百馬死山谷，到今耆舊悲。少陵

橘柚懷貞質，受命此炎方。密林耀朱綠，晚歲有餘香。殊風限清漢，飛霜滯故鄉。板條何所嘆，北望熊與湘。柳

萋蕤映庭樹，枝葉凌秋芳。故條雜新實，金翠共含霜。扳枝折杪幹，甘旨若瓊漿。無假存彫飾，玉盤余自嘗。梁簡文帝

衡飇發寒壠，翔雪度炎洲。摧折江南桂，離披漢北楸。獨有凌霜橘，榮麗在中州。齊虞文

麗樹臨江浦，結翠似芳蘭。焜煌玉衡散，照耀金衣丹。梁徐摛

橘生湘水側，非陋人莫傳。逢君金華宴，得在玉几前。張華

吾聞江南橘，乃比千戶侯。歲獻天子旁，取為廟堂饈。劉原父

五言律詩 附散句散聯

野色烟波外，西風橘柚香。湖光杳無際，山色忽深藏。塔古燈猶照，壇餘灶已荒。何當蛻塵鞅，從此訪漁郎。趙節齋

倦客滄浪意，扁舟汗漫遊。雲歸林屋晚，木落洞庭秋。此地真堪老，中原卒未休。可知侯萬戶，不似橘千頭。

媚葉重重密，幽花裊裊香。宋景文

白華如散雪，朱實似垂金。自有凌冬質，能堅歲晚心。李元豫

七言絕句

憐君病後思新橘，如折猶酸亦未黃。書後欲題三百顆，洞庭猶待滿林霜。

宜春果結洛陽枝，正遇耆明會客時。更引輕舟停葦岸，香杭鮮鱠雅相宜。溫公

十年不折洞庭霜，喜見新苞照眼黃。但得典刑休嗜味，虎賁猶得作中郎。張文潛

新霜徹曉報秋深，染就青林作纈林。惟有橘園風景異，碧叢叢裏萬黃金。范石湖

雨樹亭亭蘚砌旁，未論包貢奉君王。世無班馬堪薰炙，且嗅幽花也自香。後村

樂府祖

積學書藏

浣溪沙

菂暗荷枯一夜霜新苞綠葉照林光竹籬茅舍出青黃　香霧噀人驚半破清泉流齒拾初嘗吳姬三月手猶香子瞻

清平樂

西江霜後萬點暄晴晝璀璨寄來光欲溜正值文君病酒　畫屏斜倚窓紗睡痕猶帶朝霞為問清香絕韻何如欲語梅花李古溪

西江月

昨夜十分霜重曉來千里書傳吳山秀處洞庭邊不夜星垂初徧　好事寄來禪侶多情將送琹仙為憐佳果稱嬋娟一笑聊同勝宴李古溪

柑

事實祖

碎錄

柑者橘之屬也味甘美有黃者有赬者赬者謂之壺柑交趾人以席囊貯之鬻于市中其窠如薄絮囊皆連枝葉螘在其中并窠而賣螘亦黃色大于常螘南方柑樹若無此蟻則其實為蠹所傷無復一完今華林園有柑二株嵇含錄負柑一名乳柑惟泥山為最地不弛一里所產柑其大六七寸圓皮薄而味美脈不黏瓣食不留滓一顆之枝纔一

積學書藏

二枚間有全無者生枝柑鄉人以其耐久留之枝上帶葉而折故名生枝韓彥直錄

紀要

張磐為廬江太守潯陽令餉一奩柑其小男執其一枚磐奪取付外卒以兩枚與之磐奪柑枚卒曰何故行賂于吾子謝承後漢書彭城王義康時四方獻餽皆以上品獻義康而以次者供御上嘗噉柑嘆其味劣義康在側曰今年柑殊有佳者遣人還東府取柑大三寸許宋書王丞相儉帳下柑果盈溢涉春壞爛世說李衡字叔平為丹陽太守每治家妻輒不聽後密遣人於武陵龍陽洲上作宅種柑千樹臨死勑兒曰汝母惡我治家今窮如是吾洲上有千頭木奴不責汝衣食歲上一熟亦足用矣及柑成歲得輸絹數千足襄陽傳隋文帝好食柑蜀中柑黃即以蠟封其蒂獻之本紀唐故事賜近臣黃柑以黃羅包之人各二枚上元夜以黃柑遺近臣謂之傳柑晏坡詩注荊州貢黃柑帝以紫帕包賜蕭嵩唐志唐明皇得合歡樹與宰臣分食之又令工畫為圖開元遺事唐明皇食柑幾千餘枚皆缺一瓣問進柑使云中途有一道士嗅之蓋羅公遠也同上益州歲貢柑皆以紙裹之他時長吏嫌不敬代之細布既而恐柑為布所損每懷

憂懼俄有御史甘子布至長吏以為推布裹柑子事懼曰果為所推及子布到驛長吏叙以布裹為敬子布初不之知久而方悟聞者笑之唐新語開元末江陵進乳柑橘上以十枚種于蓬萊宮至天寶十載九月結實宣示宰臣曰朕近于宮內種柑子數株今秋已結實一百五十顆乃與江南及蜀中所進不異宰臣賀曰雨露所均混天樞而齊被草木有性憑地氣以潛通故得以江外之珍果為禁中之華實太真外傳董元素自江南來上名見留于翰林中宿泊夜召與語曰聞公頗有神術今南中柑橘正熟、卿能致之否對曰請安一合于御榻前數刻忽有微風入簾元素乃啟其合柑子滿其中奏曰此江陵支縣柑也上嘗之驚嘆異聞錄南陽郡東望山有柑正熟三人共食致飽訖懷二枚去聞雲中有語云放雙柑乃聽汝去述異記安定郡王以黃柑釀酒名曰洞庭春色坡集

雜著

橘出溫郡然多種柑又別種有八曰真曰生枝曰海紅曰洞庭曰朱曰金曰木曰甜橘別種為十四曰塌曰包曰綿曰沙曰荔曰軟條穿曰油曰綠曰乳曰金曰自然曰早黃曰凍棖■偏別種為五曰棖曰朱欒曰香欒曰金橼曰枸橘凡其類合二十有七種而乳柑推第一故溫人謂乳柑為真柑然橘亦出蘇州台州西出荊州而南出閩廣皆木橘耳已不敢與溫州齒矧敢與真柑爭高下耶且溫四邑俱種柑而出泥山者又傑然推第一泥山蓋平陽一孤嶼大抵塊土不過覆釜其傍地延袤只三二里許無連岡陰壑非有佳風氣之侵淫出三二里外其香味益遠不逮夫物理何可考耶或曰溫並海地斥鹵宜橘與柑而泥山特斥鹵佳處物生其中故獨與他異予頗不然其說夫姑蘇丹丘與七閩而廣之地往往多並海斥鹵何獨溫而又豈無三二里得斥鹵佳處如泥山者自屈原司馬遷李衡潘岳王羲之謝惠連韋應物輩皆言吳楚之閒出者而未嘗及溫溫最晚出而群橘盡廢物之變化出沒其湫不可攷如此以予意之溫之學者由晉唐閒未聞有傑然出與天下敵者至國朝始盛至于今日又號為文物極盛之際豈亦天地光華秀杰之氣來鍾此土其餘英遺液猶被草木而泥山獨偶得其至英者耶予北人平生恨不得見橘著花然常從橘州市橘亦未見佳者又安得所謂泥山者吻之去年秋把旄此來得一親見花而再食其實以為幸獨故事太守不得出城從遠遊無由領客入泥山香林中泛酒其下而客乃有遺予

泥山橘者且曰橘之美當不減荔子荔子有今譜得與牡丹芍藥花譜並行而獨未有譜橘予愛橘尤甚橘若有待于予不可辭予因為之譜且妄欲自附于歐陽公蔡公之後亦以表見温之學者足以夸天下而不在夫橘而已韓彦直錄　以上皆彦直之錄也韓但知乳橘出于泥山獨不知出于天台之黃岩也出于泥山者固奇也出于黃岩者尤天下之奇也陳肥遯識名傳地理遠自武陵之淵旋茂神經遥聞建春之嶺王逸為賦取對荔枝張衡製辭用連石蜜足使萍實非甜蒲萄猶鹹梁庾肩吾謝湘東王賚柑啟王羲之與諸子游觀有一味甘割而分之以娛目前云　黃柑傳見橘門

賦咏祖

五言散句

登俎黃柑重杜　破柑霜落指

白露溥柑子

撫掌咲木奴爾豈當封侯晁以道

逢君金華宴正味百花先張文潛

朱實挺荊南苞品擅珍淑上林雜佳樹江浦間修竹梁徐陵

園柑長茂時三寸如黃金諸侯舊上計厥貢傾千林少陵

黃金結縹帶搖落楚天涯來助杯盤勝羞將橘柚偕温公

七言散句

聞道黃柑嘗抵鵲東坡

君家秋實羅浮種已作纍纍半拂牆山谷

燕南異事真堪紀三寸黃柑擘永嘉

黃柑似是勝崖蜜帶葉初攀翠竹籃聖俞

歸來一點殘燈在猶有傳柑遺細君東坡

風搖玉蕊霏微露霜後金衣委墜繁子美

楚山黃柑彈丸小未識洞庭三寸柑韓濱

磊落金盤薦糟蟹纖柔玉指破霜柑陳師道

五言律詩

春日晴江岸千柑二頃田青雲羞葉密白雪避花繁結子隨邊使開筒近至尊後于桃李熟終得獻金門少陵

岑寂雙柑樹婆娑一院香交柯低几杖垂實礙衣裳滿歲如松碧同時待橘黃幾回沾葉露乘月上胡床

七言絶句

侍史傳柑玉帝旁又聞草木盡天香寄與維摩方丈室不知簷蔔是餘香

色深林裏風霜下香著尊前指爪間書後合題三

顆頻隨驛使來應慳山谷

君家秋後羅浮種巳是纍纍半拂墻莫教兒童酸打盡要看霜後十分黃

七言律詩

手種黃柑三百株春來新葉徧城隅方知楚客憐皇樹不學荆州利木奴幾歲花開聞噴雪何人摘實見垂珠若教坐待成林後滋味還堪養老夫柳宗元

一雙羅帕未分珍林下先嘗愧逐臣露葉霜枝剪寒碧金盤玉指破芳辛清泉蔌蔌先流齒香霧霏霏欲噀人坐客殷勤為收子千奴一掬為吾貧東坡

樂府祖

洞仙歌

江陵種橘尚比封侯貴何況江濤轉千里帶天香含乳洞宜入春盤紅荔子馳驛風流僅比　齒疎潘令老怯咀氷霜十顆金苞謾分遺觴前須細認別有餘甘從此去枉却栽桃種李想相如酒渴對文君迴不是人間等閑風味晁補之

温江異果惟有泥山貴驛送江南數千里半含霜輕噀霧曾怯吳姬親贈我綠橘黃柑怎比　雙親雲水外遊子空懷惆悵無人可歸遺報周郎須念我物少情多春酒醉獨勝甜桃醋李況燈火樓臺近元宵似不減袖中香味

全芳備祖卷之三

積學書藏

積學書藏

全芳備祖卷之四後集

天台陳景沂編輯

建安祝穆訂正

果部

橙

事實祖

碎錄

橙橘屬食之則美嗅之則香淮南子橙皮可為醬齏韭風俗通橙似橘而非若柚而香冬夏花實相繼或如彈或如拳果木志木有刺香氣馥郁可以薰衣可以漬蜜劉孝子巖橘錄

雜著

裹橙鄧橘蜀都賦　在南稱柑在北則橙文選

賦咏祖

五言散句

細雨更移橙杜　霜橙壓香橘杜

霜橙共我鄉張文潛　鵠殼攢瓌橙韓

清霜夜漠漠佳實曉纍纍鵠殼攢修幹金華耀暖曦張右史

七言散聯

西風初作十分涼喜見新橙透甲香東坡

鮮明百樹見秋實錯綴衆葉傾霜柯翠羽流酥出

積學書藏

天仗黃金毬戲相還摩南豐

七言絕句

荷盡已無擎雨蓋菊殘猶有傲霜枝一年好景君須記最是橙黃橘綠時東坡

金根縱復里人知不見鱸魚價自低須是松江烟雨裏小船燒薤擣香虀

嘉樹團團俯可攀壓枝秋實漸斕斑朱欄碧瓦清霜曉纍纍繁星綠葉間歐陽修

天將金闕真黃色借與洞庭霜後橙松滋解作逡巡麴壓倒江南好事僧山谷

橙橘甘香各効能厥包錫貢不同升果中亦抱奇才嘆有客攀條氣拂膺屏山

尚懷細雨初移日著子已見清霜潛絕憐面有貴人色偶置吾儕樽俎間

橙虀細縷風韻勝我不痛飲那知音何如金丸走衾枕三月夢遊詹蔔林

自從天藥守吏散花樹零落烟雲凄今朝我為作知己小摘秋風黃欲齊

花瓷泛蜜小劑供極有痛快釐邪功生秋滋味雖可口流品故應甘下風

七言律詩

洞庭朱橘未㸃色裹水錦橙多已黃玉臼持虀憐

繪美金盤按酒助杯香雖生南土名猶重未信中州客厭嘗欲寄百包憑驛老只因佳味怯風霜 梅聖俞

金橘

事實祖

紀要

金橘產于江西以遠難致都人初不識明道景祐初始至京師香清味美置之樽俎光彩灼爍如金彈丸溫成皇后好食之由是價重京師余世家江西見吉州人甚惜此果若欲久蓄須于菉豆中藏之可經時不變蓋性熱以菉豆涼故也 歸田錄

賦咏祖

五言散句

金丸小木奴 元稹　　霜苞瓜瓣香 聖俞

具體橘苞微 聖俞

誦句襞露囊香甘冷熨齒

韓彈有輕薄楚萍知是非甘香奉華俎咀嚼破明璣

越橘如金彈㸔然已盈筐誰傳嶺外信常戴霜前葉 聖俞

七言散句

霜枝搖落黃金彈 山谷

黃欺晚菊垂金砌圓並明珠落細盤 王岐公

七言古詩

誠齋老子不耐靜偶拄烏藤出苔徑獨遊無伴却成愁群從同行還起興槿籬竹戶重復重雞鳴犬吠青霞中蓬萊老仙出迎客朱顏白髮仍方瞳餐菊為糧露為酹染霧作巾雲作屨欣然領客到仙家行盡蓬萊日未斜更傾山瓢酌仙酒酒外瓢邊亦何有偶有小樹雙團欒碧琉璃葉黃金丸主人忍啖不忍摘咲道未霜猶帶酸小童隨我剪過我不管仙翁惜仙果手挽風林揀霜顆争獻滿盤來飣坐隔水蓬萊看絕奇蓬萊看水海如池主人勸客對絕境不飲令人愁生才何如寄下未盡瓢留待早梅伴疎影 誠齋

七言絕句

禪客入秋無氣息想依紅袖醉琵琶霜枝搖落黃金彈許送筠籠殊未來 山谷

圖小香黃珠顆垂結成洛邑重霜時相公和氣陶群物不是寒酸變土宜 溫公

風餐露飲橘州仙胸次清于月樣圓仙客偶遺金彈子蜂王撚作菊花鈿 誠齋咏蜜金橘

七言律詩

苑臣初摘置琱盤口勅宣恩賜近臣氣味豈同淮

枳變皮膚不作楚梅酸參差翠葉藏珠琲錯落金盤鑄彈丸安得一株聳雨露畫圖傳與世人看李清臣

甘蔗

事實祖

碎錄

諸蔗也說文 赤者名崑崙白者名荻蔗本草 踈者皮厚謂之荻蔗吳志 小南蔗一樹三節見日即消遇風即折世說 蔗氷甘蔗其餳為石蜜廣志 泰尊蔗漿取柘甘以為飲也漢郊祀志 臑鱉炰羔有柘漿和其汁以為飲也宋玉賦 交趾所生者圍數寸長丈餘頗似竹斷而啖之甚甘 取其汁曝乾成飴入口消釋彼人謂之石蜜吳錄

紀要

顧愷之為虎頭將軍每食蔗自尾至中曰漸入佳境世說 元嘉二十七年魏太武引兵攻彭城求甘蔗于武陵王駿遺命予之魏史 魏主致意遠來疲乏若有甘蔗及酒可以分惠世祖答曰知行路乏之今付酒二器甘蔗百根沈約宋書 平虜將軍劉勳奮成鄧展等共飲風聞展有手臂曉五兵與論劍良久謂將軍忲也求與對酒酣耳熱方食蔗即以為杖下殿數交二中其臂左右大笑魏典論 虞絳中痁疾踰月既乏資給痳瘵且種忽夢一白衣婦人謂之曰子之疾當食蔗即愈詰朝見鬻蔗者揣囊中告乏錙惟有唐韻一冊請易之其人曰我乃負販者將此安用哀君欲之遂貽數枚盧喜而食之疾遂愈野史 神宗問惠卿曰何草不庶獨于蔗庶何也對曰凡草種之則正生此側出也所謂庶出也野史 孫亮使黃門以銀碗并蓋就中藏吏取交州所獻甘蔗餳黃門先恨藏吏以鼠屎投餳中啟言吏不謹亮呼吏將餳器入問曰此器既蓋之有油覆何緣有此黃門將有恨汝耶吏叩頭曰常從某求官花席不敢與亮曰必是此也問之懼服江表傳

雜著

唐大曆間有僧號鄒和尚不知所從來跨白驢登繖山結茆以居雖鹽菜薪米之屬即書于紙繫錢遣驢負至市區人知為鄒也取平直挂物于鞍負而歸一日驢吃山下黃氏蔗苗黃請償于鄒鄒曰汝未知因蔗糖為霜利當十倍吾語汝塞責可乎試之果倍自是流傳其法至末年北走適泉縣靈鷲山龕中其徒追及但見一文殊石像始知大士化身而白驢者乃獅子也王灼譜 其柘只生于南方北人嗜之而不可得魏太武至彭城遣人求酒

及蔗于武陵王郭汾陽在汾上代宗賜甘蔗二十條子虛賦所云諸柘也諸柘者甘蔗也蓋相如指言楚雲之物漢郊祀歌泰尊柘漿亦謂取甘蔗汁以為飲容齋又有糖霜譜云糖霜之名唐以前無所見自古食蔗者始為蔗漿宋玉招魂賦所謂臑鱉炰羔有柘漿是也其後為蔗餳如孫亮者是也後又為石蜜南中八郡志云榨甘蔗汁曝成飴謂之石蜜本草亦云煉糖如乳為石蜜是也後又為蔗酒唐赤土國用甘蔗作酒雜以紫瓜根是也唐太宗遣使至磨竭陀國取熬糖法即詔揚州上諸蔗榨瀋如其劑色味愈于西域然只是今之砂糖蔗之技盡于此不言作霜非古也歷世詩人模奇寫異亦無一章一句及此惟東坡過金山寺作詩送遂寧僧云涪江與中冷共此一味水冰盤薦琥珀何以糖霜美山谷作頌荅梓州雍熙長老云遠寄蔗霜知有味勝如崔子水晶盤正宗掃地從誰說我舌猶能及鼻尖糖霜見之文字者實始二公甘蔗所在皆植獨福塘四明番禺廣漢遂寧有糖冰而遂寧為冠四郡所產甚微而顆細色淺味淡僅比遂之下者亦皆起於近世唐大曆中有鄒和尚者始來小溪之繖山教氏黄氏以造霜之法繖山在縣北二十里凡前後為蔗田者十之四蔗有四色曰杜蔗曰西蔗曰艻蔗本草所謂荻蔗也曰紅蔗本草所謂崑崙蔗也紅蔗止堪生啖艻蔗可為沙糖西蔗可作霜色淺不甚貴杜蔗綠嫩味厚專用作霜凡蔗最因地力今年為蔗田者明年改種五穀以滋息之器用曰蔗削曰蔗鎌曰蔗凳曰蔗碾曰榨斗曰桼甕各有制度凡霜一甕中品色亦自不同堆疊如假山者為上團枝次之甕鑑次之碎小塊顆又次之沙腳為下紫為上琥珀次之淺黄又次之淺白為下宣和初王黼創應奉司遂寧常貢外歲別進數千斤是時所產益奇應奉司罷乃不再見遂寧王灼作糖霜譜七篇具載其說予採取之以廣見聞焉容齋隨筆　都蔗雖甘杖之必折巧言雖美用之必滅曹植　挫斯蔗而療渴若漱醒而含蜜清滋津于紫梨流液豊于朱橘張協　都蔗釀蜜殊美絕快渴者所思銘之佩帶張載

賦詠祖

五言散句

春雨餘甘蔗杜　　初味猶啖蔗韓文公

甘蔗消淺酔元稹　　薑蔗傍湖田韋左司

凝甜蔗節調白香山

梃梃自超群稜稜類此君白氏集

偶然存蔗芽幸各對松筠杜

積學書藏

七言散句

蔗漿歸厨金碗凍 東坡

疑似此君縈紫綬却來佳境醉紅裙 白氏集

少年辛苦甘食蓼老境清閑如啖蔗

百末旨酒布蘭生泰尊柘漿析朝酲 郊祀歌

垂柳陰陰日初永蔗漿酪粉金盤冷 坡翁

七言古詩

瑶池宴罷王母仙九芝飛入三仙山空餘絳節留人間雲封露洗無時閑節旄落盡何斕斑野翁提攜出茅菅吳刀戛戛鳴雙環截斷寒冰何潺潺相如賦就空上林倦遊渴病長相侵劉伶愛酒真荒滛狂來欲倒滄溟涘此時一嚼輕于金爐邊何用文君琴五斗一石安足斟坐想毛髮生青陰蕭瑟甘滋欲誰釀柤梨橘柚紛殊狀冷氣直射杯盤上顧郎不見休惆悵佳境到時還不妄詩成雖愧陽春唱全勝乞與將軍杖 舒信道

七言絕句

亦非崖蜜亦非餳青女吹霜凍作氷透骨輕寒清著齒嚼成人跡板橋聲 誠齋

橄欖

事實祖

碎錄

積學書藏

橄欖大如棗三月花八九月熟生食味酢蜜藏乃甜美 南州草木狀 樹身聳枝高數丈其子深秋方熟閩中多種植咀之味香及煮食悉解酒毒有野生者樹繁子酸不可梯但刻其根下方寸許內鹽于中一夕子皆落 廣州記

賦咏祖

五言散句

纍纍核中仁尚可瀹奇茗 程金紫

南國青青果涉冬始攀摘作咀澁難任竟嘗甘莫敵 聖俞

五言古詩

江南多果實橄欖最清奇北人將就酒食之先顰眉皮肉苦且澁歷歷復棄遺良久且回味始覺甘如飴我今何所喻喻彼忠臣辭直道逆君耳斥逐投天涯亂世思其言噬臍焉能追寄語採詩官毋輕橄欖詩 王元之

五行居四時惟火盛南訛炎焦淩木氣橄欖得之多酸苦不相入初爭久方和霜苞入中州萬里來江波幸登君子席得與衆果羅中州種佳果珠圓玉光瑳愧兹微陋質以遠不見訶餳飴兒女甘遺味久則那良藥不甘口厥功見沈痾忠言初厭之南琛富奇異疇昔頗窮覽夷荒不書傳從古隨銓

積學書藏

選苞封走中王天序異離坎有香已變良有色多黯黯今君此堂上眞物惟橄欖青膚錢瓊瑩翠顆森茲菡苦爲蜀人正久見君子淡甘懷被色羞日新此剛敢清泉薦芳茗貞味獨潛感滌雪漬煩酲滌除瑩玄覽靈均採時菊西伯嗜昌歜廟鼎實調梅壯士乃嘗膽由來超俗好諸絕不言㥶殷勤謝凡口殢白空三嗽 劉貢父

魚肆潛毒頃刻轢僵仆宿酒發狂酲千日尚沈脊性命如危弦一絕不可救幸然服刀圭咄叱還復舊吾昔評橄欖不在百果後俗人多不識至美或莫售 劉原父

七言絕句

方懷味諫軒中果忽見金盤橄欖來想共餘甘有瓜葛苦中眞味久方回 山谷

紛紛青子落紅鹽正味森森苦且嚴待得微甘回齒頰已輸崖蜜十分甜 東坡

樂府祖

好事近

瀟洒薦冰盤滿坐暗驚香集久後一般風味閒幾人知得　畫堂飲散已歸來清潤轉更惜留取酒醒時候助茗甌春色 山谷

浣溪沙

積學書藏

南國風流是故鄉紅鹽落子不因霜于中小底最玲藏　薦酒薦茶些子澀透心透頂十分香可人回味越思量 吳

餘甘子

事實祖

碎錄

菴摩勒果餘甘子也 本草 又名菴摩勒迦果 佛書

餘甘如彈丸大視之理如𨻶瓜片初入口苦久乃甜美以鹽蒸之尤美可食 異物志 如梭形初入口酸澀飲水乃甘 同上 黃實似李青黃色核員作六七稜食之先苦後甘 草木狀 瀘水南岸有餘甘子樹色微黃味酸苦核有五稜 雲南記 戎州蔡次律家軒外有餘甘子樹余名之曰味諫軒 山谷 其果則丹橘餘甘荔枝之林 吳都賦

賦咏祖

六言古詩

百斤黃鱸鱠玉萬戶赤酒流霞餘甘渡頭客艇荔枝林下人家 唐庚瀘洲

五言古詩

炎方橄欖佳餘甘豈苗裔風姿雖少殊氣韻乃酷似醉顏澀吻餘彷彿清甘至侯門妝寸長粉骨成珍劑猶間雜蚤草少轉森嚴味奇材用不專雖用

積學書藏

何如棄端如劝苦言逢耳多嫌忌棄果事何傷逮言德之累悅口易逢知感茲長發喟劉屏山

七言絶句

甘言誤我折三臂良藥為洗五年腸欲知苦過味方永請試君家肘後方張于湖

此老才堪上諫坡南州留滯意如何遂將苦口劇英主醫國懸知藥籠多

苦愁人意未相諳辛以初嘗廢後甘王氏有詩旌橄欖可憐遺咏在巴南程金紫

樂府祖

更漏子

菴摩勒西土果霜後明珠顆顆憑玉兔搗香塵稱為席上珍　號餘甘争奈苦臨上馬時分付管回味却思量忠言君試嘗山谷

榅桲

賦咏祖

五言古詩

秦中物專靈榅桲為佳果南枝種府署高樹立婀娜秋來妝新實照日垂萬顆中滋味醴釀外飾素茸裹彦思摘晨露滿合持贈我文與可

七言古詩散聯

蒺藜已枯天馬嵃嫩蠟籠黃霜冒幹不比江南祖

積學書藏

橘酸橐駝載與吳人看聖俞

甘露子

賦咏祖

七言古詩

甘露子甘露子喚作地蠶亦良似不食柘葉不食桑何須走入地底藏不能作繭不上簇如何也蒙賜湯浴呼我果謂之果呼我蔬謂之蔬唐臨晁錯莫逢他高陽酒徒咀爾不摇牙誠齋

全芳備祖卷之四終

全芳備祖卷之五 後集

天台陳景沂編輯
建安祝　穆訂正

果部

梅

事實祖

碎録

梅杏類樹及葉皆如杏而實同詩疏 標有梅女及時也詩墓門有梅詩侯果侯梅詩五月煑梅為菹實禮籩人饋食之籩其實乾䕩音老注 梅乾也周禮

紀要

高宗命傳說曰若作和羹尒惟鹽梅書 東方朔與門生三人行見一鳩一生曰當有酒一生曰其酒必酸一生曰雖得酒不及飲須臾主人出酒安之而覆之不得飲問其故曰見鳩飲水故知得酒鳩飛集梅故知酒酸鳩飛去折枝故知不得飲也外傳 魏武帝行兵失道三軍皆渴帝曰前有大梅林結子甘酸可以止渴士卒聞之口皆流水

吳人謂梅子為曹公謂鵞為右軍有士人遺醋梅與燖鵞作書曰醋浸曹公一甁湯燖右軍兩隻筆談 范任能啖梅信嘗致一奩留任食之須臾而罄語林 五代趙康凝楊偓方宴食青梅凝顧偓曰勿多食小兒食諸將以為慢偓遽康凝梅陵

夏至前雨名黃梅沾衣皆敗黦又埤雅云 江湘二浙四五月間梅欲黃落則水潤土溽柱礎皆汗出成雨謂之梅雨故自江以南三月雨謂之迎梅五月雨謂之送梅風土記 江淮有梅雨號為梅霔又有落梅風謂之信風

雜著

魏無林而止渴范留信以前嘗陳照亦果中之佳實吳淑天子置公卿大夫士欲水土相濟鹽梅相調不得獨是獨非也王義方疏

賦咏祖

五言散句

紅綻雨肥梅杜　四月熟黃梅

梅杏半傳黃　齒輭越梅酸韓偓

好折待賓侶金盤薦紅裙庾信

七言散句

梅實許同朱老喫杜

金盤朱薦含酸子東坡

氷盤青子獨爭嘗朱韋齋

江南樹樹黃垂蜜竹岐

五言古詩

積學書藏

江梅有佳實結根桃李塲桃李終不言朝露借恩光孤芳已皎潔氷壺空自香古來和鼎實此物升廟廊歲月坐成晚烟雨青已黄得升桃李盤以遠初見嘗終爲不可口擲置官道傍但使本根在棄捐何能傷

七言絶句

天賜胭脂一抹顋盤中磊落笛中哀雖然未得和羹便曾與將軍止渴來 羅昭諫

青莎徑裡香未乾黄鳥陰中實已圓蒸豆作烏梅作白庽同丹杏薦牙盤 山谷

北客未嘗眉自顰南人誇説口生津磨錢和蜜誰能許公廨供鹽亦可人

帶葉連枝摘未殘依依茶塢竹籬間相如病渴應須此莫與文君蹙遠山

蜀夢吞江起解顔誇成有味齒牙間前年鄰下劉公幹今日江南庾子山

久雨令人不出門鮮晴喚我到西園要知春事深和淺試看青梅大幾分

紅雨斑斑竹外溪黄金嫋嫋水邊絲舉頭揀徧低陰處帶葉青梅摘一枝 誠齋

實成上閣人主知登進玉階調鼎臑那得滋味甘如飴無恙風雨摧挫時 王曜軒

積學書藏

樂府祖

阮郎歸

南園春草踏青時風和聞馬嘶青梅如豆柳如眉日長蝴蝶飛 花露重草烟低人家簾幙垂鞦韆慵困解羅衣畫梁雙燕棲 歐陽

菩薩蠻

一聲羌管吹嗚咽玉溪半夜梅翻雪江月正茫茫斷橋流水香 含章春欲暮落日千山雨一點著枝酸美姬先齒寒 孫濟師

永遇樂

風折新英雨肥繁實又還如荳玉核初成紅顋尚淺齒軟酸微透粉墻低亞佳人驚見不管露沾襟袖一枝釵子未插應把手挼頻嗅 相思病酒只因思此免使文君眉皺入鼎調羹攀林止渴功業還依舊看看飛燕銜將春去又將欲黄昏時候争如向金盤滿捧共君對酒 王冠卿

杏

事實祖

碎録

葉似梅差大而微紅其仁可以入藥本草師曠占曰梅桃杏實多者來年謂之穰海録寒食日人煑麥粥杏仁爲酪以餳沃之玉燭寶典嵩山有牛山

其山多杏至三月爛然黃茂自中國喪亂百姓飢
饉皆資此為命人人充飽而杏不盡嵩山記

紀要

孔子居杏壇之上 莊子 漢文帝上林苑有文杏 西
京雜記 神仙董奉居廬山為人治病重者種杏五
株輕者一株於杏林中以杏一器換穀一器穀少
者虎逐之乃以穀賑貧乏者號董仙杏林 神仙傳
孫楚祭子推云餳一盤醴酪三盂今寒食有杏酪
麥粥即其遺也 荊楚歲時記 後周張元性廉潔南
隣有杏兩株杏熟多落元園中悉以還之 周書 馬
燧子暢以第中大杏餽竇文場文場以進德宗德
宗未嘗見頗怪之令中使就封杏樹暢懼進宅廢
為奉誠園 唐史

雜著

魏王送西山之杏 王逸 飾文杏以為梁 相如 李賀
有惱公 藹蓋艷體也其首章曰宋玉愁空斷嬌嬈
粉自紅歌聲春草露門掩杏花紅故晁次膺詞用
此

賦咏祖

五言散句

芳枝結青杏翠葆新奕奕 歐公

七言散句

仙人愛杏令虎守 聖俞
大杏金黃小麥熟 東坡
里中餽杏得新嘗 后山

五言古詩

天暖酒易醺春暮花難覔閑步到南園杏子半紅
碧輕風動高枝可望不可摘聳肩跂一足偶爾攀
翻得攀條初亦喜折條還復惜小苦已自韻未酸
正堪喫聊將插髩歸空樽有餘瀝 誠齋

樂府祖

浣溪沙

青杏園中煑酒香佳人初試薄羅裳柳絲搖曳燕
飛忙 乍雨乍晴花自落閑愁閑悶晝偏長為誰
消瘦減容光 歐陽修 二首
葉底青青杏子垂枝頭薄薄柳綿飛日高深院晚
鶯啼 堪恨風流成薄倖斷無消息道歸期托腮
無語翠眉低

蝶戀花

花褪殘紅青杏小燕子飛時綠水門前繞枝上柳
綿吹又少天涯何處無芳草 墻裡鞦韆墻外道
墻外行人墻裡佳人笑笑漸不聞聲漸悄多情却被無情惱 東坡

訴衷情

出林杏實落金盤齒軟怕嘗酸可惜半殘青子猶

有小啓丹　南陌上落花閒雨斑斑不言不語一
段傷春都在眉閒

桃

事實祖

碎錄

旄冬桃冬熟 梶桃山桃 爾雅 有蕡其實詩 桃夭 投
我以桃報之以李詩 柳其實棗栗桃禮 玉衡星散
為桃春秋運斗樞 東海有山名度索上有大桃蟠
屈三千里名曰蟠桃 水經 波斯國有波淡樹長五
六丈圍四五尺葉似桃三月開花白色結實如桃
子形而偏謂之偏桃其實若澁不可噉核中仁子
甘美西域共珍之南蠻志

紀要

孔子侍坐於魯哀公哀公賜之桃與黍公曰以黍
雪桃對曰黍五穀之長而桃為下君子不以貴雪賤
家語 老子西遊太真王母共食碧桃紫梨 尹喜傳 昔
彌子瑕有寵於衛君食桃而甘以其半奉君君曰
愛我哉忘其口而啖寡人及子瑕得罪于君君曰
是常啖我以餘桃 韓非 公孫接田開彊古冶子事
景公勇而無禮公患之晏子言于公請公饋以二
桃曰三子計功而食公孫接田開彊先言功援桃
而起古冶子又言其功令二子反桃二子慚而自
殺古冶子曰恥人以言夸其聲不義也亦反其桃
而死故曰二桃殺三士 晏子春秋 秦吏趙凱私恨
吉國民吳且生盜食宗廟御桃且生對曰民不敢
食也亞曰剖其腹取其桃 史記 惡而書之日食桃
之肉當有遺核王不知此而剖人腹以求桃非理
也 周書 東都獻短人帝呼東方朔朔至短人謂上
日王母種桃三千歲一結子此兒已三過偷之矣
後西王母以七月七日降帝宮命侍女索桃須臾
盤盛七枚母自啖二以五枚與帝帝留核母曰用此
何為上曰欲種之母笑曰此桃三千年一結子
非下土所植 漢故事 漢永平中劉晨阮肇入天台
迷不得返經十三日飢甚遥望山上有桃遂躋險
援葛至其上啖數枚飢止體充下山取水見一杯
流出有胡麻飯乃相謂此近人矣度山見大溪溪
邊有二女子色甚美見二人持杯便笑曰劉阮二
郎投回杯來劉阮驚二女欣然曰來何晚耶因邀
至家十日求還苦留半年女遂相送指示還路鄉
邑零落已七世矣 搜神記 張陵沛人也弟子趙升
就陵受業陵七試之陵與諸弟子登雲臺上絕頂
上有一桃樹石壁下臨不測去三四丈有大桃實
陵謂諸弟子曰得此桃者當告以道弟子皆流汗
無敢視者陵曰神人所護何險之有乃從上自擲

正投桃樹上取桃滿懷而石壁峭峻不能得還乃擲桃百枚陵分桃與諸弟子餘二枚與升神仙傳

樊夫人與劉綱俱有道術各自言勝中庭有大桃樹夫妻各呪其一桃便閒良久走出籬外同上

桓崖有京下有好桃桓元就求不得佳者元曰德之休明則肅慎貢其楛矢如其不然籬壁閒物亦不可得也世說

譙郡夏侯文規亡後見形經庭前桃樹邊過曰此桃吾昔所種其婦曰人言亡者畏桃君何不畏耶答曰桃東南枝長二尺八寸向日者憎之我亦不畏也甄異傳

葛由蜀人好刻木作羊賣之騎羊入蜀蜀中人追之上綏山食桃得仙故里諺曰得綏山一桃雖不能仙亦足以豪列仙傳

莊宗年邁多疾馮道奏曰臣願陛下寢膳之閒動思調衛因指御前果實曰如食桃不康見桃而思戒可也五代史

有一紅衣人送酒歌曰絳衣披拂露盈盈淡染胭支一朵輕自恨紅顏留不住不青帝太無情乃桃花精也

雜著

嗟王母之奇果特寶兮兼副既陶煦而夏成又淩寒而冬就嗟異植兮難拔亦晚枯兮先茂農黃品其味漢帝嘉其珍林休反畊之牛宅樹司惡之神雖不言兮成蹊回克有于魏君宋牟有東園之珍果兮承陰陽之靈和結柔根以別樹兮豔長畝以駢羅夏日先熟而進廟堂辛氏踐秋厥味益長亦有冬桃令伴冰霜放神適意恣口所嘗華升御于內庭飾佳人之令顏寶元虛而療飢兮信功烈之難原嘉放牛於斯林兮悅萬國之又安望海島而致慨兮懷度索之靈山何茲樹之獨茂兮條枝紛而麗閒根龍虬而雲結兮彌千里而屈盤禦百鬼之妖慝兮列神荼以司奸辟凶邪以濟正兮豈惟榮美之足言晉傅玄賦

賦咏祖

五言散句

王母獻金桃

鸚鵡琢金桃杜

二桃殺三士李

七言散句

十八年來墮世閒瑶池歸夢碧桃閒李義山

要待花兮見秋實縹肌細肉薦盤珍宋景文

九重春色醉仙桃杜

雨染烟蒸萬實垂丹砂為骨玉為衣客疑麗水新陶得人向瑶池舊帶歸只恐壓枝星欲落最憐和蕊露初稀文與可

七言絕句

金桃兩飣照銀杯一是栽來一買來香味此嘗無

積學書藏

兩樣人情畢竟愛親栽誠齋二首

小桃著子可憐渠疎處全疎無處無併綴一梢三十顆纔枝欲折没人扶

歲歲春風花覆墻摘來紅實亦甘香當時無種瑶池本却恐河清未得嘗劉後村

七言八句

桃李今春勝去春添新换舊却重新冥搜奇特根窠好料檢園欒樹子匀移處吐花非差事登時著子亦娱人坡云千載方成蔭請看誠齋别有神楊誠齋

樂府祖

定風波

墻上夭桃簌簌紅巧垂飛絮入簾櫳自是芳心貪結子翻使惜花人恨五更風　露萼鮮濃粧臉靚相映隔年情事此門中粉面不知何處在無奈武陵流水卷春空賀方回

卜筭子

灼灼一枝桃粉豔天然好只被春風擺撼多顔色凋零早　結子未爲遲每恨隨芳草不下山來不出溪待守劉郎老朱希真

鷓鴣天

阿母蟠桃不計春長沙星裡壽星明金花羅紙新

積學書藏

裁就貝葉旁行别授經　同太子祝龜齡天教二老鬢長青明年今日稱觴處更有孫枝滿謝庭張于湖

壺中天

蕊宫仙子愛痴兒不禁三偷家果棄核成根傳漢苑依舊風煙難老養丹砂長留紅臉點透胭脂顆金盤盛處恍然天上新墮　莫厭對此飛觴千年一熟異人間梨棗劉阮塵緣猶未斷都向花間飛過爭似蓮枝摘來滿把鶯嘴平分破餐霞嚼露鎮長歌醉蓬島鄭松窓

全芳備祖卷之五　終

全芳備祖卷之六 後集

天台陳景沂編輯
建安祝 穆訂正

果部

梨

事實祖

碎錄

梨曰快果本草 梨山樆爾雅 真定郡梨大如拳甘若蜜脆若菱可以解煩結魏文詔 上林苑有紫梨青梨大谷梨縹梨西京雜記 淮北滎陽河濟之間千枝梨其人與千户侯等食貨志 柤梨薑桂内則 譬猶柤梨橘柚其味相及而皆可于口莊子

紀要

老子西遊與王母共食紫梨尹喜内傳 漢武帝園一名樊川一名御宿有大梨如五升落地則碎取者布囊盛之名消梨三秦記 孔融與諸兄食梨輙取小者人問其故曰小兒當取小者後漢 李昇本徐氏湖州安吉人其家有梨結一實大如升其父異之將獻于郡守有謂其父曰此果非常年所有即上獻來年見索安知復有此物不如勿獻因止之會鄰里將共餐即席剖之有赤蛇在中衆大驚異俄而蛇走于母榻之下了無所見未幾其母孕知誥吳趙史 張公大谷之梨注洛陽北邨張公夏梨海内惟一株潘岳 桓南郡每見人不快輙嗔曰君得哀家梨當復不蒸食否舊語林 秣陵有哀仲家梨甚美大如升入口即消釋言愚人不知味得好梨乃蒸食之也世說 崔遠文才清麗風神峻整時人目為飣坐梨言席上之珍也唐書 李建勳罷相江南出鎮豫章一日遊西山田間茅舍老叟教授村童公憩于其廬連食數梨賓僚有曰梨號五臟刀斧不宜多食叟笑曰鶡冠子云五臟刀斧乃離别之離非梨也蓋離别戕伐胸懷有若刀斧遂就架取小册以呈丞相乃鶡冠子東軒 唐肅宗嘗夜坐召穎王三弟同坐地上時李泌方絶粒上自燒二梨以賜之穎王等曰臣等請聯句以為他時美談穎王曰先生年幾許顔色如童兒信王曰夜抱九仙骨朝披一品衣不食千鍾粟惟餐兩顆梨上曰天生此間氣助我化無為鄴侯傳 王夫人謂許長史曰交梨火棗是飛騰之藥要使生于胸中今君胸中荆棘掃除未盡是以梨棗不生也 張敷小名查父邵小名梨帝戲謂之曰查何如梨對曰梨為萬果之宗查何敢比宋書

雜著

紫花開處擅美春林緑帶垂時回光秋浦離離玉

積學書藏

潤落落珠圓李道進梨表沃瘠異壤舒慘以時惟氣在春具物含滋嘉木之生于彼之基開榮布彩不離塵緇宋孝武賛睢陽東苑子園三尺新豐箭谷枝垂六斤未有生因枌水產自桐丘影連鄧橘林交苑柿來薦中廚爰須下室事同靈棗有傾遂年恐似仙桃無因留核庾肩吾啟味出靈關之陰旨潤玉津之滋豈徒真定嵉美大谷滋慚將恐帝臺妙棠安期靈棗不得孤擅玉盤獨甘仙席雖秦君得器漢后推食望古可傳于今難再謝朓啟紫梨津潤蜀都賦

賦咏祖

五言散句

紫實已含津 梁宣帝
山梨結小紅 杜
色好勝梨頰 杜
山盤薦霜梨 李
剖破玉壺漿 聖俞
紅梨迥得霜 杜
張梨不外求 杜
柤梨且綴碧
酸甜如梨柤 東坡
呼兒且梨棗 杜
但見戍蹊處幾得正冠人 江亻
梨傳真定聞其甘如白蜜 韓忠獻
常期橘秋實穰穰落吾手 南豐
遺之解朝醒亦以濁煩疾
老嫌冰熨齒渴愛蜜過喉 聖俞

積學書藏

色鮮因曉日聲脆得秋霜 陶弼

七言散句

自得佳名過氷蜜 韓忠獻
山梨顆重包遂落 趙西山
真定為霜寒葉薄樊山初曉露枝低 劉筠
紫花青蒂壓枝頭秋實離離出畫欄 錢惟演
嗟予久苦相如渴却憶氷梨熨齒寒 歐陽公
嘉名舊出新豐谷美實今憐御宿園 晏元獻
蒙君知重惠瓊實薄起金刀釘玉溪 辛寅遊
爵處春氷獻齒冷燕時雪夜沃心寒
九秋青女添霜味五夜方諸月漾津 楊文公
常滋沆瀣充飢脆不假胭脂上臉紅 韓忠獻

五言古詩

張果出李園有實大如斗擬須青女熟不奈飛廉吼料因秋草間磊砢驪珠走磨刀垂饞涎佇立待一剖 楊道山

遠意來佳惠秋筠啟翠藍清香殊未散奇品至相參鳳卵辭丹穴龍珠出古潭剖輕刀匕快嚼易齒牙甘 程金紫

霜降紅梨熟柔柯已不勝未嘗蠲夏渴惟見助冬氷 東坡

甘棠詩所歌自足誇衆果愛其凌秋霜萬玉垂磊

積學書藏

砢園夫騰採摘市賈爭包裹王介甫
初嘗蜜經齒久嚼泉垂口蠲煩慰諸親解渴誇衆
友肯論故畦瓜寧齒洗泥藕南豐

七言古詩

頗君莫愛金花梨頗君須愛紅消梨金花紅消兩
般味一般顏色如胭脂紅消食之甘如飴金花食
之嚬雙眉似此悞人多少事未審之前宜辨之邵
康節
白沙淩張最宜果萬梨壓樹當高秋去年花開往
獨晚不見瓊葩腸欲斷晁無咎

七言絕句

玄圃雲腴滋絳質上林風御獵清香瓊芳尚憶瓊
為樹蠲渴應知玉有漿丁謂
革渭當年已誤來商山芝老更堪哀人生若要常
無事兩顆梨須手自煨陸放翁

七言八句

尚想飛花映綺疏離離秋實點塵蕪丹腮曉露香
猶薄玉齒寒冰嚼欲無舊有佳名傳大谷誰分靈
種下江都柘漿不用傳金椀猶得相如病少蘇劉
屏山

積學書藏

玢寶渾疑露結成香葩況是雪儲精乍驚磊落堆
盤出旋剥輕盈照骨明盧橘漫勞誇夏熟柘漿未
許析朝酲嗟餘更撿桐君録快果知非浪得名朱
晦庵
挂冠大谷肯干時飣坐風流特地奇骨裡馨香衣
不隔胸中冰雪齒先知賣漿碎搗瓊為汁解甲方
憐玉作肌老子醉來渾謝客見渠倒屣只嫌遲楊
誠齋
想像含消與接枝英華集裏脆香詩外飛群羽中
懷玉嚼出清泉上滿池益齒應餐多正好堆盤儘
飣老相宜炎蒸時節遂能洗不是梨侯更有誰楊
東山

石榴

事實祖

碎録

若榴石榴也廣雅安石榴有甜酢二種廣志一名
丹若雜俎須遜國有安石榴取汁盛杯中數日成
美酒扶南傳

紀要

張騫為漢使外國十八年得塗林安石榴種博物
志晉安帝時武陵臨沅獻安石榴一蔕六實帝問
魏收答曰石榴房多子王新婚祈子孫衆多也帝

積學書藏

大喜北史崔元徽常遇數美人其一曰石措措即石榴也小説李漢碎胡馬碯送王莒曰安石榴奉送莒見之不疑食之乃知

雜著

石榴者天下之奇樹九州之名果也千房同膜十子如一御飢療渴解酲止渴潘岳紫房獨熟頳膚自析剖之則珠散含之則氷釋張載若榴競裂蜀都賦

賦咏祖

五言散句

庭榴剖朱實江摠

味美蔗為漿韓

潛苞絳實折

清林紫榴折歐

紅榴鏬玉房山谷

試剖紫金碗滿堆紅玉珠鄭獬

滿房蜂釀蜜一腹蚌含珠古詩

不艷灼灼花只效離離實宋景文

七言散句

海榴紅綻錦窠新元稹

淚痕裛損胭脂臉剪刀裁破紅綃中白香山

烟滋黛葉千條困露裂星房百子均宋景文

人恰鳥銜真可惜皮開子落不論錢張芸叟

盡日攜樽芳樹下何須佳醖得途林石延年

積學書藏

五言絶句

開從百花後占斷群芳色更作琴軫房輕盈墳窓側晏元獻

安榴若拳石中蘊丹砂粒剖之珠滿盤不待鮫人泣聖俞

五言古詩

榴枝苦多雨過熟折已半秋雷石罌破曉日丹砂爛任從彫俎薦豈待霜刀伴張騫西使時蒟醬同婦漢聖俞

五言律詩

高枝重欲折霜老拆丹砂試剖紫金碗滿堆紅玉珠根雖傳大夏種必近仙都題作江南信人應賤橘奴鄭獬

春去花垂盡細榴暖欲然後時何所恨處獨不祈憐葉葉自相偶重重久更新流珠沾暑雨改色淡朝烟著子專寒酒移根擅化權愧非無價子刻畫竟難傳陳后山

七言古詩

蟬噪秋枝槐葉黄石榴香老愁寒霜流霞已染紫罌粟黄蠟紙裹紅瓠房玉刻氷壺含露濕斕斑似帶湘娥泣蕭娘欲嫁嗜甘酸嚼破氷晶千萬粒皮日休

積學書藏

玳瑁殼皺枝婀娜馬牙硝骨錦敷裹霜風擘破錦
香囊鸚鵡啄殘紅豆顆美人擘在金盤腹錯認海
螺斑碌碌滿口嘗含瓊液甘一堂齒冷敲寒玉
榴枝婀娜榴實繁榴膜輕明榴子鮮可羨瑶池碧
桃樹碧桃紅頰一千年李商隱
庭榴結實墊芳叢一夜飛霜染茜容萬子同包無
異質金房玉隔謾重重劉屏山

七言八句

深著紅藍染暑裳琢成鮫玳敵秋霜半含笑裏清
冰齒忽綻吟邊古錦囊霧縠作房珠作骨水晶為
醴玉為漿劉郎才為文園渴何若星槎遠取　試
潛苞絳實折　清林紫榴析歐
紅榴錞玉房山谷
試剖紫金碗滿堆紅玉珠鄭獬
滿房蜂釀蜜一腹蚌含珠古詩
不艷灼灼花只效離離實宋景文

七言散句

海榴紅綻錦窠新元稹
淚痕裛損胭脂臉剪刀裁破紅綃中白香山
烟滋黛葉千條困露裂星房百子均宋景文
人拾鳥銜真可惜皮開子落不論錢張芸叟
盡日攜樽芳樹下何須佳醞得途林石延年

積學書藏

五言絕句

開從百花後占斷群芳色更作琴軫房輕盈瑣窗
側晏元獻
安榴若拳石中蘊丹砂粒剖之珠滿盤不待鮫人
泣聖俞

五言古詩

榴枝苦多雨過熟折已半秋雷石罌破曉日丹砂
爛任從彫俎薦豈待霜刀伴張騫西使時蒟醬同
歸漢聖俞

五言律詩

高枝重欲折霜老拆丹砂試剖紫金碗滿堆紅玉
珠根雖傳大夏種必近仙都題作江南信人應賤
橘奴鄭獬
春去花垂盡細榴暖欲然後時何所恨處獨不祈
憐葉葉自相偶重重久更新流珠沾暑雨改色淡
朝烟著子專寒酒移根擅化權愧非無價子刻畫
竟難傳陳后山

七言古詩

蟬噪秋枝槐葉黃石榴香老愁寒霜流霞已染紫
罌粟黃蠟紙裹紅瓠房玉刻冰壺含露濕斕斑似
帶湘娥泣蕭娘欲嫁嗜甘酸嚼破水晶千萬粒皮
日休

積學書藏

玳瑁殼皺枝婀娜馬牙硝骨錦皺裹霜風擊破錦香囊鸚鵡啄殘紅豆顆美人拏在金盤腹錯認海螺斑絲絲滿口嘗含瓊液甘一堂齒冷敲寒玉榴枝婀娜榴實繁榴膜輕明榴子鮮可羨瑤池碧桃樹碧桃紅頰一千年李商隱

庭榴結實埶芳叢一夜飛霜染茜容萬子同包無異質金房玉隔謾重重劉屏山

七言八句

深著紅藍染暑裳琢成鮫玳敵秋霜半含笑裏清冰齒忽綻吟邊古錦囊霧縠作房珠作骨水晶為醴玉為漿劉郎才為文園渴何若星槎遠取 誠齋

樂府祖

梁州令

翠樹芳條颭的的裙腰初染佳人攜手弄芳菲綠陰紅影共展雙紋簟榑花照影窺鸞鑑只恐芳容減不堪零落春晚青苔雨後深紅點 一去門開掩重來卻尋朱檻離離秋實弄輕霜嬌紅脉脉似見胭脂臉人非事往眉空斂誰把佳期賺芳心只願長依舊春風更放明年艷

楊梅

事實祖

積學書藏

碎錄

楊梅其子如彈丸正赤五月中熟味酸甜 異物志

杭州人呼白楊梅為聖僧又接杭州圖經楊梅塢在南山近瑞峯有紅白種二坡註會溪楊梅為天下之奇顆大核細其色紫建安亦有之 郡志

紀要

楊德祖年九歲孔君平詣其父設果有楊梅孔指示兒曰此是君家果兒應口對曰未聞孔雀是夫子家禽 郭子

雜著

鏡日繡壑照霞綺巒 江淹頌

賦咏祖

五言散句

散火楊梅林 東坡

姑射團肌雪祝融留眼睛 張芸叟

正愁春酒盡且喜火丹成 張浮休

七言散句

玉盤楊梅為君設吳鹽如花皎白雪 李白

落落出群非櫸柳青青不朽豈楊梅 杜甫

羅浮山下四時春盧橘楊梅次第新 東坡

味方河朔葡萄重色比瀘南荔子涼 正平

年年梅裡見諸楊火齊堆盤更有香 曾文清

雪融火齊驪珠冷粟起丹砂鶴頂殷 方秋崖

五言絶句

顆顆龍睛溫深深映石門自憐非荔子不得薦堯閣 郭功父

紅實綴青枝爛熳照前塢不及杏繁時林間有仙虎

止渴還相似和羹諒亦同不思五和裡均擅一調功 陳肥遯

七言絶句

嶺北土寒無荔子人言形味似楊梅翠條丹實休相學不顧紅塵一騎來 陶弼

火齊無光荔實貧未嘗先說齒流涎喚回天竺三年夢恭透披雲一味禪 徐竹隱

南村諸楊北村盧白花青葉冬不枯垂紅綴紫烟雨裡特與荔子為先驅 東坡

七言律詩

梅出稽山世少雙情知風味勝他楊玉肌半醉生紅粟黑暈微深染紫囊火齊堆盤珠徑寸醴泉繞齒柘為漿故人遠寄吾家果味變蓬萊閣下香 誠齋

越絶諸楊勝一時與儂瓜葛不曾知一夫自笑吾衰矣此客何嘗夢見之也解過江尋德祖政緣作尹是丘遲渠伊不是南村派未免先驅事荔枝

綠陰翳翳連山市丹實纍纍路照隅未受滿盤堆火齊先驚深領得驪珠斜簪寶髻看遊舫細織筠籠入上都醉裡自吟豪氣在欲乘風露摘千株 放翁

五月梅晴暑正拌楊家亦有果堪攀雪融火齊驪珠冷粟起丹砂鶴頂殷併與文園消午渴不禁越女戲春山略如荔子仍同姓直恐前身是阿環 方秋崖

樂府祖

南柯子

德祖家珍數錢塘五月中碧梧桐蓋翠筠籠傾向水晶盤內鬧嘗空 絳粟成團小清甜笑蜜濃微酸猶解惓人容再是玉纖撚處染輕紅 陸舜翁

浪淘沙

素手水晶盤疊起仙丸紅綃碾碎却成團安得密排金粟徧何似雞冠 味勝玉漿寒只被宜酸莫將荔子一般看色淡香消僝僽後纔到長安 王冠卿

枇杷

事實祖

碎録

枇杷冬花夏實大如雞子實小者如杏味甜酢 廣

積學書藏

志或曰一名盧橘

紀要

建安元年詔山南之枇杷江南之甘橘歲為次第貢者取一次以供廟饗唐史

雜著

盧橘夏熟上林賦東坡詩云盧橘楊梅尚帶酸張嘉甫問曰盧橘是何果曰枇杷是也冷齋夜話令人主不思甘露醴泉而患枇杷荔枝之腐亦鄙矣

仲長統昌言枇杷寒暑無變負雪扌花余植之庭國遂賦之云名同音器質異貞松四序一采素華冬榮周祇

賦咏祖

五言散句

枇杷樹樹香杜　攢金盧橘圃東坡

似梅嫌足核如蜜少加餐張浮休

有果產西蜀作花凌早寒樹繁碧玉葉柯疊黃金丸上都不可寄味咀獨長嘆

七言散句

夢繞吳山帰月廊楊梅盧橘覺猶香東坡

客來茶罷空無有盧橘楊梅尚帶酸

五言絶句

五月枇杷實青青味尚酸獼猴定撩亂欲待熟時

積學書藏

難聖俞

五言律詩

緑暗初迎夏紅残不及春魏花非老伴盧橘是鄉人井落依山盡巖崖發興新歲寒君記取松雪看蒼鱗東坡

大葉聳長耳一梢堪滿盤荔枝多與核金橘却無酸雨葉低枝重漿流沁齒寒長卿今在否莫遣作園官誠齋

七言古詩

昭陽睡起人如玉妝臺對罷雙蛾緑琉璃葉底黃金簇纖手拈來嗅清馥可人風味少人知把盡春光夏作熟笑渠梅杏空自忙生被三郎鼓聲促上林此物今安在望斷長安動悲哭飛猨過鳥競揺啄槎牙祇餘枯樹腹周必大

七言絶句

五月枇杷黃似橘誰思荔枝同此時嘉名已著上林賦却恨紅梅未有詩聖俞

萬顆金丸綴木稠遺根漢苑識風流也知不作清朝瑞朽腐聊酬聖主憂劉屏山

七言八詩

擘碎珊瑚小作珠鑄成金彈寄相扶羅襦襟解春葱手風露氣涼氷玉膚並世身名楊氏子舊家門

積學書藏

户北村盧知音未必能知味曾遣青衫淚濕無方
秋崖

全芳備祖卷之六

國立中央圖書館收藏

積學書藏

全芳備祖卷之七後集

天台陳景沂編輯
建安祝　穆訂正

國立中央圖書館收藏

果部

柹

事實祖

碎錄

柹朱實說文俗謂柹有七絕一壽二多陰三無鳥巢四無蟲五霜葉可玩六佳實七落葉肥大雜俎

梁侯園有烏椑八稜地理志

紀要

鄭虔好書苦乏紙慈恩寺貯柹葉數屋日取隸書久殆徧小說

雜著

鴻柹若瓜七啟　梁侯烏椑之柹潘岳賦　椑柹被實于長浦謝靈運　韓退之青龍寺詩終篇言赤色莫曉其故嘗見小說鄭虔寓青龍寺乏紙取柹葉書之九月柹葉赤色退之詩乃謂此也東坡集

賦咏祖

五言散句

霜天熟柹栗韓文公　柹葉綠陰合白香山

垂實華林園柹味滋殊絕劉恭義

五言八句

紅葉曾題字烏椑首擅場涷乾千顆蜜尚帶一林霜核有多無底吾哀喜細嘗慙無瓊玖句報惠不相當誠齋

七言古詩

秋月初吹灰笛管日出卯南暉景短友生招我佛寺行正值芳林紅葉滿光華閃壁見神鬼赫赫炎官張火傘然雲燒樹大實駢金烏下啄赬虬卵魂翻眼暈忘處所赤氣冲融無間斷有如流傳上古時九輪照耀乾坤旱二三道士席其間美液慶進玻瓈盌進之

七言絕句

秋林黃葉曉霜嚴熟蔕甘香味獨兼火傘赬虬浪褒拂風標却似色中黔屏山

樂府祖

西江月

味過華林芳蔕色兼陽井沈朱輕匀絳蠟裹團酥不比人間甘露　神鼎十分火棗龍盤三寸紅珠清含冰蜜洗雲腴只恐身輕飛去仲殊

棗

事實祖

碎錄

樲酸棗孟子注　江東棗大而銳上者呼爲壺棗注猶瓠也細腰者今鹿盧棗爾雅棗有狗牙雞心牛尾羊角獮猴細腰等名廣雅又有赤心之名鄴中記八月剝棗詩七月饋食之籩其實棗周禮婦人之贄椇榛脯脩棗栗禮記安邑千樹棗其人與千戶侯等貨殖傳信都出御棗文選註

紀要

曾晳嗜羊棗而曾子不忍食羊棗注實小而員紫黑色俗呼羊矢棗孟子李少君以却老方見上少君曰臣嘗遊海上見安期生食棗大如瓜漢郊祀志七月七日西王母見帝設玉門之棗內傳尹喜共老子西游王母食以玉文之棗大如瓶尹傳景公曰東海中有棗華而不實何也晏子曰昔秦繆公乘舟理天下黃布裹蒸棗至海而椓其布破墜蒸棗故華而不實公曰吾佯問對曰嬰聞佯問者亦當佯對晏子春秋秦飢應侯謂王曰五苑之棗栗請發與之史記漢武帝時上林獻棗上以杖擊未央殿前檻呼朔曰上林之棗四十九枚上曰汝何以知之對曰呼朔者上也以杖擊檻者兩木林也曰朔來朔來者棗也叱叱者四十九也上大咲賜帛十足外傳王吉少時居長安其東家有棗樹垂吉庭中吉婦取棗以啖吉吉知之以去婦東家聞而

欲伐其樹鄰里止之因請吉令遣婦本傳魏文帝忌任城王驍壯因在卞太后所共棋並啖棗帝密以毒著諸棗中太后呼水救之不及本史王敦尚武帝舞陽公主如廁見漆箱中盛棗本以塞鼻敦謂廁上下果遂啖之群婢皆笑之本傳蕭琛預御筵醉伏梁武帝以棗投琛琛取栗擲上正中面御史中丞在坐帝動色曰此中有人不得如此豈有說耶琛荅曰陛下投臣以赤心臣敢不報以戰栗上笑之本傳鄧大師先居永樂有無核棗人不可得永樂道士侯華窃食之神仙傳河中永樂縣得無核棗有蘇氏女自少穫而食之不食五穀年五十顏如處子自亂離後莫知所之同上石晉朝趙令公塋家庭有穤棗婆娑異常四遠俱見望氣者訪其鄰里云此家今有登宰輔者否其後令公由太原大拜北夢瑣言

雜著

周文弱枝之棗潘安仁　信都之棗魏都　脆若離雪甘如含蜜傅元　因林制義赤心鯁直譪譪卿士亮此衮職郭璞讚　棗膏昏鈍范蔚宗　棗下纂纂朱實離離宛其死矣化為枯枝人生不能行樂何以虛謚為潘岳

賦咏祖

五言散句

飢食野棗實傅元

紅皺曬簷瓦韓

棗圃落青璣韓

棗熟從人打葵荒欲自鋤杜

垂花臨碧澗結翠依丹巘李賀

七言散句

堂前撲棗任西鄰杜

出籬大棗垂紅淺李賀

簌簌衣巾落棗花山谷

久聞牛尾何曾識竊比雞頭意未安穎濱

庭前八月梨棗熟一日上樹能千回杜少陵

秋來紅棗壓枝繁堆向君家白玉盤歐陽

日顆曝乾紅玉軟風枝牽動練羅鮮黄

五言古詩

種桃昔所傳種棗予所欲在實為美果在材為良木餘甘入鄰家尚得饞婦逐況予秋盤中快啖取饜足風苞墜未繒日顆皺紅玉贄饗古已然豳詩自宜錄緬懷青徐間萬樹蔭平陸誰云食之昏慮智乃成俗廣庭觴聖壽以此奉肴蔌願比赤心投皇明倘予燭荆公

浮華齊水麗垂采鄭都奇白粉英靡靡紫色縹離離風搖羊角樹日暎雞心枝穀城瑜石蜜蓬岳表

積學書藏

仙儀已開安邑美永茂玉門埀梁簡文帝
棗下何攢攢榮華各有時棗欲初黑時人從四邊來棗適今朝賜誰能仰視之李善
黃葉離高柯丹棗坐自零不惜棗自零念我少弟兄傅元
北國有一樹布葉出重陰外雖多棘刺内實有赤心後秦趙整
皮皺似龜手葉小如鼠耳君若作大車輪軸材須此白香山

五言律詩

彼美祇因果珎同玉井船後期千歲熟今日萬珠圓地潤仍依信欄深自帶煙結花雖最晚藏核莫如堅大食移根遠番禺托蒂蓮舊名稽藥錄新實著詩篇甜出諸錫上香居百果前黑腰須羨尒紅皺豈爲然邇近爲公壽婆娑與世延暮鍾催酒散嘶馬引旂旋今作中州瑞元從異國傳何當廣栽植欲以慰飢年郭功父

七言古詩

樹頭陽鳥雞啄棗破紅徧地青蝇老青蝇雨溼鷲不飛殘棗入泥人不掃西風落盡鳥亦歸晉客齒寒空懊惱聖俞
謾說山東第二州棗林葉薄負春遊城西亦有紅

積學書藏

千葉人老簪花却自羞東坡

事實祖

胡桃

碎錄

陳倉胡桃皮薄多肌陰平胡桃大而肥脆廣志山胡桃皮厚而堅似斧捶方破嶺表錄松子樹與中國松樹同但結實大如小栗三角肥甘香美出林邑名曰海松子嵇氏錄

紀要

張騫使西域還得胡桃博物志漢末大亂宮人小黃門上墓樹上避兵食松柏實遂不復飢舉體生毛亂既平曹操聞而始收養之遂食穀米齒落髮白異苑

雜著

三桃表櫻胡之列渚岳胡桃本生西域外剛内柔甘實似右腎欲以奉貢晉劉滔

賦詠祖

七言律詩

三韓萬里百株松方丈蓬萊東復東珠玉鑠成千歲實氷霜吹落九秋風酒邊腦髓牙車響座上須臾漆櫑空新果新嘗正新暑繡衣使者念山翁誠齋

積學書藏

七言絶句

皺殼傾來紫麥新中藏漿水不勝春胡桃松實何曾喫却嚼秋風栢子仁誠齋

栗

事實祖

碎録

隰有栗山樞樹之榛栗詩饋食之籩其實栗周禮女贄不過榛栗棗脩左傳燕秦千樹栗其人與千戶等漢書中山好栗何晏諸暨產如拳之栗地理志有人脚弱啖栗數升遂能行本草

紀要

古者獸多人少皆巢居以避之晝食橡栗夜棲樹上故稱有巢氏莊子哀公問社于宰我宰我對曰夏后氏以松殷人以柏周人以栗曰使民戰栗魯論宋有狙公者養狙成群曰與若芧栗也朝三而暮四足乎衆狙皆怒曰朝四而暮三足乎衆狙皆喜列子宋劉秀之為丹陽尹先是秀之從叔穆之為尹與子弟宴廳事上廳柱有一穴穆之謂曰汝等試以栗遥擲柱入穴者必得此郡秀之入焉後果驗世說王泰之幼敏悟數歲時祖母散栗於牀群兒競逐之泰之獨不取人問其故荅曰不取當自得賜人皆異之世說殷七七名文祥能造須臾

積學書藏

一作逡巡酒開頃刻花嘗於一官僚處飲酒取栗散于官妓皆聞異香惟笑七七者綴栗於鼻不可脫但聞臭氣且狂舞粉黛狼籍人為陳過栗方墜小說

雜著

人有折蔡氏祠前栗者故蔡邕作賦云何根莖之豐美嗟大折以摧傷蔡邕榛栗賦發蜀賦

賦咏祖

五言散句

採栗玄猿窟韋左司　穰多栗過拳杜

山家蒸栗暖杜　夜火爆山栗歐

霜天熟柿栗收拾不妨遲韓

山栗多瑣碎羅生雜橡栗杜

七言散句

園收芋栗未全貧杜

歲收橡栗隨狙公杜

山栗似拳應自飽穎濱

五言古詩

金莖氣已勁霜實繁林梢尺素走下隸一奩來遠郊中黃比玉質外刺同芝苞聖俞

天師攜此種至自上饒遠當時千七樹高幹奇孤巘蒼蓬蒺藜大紫殼栝櫛輭蜀都名果中推之為

上選文與可

七言絶句

老去自添腰脚病山翁服栗舊傳方客來為說朝
和晚三咽徐收白玉漿潁濱

遊園嶠來訪栗園栗園老樹再生孫莫驚頭上見
髮白拾栗兒童長幾番石守道

榾柮無煙雪夜長地鑪煨酒煖如湯莫嗔老婦無
盤飣笑指灰中芋栗香范石湖

七言八句

樹雜榆桐繼國風莫教林下長蒿蓬共期秋實充
腸飽不羨春花轉眼空病起數升傳藥錄晨興三
咽學仙翁櫻桃浪得銀絲薦一咲纔堪發面紅朱
文公

銀杏

事實祖

碎錄

一名鴨脚草木志

紀要

京師無鴨脚樹駙馬王和文自南方移植于其第
歐詩注

賦咏祖

五言散句

何人栽銀杏青條數尺間張芸叟

七言散句

宣城此物嘗充貢晁无咎

五言古詩

鵞毛贈千里所重以其人鴨脚雖百个得之誠可
珍予問得之誰詩老遠且貧霜野橘林實京師寄
時新封包雖甚微採掇皆躬親物貴以人貴人賢
而棄淪開緘重嗟惜詩以報殷勤歐公

鴨脚生江南名實未相浮絳囊因入貢銀杏貴中
州致遠有餘力好奇自賢侯因令江上根結實夷
門秋始摘纔三四金奩獻凝旒公卿不及識天子
百金酬歲久子漸多纍纍枝上稠主人雅好客贈
我比珠投博望昔所徙葡萄安石榴想其初來時
厥價與此侔今也徧中國籬邊及墻頭物性久雖
在人情逐世流惟當記其始後世知來由是亦史
官法豈徒續君謳歐陽

北人見鴨脚南人見胡桃識内不識外疑君橡栗
苞鴨脚類綠李其名因葉高吾鄉宣城郡多以此
為勞種樹三千年結子防山猱剝核手無膚持置
宫省裏今喜生都下薦酒壓葡萄初聞帝苑夸又
復主第褒纍纍誰採掇玉椀上金鰲金鰲文章宇
分贈我已叨豈無異鄉感感此微物遭一世走塵

積學書藏

土鬓邉得霜毛聖俞

五言古詩散聯

百歲蟠根地雙陰凈梵居淩雲枝已密似蹼葉非踈聖俞

魏帝昧遠圖於吳求鴨脚乃為吳人料重玩志已愜江南有佳木修聳入天揷葉如𣓠邉跡子剝杏中甲持之奉漢宮百果不相壓劉原父

七言古詩散聯

鴨脚半熟色猶青紗囊馳寄江陵城城中朱門翰林宅清風六月吹簾旌玉纖雪腕白相照𣓠銀㲉破玻璃明張無盡

七言絶句

深灰殘火罨相遭小苦微甘韻最高未必雞頭如鴨脚不妨銀杏伴金桃誠齋

榧

事實祖

碎録

産信州玉山縣以懷玉得名東坡詩注榧子味甘無毒治痔去三蟲本草博士獨能名玉榧鼂无咎

五言古詩

彼美玉山果餐為金盤實瘴霧脫蠻溪清尊奉佳客客行何以贈一語當加璧祝君如此果德膏以

積學書藏

自澤軀禳三彭仇已我心腹疾顧君如此木凜凜傲霜雪斵為君倚几凈滑不煩削物微興不淺此贈毋輕擲東坡

榧樹移皆活風霜不變青冢壇雖閴寂田客每丁寧聖俞

七言古詩

老坡文中吼鬬聲凜凜常如對英峙琅然諷咏興淩雲瞠若追攀顛流沘玉山妙唱久寂寥可與言詩有我予栽箋遠餉風露新坐我千尺黃山底初挼玄㲉出氷霜小嚼清香泛窻几已輕魏帝昵蒲萄肯許唐賢魁緑李極知入口無正味苦淡甘酸各矜美不經真識為品題此物初為幾不齒青青有用拔蒿萊白蘗無　腐糠粃士懷環瑞勿自神邂逅𩩲沈同一理子才超然會煒然外澤中貞期是似味果固已驅煩邪味道更須論骨髓屏山

平林常常談俚蠻玉山之産生金盤其中一樹斷崖立石乳蔭根多歲寒楊東山

全芳備祖卷之七終

積學書藏

全芳備祖卷之八 後集

天台陳景沂編輯
建安祝穆訂正

果部

瓜

事實祖

碎錄

瓞瓝其紹瓞注云俗呼瓞瓜為瓞紹者瓜蔓紹亦著子但小如瓝耳爾雅 緜緜瓜瓞詩 七月食瓜七月 為天子削瓜者副之巾以絺注披偪反析也四析之也以巾覆焉 為國君者華之巾以綌注華巾裂也音話 為大夫累之注累倮也為不巾 士疐之注不巾裂橫截去疐而已 庶人齕之注齕者齧也 瓜祭尚環食中棄所操環瓜頭也祭先也禮記 委人掌聚瓜瓠芋地官 婦人之贄瓜桃李梅禮 吾豈匏瓜也哉焉能繫而不食魯論 七月七日設瓜于庭中以乞巧有蟢子布網于瓜上則為得巧歲時記 西瓜契丹破回紇得此種以牛糞覆棚而種大如中國冬瓜味甘可生食五代記

紀要

齊侯使連稱管至父戍葵丘瓜時而往及瓜而代左傳 曾子芸瓜而誤傷其根曾晳怒大杖擊其背

積學書藏

曾子仆地有頃乃蘇孔子聞之告門弟子曰參來勿納也曾子使人請于孔子孔子曰舜之事瞽瞍遇小棰則受大杖則走今參事父委身以待暴怒身死陷父于不義不孝孰大焉家語 初刑史子臣請宋景公曰從今以往五祀日臣死後五年五月丁亥吴亡以後五祀八月辛巳君薨刑史子臣死日朝見景云夕而死吴亡景公懼思刑史子臣之言將死日乃逃于瓜圃遂死焉古文瑣言 始皇密令種瓜于驪山硎谷中温處瓜實成使人上言曰瓜冬實有詔下博士諸生說之人人各異使往視之儒生皆至方相難不決因發機從上填之以土皆壓死史 邵平故秦東陵侯秦滅後為布衣種瓜長安城東瓜有五色甚美世謂之東陵瓜又云青門瓜蕭何傳 西王母謂上元夫人曰造朱陵山食靈瓜其味甚好憶此味已七千年矣漢武内傳 梁大夫宋就為邊令與楚鄰界梁楚之邊亭皆種瓜梁亭劬力溉灌其瓜靈楚之人窳而希其灌其瓜惡楚之令以梁瓜之美怒因往夜竊搔梁瓜梁覺欲往報搔楚瓜宋就曰是啟怨之漸也乃遣人夜往潛為楚灌瓜楚旦往則瓜已灌伺而察之乃梁亭為之也楚人大悦因具聞楚王楚王因謝以重幣梁楚之歡由宋就也新書 五原蔡誕入山而還謂家人曰

積學書藏

崐崘有玉瓜光明洞徹而堅剛須以玉井水洗之
即軟可食抱朴子馬湘有道術嘗于江南刺史馬
植坐上冬月以酒杯盛土種瓜須臾引蔓生實食
之甚美神仙傳徐光能行術千里市瓜促辦文地
種之俄而瓜生蔓開花結實乃取食之甚美同上
後漢曹娥父溺死娥見瓜浮而得屍會稽志孫鍾
富春人以與母居至孝篤信種瓜為業忽有三少年
來乞瓜為鍾定墓地出門悉化為白鶴飛去幽冥
錄姚俊種瓜菜灌園以供衣食時人或餉一無所
受吳錄步騭避難江南單身窮困種瓜自給吳志
晉桑虞家園瓜熟有人踰園盜之虞見園籬多棘
刺使人為開道及盜負瓜出見道通乃送瓜叩頭
虞與瓜勿罪史滕曇恭年五歲母患熱病思食涼
瓜土俗不產恭歷訪不得俄遇一桑門曰我有兩
瓜分一相遺舉家驚異南史韓虞敏兄弟早孤並
有孝性家貧無以營葬共種半畝瓜朝採暮又生
遂辦葬事史梁杜昉亡高祖方食瓜聞之悲不自
勝史唐太宗食瓜美思杜如晦以其半遣使祭之
史王弘義賤時求鄰舍瓜不與及為御史誣言園
有白兔本縣為集人捕捉畦無遺蔓李昭德曰昔
聞蒼鷹獄吏今有白兔御史史代宗皇后沈氏當
史思明之亂失后所在德宗即位令咨訪高力士

積學書藏

女嘗從后遊年貌相似后常削脯哺帝傷左指高
女亦剖瓜傷左指史武儒衡議論勁正有風節時
元稹侍官官知制誥衡鄙厭之會食瓜蠅集其上
衡揮以扇曰適從何處來遽集于此一座失色史
陸贄隨帝幸梁有獻瓜果者帝嘉其意欲授以官
贄不可奏曰爵位天下之公器不可輕也今獻瓜
一器果一盛則授官後忘軀命者何以勸哉史後
周王熊與客食瓜削瓜皮侵肉羆意撫之及瓜皮
落引手就地取而食之客有愧色史呂文穆蒙正
在龍門讀書一日行伊水上見賣瓜者意欲得之
苦無錢其人遺一枚公悵然食之後作相買園洛
城東南下直伊水起亭以饐瓜為名不忘貧賤也
聞見錄

賦咏祖

五言散句

成畦爛文瓜韓　　秋瓜未落蒂
澄澈甘瓜濯　　茶瓜留客遲
破瓜霜落指杜　　瓜嚼水晶寒
甘瓜抱苦蒂古詩　　霜蔓綴寒瓜
辰日宜種瓜山谷
瘦地翻宜粟陽坡可種瓜
浮沈亂水玉落刃嚼冰霜

積學書藏

清冷氷有味甘淵玉多漿 李待制

惟應種瓜地分我讀書功 趙紫芝

七言散句

豈傍青門學種瓜 杜

每見秋瓜憶故園

翠瓜碧李沈玉甃

五言古詩

江間雖炎瘴瓜熟亦不早柏公鎮夔國滯霧滋一掃食新先戰士共少及溪老傾筐蒲鴿青滿眼顏色好竹竿接嵌竇引注來鳥道沈浮亂水玉愛惜如芝草落刃嚼冰霜開懷慰枯槁許以秋蒂除仍看小童抱東陵跡蕪絶楚漢休征討園人非故侯種此何草草 杜

昔聞東陵瓜近在青門外連畛距阡陌子母相鉤帶 阮籍

種瓜黄臺下瓜熟子離離一摘使瓜好再摘使瓜稀三摘猶自可四摘抱蔓歸 李

夏膚已粗皺秋蒂欲將脱不亂抱蔓歸聊慰相如渴 范石湖

獨釣聖賢酒新嘗子母瓜丁寧林下友莫道故侯家 誠齋

氷泉浸綠玉霜刃破黄金涼冷消晚暑清甘洗渴心 趙山臺

積學書藏

五言八句

病骨那禁暑寒年更作愁有風依舊熱初伏幾時秋瓜葉誰新餉饞涎小忍休金盆井花水且看玉斐浮 誠齋

風露盈藍至甘香隔壁聞綠團罌一捏白裂玉平分鮮瓮開冰段梅山失火雲老夫供晚酌不用辦羶葷

七言絶句

事去人亡迹自留黄花綠蒂不勝愁誰能更向青門外秋草忙忙覓故侯 劉長卿

故人夙有瓜畦約走送籃輿百里間翠甀瓏罌纔一握極知風味勝黄斑 劉屏山

柘漿溜溜香浮玉蘇水沈沈色奪金那似甘瓜能破暑一盤霜雪洗清襟

碧團到眼舌生津三載深慚拜賜頻莫怪尊前最知味東陵自是種瓜人 劉漫塘

七言律詩

暑軒無物洗煩蒸百果凡材得我憎蘇井竹龍浸蒼玉金盤碧筯薦寒冰田中誰問不納履坐上適來何處蠅此理一杯分付與我思明哲在東陵山谷

積學書藏

瓜疇暑雨亂花飛美實鍋熉喜及時鮮井筩籠香發越金刀玉手擘離披侯家昔見連阡盛寶肆徒詩厚貌奇珍重故人分送意臨風宛似對奇姿屏山二首

呼兒急走送筩絲 斂著惟應此物堪一握青瑶含秀潤滿衿寒雪沍清甘才囫底用修鄰怨剪棘聊應盃盜慚他日倘收遺瓣種離離虎掌徧山南

一杯山茗雪花白數片甘瓜碧玉香但得心間無箇事人生何地不清涼虞以良

樂府祖

壺中天

東陵美景有輕烟和月斜風吹雨一種龍鬚隨地轉不學絲蘿兒女結就貢青收來掌握猶帶金盤露柏浮金井氷花零亂飛舞 誰信六月飄霜破開落刃散銀絲金縷冷碧凄香縈齒頰洗我塵襟煩暑杜老吟詩已公留客此興無今古安期非誕世間有棗如許鄭松窓

青門引

手種團團玉香起日晴初熟金刀錯落曉霜寒十分風味獨向暑天足 唐君去後雲空谷異事傳流俗刀圭倘是神仙藥地皮捲盡猶飛肉馬古洲

小重山

積學書藏

碧水浮瓜紋簟前只知閑枕手不成眠晚雲如大雨晴天輕雲遠亭外一聲蟬 池館幾年年倚欄催小艇採新蓮多情還到芰荷邊應相憶折藕看絲牽施叔用

木瓜

事實祖

碎錄

楙木瓜也爾雅 宣州人種蒔滿山谷如定成則鏃紙薄其上夜露日曝漸而變紅花如生本州以充貢焉本草 投我以木瓜報之以瓊琚詩 孔子曰吾于木瓜見苞苴之禮行詩注

紀要

唐元獻皇后思食酸味明皇以告張説因進經袖出木瓜以獻明皇雜記 崔涓守杭州湖上飲餞客有獻木瓜所未嘗有也有中使即袖歸曰禁中未嘗有宜進於上頃之解舟而去守懼得罪欲繳飲官妓作酒糾者白守某度木瓜經宿必委中流也會遣者還云果潰爛棄之矣守異其言召問之曰此物芳脆易損必不能入獻守取香錦賚之唐語林

雜著

為中州之嘉禾何承天木瓜賦 木瓜神能降時雨

杜牧之

賦咏祖

五言古詩

商州楚地户窕在江漢偏草木已漸包果實尤可憐木瓜大如拳橙橘家家懸隔崖有宿葉黄紫凝霜煙高秋萬嶂出一望通郇川都邑雖僻陋來者多名賢 張芸叟

百果多甘酸或由人所植木瓜聞衛詩贈好非玉色捉此瓊琚報蓋重車馬飾幸資藥品用少助宣調力南土佳文章中州異肥瘠 聖俞

客心自酸楚况對木瓜山 李

五言絶句

金平蜀路遠玉樹帝城春榮擢華堂裏逢迎久主人 劉禹錫

沉沉黛色濃桊桊金沙絢却笑宣州房競作紅妝面 范致能

七言絶句

畫漏沈沈倦鎖幃西園東觀閙芳菲繁花滿樹似留客應為主人休辭帰 權載之

古言疾癘由卑溼木實能醫見藥書有力與人銷患難無心望爾報瓊琚 張芸叟

簇簇紅葩閙緑叢陽和閑暇不須催天教爾艷足奇絶不與夭桃次第開

天下宣州花木瓜日華沾液綉成花何須堠子強呈界自有瓊琚先報衙 楊廷秀

樂府祖

蝶戀花

暈緑抽芽新葉閙掩映嬌紅脈脈群芳後京兆畫眉樊素口風姿别是閨房秀 新篆題詩霜寔就換得瓊琚心事偏長久應是春來初覺有丹青傳得厭厭瘦 王道輔

李

事實祖

碎録

或朱或黄傳元賦駮赤李爾雅上林苑有紫李青綺李青房李緑李顔淵李合枝李羌李朱李車下李燕李侯李蠻李西京雜記麥李細小青鐸李肥黏茹似鐸有離核李有摽李有鼽李必先劈裂有黄扁李有鼠李可以染有員丘紅李廣志杜陵有金李述異記丘中有李詩報之以李詩李直方品題果子以緑李為首 國史補

紀要

陳仲子居於陵三日不食井上有李螬食實者過半矣匍匐往將食之三咽而後耳有聞目有見也

孟子李將軍恂恂如鄙人死之日知與不知皆為流涕其忠誠信于士大夫如此諺云桃李不言下自成蹊此言雖小可以喻大李廣傳琳國多生玉葉李五千歲一熟韓終嘗食之亦名韓終李洞冥記房陵朱仲有李園三十六所閑居賦注和嶠性至儉家有好李求之與不過數枚王濟候其上直率群少詣園共啖之代樹送一車與和公惟笑而已語林王安豐有好李嘗賣之恐人得種鑽其核世說王戎字濬沖年七歲與群兒戲于道側見李多實等輩競趨之戎獨不取或問故戎曰李在道旁而多子必苦也取之果然晉書五原蔡縱入山而還語家人云到崑崙山有玉李形如世間者光明洞徹而堅以玉井水洗之即軟可以食抱朴子李義典選請謁不行時人語云李下無蹊徑本傳來禽王羲之帖云青李來禽日給藤子皆囊盛為佳函封多不生足下所疏云此果佳可為致子當轉之吾篤喜果今在田里惟以此故速為致此子則大惠也洪玉父云來禽以味甘來眾禽也法帖永徽中魏郡村人王方于江中灘上得一小樹理之及長乃林檎也實大如小黃瓠色白如玉間有朱點三四又如纈狀實為奇果光明瑩澈又甚甘美王謹為曹州刺史得之獻于王貢于高宗似柰

柰又名五色林檎上大重之賜王文林即名曰文林果　嘉慶子東都嘉慶坊有李樹其實甘鮮為京都之美果故稱嘉慶子西京記

雜著

潛實內結豐肌外盈翠質味實形隨運成傅元賦

沈朱李于寒氷魏文帝中山之縹李陸士衡

賦咏祖

五言散句

夏李沈朱實謝元暉　朱李沈不冷韓

道旁多苦李韓　輕籠熟李香杜

粧濃酒漸醺鄭谷

右軍好佳果墨帖求來禽梅聖俞

七言散句

氷盤夏薦碧實脆韓

碧李翠瓜沈玉漿

朱李扶疎禽自來東坡

野桃山杏水林檎香山

會見繁英出縹牆更將朱實奉華堂宋景文

主人肝膽無猜忌果下遊人但整冠陶弼

東坡先生未歸時自種來禽與青李東坡

熟果無時風自落半顋迎日鬧鮮紅蘇邁

五言古詩

君子防未然，不處嫌疑間。瓜田不納履，李下不整冠。顏延年

桃生露井上，李生桃樹傍。蟲來嚙桃根，李樹代桃僵。樹木自相代，骨肉還相忘。古詩

青玉冠西海，碧石彌外區。化為中國實，其下成蹊衢。色潤房陵縹，味奪寒水朱。沈約

摘以筠根籠，沈以石根泉。濛濛粉米落，粲粲葉相連。歐陽

七言古詩

東都綠李萬州栽，君手封題我手開。把得欲嘗先悵望，與渠同別故鄉來。香山

纍纍來禽已著花，芳根誰徙向天涯。好看青李相遮映，風味應同逸少家。屏山

甘露落來雞子大，曉風凍作水晶團。西川紅錦無此色，南海綠羅猶帶酸。誠齋

枝生離離金彈丸，宜隨玉食薦金盤。從來物以遠為貴，酷愛閩溪荔子丹。謝幼槃林檎

喜時能笑醉能歌，眉映青山眼映波。舊日美如潘騎省，只今瘦似病維摩。誠齋人面子

柰

事實祖

碎錄

上林苑有白柰、紫柰、綠柰。西京雜記

紀要

王祥後母庭中有柰著子，使祥守視，晝驅鳥雀，夜驚蟲鼠。時雨忽至，祥抱柰至昏黑，母見之惻然。本傳

楊愔四世同居，庭有柰實落于地，群兒咸爭，愔獨坐不顧。季父見之曰：此兒恬裕似我。三國典畧

王僧孺五歲，有饋其父柰者，先予僧孺。僧孺曰：大人未見，不敢先嘗，不受。本傳

袁本初時有神出河東，號度索君。兗州蘇氏母病，往禱，見一布衣高冠，謂度索君曰：昔盧山共食白柰，忽已千年，日月易流，令人悵然。布衣去，度索君曰：此南海李少君也。神仙傳

雜著

曹植謝賜表：即夕殿中虎賁宣賜臣等冬柰一大奩。以柰夏熟，今則冬生，物以非時為珍，恩以絕口為厚。文選

素柰夏成。左思太沖嗟其夏成，子建悵其寒熟。劉孝儀

二柰皎丹白之色。潘安仁

賦詠祖

五言散句

輕籠熟柰香。杜

山風猶滿把，野露及新嘗。

七言散句

素柰花開西子面

五言古詩

成都貴素質酒泉稱白麗紅紫奪夏藻裁芳掩春蕙潘安仁

果果後堂柰落盡風雨枝行樂偶散步倚杖聊縱窺林葉蔽孤實山鳥曾未知物亦以晦存悟茲身世為聖俞

茲情來問予扶病為爾起豈無山茗留獨見庭柰喜

全芳備祖卷之八

全芳備祖卷之九後集

天台陳景沂編輯

建安祝　穆訂正

果部

櫻桃

事實祖

碎錄

楔荆桃今櫻桃也爾雅一名含桃以鶯鳥所含故名呂氏春秋一名朱桃一名麥英本草實深紅色者名朱櫻正黃明者名蠟櫻同上仲夏之月天子羞以含桃薦寢廟月令黎舉欲以棖子臣櫻桃但恨不同時金城記李直方第果品以櫻桃第三國史補

紀要

漢惠帝出離宮叔孫通曰古者春嘗果方今櫻桃孰可獻陛下勅取櫻桃獻宗廟上許之漢書後漢明帝于月夜宴群臣于園大官進櫻桃以赤瑛為盤月下視之盤于桃同色群臣笑云是空盤也漢書唐三月宰相有櫻筍廚時為最盛史唐新進士有櫻桃宴摭言帝命侍臣升殿食櫻桃並盛以琉璃和以杏酥飲酴醾酒景龍記唐文宗即位因內園進櫻桃以奉三宮又景龍文館記上與侍臣于樹

積學書藏

下摘櫻桃恣食大陳宴集奏宮樂至暝人賜朱櫻兩籠　天寶初有范陽盧子在東都下第春暮遊僧舍有僧開講盧詣講筵至精舍有青衣攜一籠櫻桃因與同餐青衣云娘子姓盧問之即盧子再從姑也因隨之即夢為御史大夫為相經三十年却到昔逢攜櫻桃青衣精舍門遂下馬升殿禮佛忽然昏醉聞講師云何久不起乃見身著白衫服飾如故問其僕曰日已午矣　李希烈始入汴聞戶曹参軍竇良女美強取之嘗稱陳仙奇忠勇可用而妻亦竇姓願為姊姒以固其夫希烈許諾及希烈死其子不發喪欲悉誅諸將自立未决有獻含桃者竇請分遺仙奇因蠟帛丸雜果中出所謀仙奇大驚因率兵入斬之並異聞錄　蕭穎士李林甫欲用之乃召見時穎士居母喪即縗麻而謁林甫甫素不識見衰麻即令斥去穎士乃為伐櫻桃詩以刺林甫云唐史

雜著

擢無用之弱質因本枝而自託汨群林而非據專階庭之右地雖先寢而或薦豈和羹之正味穎士句惟櫻桃之為桃先百果而含榮鳥終食而便墮雨薄洗而先零後梁宣帝為樹則多實為果則先熟傳咸句集繁星而積耀柳文

積學書藏

賦詠祖

五言散句

殘櫻落紅珠香山　櫻桃千子紅溫岐

倒流映碧叢點露聳朱實梁簡文

朱顏含遠日翠實影長津唐太宗

甘為舌上露暖作腹中春香山

紅櫻盈眼日白髮滿頭時

賞應歌杕杜歸及薦櫻桃杜

赤墀櫻桃枝隱映銀絲籠

流鶯猶故在爭得諱含來李商隱

惜看充鳳實痛已被鶯𤎌

朱實鳥含盡青樓人未歸

何因古樂府惟有鄭櫻桃

昔遊為櫻筍東道盡鴛鴦東坡

味兼羊酪美食獻楚梅酸聖俞

昨日酪將盡今朝櫻可餐

並蒂隨宜好連心著意紅陳后山

已驚變濃綠忽更垂繁紅劉原父

磊落火齊珠參差珊瑚叢

七言散句

櫻桃爛熟滴階紅東坡

鳥偷飛處銜將火人爭摘時蹹破珠香山

朱櫻此日垂朱實郭外誰家負郭田 杜
捧盤小吏初宣勅當殿群臣共拜恩 張籍
昨日南園新雨後櫻桃花發舊時枝
飽食不須嫌內熱大官還有蔗漿寒 王維
蓬萊羽客如相訪不是偷桃一小兒 張祜
鬧道令人好顏色神農本草自應知 崔興
石榴未折梅猶小愛此山花四五枝 張祐
祇道朱櫻纔美莚及來幽圃已殘枝 聖俞
朱櫻再食變盤日紫禁重頒四月時
盤中宛轉明珠滑舌上逡巡絳雪消 潁濱
傾盤的皪沾朝露出袖熒煌得寶珠 陳后山
敢限東君少才思不留檀口待櫻桃 王元之
階翻紅藥曾重見勅賜櫻桃亦屢經 周益公
草草杯盤莫笑貧朱櫻羊酪也嘗新 放翁
紅寶離離壓彩枝熒煌珠琲綴萎蕤 張俞

五言古詩

含桃丹更圓輕質觸必碎外有千粒珠中藏半泓水何人美好手萬顆揚虛脆印成花鈿薄染作冰漸紫此果非不多此味良獨美 誠齋

朝光被波浮陰喧鳥聲交加櫻桃此時盛滿樹紛形霞當戶仍拂簾參差自相遮 劉原父

前來過南京麥老櫻桃熟今來舊遊處櫻麥半黃

綠東坡

五言絕句

並蒂隨宜好連心稱意紅只堪驚老眼持此與誰同 誠齋

火齊寶瓔絡垂于綠繭絲幽禽都未覺和露折新枝 范石湖

五言八句

故人憐一老轂食寄三山厚味非貧具先嘗愧容鬧甘酸俱可口良白不宜顏好句那能寄情深未覺慳 陳后山

綠樹帶帶朱實駐禽費彈丸獨先諸果熟堪奉五侯餐猩血和瓊液蠙珠走玉盤同時得同賞芍藥滿雕欄 戴石屏

五言律詩

清曉趨丹禁紅櫻降紫宸 禽養得熟和葉摘來新圓轉盤傾玉鮮明籠透銀內園題兩字西掖賜三臣熒惑精華赤醍醐氣味真如珠未穿孔似火不燒人瓊液酸甜足金丸大小勻偷須防曼倩惜莫擲安仁已懼長尸祿仍驚數食珍最憐恩未報飽餵不才身 香山

忍用熏酥酪從將洗玉盤流年如可駐何必九華丹 杜牧之

積學書藏

離宮時薦畢樂府豔歌新石髓𩯭秦洞珠胎剖漢
津三桃聊並列百果獨先春清蘌來君賜瑚盤助
席珍甘餘應受和圖極豈𧰽神楚容便羊酪峄朋
貟紫尊楊億
圜　火色具縈極月光珠西　瑶池苑會域寳樹
區鳳幘生猶嫩龍睛未晚枯形標與霞彩紫府𨷲
雲腴
上苑空枝後荒岩滿樹新鳥銜紅映嘴猿飽滑流
昬溪寺初供佛山齋已待賓葉襯青舒槲籠𤖅綠
繞筠濕盤𧰽宛轉就酒益甘辛王元之
蔗漿寒上器羊酪氷中厨細碎榴非匹尋常荔可
奴還當生林下笋食廢朝餔石曼卿
林長景星𡋯枝重串珠繁摘自青絲籠來宜紫桂
尊賞鮮流火動漿勢醉霞溫宋景文
南國饒春實繁如躑躅然已先盧橘熟更壓荔枝
圓向日含滋液無人薦吉𨹵張俞
縠雨櫻桃落薰風拂帶斜舜絃新曲在休唱後庭
花謝布孟

七言古詩散聯

金衣珍禽美深樾禁籞未櫻班君𦆽上幸離宮促
薦新藤籃寶籠貂璫發君王日午望猗蘭翡翠一
盤紅鞢鞨文與可

積學書藏

櫻桃滿甑炊赤糜槐葉掾𦁊縈碧絲橋中洞庭漲
春涤臛笋煎花煮甘菊莓苔分座葉幄低攀條美
芳有茶蘼為君刻竹記幽會桐葉題詩滿新翠天
台集

七言絶句

雲陽初獻滿筠籠黃蠟新衣色半紅今日嶺邊空
對酒偷將淚眼望秦中張芸叟
四月江南黃鳥肥櫻桃滿市粲朝暉赤瑛盤裏䄂
殊遇何必筠籠相發輝陳簡齋
王母階前種幾株水晶簾外看如無只應漢武金
盤上瀉得珊珊白露珠趙循道

七言八句

西蜀櫻桃也自紅野人相贈滿筠籠數回細寫愁
仍破萬顆匀圓訝許同憶昨賜沾門下省退朝𤖅
出大明宮金盤玉筯無消息此日嘗新任轉蓬杜
甫
時節雖同氣味殊未知堪薦寢園無合元鳳賫留
三島誰與鶯偷過五湖苦笋恐難投象匕酪漿無
復瑩蠙珠金鶯歲歲長宣賜忽淚看天憶帝都韓
偓
漢家舊種明光殿炎帝還書本草經豈似滿朝承
雨露共看傳賜出青冥香隨翠籠𤖅初重色照銀

盤瀉未停食罷自知無所報空然慚汗仰高喬木文公

滿合虛紅怕動搖尚書珍重賜櫻桃採籃尚帶新鮮葉潑血猶殘舊折條萬顆珍珠輕觸破一團甘露軟含消春來老病猶珍荷併食中腸似火燒盧延遜

開門先得故人書稍喜提攜起覆盂得句有誰知我在嘗新此日賴吾徒傾籃的皪沾朝露出袖熒煌得寶珠會薦瑛盤驚一座莧腸藜口未良圖陳后山

櫻桃一雨半凋零更與黃鸝翠羽爭計會小風留紫脆殷勤落日映紅明摘來珠顆光如徑走下金盤不待傾天上薦新更分賜兒童猶解憶寅清誠齋

朱實初傳九華殿繁花舊雜萬年枝全勝晏子江南橘莫比潘家大谷梨崔興宗

纔見寢園春薦後非關御苑鳥銜殘歸鞍盡帶朱絲籠中使頻傾赤玉盤王維

樂府祖

浣沙溪

雨後園亭綠暗時櫻桃紅顆壓枝低綠兼紅好眼中迷　荔子天教生處遠風流一種阿誰知最紅深處有紅鸝晁无咎

菩薩蠻

香浮乳酪玻璃椀年年醉裡當新慣何物比春風歌唇一點紅　江湖清夢斷翠籠明光殿萬顆瀉輕勻低頭愧野人稼軒

浪淘沙

上苑又春殘櫻顆如丹明光宮裡水晶盤想得退朝花底散宣賜千官　往事記金鑾荔子難扳多情更有酪㯪寒蜀客筠籠相贈處愁憶長安洪子大

蒲萄

事實祖

碎錄

蒲萄苗作蔓藤而極長大盛者二三本綿被山谷間花極細而黃白色其實紫白二色而形之圓銳赤心種其汁可以釀酒本草一名馬乳或名水晶雜志

紀要

李廣利為貳師將軍破大宛得蒲萄種歸漢六帖

西域蒲萄酒可至十年張騫使西域得之博物志

龜茲國人奢侈家有至千斛蒲萄酒漢使取來離宮別館傍盡種之異國志

大宛俗嗜蒲萄酒馬嗜

積學書藏

苜蓿後漢使因採蒲萄苜蓿子以歸今各處有之仝上 西王母下帝設蒲萄酒內傳 孟陀以蒲萄一斛遺張讓即為涼州刺史漢書 李元忠贈世宗蒲萄一盤世宗報以白縑遺書曰忽荷蒲萄良深愧仰聊以絹百疋以酬清德北史 唐高祖賜群臣宴御前有蒲萄侍中陳叔達執而不食上問其故曰臣母患口乾求之不能得上曰卿有母可遺乎遂流涕嗚咽因賜之唐史 唐太宗破高昌收馬乳蒲萄于苑中種之并得其造酒之法唐史 貝丘之南有蒲萄谷天寶中沙門曇霄因遊諸岳至此得蒲萄食之甚苦蔓堪為杖大如指長五尺許將歸本寺植之遂活高數仞蔭地幅員十丈仰觀如帷蓋為其實磊落紫瑩如墜人號為草龍珠帳云雜俎

雜著

蒲萄結蔭又云若蒲萄之珍磊落蔓衍乎其間魏都賦 蒲萄醒酒宿醒掩露而食甘而不飴酸而不脆冷而寒味長汁多除煩解渴又釀以為酒甘于麴善醉而易醒道之固已流涎咽唾而況親食之耶他方之果寧有匹之者文帝詔

賦詠祖

五言散句

一縣蒲萄熟杜　蒲萄出漢宮李

積學書藏

露華珠顆重日耀水晶明白氏集

七言散句

九月肅霜初熟時寶璫碌碌珠纍纍香山

匈奴繫頸數應盡明年應入蒲萄宮李

京師皆騎汗血馬回紇餧肉蒲萄宮杜

五言古詩

塋田生蒲萄纏繞一枝高移來碧池下長苗日日高分岐浩繁蔓修枝蟠詰曲楊翹向庭柯意思如有屬為之立長架布護當軒綠甘液瀰其根理疎看滲漉繁葩組綬結懸實珠璣蹙馬乳帶輕霜龍鱗曜初旭有客汾陰子臨堂瞪雙目自言我晉人種此如種玉釀之成美酒令人飲不足為君持一斗往取涼州牧劉禹錫

朱盤何纍纍紫乳封霜厚今為馬谷繁昔醞涼州海聖俞

魚鮮含宿潤馬乳蒂殘霜染指鉛華膩滿喉甘露香醞成千日酒味敵五雲漿禹錫

七言古詩

婉婉柔條萬虬蟠纍纍佳實紫金寒鮫室珠盟鷺不定蓬萊玉醞恨微酸甘泉滲液秋香重瑞露凝膏曉色乾劉原父

蒲萄新條易扶蘇椿花瑣碎滿庭除早乾只喜雨

破土滌潤不憂河決渠晁无咎

蒲萄盤屈如修蛇春來埶起紆橫斜延之升架鱗甲動㬈枝纍纍生光華盤堆馬乳未敢望𣪘勤灌溉意匪他張文潛

七言絕句

新篁未徧半猶枯高架支離倒若扶若欲滿盤堆馬乳莫辭接竹引龍鬚

竹引龍鬚卷復伸堆盤馬乳釀青春潑醅一斗宜延客莫忖涼州學漢人王梅溪

涼州博酒不勝痴銀海乘槎領得歸玉骨瘦來無一把向來馬乳太輕浮肥誠齋

君家小圃占春光眼看龍鬚百尺長移向樓邊並春井明年垂實更陰涼張南軒

七言八句

映日圓光萬顆餘如觀寶藏隱蝦鬚夜愁風起飄星去曉喜天晴綴露珠宮女揀枝模錦綉論師持味比醍醐欲收百斛供春釀放出聲名壓酪奴山谷

纔喜盤藤接葉生又驚壓架暗成陰夏褰涼潤清油幕秋滴甘寒黑水晶近竹猶爭一尺許抛鬚先過兩三莖今年乞種江西去長是家齋怯曉晴誠齋

樂府祖

鷓鴣天

陰陰一架紺雲涼裊裊千絲翠蔓長紫玉乳圓秋結穗水晶珠瑩露凝漿　相並熟試新嘗纍纍輕剪粉痕香小槽壓就西涼酒風月無邊是醉鄉張約齋

眼兒媚

玄霜涼夜鑄瑶丹飄落翠藤間西風萬顆明珠巧綴零露溥沾　時人那識風流品馬乳堆盤玉纖旋摘銀甖分釀莫負清懽張約齋

全芳備祖卷之九

積學書藏

全芳備祖卷之十後集

天台陳景沂編輯
建安祝　穆訂正

卉部

草

事實祖

碎錄

卉草也草謂之華木謂之榮不榮而實者謂之秀榮而不實者謂之英爾雅　天地變化草木蕃易坤卦　兖州厥草惟繇徐州草木漸苞揚州厥草惟夭書禹貢　庶草繁蕪洪範　園圃毓草木禮太宰　孟春草木萌動季秋草木黃落禮記月令　為國家者去惡如農夫之去草焉　芟夷蘊崇之絕其本根無使滋蔓蔓難圖也　一薰一蕕十年尚有遺臭並左傳

紀要

神農始嘗百草一日七十毒淮南子　黃帝問師曠曰吾欲知苦惡可知乎對曰歲欲豐甘草先生甘草薺也歲欲苦苦草先生苦草葶藶也歲欲惡惡草先生惡草水藻也歲欲旱旱草先生旱草蒺藜也歲欲疫疾病草先生疾病草艾也博物志　黃帝問天姥曰天地所生豈有食之令人不死者乎天

積學書藏

姥曰太陽之草名曰黃精餌之可以長生太陰之草名曰鉤吻不可食食之入口立死人同上　堯土階三等有草生庭名曰蓂莢草十五日以前生一葉十五日以後落一葉若月小盡則一葉厭而不落通志　堯時有屈軼草佞人入朝則屈而指之又名指佞草同上　魯曲阜孔子塋中不生刺人草世家　秦時大宛中多枉死者橫道有鳥如烏銜草以覆死人而遂活鬼谷先生曰此草瀛洲不死草也生瓊田中亦名曰養神芝廣志　東方朔曰臣種有吉雲草種于光景山中一千歲一花臣種一千九百九十九年矣明年應生臣是往刈之以飼馬馬食不飢帝許之朔平旦而去至暮而返背負數束其葉似麥而金色刈以飼馬即不覺飢洞冥記　漢王昭君嫁单于服毒死葬之胡中胡地草白而此塚草獨青因謂青塚漢書　不其城東有鄭玄教授山山下生草如薤葉土人名作康成書帶草三齊要記　漢元帝永光二年天雨草葉相糾結如彈丸史　靈帝中平元年東郡陳留濟陽長垣濟陰諸縣界有草生莖其大如指狀似龍蛇鳥獸之形五色各如其物毛羽頭皆具漢書　魏興錫義山多生薇蘅草其草有風搖水經　謝靈運思詩不就忽夢弟惠連即得池塘生春草之句人以為工史　符堅至

積學書藏

壽春與符融登城而望王師見部陣整肅八公山草木皆以為晉兵顧謂融曰此亦勁敵何有懼色史定昌菟無文字但候草榮枯以記歲時後國書有園客者濟陰人嘗植五色香草積十年採其實一日有五色蛾上其傍客收而蓄之至蠶時有女夜半至自稱客妻道蠶之事客與俱蠶得一百二十頭繭皆如甕太平廣記 午橋莊小兒坡茂草盈里晉公每使數群羊散于坡上曰芳草多情賴此粧點窮幽記 周茂叔窗前草不除去云與自家意思一般語錄

雜著

何所獨無芳草兮爾何懷乎故宇 畦夷留與揭車兮雜杜衡與芳芷 既替余以蕙纕兮又申之以攬茝 蘭芷變而不芳兮荃蕙化而為茅 攬椒蘭其若茲兮又況揭車與江蘺 采薜荔兮水中 采芳洲之杜若將以遺乎下女 若有人兮山之阿被薜荔兮帶女蘿 被若蘭兮帶杜蘅折芳馨兮遺所思 何昔日之芳草兮今直為此蕭艾也 春草生兮凄凄王孫遊兮不歸並楚辭 春草碧色春水綠波送君南浦傷如之何別賦 芳草被堤蜀西都賦

賦咏祖 書散句

積學書藏

五言散句

芳草換野色古詩　光風草際浮選
嚴霜凋翠草選　青青河畔草古詩
東風搖百草　春草秋更綠謝朓
疾風知勁草唐太宗　無名江上草杜
春風百草生杜　秋露滴草根
草見踏青心　江白草纖纖
碧委墻隅草　碧知河外草
忘機對芳草　百草競春華
春草遒青袍　汀草亂青袍
相期拾瑶草　燕草如碧絲
池草暗生香李白　露排四岸草韓文公
平野春草綠柳宗元　陰草濕翠羽
秋草含綠滋張景陽　草色入簾青禹錫
春草如有意羅生玉堂陰選
驛邊沙舊白湖外草新青杜
年深荒徑在老恐失柴扉

七言散句

獨尋春草上荒臺薛能
獨憐幽草澗邊生韋
綠楊如線草鋪茵丁晉公
映階碧草自春色

積學書藏

煙迷碧草凄凄長 杜
翠岸斜鋪翡翠裀 樂天
草深閑院蟲相語 放翁
不似凄凄南浦見晚來烟雨半相和 羅鄴
欲識王孫多少恨正和烟雨滿庭臺 韓
館娃宮外姑蘇臺鬱鬱芊芊撥不開
若共吳王鬪百草不如應是欠西施 禹錫
庭下已生書帶草使君原是鄭康成 東坡
暗淡紅村春日斜汀洲芳草野田花
落花過雨埽不去敗草經春剗又生 趙竹

五言古詩

終朝採草榮日暮不盈抱採之欲貽誰所思在遠道
綠蘿紛葳蕤繚繞松柏枝草木有所托歲寒尚不移
白露下百草蕭蕭共憔悴青青四墻下已復生滿地 文公
芳草復芳草斷腸還斷腸自然傾下泪何必更斜陽 杜牧之
童子惡其蕃為我盡埽除 再三擷愛之不能鋤人生群動中一氣本不殊奈何欲自私必彼安其軀況我麋鹿性得此亦可娛延蔓藩籬間若在

積學書藏

田野居 張文潛

五言絕句

離離原上草一歲一枯榮野火燒不盡春風吹又生 李白
山中相送後日暮掩柴扉春草年年綠王孫歸不歸 王維
君王不可見芳草舊宮春猶帶羅裙色青青向楚人 劉長卿
芳草知誰種緣堦已數叢無心與時競何苦綠匆匆 王介甫
塞北雁初回江南客未歸萋萋堪恨處烟靄又斜暉

五言八句

楚草經寒碧庭春入眼濃舊低收葉舉新掩卷牙重步履宜輕過開筵得屢供看花隨節序不敢強為容 杜
漠漠更離離閒吟笑復悲六朝爭戰處十載寂寥時陣淵團空壘叢疏露斷碑不堪殘照外牧笛隔烟吹 僧布畫
茸茸非春意秋原綠更新空隨白雲暮重起廢城春紫塞有來鴈洞庭無主人王孫歸未得愁斷夕陽塵 張俞

草木起寒色望来秋更清舟横遥夜月風度隔城
更避俗心雖在休官疏未行空慚舊吟侶有句續
唐聲 賈似道

五言排律

將課司天曆先觀近砌蓂一旬開應月三日數從
星桂滿叢初合蟾虧影漸零辨時長有素馭閏忒
餘青墜葉推前事新芽驗未形堯天始今歲方欲
瑞千齡

七言古詩

憶春草處處多情洛陽道金谷園中見日遲銅駝
陌上迎風蚤河南大尹頻出難只得池塘千步看
府門閉後滿街月幾處遊人草頭歇館娃宮外姑
蘇臺鬱鬱芊芊撥不開無風自偃君知否西子裙
裾曾拂来 禹錫

勿去草草無惡若此世俗俗浮薄君不見長安公
卿家公卿盛時客如麻公卿去後門無車又不見
千里萬里江湖濱觸目萋萋無故人惟有芳草隨
車輪一朝返故居門前草先除艸于主人實無負
主人于草宜何如勿去草草無惡若此世俗俗浮
薄 王文公

七言絶句

花落江隄簇暖烟雨餘江色遠相連香輪莫碾青
青破留與遊人一醉眠

清江碧草兩悠悠各自風流一種愁正是落花寒
食雨夜深無伴倚空樓 韓偓

砌下芝蘭新滿徑門前桃李舊垂陰却應回念江
邊草放出春烟一寸心 韋

芳草著烟暖更青閑門要路一時生年年檢點人
間事惟有春風不順情

春草綿綿不可名水邊原上亂抽榮似嫌車馬繁
華處纔入城門便不生 劉原父

春盡江南茂草深遠池縈樹碧岑岑長安客舍孤
根地一寸幽芳萬里心 晏殊

山無人跡草長青異彩奇香不識名只是茗華兼
蘇葉也無半點俗塵生 誠齋

霜前亂碧未全枯霜後紛黄却又蘇偷吃瑶臺青
女粉都生瓚髮與銀鬚

年年春色屬垂楊金燃千絲翠萬行今歲早芽先
得引攙他濃翠奪他黄

楚岫秦原一望平誰教根向路傍生輕蹄繡轂長
相踏合是榮時不得榮 徐寛

七言八句

漸覺東黄意思匀陳根初動夜來新忽驚平地有
輕綠已蓋六街無舊塵莫為榮枯吟野草且憐愁

醉杞香輪詩人空怨王孫遠極目萋萋又一春 程明道

淡烟荒草六朝宮萬歲叢生一眺中不識群公互號虎獨于此地必爭熊秦河濺淚西風泣淮噉含羞晚照紅酣得許多愁為底祇緣悞倚大江東 江淮肥遯子四首

未破滁陽亭屢易亭亡今又幾經年蓬回路轉勢不改木秀陰繁 到巔流下山泉青若咽曉餘寺刻塊如拳紫土一殿今何在衰草殘煙護曉娟

江城滕閣倚空寒鶴勢騫飛遠耐看旁列西山青玉案高聳南浦白銀盤摩娑王記猶無恙拂拭韓碑尚未刊 蒯愧賞心亭下水草洲埋沒貽愁酸

長淮何處雁聲多西去渦心北邁河影逐泗潰煙月艇陣鷺毫邑水雲囊小玉草筆終難學蘇武陵書果若何陣草邊蘆雨蕭索遠陪砌女作離歌

七言律詩散聯

裊如垂綫軟如茵古渡蒙茸映曉痕解憾有情迷霧雨總生閑地雜蘭孫綠鋪春色團荒寺遠襯斜陽接釣村

波蒯别浦情無盡日下重樓望欲迷獨鳥自飛烟漠漠行人不駐雨凄凄王孫何事征鞍晚蘭澤空閑杜宇啼 王岐公

樂府祖

踏青遊

改火初晴綠遍禁池芳草鬪錦繡大城馳道 踏青遊拾翠惜襪羅弓小蓮步裊腰肢佩蘭輕妙 行過小林春好今困天涯何限舊情相惱念搖落玉京寒早任劉郎目斷蓬山難到仙夢杳良宵又過了樓臺萬家清曉 東坡

鵲橋仙

多情應解留連春意滿地縈花惹絮王孫何在不歸來又徧滿閑門要路 咸陽原上姑蘇臺下腸斷碧雲綠浦迢迢歸思 解送春山盡處 晁

點絳唇

金谷年年亂生春草誰為主餘花落處滿地烟和雨 又是離歌一闋長亭暮王孫去萋萋無數南北東西路 林君復

鳳簫吟

鎖離愁連綿無際來時陌上初薰綉幃人念遠暗垂珠淚注送征輪長亭長在眼更重重遠水孤雲但望極樓高盡日斷王孫 消魂池塘別後曾行處綠妬輕裙恁時攜素手亂花飛絮裏緩步香裀朱顏空自改向年年芳意長新徧綠野嬉遊醉眠莫負青春 韓玉汝

積學書藏

積學書藏

八聲甘州慢

漸鶯聲近也採年芳河畔才輕輪旋東風染綠綿綿平野無際烟春最苦夕陽天外愁損倚闌人無奈瀟湘杳留滯王孫　冷落池塘殘夢是送君歸後南浦消消魂賴東君能容醉卧展香裀儘教更行人行人遠也相伴連水復連雲關山道笑無今古客更長新　鄭子玉

春草碧

又隨芳緒生看翠霽連空愁徧征路東風裏誰望斷西塞恨迷南浦天涯地角意不盡消沉萬古曾是送別長亭下細綠暗烟雨　何處亂紅鋪繡茵有醉眠蕩子拾翠遊女王孫遠柳外共殘照斷雲無語池塘夢生謝公後還能繼否獨上畫樓春山冥雁飛去　万俟雅言

少年遊

春風吹碧春雲映綠曉夢入芳裀軟襯飛花遠連流水一望隔香塵　萋萋多少江南恨翻憶翠羅裙冷落閒門淒涼古道煙雨正愁人　高竹屋

全芳備祖卷之十

全芳備祖卷之十一後集

天台陳景沂編輯

建安祝　穆訂正

卉部

芝

事實祖

碎錄

芝瑞草也一名菌一名芝尒雅　芝生於土土氣和故芝草生瑞命禮曰王者慈仁則芝草生論衡　黑為凶黃為喜　菌芝如樓　五德芝如車馬　酉陽雜俎

紀要

四皓避秦隱居商山採芝而歌曰漠漠高山深谷逶遲曄曄紫芝可以療飢唐虞世遠吾將何歸駟馬高車其憂甚大富貴之留人不如貧賤之肆志乃共入商山隱于地肺山秦滅漢高祖召之不至深入終南山史　漢宣帝元年詔金芝九莖產于函德殿銅池中明帝永平閒芝草生殿前漢武帝甘泉宮生芝草九莖連葉乃作芝房之歌以薦郊廟

漢章帝朝零陵獻芝草　唐太宗正觀中天子寢室中產芝十四莖並為龍翔鳳翥之形　元宗天寶中有玉芝產於大同殿柱礎一本兩莖神光

照于殿　肅宗上元中延英殿御座生玉芝一莖
三花御製玉靈芝詩　天寶初臨川郡人李嘉胤
所居柱上生芝草形類天尊太守張景儉截柱獻
之以上並本記伊祁元爲上種于殿前一日生雙
芝色褐一莖而穗如麟頭尾悉具其中有子如瑟
瑟杜陽編唐安祿山擊契丹遂奏河北郡芝生于
梁史韓思遷滁州守有黄芝生于州署民爲刻頌
其瑞史景佑四年有芝生于化成殿柱御製瑞芝
詩儒者並獻賦韓琦言願陛下特以災異爲重至
于珍符奇瑞雖仁愛所感亦望日謹一日以雖休
勿休爲念長編東坡月夜夢遊一人家閘堂西門
有小圃古井井上有蒼石石上有紫藤如龍蛇枝
葉如赤箭主人言此石芝也余率爾折食一枝衆
皆驚哄其味如雞蘇而甘明日作詩本序子瞻詩
所記胡道士玉芝一名瓊田草俗號其葉云唐婆
鏡本艸云鬼臼也歲生一臼如黄精之堅瘦可以
辟穀山谷詩序

雜著

濯靈芝于朱柯西京賦玉芝含秀而晨敷天台賦
車蓋之狀煌煌靈芝一年三秀同上赤箭青芝韓
文鳳凰芝草賢愚皆知美瑞　使受天澤餘潤雖
朽枿敗腐不能生植猶然蒸出芝菌以爲祥瑞柳

文齊芳產艸九莖連葉宮童效異披圖按牒元氣
之精回復此都蔓蔓日茂芝成靈華禮樂志　王欽
若曰今歲豐百物繁衍公私所慶雖有靈芝卿雲
醴泉不足以濟物不若豐年之爲瑞也本傳　晉陵
郡君叶爲新昌宰視事之三日靈芝五色十二生
于便坐之室吏民來觀無不動色相與言曰吾令
君殆將有嘉政以福我民乎山川鬼神其共知之
矣不然此不蒔而秀不根而成非人力所能致而
自至者何也乃相與闢其室四達爲亭命曰瑞芝
奔走來謁寄于豫章黄庭堅黄庭堅曰予觀神農
草木經青芝生泰山赤芝生衡山黄芝生嵩山白
芝生華山黑芝生常山皆久食而輕身延年而不
老蓋序列養生之藥不言瑞世之符又其傳五芝
者赤者如珊瑚白者如截肪黑者如澤漆青者如
翠羽黄者如紫金皆光明洞徹如堅冰而世之所
名芝草不能若是也故常攷信于書自先秦之世
未有稱述芝草者及漢孝武飫獻四海之富求致
神仙不死天下騷然元封中乃有紫芝百莖連葉
生甘泉殿齋房中于是天下作芝房之歌孝宣興
于民閒勵精萬事事無過舉然廟享數有美頌
頗甘心焉故復修孝武郊祀以瑞紀年元康中金
芝九莖又產函德殿銅池中然此芝不生于五岳

積學書藏

果神農所謂芝者耶予又切怪漢世既無尚芝草而兩漢循吏之傳未有聞焉何也豈其所居民得其職所去民思其功生則羽儀于朝沒則烝嘗于社耶是則民之鳳凰麒麟醴泉芝草也耶抑使民田畝有禾黍則不必芝草生戶庭使民伏臘有雞豚則不必麟鳳在郊棷黠吏不舞文則不必虎北渡河里胥不追擾則不必蝗不入境此其見效優于空文也耶又嘗試論之古之傳者曰上世盖有屈軼指佞蓂莢紀曆蘇竹生律既不經見後世亦不聞有之則前世之有芝草特未定也邵君家世儒者又能好修求自列于循吏之科故即其氣熖而取之異草來瑞使因是而發政于民勤恤而無倦民得盡力于田士將盡心于學則非常之物不虛其應且必受賜金增秩之賞用儒術顯于朝廷矣豈獨夸擢下邑而已乎故書予所論使歸刻之山谷

賦咏祖

五言散句

靈芝望三秀選　芝葉正玲瓏庚肩吾

靈芝冠衆芳杜

黃金九葉發紫蓋六英通肩吾

吾慕漢初老時清猶茹芝杜

積學書藏

柯同庭橘勁色近御衣深王岐公

一榮不復枯五色異衆芳聖俞

四明開輿壤三秀發靈芝夏英公

菌蠢朝承露熒煌夜吐霓汪山谿

齋房輝玉筆岱檢雜金泥

不須許斧子辛勤採五芝山谷

七言散句

枯朽猶能出菌芝東坡

靈根盤錯呈天瑞寶葉蟬聯表地仙李紳

穆穆睟容分喜色煌煌寶座秀靈芝夏英公

可憐九轉功成後却把飛昇乞肉芝歐

肉芝烹熟石芝老咲唖熊掌嚬彫胡東坡

丹頂一丸深自秘紫芝三秀却光知潁濱

不用採芝驚世俗恐人謗道是神仙放翁

五言律詩

明王登孝感寶殿秀靈芝色帶朝陽淨光涵宿露滋且標宣德重更引國恩施聖祚今無限微臣樂未歸錢起

七言古詩

空堂明月清且新幽人睡息來初匀了然非夢亦非覺有人夜扣祁孔賓披衣相從到何所朱欄碧井開瓊戶忽驚石上推龍蛇玉莖紫笱生無數鏘

積學書藏

然散折青珊瑚味如蜜藕和雞蘇主人相顧一撫
掌滿堂坐客皆盧胡亦知洞府嘲輕折終勝嵇康
羨王烈神山一合五百年風吹石髓堅如鐵東坡
卓仙在時養瓊芝深根固蒂活人命憧憧往問此
何草但告渠是唐婆鏡 山谷

七言八句

廟錫玲符豈偶然雲華再見幾經年祥開二室昭
詒燕根託同極自屬聯上瑞應誠難紹聖宸衷思
孝益增虔徽臣願 皇天意不厭終重效異篇張

煌煌瑞彩映金鋪元氣回旋即此都太史連年書
盛事近臣更日獻新圖璇穹薦社寧虛應玉葉流
芳已兆符早晚清塵款原廟臨觀敢請駐前驅
豈如玉殿生三秀詎有銅池出五雲陌上堯樽傾
北斗樓前舜樂動南薰 錢起

樂府祖

點絳唇

高柳蕭蕭睡餘已覺西風勁小窓人靜淅瀝生秋
聽 底事多情欲與流年競殘雲暝墜中墉愁小
立芝蘭徑 葉石林

虞美人草

事實祖

積學書藏

碎錄

雅州名山縣出虞美人草花葉兩兩相對人或近
之即向人而俯如為唱虞美人曲則此草應拍而
舞他曲則否 草木記

紀要

漢王圍羽垓下歌曰力拔山兮氣蓋世時不利兮
騅不逝騅不逝兮可奈何虞兮虞兮奈若何左右
皆泣 史

賦咏祖

五言古詩

夜闌浩歌起玉帳生悲風江東可千里棄妾蓬蒿
中化石那解語作草猶可舞陌上望騅朱翻然不
相顧

五言八句

幽草默通神舊題虞美人長言方度曲應節若翻
身律呂聲相召雲龍氣自親無情猶感會不獨在
君臣 陳后山

七言古詩

鴻門玉斗粉如雪十萬降兵夜流血咸陽宮殿三
月紅霸業已隨煙燼滅剛強必死仁義王陰陵失
路非天亡英雄本學萬人敵何用屑屑悲紅粧三
軍散盡旌旗倒玉帳佳人坐中老香魂夜逐劍光

積學書藏

飛青血化為原上草芳心寂寞寄寒枝舊曲聞來似斂眉哀怨徘徊愁不語恰如初聽楚歌時滔滔逝水流今古漢楚興亡兩丘土當年遺事久成空慷慨尊前為誰舞曾鞏

君恩如海海不深妾義如鐵利斷金舍生取義我所欲忍死織室羞同心春姿忽作秋蓮姿一寸剛明曾不死明年原上野花繁一枝自托華風起裊娘娉娉不成艷能渡淺深生色染向人欲訴却無言寂寞千年恨誰掩芳郊遊女宛轉歌停春拍手看婆娑僧北澗

七言絕句

魯公死後一杯荒誰與竿頭薦一觴妾願得生墳土上日翻舞袖向君王蕭子岩

霸業將衰漢業興佳人玉帳醉難醒可憐血染原頭草直至如今舞不停易幼學

合歡枝葉想腰身不共長安草木春若聽楚歌能楚舞未央空有戚夫人許野雪

樂府祖

虞美人

歌唇乍啓塵飛處翠葉輕輕舉似呈舞態逞嬌容嫩條纖麗玉玲瓏怯秋風　虞姬珠翠兵戈裏莫認埋冤地只因遺恨寄芳叢露和清淚溼輕紅古

積學書藏

今同

當年得意如芳草日日春風好拔山力盡忽悲歌飲罷虞兮從此奈若何　人間不識精誠苦貪看青青舞驀然斂袂却無音拍是曲中猶帶楚歌聲辛稼軒

帳前草草軍情變月下旌旗亂褫衣推枕惜離情遠風吹下楚歌聲月三更　撫鞍欲上重相顧艷態花無主手中蓮鍔凜秋霜九泉歸路是仙鄉恨忙忙

浪淘沙

不肯過江東玉帳匆匆至今草木憶英雄唱著虞兮當日曲便舞春風　兒女此情同往事朦朧湘娥竹上淚痕濃舜目重瞳堪最恨羽亦重瞳辛稼軒

菖蒲

事實祖

碎錄

菖蒲一名昌歜說文其根盤屈有節狀如馬鞭一根傍引三四根九節佳亦有一寸十二節者一名昌陽本草以瓦石器種之屢易水則茂水濁則萎本草羅浮山中一寸十二節山記又名堯韭烏髭呂氏春秋菖蒲放花人食之長年風俗通

積學書藏

紀要

堯時天降精于庭為韭感陰氣為菖蒲焉典術文王好食菖本菹說苑天王使周公閱聘餐有菖歜左傳漢武帝上嵩山忽見有仙人長二丈耳有垂帝禮而問之仙人曰吾九疑山中人也聞中岳山中有菖蒲一寸九節食之可以長生故來採之忽然不見帝謂侍臣曰彼非欲服食以此喻朕耳神仙傳番禺東有澗澗中生菖蒲皆一寸九節安期生採服仙去草木狀韓衆服菖蒲十三年身上生毛日視書萬言皆誦之冬袒不寒抱朴子王興採菖蒲食之長生神仙傳王徽之以菖蒲映竹曰菖蒲以九節為貴而此君面目儕然菖蒲正當再拜此君而此君亦安得不受耶高氏春秋太祖后張氏見庭前菖蒲生花即生梁高祖梁記菖蒲紅者芳氣酷烈世言有花無人見見者必大富貴趙隱之母傅氏曾于山澗中見花大如車輪子有神人守護誡之勿洩享富貴年九十四忽向子孫說之得疾而終物類相感志僧普寂好菖蒲種成獅子鸞鳳仙人之狀微言成都營妓薛濤元微之使蜀屢陪燕笑元後寄詩云別後相思隔烟水菖蒲花發五雲高牧監閑談

雜著

積學書藏

其輕身延年之功既非昌陽之所能及至于忍寒苦安淡泊與清泉白石為伍不待泥土而生者亦豈昌陽之所能彷彿哉東坡集寒溪之濱汲石之竇產此靈苗蔚然而秀有美君子採持而歸丈石相并汲蓄清漪根盤九節霜雪不槁置之幽齋永以為好参寥頌

賦咏祖

五言散句

石上生菖蒲選

新蒲含紫茸謝惠連

碧節吐寒蒲杜

菖蒲花紫茸李

蕭然一寸碧卓爾四時青白氏集

有草應羞死無花敢鬭香

靈根九節瘦不改四時香

薄寒得菖蒲猶勝竟日無聖俞

根盤龍骨瘦葉儕虎鬚長姚岩

七言散句

埽除白髮菖蒲力東坡

九節菖蒲石上仙

斕斑碎石養菖蒲一勺清泉半石盂

人說花開難際遇天將壽考報勤劬

莫道幽人無一事汲泉承露養菖蒲曾文

五言古詩

積學書藏

神人多古貌雙耳下垂肩嵩岳逢漢武云是九疑仙我來採菖蒲服食何長年言終忽不見滅影入雲烟喻帝竟莫悟終歸茂陵田李白

自我來關輔南山得再遊山中亦何有草木媚深幽菖蒲人不識生此亂石溝山高霜雪苦黃葉不得抽下有千歲根蹙縮如盤虬長有鬼神守德薄安敢偷東坡

五言八句

岳麓溪毛秀湘濱玉水香靈苗憐勁直達節著芬芳豈謂盤盂小而忘臭味長拳山并勺水所至未能量姜白石

七言古詩

石上生菖蒲一寸十二節仙人勸我食令我頭青面如雪逢君寄君一絳囊書中不得傳此方君能來作棲霞侶與君同入丹邱鄉張文昌

七言八句

春莵秋莢雨須臾神藥人間果有無無臭何由識薝蔔有花今始信菖蒲芳心未飽雨蛺蝶寒意知鳴蟋蟀記取明年十二節小兒休更鑷霜鬢東坡

七言絕句

碧玉椀盛紅瑪瑙青盤水養石菖蒲也知法供無窮盡試問禪師得飽無東坡

間行澗底採菖蒲千歲龍蛇抱石臞明朝却覓房州路飛下山巔不用扶陳簡齋

窓明几淨室虛虛盡道幽人一事無莫道幽人無一事汲泉承露養菖蒲曾茶山

君家蘭社久蕪蔓近養菖蒲綠未齊乞與幽人伴岑寂小窓風露日凄迷朱文公三首

泉清石秀碧纖長秋露懸珠炯夜光個裡一無閑造化別來誰與共平章

翠羽紛披一尺長帶烟和雨過書堂知君別有臞仙種容易催教出洞房

一掬寒泉塊石頭兩三莖葉美輕柔夢回一霎龍湫雨五月軒窓也帶秋

瓦盤猶帶澗聲寒亦有詩情几研間抱石小龍鱗甲老夜窓雲氣故班班方秋崖

全芳備祖卷之十一終

積學書藏

積學書藏

全芳備祖卷之十二後集

天台陳景沂編輯

建安祝　穆訂正

草部

苔蘚

事實祖

碎錄

苔衣注云水苔也一名石髮江東人多食之爾雅澤葵卽莓苔鮑昭注在屋曰昔邪在垣曰垣衣廣雅苔水衣也說文石髮水衣青綠色皆生于石風土記窮谷之汚生青苔淮南子海藻一名海苔南粤志空谷無人行則或生青者紫者一名綠錢一名綠苔一名綠蘚古今志

紀要

陳王初喪應南端憂多暇綠苔生閣芳塵凝榭張華進博物志武帝嫌煩令削之賜側理紙王子年云側理陟釐也此紙以水苔為之漢人語說謂之側理耳晉書宋王微乃太保弘之弟也吏部尚書江湛愛其才舉為吏部郎因病不受與湛書告絕足不踰户十餘年棲遲一室苔草沒階南史本傳

雜著

鑿山楹為室有老苔焉江淹綠苔髼髿乎研上松

積學書藏

栝交陰泉雨長至江淹　踐莓苔之滑石孫綽

賦咏祖

五言散句

青苔日夜黄江淹　新苔侵履溼韋

江露點蒼苔李　蒼苔緣行徑劉長卿

苔錢似錦萍杜　蟲書玉佩蘚

苔蘚山門古　帰林步紫苔

苔徑臨江竹　苔移玉座春

玉殿梅苔青　隨意坐莓苔

青青染馬蹄王建　苔斑錢剥落樂天

飢鸖啄莓苔東坡

隨朝染崕石逐派聚浮槎庾肩吾

微根知欲斷輕綠似更聮沈約

苔痕上階綠草色入簾青禹錫

紅藥當階翻蒼苔依砌上謝元暉

濕翠連淵浴淨綠繞岩穴聖俞

繞繞水仙髮茸茸蛟客鬚

空山正幽靄淨綠無人掃

棋聲敲月重履齒印苔深王維

綠髮莓苔地紅衣菡萏天

炊烟逗疎藹樵徑入蒼苔曾

苔侵垂磴蔓竹隱斷岩花

寒蟲啼暗壁敗葉落蒼苔 鄭獬
蘚色通行徑松陰叩隱關 范醇夫
綠嫌新笋破紅愛落花粧 張太祝

七言散句

階面青苔先自生 杜
石田茅屋荒蒼苔
苔蘚蝕破波濤痕
剝苔剔蘚露節角 文公
古甃缺落生陰苔 東坡 空餘石髮挂魚衣
路傍凡草榮遭遇曾得七香車輾來 樂天
共愛碧溪臨水住相思來往踐莓苔 劉商
憑仗幽人收艾蒳國香和露入莓苔 東坡
倘欲濟貧無少補若教買靜有深功 白氏集
不產豪門嫌纖富每生窮巷似憂貧
直疑漢室都中朽却訝唐家地上流
柴門雖設不曾開為怕人行損綠苔 蘇舜民
門掩蒼苔柳半遮春深庭院日初斜 李師中
幽人去後無猶鶴冷落亭臺濕蘚封 北磵
詩人只道窮難送也有清流地上錢 夏草窓

五言古詩

豪家如可用窮巷即應無閑共僧扁得卑嫌俗繞
紆山疑和雨買地似帶烟租 魏野 二首
貪多寧損志嫌少不為過良冶何由鑄常流豈敢
圖野人惟自愛難把悅安拏

萍 蘋附

事實祖

碎錄

此有三種大者曰蘋中者曰荇菜即鳧葵也小者曰浮萍江東謂之薸 本草 于以采蘋于以采藻注沉曰蘋浮曰藻 毛詩 萍氏掌國之水禁注萍之草無根而浮 周禮 苟有明信澗溪沼沚之毛蘋蘩薀藻之菜可羞于王公 左傳 柳絮落水三日為浮萍 東坡詩注 荇黄花色如蓴可用為祭祀之俎 顏氏家訓

紀要

楚昭王渡江得一物色赤以問孔子孔子曰此萍實也可剖而食之吾昔過陳聞童謠云楚王渡江得萍實大如斗赤如日剖而食之甜如蜜 家語
湖州有白蘋洲在苕溪東南一里乃越女采蘋處梁時柳惲為吳興守賦詩因以得名 吳興志
浮光多美鴨太原少尹樊千里買百隻畜後池載數車浮萍入池中使為鴨作茵褥 雲林異景志

雜著

俯觀萬物擾擾焉如江漢之載萍 劉伶 自此如萍隨水浮遊 萍實時出而漂泳 王逸 秋風起于青

萍之末宋玉蘋以春生蘭以秋芳陸機蘋荇荷花組秀一州蘋之為用風有季女之慕騷有放臣之望李直方蘋葉圓而小萍葉始生俗呼為水照以其類鑑也其花五出黃細而香盛于中夏無飄零晏元獻

賦咏祖

五言散句

徽馨借楚萍 杜

乾坤水上萍

旅泛一浮萍

萍泛無休日

風約半池萍

籧開萍葉過

風起青萍末

寒魚依密藻

野棹汎青萍

弱藻舒翠縷

蒻藻白魚跳

萍蓋汙池靜 韓

汎汎水中萍 張籍

風水悲流萍 李嶠

青萍含翠轉紫葉帶波流 李嶠

風飄千點紫水約半奩青

暖老須燕玉充飢憶楚萍 杜

汎汎江漢萍飄蕩水無根 司馬彪

汀洲採白蘋日晚江南春 柳澤

東風千嶺樹西日一洲蘋 許渾

春風故人夜又醉白蘋洲 張祐

問家何所有生事如浮萍 李

七言散句

靄〻清江帶白蘋 東坡

風水春來洞庭闊白蘋愁殺白頭翁 杜

客路浮生兩如寄萬重渡裏一浮萍 劉貢父

沅湘寂寂春歸盡水綠蘋香人自愁 李群玉

泥新鳥棟初巢燕萍匝荒池已集蜻 秦少游

五言古詩

溪光照秋房娟然卧流萍水仙美幽姿寄余汀洲情眷懷玉色子美波濯塵纓夜寒有佳意屬此冷然清 毛東堂

風飄作青紫浪起時疎密本欲嘆無根還驚能有實 庚肩吾

五言絕句

逐水應無定因風不自由只緣根底薄飄蕩幾時休

春池深且廣會待輕舟回靡〻綠萍合垂楊掃不開 裴廸

搖蕩越江春相將采白蘋歸時不覺夜出浦月隨人 張仲素

雨墻蒼陣合煙渚碧紋通賦閣并塵掩詩階伴藥紅 宋景文

五言八句

可憐池裏萍，盈縕紫復青。能隨浪開合，且逐水低平。微根無所託，細葉詎須莖。飄蕩終難測，流離如有情。吳均

泥滓根萌淺，風波性質輕。晚來堆岸曲，猶得護蛙鳴。李廸

七言絶句

春紅秋紫繞池臺，个个圓如濟世財。雨後無端滿窮巷，買花不得買愁來。鄭谷

春草秋風老此身，一瓢長醉任家貧。醒來只愛浮萍草，飄寄官河不屬人。劉商

晚來風約半池萍，重疊侵沙綠罽成。不用臨池重相笑，最無根蒂是浮名。

嫩似金枝颺似煙，多情渾欲擁紅蓮。明朝擬附南風訊，寄與湘妃作翠鈿。皮日休

十載芳洲采白蘋，移舟弄水賞青春。當時自倚東風力，不信東風解誤人。

盈池本不種青萍，春秋無根也自生。人道一宵生九葉，不知誰數得分明。僧可朋

白髮已侵殘夢境，綠苔應憶舊漁磯。桃源雞犬塵凡隔，韋曲桑麻念想歸。山谷

七言八句

斑斑染黛色差勻，個個微圓類綠萍。不比榆錢鋪砌白，未饒荷葉點溪青。陶鎔盡出春工巧，磨就多應雨夜零。好與詩人買風月，何妨積貯滿空庭。趙循道

荇

事實祖

碎錄

荇，接余也。根生水底，葉浮水上。爾雅

雜著

蘋荇荷花，組繡一川。李華

賦咏祖

五言散句

魚戲亂水荇。謝元暉　蒹疑菱荇香。張載

水荇葉連香。

彼微水中荇，尚煩左右芼。韓

七言散句

水荇牽風翠帶長。杜

渚蒲牙白水荇青。

五言古詩

荇葉光于水，釣竿入遠汀。淺黃雙蛺蝶，五色小蜻蜓。老死懷江女，飄浮笑楚萍。聖俞

因風離甚處，隨浪此中過。不定猶如此，孤根遂若何。未聞流水盡，更見落花多。陳布衣

積學書藏

菰

事實祖

碎錄

菰蔣草也廣韻說文菰其實蔣菰其米謂之凋胡廣雅菰生水中葉如蒲葦刈以秣馬甚肥又謂之茭白其歲久者中心生白肉如小兒臂謂之菰米其中有黑者謂之菰鬱其根如蘆根下澤處謂之菰封以去葉便可畊蒔其苗有根梗者謂之菰蔣草至秋結實乃凋胡米也本草雲子菰米飯也杜詩注可以為席甚溫

紀要

孔子之楚舍于蟻丘之蔣莊子主人之妻為臣炊凋胡之飯露葵之羹宋玉菰穗凋胡菰子作餅吳都賦

賦咏祖

五言散句

凋胡方自炊沈約　顧作冷秋菰杜

鄭國稻苗秀楚人菰葉肥王維

春菰牙露翠水荇葉連青張載

朱李沈不冷凋胡炊屢新杜

滑憶凋胡飯香聞錦帶羹

鳴蠻隨浮梗別燕起秋菰

積學書藏

飯抄雲子白瓜嚼水晶寒

秋菰為黑穟精鑿成白粲

翠牙穿裊蔣碧節吐寒蒲

稻花香滿路菰葉亂蒼洲

七言散句

溪毛入饌光浮椀雲子新炊滑溜匙汪彥章

霜後木奴香噀手秋來雲子滑流匙洪駒父

五言古詩

結根布洲渚垂葉滿皐澤匹彼露葵羹可以留上客沈約

七言絕句

短短菰蒲綠未齊汀洲水暖雁行低柳陰小艇無人管自送流花下別溪東萊

蒲

事實祖

碎錄

蒲似藿可以為席說文彼澤之陂有蒲與菅　魚在在藻依于其蒲並詩

紀要

齊侯之萑蒲舟鮌守之不與民共左傳臧文仲妾織蒲禮記鄭太叔政寬鄭國多盜取人于萑蒲之澤遂興徒兵以攻萑蒲之盜盡殺之　秦時一湖

積學書藏

有九十臺皆生結蒲乃云始皇遊此臺結蒲繫馬自是生蒲皆結 續記趙高獻蒲以為脯以惑二世有言蒲者誅之 史漢帝以蒲裹車輪迎申公 史路温舒字長君巨鹿東里人父為里監門使牧羊温取澤中蒲截以為牒編用寫書稍習善求為獄小吏因學律令轉獄史縣中疑事皆取決焉 本傳 劉賓宣帝時遷臨淮南守用蒲鞭罰吏 漢書 晉顧愷之曰蒲柳之質望秋先零 史 苻洪家生蒲長五丈許其節如竹咸異之由此姓蒲氏後以讖文改姓苻氏 晉載記 河東常醜奴將一小兒于河邊拔蒲暮宿于田舍中見一少女姿容甚美乘小舟投醜奴舍寄宿因卧覺有臊氣女已知人意求出戶變為獺去 幽冥錄

雜著

抽蒲兮陳坐 楚詞

賦咏祖

五言散句

蒲葉何離離 選　春蒲長雪消 杜

水長減蒲芽　沙茸出小蒲

風斷香蒲節　渚蒲隨地有

蒲荒八月天　暮齒倚蒲柳

為書聊可截　匹柳復宜春 梁元帝

積學書藏

我有一池水蒲葦生其間 韓

蒲深鸂鶒戲花暖鷓鴣眠 許渾

岍樹綠已合渚蒲長且疎 劉貢父

水綠菰蒲老山青橘柚紅 夏竦

七言散句

細柳新蒲為誰綠 杜

渚蒲牙白水荇青

渚蒲抽牙劍脊動

沮洳沙泉踐葉鋪 穎濱

風蒲獵獵弄輕香 僧道潛

旋抽烟劍碧參差何時織得孤帆去 鮑蒙

紙窓竹屋深自暖擁褐坐睡依團蒲 東坡

湫湫塘陰下鷗鷺蕭蕭秋意滿菰蒲 張文潛

屬玉雙飛水滿塘菰蒲深處浴鴛鴦 蘇養直

五言絶句

青青水中蒲下有一雙魚君今上隴去我在誰與居 韓

青青水中蒲長在水中居寄語浮萍草相隨我不如

青青水中蒲葉短不出水婦人不下堂行子在萬里

五言古詩

魯國寒事早初霜刈渚蒲揮鐮君轉月拂水生連珠此草疑可珍何必貴龍鬚織作玉牀席欣承清夜娛羅衣能再拂不畏素塵蕪李

離離水上蒲結水散為珠初萌實凋俎暮蕊雜椒塗所嗟堂上曲遂鑠黃金軀謝朓

蒲葉淺清水杏花和暖風地偏緣底綠人老為誰紅李

七言古詩

圓蒲相將結僧屨荷葉蒲茸綠相亞浮花浪葉白飄零小院迴廊正瀟灑葉如青幄花成茵細腰起舞來送春帝光如銀墨如漆落筆四座驚有神輕衫短帽付餘子花前醉倒輸閑人徐竹陰

蘆

事實祖

碎錄

一名菼蘆荻也說文蒹葭蘆葦也爾雅萑葦亂為萑葭為葦詩注

紀要

季秋之月命虞人納材葦月令誰謂河廣一葦杭之詩經魏明帝使后弟毛曾與夏侯玄共坐時人謂之蒹葭倚玉樹本紀袁叔諷董偃獻荻為藉田曰此上之所欲也漢書吳有姚光者善火術吳主試之積荻千束光坐其上及燼盡光于灰中振衣而起抱朴子盧龍將攻京師有謡曰十丈瓦蘆作柱殖欄為千童謡曰官家養蘆化成荻蘆生不止自成積是時盧竊據廣州朝廷未能討之因而用之荻猶敵也是官養為蘆荻也徵祥記郭璞奏云不宜禁荻地理云名山大澤不封蓋欲與民同利也本傳宋帝詔前歲火府所封諸洲可開以利民宋書李全忠有蘆生室中一尺三節問張建建曰蘆葦類生于澤今茅土兆也傳節者其三世乎唐書

賦咏祖

五言散句

渚秀蘆筍綠杜　香飯蒹苞蘆

泥筍苞初荻　亭古帶蒹葭

北風吹蒹葭　鴈響蒹葭滿張承陛

翠葭玉池前遙映江南蓮梁元帝

靜宜紅蓼閙棲見白鷗魏野

臨砌復臨流栽時尚未周

葉嫩藏修節苞遺出細膚曼卿

旁迷暖蟲挂近識翠禽呼

啅雀晨寒枝宿螢依敗葉温

勿以比蒹葭蒼蒼瘁白露原父

積學書藏

北雁為南客銜之以避繳 宋景文

七言散句

猶聲幾夜宿蘆洲 皎然

菰蘆何處有奇材 景文

蒹葭淅瀝含秋露橘柚玲瓏透夕陽 柳

要待九秋風雨後冷梢寒葉作蕭蕭 洪平齋

兩岸早霜紅橘柚萍汀殘雨老蒹葭 夏英公

可惜年年明月夜漁家只作等閒看 張遜初

只揀有蘆多處宿愛眠蓬底作秋聲 曹竹溪

五言古詩

蘆笋初似竹開葉如方蒲 春節抱甲漸老根生鬚不愛當夏綠愛此及秋枯黃葉倒西風白花搖江湖江湖不可到移植苦勤劬安得隻野鳥與蘆成畫圖 東坡

五言絶句

高臺面蒼波六月風日冷蒹葭離披去天水相與永 杜

蕭蕭江上葦夏生叢已深清風日夕過白露晴見臨 原甫

故移蘆葦叢粗慰江湖趣翠華侵几席疎影入窓戶

瘦碧雨三莖蕭蕭雨又晴江湖未歸客不忍聽秋

積學書藏

聲 石舍人

五言八句

風雨蕭蕭夕春寒燈較昏茅簷數椽屋荻浦幾家村網到江鱗活沽來市酒渾焙衣共結局一覺聊乾坤

七言絶句

梟娜修莖青玉攢鳧翁睡罷翠痕乾湘君直寄江湖樂要作風汀雨瀨看 宋景文

溶溶晴港漾清暉蘆笋生時柳絮飛還有江南風物否桃花流水鱖魚肥 東坡

雨折霜乾不奈秋白花黃葉使人愁月明小艇湖邊雁便是江南鸚鵡洲

七言八句

鑿地栽蘆貯碧流臨軒一望似汀洲蒽壠好映淮南樹疎雨偏宜海上鷗歷歷迎風欹枕曉蕭蕭和雨捲簾秋君看范蠡功成後不道烟波無去舟 張祐

江客因貪識荻芽一清壓退雜魚蝦燒來味挾濠邊雨掘得身離雁外沙春饌且供行釜菜秋江莫管釣船花食根思到蕭騷葉痛感邊聲咽戍笳 蕭大山

樂府祖

齊天樂

孤蓬衣傍低叢蕭蕭雨聲悲切一岸霜痕半江烟色愁到沙頭枯葉淡雲城黯淡西風吹老滿汀新雪天豈無情離筵黙黙送歸客　歸去來兮怎得儘鷺翹鷗倚乍寒時節秋晚山川夕陽浦溆贏得別腸千折濤翻浪疊那時似西來一節橫絕擡首江南雁嘶千里月　方秋崖和楚客賦蘆

全芳備祖卷之十二

全芳備祖卷之十三後集

天台陳景沂編輯
建安祝穆訂正

草部

芭蕉

事實祖

碎錄

一名芭苴江南所在有之根葉與甘蕉無異惟子不堪食出廣閩中者有花其實美可噉甘蕉乃是有子者其卷心中抽幹作花初生大萼如倒垂菡萏紅者如火炬謂之紅蕉白者謂之水蕉閩人以灰理其皮令滑績以為布本草莖如水山芋重皮相裹大如盂葉廣尺長丈許有角子長六七寸四五寸三二寸兩兩相對若相抱剝其皮色黃白味似蒲萄而脆亦飽人廣志甘蕉望之如樹林大者一圍餘葉長一丈或七八尺廣二尺許花大如酒杯色如芙蓉莖末百餘子各為房相連甜美亦可蜜藏實隨花每花一各有六子先後相次子不俱生花不俱落一名芭蕉或曰芭苴剝其子上皮色黃白味似蒲萄甘而脆亦可療飢此有三種子大如拇指長而銳有類羊角者味最甘好一種子大如雞卵有類牛乳者味次之一種大如藕子長六

積學書藏

七寸形正方味最下也其莖解散如絲以灰練之可紡織如絺綌謂之蕉葛然脆而黄不如葛也交廣俱有之南方草木狀

紀要

僧懷素貧無紙可書嘗于故里種芭蕉以供揮灑本傳

雜著

扶蘇似樹質則非木

賦詠祖

五言散句

芭蕉開緑扇李義山

蕉絲暑服輕白居易

亂戰三更雨頻敲午夜風白氏集

翠飜舒晚日緑錦障西風張文潛

雨葉工驚夢春心巧卷愁致一

七言散句

芭蕉一枕西風雨荆公

更展芭蕉夏學書山谷

一緘書札藏何事先被東風暗拆開白氏集

生涯自笑惟書在旋種芭蕉聽雨聲張愈

緑章封事緘初起青鳳求凰尾四開錢希白

自是秋懷易寥寂强將離緒怨芭蕉北磵

積學書藏

不追松柏凌霄操却聽芭蕉送雨聲

從教心向愁邊碎移去芭蕉葉上聽曹竹唐

芭蕉自作抽書樣不與行人寄短愁趙野

五言古詩

紅荚值窮節緑潤含珠光以玆正陽色窈窕凌清霜遠物世所重旅心人獨傷回輝眺林際槭槭無遺芳柳子厚

植蕉低簷前雙叢對含雨葉閒求丹心一日視百腑胸中數寸赤不惜為君吐心盡腹亦空况復霜雪苦非無後凋意柔脆不足數狄元規

芭蕉我所愛明潔而中虛禪房當靈根頗似人清臞林雪樵

以比葉陰凉代彼青琅玕但恐本質脆不堪期歲寒曾文清

五言絶句

一種靈苗異天然體性虛葉如斜界紙心似倒抽書

夢斷添惆悵更長轉寂寥如何今夜雨只是滴芭蕉吕居仁

芭蕉植秋檻勿云憔悴姿與君障夏日羽扇寧復持朱文公

弱質不自持芳根為誰好雖微九秋榦丹心中自

積學書藏

保紅蕉

五言八句

幸有青緣用寧將衆草同心虛含夕露葉大怯秋風細響安禪後濃陰坐夏中由來何所喻持以問支公錢起

不枝唯葉茂無榦信中空所以免摧折為依君子風宋景文

雨凋翠蓋側風偃半旗開脆經繒乍裂斜規扇欲裁

空山夜雨至滴滴復瀟〻涼葉泛朝露芳心展夕飄張右史

七言古詩

芭蕉得雨便欣然終夜作聲清更妍細聲巧作蠅觸紙大聲鏘若山落泉三點五點却可聽萬籟不生秋夕靜芭蕉自喜人自愁西風收過雨即休揚誠齋

七言絶句

水痕天影淡相宜露坐秋涼乍快時桐葉芭蕉最多事曉昏風雨報人知畢公叔

花外憐伊品物低殷勤移向小窗西無端風雨瀟瀟夜却共梧桐鬧响齊名賢集

瀟〻洒〻復亭〻一半風流一半清不為暑留添

積學書藏

干蔭却來愁枕作秋聲誠齋

骨相玲瓏倚入窗花頭倒插紫荷香繞身無數青羅扇風不來時也不涼

世情易變如雲葉官事無窮類海潮退食北窗涼意滿卧聽急雨打芭蕉張南軒

秋風鳴玉雨踈〻嫩緑凝窗半卷舒似是相知慰牢落朝來看寄一緘書湘山居士

攪碎芳眠挾雨聲碧叢宜看不宜聽而今一任瀟瀟滴華髮鰥翁一夜醒劉后村

自是愁人愁不消非干雨裏聽芭蕉芭蕉易去愁難去移向梧桐轉寂寥方秋崖

炎蒸誰解喚清涼扇影搖〻上竹窗准擬小軒添睡美夢成風雨夜翻江曾雲莊

數葉芭蕉數葉秋燈長雨久不眠愁靈溪寺裏夜曾聽又聽靈溪溪水流方菊田

七言散句

畢竟空心何所有歆傾大葉不勝肥蕭騷暮雨鳴山樂狼藉秋霜脫敝衣堂上幽人觀幻久逢人知是此身非

樂府祖

添字醜奴兒

窗前誰種芭蕉樹陰滿中庭陰滿中庭葉葉心心

積學書藏

舒卷有餘清　傷心枕上三更雨點滴霖霪點滴霖霪愁損北人不慣起來聽李易安

玉樓春

飛香漠漠簾帷暖一線水沈烟未斷紅樓西畔小闌干盡日倚闌人已遠　黄梅雨又芭蕉晚風尾翠搖雙葉短舊年顏色舊年心留到如今春不管仲殊

菩薩蠻

風流不把花為主多情管定烟和雨瀟洒綠衣長滿身如許涼　文箋舒卷處似索題新句莫倚小闌干月明生夜寒張約齋

木棉

事實祖

碎錄

閩嶺江南多木棉樹實如桐子口有棉如蠶之綿可以作布地理志

賦詠祖

七言散句

江東賈客木棉裘東坡

記取城南上巳日木棉花落剌桐開東坡

幾樹半開紅似染居人云是木棉花後村

七言古詩

積學書藏

粗花染春日晒紅細棉披夏雪輥風赤皇世界嶺皆熱勑時徵棉底痴絕蕭大山

薜荔

事實祖

雜著

薜荔柏子蕙綢注薜荔香草也柏搏壁也綢束縛也　披薜荔兮帶女蘿並楚辭

賦詠祖

五言散句

紅浸珊瑚短青垂薜荔長杜

春色生烽燧幽人泣薜蘿

七言散句

山鬼水怪著薜荔黄亞夫

五言古詩

薜荔垂枯萌何年負幽石驕陽或侵凌土薄失潤澤天風吹汝身枯葉久無色前年直外省薜荔不盈尺江梅凡幾時歸來忽滿壁我齒豁且疎我髮亦且白此後何足怪對之空嘆息汪内翰

藤蘿

事實祖

碎錄

藟藤也廣雅江東呼藟為藤藤似葛粗大也爾雅

南有樛木葛藟纍之詩女蘿松藤也兎絲也詩云蔦與女蘿施于松上廣雅在草曰兎絲在木曰松蘿詩注紫藤葉細長莖如竹根極堅實重重有皮花白子黑置酒中久不腐敗其根截置烟焰中經時成紫者可以降神　榼藤依樹蔓生如通草藤其子紫黑色一名象豆三年方熟其殼貯藥不壞解諸藥毒生南海南方草木狀廣州山中生膏藤津潤滑軟代以為船著地牽之如流本州記種藤附樹作根樹即纏死且有惡汁尤令速朽藤盛成樹大者數圍又云籐圍數寸可以為杖箆以縛船及為席勝于竹也異物志剡溪古藤甚多為紙工斬伐以造唐舒元輿作悲剡溪文本集

賦詠祖

五言散句

藤枝刺眼新杜　藤蔓曲藏蛇

倒松賴藤纏　高蘿垂飲猿

高蘿成帷幄　對門藤蓋瓦

庭中藤刺簷　通林帶女蘿

丘壑蔓寒藤並杜　蔓衍傍松枝王融

綠蘿結高林蒙蘢蓋一山文選

女蘿亦有托蔓葛亦有尋陸士衡

與君為新昏兎絲附女蘿文選

托根軒墀下如虜松竹林

高木八九枝有藤纏絡之韓

七言散句

幾歲生成為大木一朝纏死困長藤白氏集

五言古詩

藤花紫蒙茸藤葉青扶蘇誰謂好顏色而為害有餘下如蛇屈盤上如繩縈紆可憐中閒木束縛成枯株柔蔓不自勝嫋嫋挂空虛豈知纏木身千夫力不如先柔後為害有似諛佞徒附著君權勢君迷不肯誅又如妖婦人綢繆蠱其夫毫末不早辨滋蔓宜難圖願以藤為鑒銘之於座隅白居易

故鄉春欲盡一歲芳難再岩樹已青蔥吾廬日堪愛幽溪人未去芳草行應礙遥憶紫藤垂繁英照潭黛李衛公

纖條寄喬木弱影掣風斜標春抽曉翠出霧露懸花梁簡文帝

引蔓出雲樹垂綸覆巢鶴幽人對酒時苔上閑花落錢起

紫藤挂雲木花蔓宜陽春密葉隱歌鳥香風留美人李白

地蔓相結盤虬梢護回曲紛若未契繩繁如已綸綍宋景文

積學書藏

寒松偃淵濱弱蔓垂櫻綠波縈翠帶長水濺低花
馥聖俞

五言八句

遥聞碧潭上春晚翠藤鬧水似晨霞抹林疑彩鳳
來清香凝島嶼繁艷映莓苔金谷如相並應將錦
帳圍李衛公

綠蘿縈數帀本在草堂間秋色寄高樹晝陰籠遠
山移花疎處種斸藥因時攀日暮微風起難尋舊
逕遂許暉

葉繞千年蓋條依百尺枝屬與松風動時將薜影
垂學帶非難結為衣或易披山河若近遠獨自楚
人知

七言古詩

魯人酒薄邯戰圍西河渡橋南越悲歲調紅藤百
萬計此苦一作無窮時去年採藤〻已乏今年採
藤〻轉竭入山十日説身歸新藤出土拳如蕨唐子
西

翠蓋陰森高隱鶴修條屈曲暗藏蛇閑來兀坐莓
苔石時見山禽撲落花僧船窓

藍

事實祖

碎録

積學書藏

藍染草也說文仲夏之月令民無刈藍為陽長也
禮記終朝采藍不盈一襜詩青出于藍荀子

紀要

楊震植藍以供母諸生嘗有助種者輙拔更種以
拒其後續漢書趙岐云予就醫偃師道經陳留北
人皆以種藍染紺為業藍田彌望黍稷不值慨其
棄本逐末遂作此賦曰同丘中之有麻似麥秀之
漸〻

雜著

當如園圃之藍不異衆草染而後朗然不如棠棣
之花灼〻自顯

賦詠祖

五言八句

物有無窮好藍青又出青　研方比德白受始成
形袍襲宜從政衾垂可問經當時不採擷佳色幾
飄零呂溫

茅

事實祖

碎録

菅茅也說文藾杜茅也爾雅茅英一名茹子易注
藉用白茅易　禹貢荆州包匭菁茅注匭匣也菁
以為俎茅以藉酒尚書王者建諸侯受之以土苴

積學書藏

以白茅左傳王者建封諸侯三脊之茅以為藉杜
預云江淮之間一茅三脊乃靈物也左傳畮師祭
祀供蕭茅禮白華菅兮白茅束兮　白茅色之
晝爾于茅宵爾索綯並詩

紀要

堯為天子土階三尺茅茨不剪尹文子殷湯救旱
素車白馬身嬰白茅以為犧牲史記武王伐殷微
子啟肉袒面縛牽羊握茅膝行而前典録呂尚望
茅而漁六韜管仲説桓公曰古之封禪江淮閒一
茅三脊所以為藉也史記僖公四年齊侯以諸侯
之師伐楚管仲曰爾貢包茅不入王祭不供無以
酒寡人是徵昭王南征而不復寡人是問左傳

雜著

蘭芷變而不芬兮荃蕙化而為茅楚之詞

賦咏祖

五言散句

荒郊蔓草茅杜　茅堂石笋西
何時一茅屋送老白雲邊

七言散句

石田茅屋荒蒼苔少陵

五言古詩

鶗鴂芳不歇霜繁綠更滋擢本同三脊流芳有四

積學書藏

時麗根縮酒易結解舜蠶遲終當入楚貢豈羨詠
陳詩梁宣襄侯
銅律與幽琴俱稱類君子豈惟江淮閒發葉超衆
美珍同自牧歸茅因彙征起豈獨邁秦蘅方知蔑
沅沚梁簡文帝

蓬

事實祖

碎録

彼茁者蓬詩首如飛蓬詩蓬生麻中不扶自直白
沙在泥與之俱黑家語斥鴳翱翔乎蓬蒿之閒莊
子有百歲髑髏攓蓬而指之列子桑弧蓬矢禮記
今夫飛蓬飄風而行千里乘風之勢也商君書見
飛蓬轉而知飛車淮南子

紀要

魯哀公失國走齊公問焉曰子之年甚少道至于
此乎吾少之時多愛者者吾體不親人多諫我者
吾忘不能用是内無弼外無輔〻弼無人諂諛甚
衆譬之猶秋蓬也孤其根本茂其枝葉國語子貢
作壞室編蓬户彈琴瑟其中以歌先王之風大傳
張仲蔚平陵人也與同郡魏景卿俱隱不仕所居
蓬蒿至于後人三輔録

雜著

蓬艾親人衘子茅子 楚詞 蔌〻風威孤蓬自振

賦詠祖

五言散句

孤蓬轉霜根 杜　轉蓬憂悄〻

轉蓬行地遠

處〻鄰家雨飄〻客子蓬

有喜留攀桂無勞問轉蓬

五言古詩

轉蓬離本根飄〻隨長風何意回飈舉吹我入雲中高高上無極天路安可窮類此流宕子捐軀遠從戎毛褐不掩形薇藿恒不充去〻莫復道沈憂令人老 曹子建

百草應節生含氣有深淺秋蓬獨何辜飄〻隨風轉 晉司馬彪

遇坎聊知止逢風或未歸孤根何處斷輕葉強能飛 王元功

莎

事實祖

碎錄

莎一名鎬一名侯莎一名香附子一名雀兒頭香生田野間其根如棗核者謂之香附子 本草

賦詠祖

五言散句

綠滿岩扉外綿〻芳草央 神明逸

七言散句

老樹雨陰渾脫葉綠莎霜後半堆尖 秦敏

最憐官塚臨官道細〻烟莎徧燒痕 張商英

流水涓〻洛砌莎 白氏集

五言八句

何事牽憂思空庭對野莎青〻衘甃步落日拄節過色與莓苔近陰藏蟋蟀多閑思舊山下蕭颯徧烟蘿 宋句

七言絕句

桃蹊李徑有塵埃初放青莎秀滿階想見芊綿古城角有人嗟我未來歸 宋景文

全芳備祖卷之十三

積學書藏

全芳備祖卷之十四後集

天台陳景沂編輯
建安祝　穆訂正

木部

松

事實祖

碎錄

松有脂味苦一名松膏一名松肪本草 食松葉令人不老 皮上綠衣名艾納香用合諸香燒之其烟不散並本草 松脂淪入地千年為茯苓又千年為琥珀又千年為璧燒之皆有松氣本草 千歲之松下有茯苓上有兔絲淮南子 徂徠之松詩 天陵偃蓋之松大谷倒生之松抱朴子 大松十年其精化為青牛為伏龜嵩山記 青州厥貢鉛松怪石禹貢 山有喬松詩 石門澗有松林仰視之離離如麈尾廬山記 西嶺松如馬鬣又葉五枝者服之長生本草 松柏為百木長史記 如松柏之有心也故貫四時而不改柯易葉禮記 培塿無松柏左傳 歲寒然後知松柏之後凋也論語 受命于地惟松柏在冬夏青青莊子 天寒既至霜雪既降吾是以知松柏之茂也同上 蔦與女蘿施于松柏詩

紀要

積學書藏

偓佺好食松實能飛行如走馬以松子遺堯堯不能服時受服者皆至三百歲神仙傳 秦始皇封上泰山遇疾風暴雨賴得抱松樹因封為五大夫漢官儀 道廣五十步三丈而樹厚築其外隱以金椎植以青松馳道之麗至于此貫山至言 徐孺子墓在郡東時杜牧為守於墓前種松豫章記 丁固夢松樹種腹上謂人曰松字十八公後十八年為公遂如夢吳錄 陶淵明三徑就荒松菊猶存本集 庾亮見嶠嘆曰嶠森森如千丈松雖磥砢多節施之大廈有棟梁之用世說 陶弘景時愛松風庭院皆植松每聞其響欣然自樂獨遊泉石望見者以為仙人梁書 張湛好于齋前種松時人曰張湛屋下陳尸世說 秦系結廬泉州九日山有大松百餘 俗傳東晉時所植郡志 韋表微授監察御史不樂曰吾將為松菊主人不愧陶淵明云 鄭薰端勁再知禮部舉引寒俊士論多之既老號所居為隱岩名七松處士並本傳 崔斯立為藍田縣丞庭植松吟哦其間韓退之記 李泌嘗取松枝者以植後得如龍形者因以獻帝四方爭效之本傳 唐武德中玄奘將往西域取經見一松樹以手摩其枝曰吾西去求佛教汝可西長若吾歸即却東向及去年年西指一年忽東向玄奘果歸世為此松為摩頂

積學書藏

松廣興志蔡君謨為閩部使者夾道種松以蔽炎歊人至今賴之郡志猗頊至孝母喪頊立墳歷年乃成居服踰制種松柏成行先賢傳後漢方儲居母喪負土成墳松柏數十株鸞鳥栖其上白兎遊其下孝子傳王濤遭母喪居鄉里手植松柏 顧悅與簡文帝同庚而髮早白帝問其故對曰松柏之姿經霜彌茂蒲柳之質望秋先零帝善其對本傳

雜著

楚國主人嗜材搴異有植美松于庭者培沃土灌甘澤根柢深固柯葉暢茂居三十年起盈尺挺于累丈如筳筋大于拱把高姿杰然若陵重霄主人凝睇結意曰是可采之矣將行斧爲客有過之者曰噫其甚也是木有戛雲之姿有構廈之材繩墨太速恐夭其理今植于庭除之間充耳目之玩尚可狎近氣色不振若徙于崧岱之間流灌之華注于內日月光薄于外祥鸞噭噭戲其上流泉湯湯鳴其下岩岫重複莫莫然清淨靈風四起聲掩竽籟是時也當勝境神王拔地千丈根實黃泉枝摩青天則可以柱明堂而棟大廈也豈遐曠之旨捨此而取其榱桷棼橑哉主人曰客言雖潤而峭然余終能大之矣 荐載植松論

積學書藏

有道人自天台來示余怪松圖披之甚駭人眼根盤于岩穴之內輪囷傴側而上身大數圍而高不四五尺礧磈然蹙縮然榦不暇枝枝不暇葉有若龍攣虎跛壯士困縛之狀道人曰是何奇怪之如是乎余曰草木之生安有怪乎苟非肥瘠得其中寒暑均于外不為物所凌折未有不挺而茂者也況松柏乎今不幸出于岩穴之內雖正性不辱而力與石鬪卒不勝其壓擁湧鬱遏至憤激然后大醜彰于形質天下指之為怪木吁豈異人乎哉天之賦材之盛者蚤不得用于世則伏而不舒薰蒸沈酣日進其道摧擠勢奪卒不勝其拖躍呼呶拏發越赳訴然後大奇出為文彩天下指之為怪民鳴呼木病而后怪不怪不能圖其真人病而後奇不奇不能駭于俗非始不幸而終幸者耶道人曰然為我讚之讚曰松生陰隘岩嶽穴械病乎不快卒以為怪擁腫支離神詡鬼疑道人咨嗟筆傳其奇或怪于形或奇于詞吾為怪魁是以讚之 陸龜蒙正松產于岩嶺高植聳秀餘皆碩茂粹然挺立于千仞之表和氣之發也稟和氣之至者必合乎正性于是有貞心勁質用根其本禦攘冰霜以貫歲寒故君子儀之 栁子厚撫孤松而盤桓 淵明松數千枝切切交峙如冠劍大臣國有疑難廷立而

積學書藏

議杜牧

賦詠祖

五言散句

欝〻澗底松文選

青松凝素髓許詢

碧色見松林杜

虛閣自松聲

看松露滴身

冬嶺秀孤松

青鸞倚長松韓

讀書松竹松

錯落石上松李

松風自度曲趙天樂

松花釀仙酒

森〻千丈松磊柯非一節袁宏

錯落千丈松虯龍盤古根李

松生隴坂上百尺下無枝張華

凌風識勁節負霜知直心范雲

懷此貞秀姿卓為霜下傑淵明

愛君抱晚節怜君含直文香山

霜天寓直夜愧爾俾閑曹鄭谷

疎韻秋槭〻涼陰夏凄〻香山

紫茸抽組綬青實長玖瑰

勁色不改舊芳心誰與榮柳

日出霧露餘青松如膏沐

冬春無異色朝暮有清風儲光羲

大哉霜雪幹歲久為寒材杜

積學書藏

山空松子落幽人應未眠韋

葉傾秦帝雨花落宓妃春宋景文

青松出澗壑十里聞風聲山谷

林暝鳥呼雨徑深童埽雲秋崖

疎影碎夜月寒聲攪秋風孫文懿

林中百尺松歲久蒼鱗皴東坡

養此霜雪根准彼鸞鳳吟

七言散句

中有松柏參天長杜

疎松隔水奏笙簧

長松夜落釵千股韓偓

碧澗蒼松五粒稀韋

寒松縱老風標在樂天

澗底松根斷雪腴東坡

松鳴澗底自風寒歐陽

南窗蕭瑟松聲起憑誰一聽清心耳李白

陵遷谷變須寒節莫向人間作丈夫羅隱

桃李盛時雖寂寞霜雪多後較青葱李商隱

清都衆木總榮芬傳道孤松最出群張說

濃霜滿徑無紅葉映日高枝有白雲鄭谷

溪山自是清涼國松竹今封瀟洒侯龜蒙

如障如屏如繡畫似幢似蓋似旌旂張元盡

積學書藏

誰言五鬣蒼然面猶作人間兒女心山谷
若遇風雷須守護恐生頭角似飛騰文與可
天公不救斤斧厄野火解憐氷雪姿東坡
霜子落秋節卓破雨錢堆地履拖平和靖
要有堂堂冠劍叟蒼然十萬甲夫中張芸叟
月枝地上流雲影風葉天邊過雨聲王文公
却笑五株喬嶽子肯將直節事嬴秦王逢原
繁聲動蕩潮初上疎影孤圓月正中蔡君謨
惟有詩家風味在一潭松月伴秋吟范希文
繞庭數竹饒新笋解帶量松長舊圍放翁
松節焦膏當燭籠凝烟如墨染房櫳范石湖
且喜卧龍常自在新詩持地報平安厲必山
容來踏破松梢月鶴向主人頭上飛陸雲西
半天松暗靈山雨一澗泉飛鷲嶺雲劉石澗
山童慣懶勞呼喚自拗枯松煮木湯戴石屏
崆峒山叟笑不語靜聽松風清晝眠姚嗣宗

五言古風

欝々澗底松離々山上苗以彼徑寸莖蔭此百尺條世冑躡高位英雋沉下僚地勢使之然由來非一朝左太冲

亭々山上松瑟々谷中風々聲一何盛松枝一何勁風霜正淒慘終歲常端正豈不罹霜雪松柏有

積學書藏

本性劉公幹

青松在東園衆草沒其姿凝霜珍異類卓然見高枝連林人不見獨樹衆乃奇提壺挂寒柯遠望時復為吾生夢幻間何事紲塵羈淵明

古交如真金百煉色不回今交如暴流倏忽生塵埃我思君子志化為松柏栽我思荊棘花祇為小人開傷心復傷心吟上高々臺

亭々山上松一々生朝陽森々上參天柯條百尺長漠々塵中槐雨々夾康莊婆娑低拂地枝幹亦尋常八月白露降槐葉次第黃歲暮滿山雪松色欝青蒼彼如君子心秉操貫氷霜此如小人面變態隨炎涼樂天

近世交道衰青松落顏色人心忌孤直本性隨改易既摧栖日榦未展擎天力終是君子材還須君子識

四松初移時大抵三尺強別來忽三載離立如人長幽色喜秀發疎柯亦昂藏所插小藩籬本亦有隄防終爲掁觸損得愧千葉黃覽物良嘆息及茲慰淒涼清風為我起洒面若微霜是以送老姿聊待偃蓋張我生無根蔕配爾亦茫々有情且賦詩事跡兩可忘勿矜千載後慘淡蟠穹蒼杜甫

南軒有孤松柯葉自綿冪清風無閑時瀟洒終日

積學書藏

夕陰生古苔綠色染秋烟碧何當凌雲霄直上數千尺李白

孤松似翠蓋托根臨廣路不以險自防遂為明所誤幸逢仁惠意重此藩籬護猶有寸心存時將承雨露子厚

我昔少年日種松滿東岡初移一寸陰瑣細如插秧二年黃茅下一一攢麥芒三年出蓬艾滿山散牛羊不見十年餘想作龍蛇長夜風波浪響朝露珠璣香我欲食其膏已伐百本桑人事多乖迕神物竟湫茫揭來齊安野夾路鬚髯蒼會開龍蛇窟不惜斤斧創縱未得茯苓且當拾流肪金盞百出入皎然散飛霜槁死三彭仇澡換五穀腸青骨凝綠髓丹田發幽光白髮何足道要使雙瞳方卻後五百年騎鶴還故鄉東坡

春風吹榆林亂莢飛作堆荒園一雨過戢戢千萬栽青松種不生百林望一枝一枝已有餘氣壓千畝槐野人易斗粟云自魯徂徠魯人不知貴萬竈飛青煤束縛同一車胡為乎來哉泫然解其縛清泉洗浮埃枝傷葉尚困生意未肯回山僧老無子養護如嬰孩坐待走龍蛇清陰滿南臺孤根裂山石直幹拂風雷我今百日客養此千歲材茯苓無消息雙鬢日夜催古今一俛仰作詩寄餘哀東坡

積學書藏

青松出澗壑十里聞風聲上有百尺絲下有千歲苓自性得久要為人制頹齡小草有遠志相依在平生醫和不並世深根且固蒂人言可醫國何用太早計小大材則殊氣味固相似山谷

蟠空作風雨發地鳴鼓吹日晴四無人聲在高林際咿嚘兒女語蹇淺市井議我欲抱七絃寫此以卒歲

小松如小兒能坐未能立亂髮覆地皮勁氣排雪汁誰將救暍手種此青戢戢秋陽暴行人清蔭何時及誠齋

巨松偃翠蓋閱世歸獨存頗疑古仙翁藏丹在其根或是結靈藥百尺有伏龜終隨風雷化不死何足言放翁

人生不自憐坐愛外物械榮華難把玩俄頃皆變壞山栖亦何有耳目差曠快秋郊多烈風夜壑起松籟初聞尚蕭瑟彷彿聽嚴瀨忽如倒巨浸便欲翻大塊又疑楚漢戰澒洞更勝敗不然六月雨雷雹奔百怪三更勢稍斂鐵馬歸入塞孰知從吾遊洗汝胸次隘放翁

八闕多古松來遺蹤復密未嘗識兵火既久蔽雲日蠢茲惰游民深夜腰斧出斫根取脂肪竊負如鬼疾譬諸人則趾僵仆立可必供君一瞬光灰彼

積學書藏

千歲質暴殄聖亟戒樵採官著律徵吏嗜雞豚熟
視不訶詰登高無遠路巨幹日蕭瑟哀哉暑行人
暍死誰與恤 劉後村

簇簇枝葉黄纖纖攢素指柔笠漸依稀短泛遂半
委清風日夜高凌雲竟何已千載盤老龍修鱗自
兹始 古詩

遥望山上松隆冬不能凋願想下遊憩瞻彼萬仞
倫 王凝之妻謝氏

蠶月桑葉青鶯時柳花白淡艷烟雨滋數芬陽春
陌如何秋風起零亂從此始獨有南澗松不逐東
流水 劉希夷

栽植我手晚長成君性遲如何過四十種此數寸
枝得見成陰否人生七十稀 香山

勁色不改舊芳心誰與榮清韻動笙竽諧此風中
聲 子學

積雪表明秀寒花助瓏葱幽貞夙有慕特以延清
風

根爲君所蟠枝爲風所碎賴我有真心終凌細草
華 吴均

松下問童子言師採藥去只在此山中雲深不知
處

淞湖田里松竹客憶袁公不識炎天熱門深太古

積學書藏

風 郭功父

五言八句

人事雖求利怜君意獨真斵將寒澗樹賣與翠樓
人瘦葉幾經雪淡花應上春長安種桃李徒染六
街塵 于武陵

弱質豈自負移根方爾瞻細聲聞玉帳疎翠近珠
簾未見紫烟集虛蒙清露沾何當一百丈欹蓋擁
高簷 杜甫

夜聽松風度蒐清客枕寒琴聲傳不盡詩句寫應
難飄雨傾瑶砌真珠落玉盤隱居如可訪吾欲蹐
翔鸞 郭功父

十里高松樹松邊屋數間客同終夜話心是一般
閑燈色難禁雨秋聲不離山明朝分手後俗事不
相關 貫似道

五言排律

偃亞長松樹侵臨小石溪静將流水對高共遠峯
齊翠蓋烟籠密花幢雪壓低與僧清影坐借鶴穩
枝栖筆寫形難似琴偷韻易迷曙天風瑟瑟静坐
雨淒淒獨憩依爲舍閑行繞作蹊棟梁君莫採留
著伴幽栖 香山

丞相當時植幽襟對此閑人知舟楫器天假棟梁
村錯落龍鱗出攙㩳鶴翅迴重陰羅武庫細響静

山臺得地公堂裏移根潤水環吳臣夢寐遠泰嶽
歲年催轉覺飛纓謬何因繼組來幾尋珠履跡顧
此角弓培柏悅猶依社星高久照台後凋應共操
無復問良媒鄭毅夫
雖小天然別難將衆木同侵僧半窓月向客滿襟
風枝拂行苔鶴聲分呌呦蛩杜荀鶴
荀生枝上雨龍起穴中雷恠影漫溪側寒根纏石
回石曼卿
城中得此觀不用遠尋幽松影半壇月竹色一簾
秋賈似道

七言古詩

老夫清晨梳白頭玄都道士來相訪握髮呼童延
入戶手提新畫青松障〻子青松靜香冥憑軒忽
若無丹青陰崖却承霜雪幹偃蓋反走蛟龍形老
夫平生好奇古對此興與精靈聚已知仙客意相
親更覺良工心獨苦松下丈人巾屨同偶坐似是
商山翁悵望聊歌紫芝曲時危慘淡來悲風杜
天下幾人畫古松畢宏已老韋偃少絕筆長風起
纖末滿堂動色嗟神妙兩枝慘裂苔蘚皮屈鐵交
加迴高枝白摧朽骨龍虎死黑入太陰雷雨垂松
根胡僧憩寂寞龐眉皓首無住着偏袒右肩露雙
脚葉裏松子僧前落韋侯韋侯數相見我有一足
好東絹重之不減錦繡段已令拂拭老凌亂請公
放筆為直幹杜
人生百歲自古稀松得千年不為老我移雙松苦
不早豈望見渠身合抱荊公
城郭人家歲寒木檜柏森〻映華屋青松介僻不
入城野性持嫵塵土辱石曼卿
君愛清江百尺船刀鋸來謀歲寒節千林無葉草
根黃蒼髯龍吟送明月山谷

七言絕句

爪葉鱗條龍不蟠梳風幕翠一庭寒莫言只是人
長短須作浮雲向上看章孝標小松
自小刺頭深草裏而今漸覺出蓬蒿時人不識凌
雲木直待凌雲始道高杜荀鶴小松
虬角龍髯不可攀亭〻千丈蔭南山應嗟無地逃
斤斧豈顧爭名爝火間王荊公道傍松
黃落山川知晚秋小蟲催女獻功裘老松閱世卧
雲壑挽着滄江無萬牛山谷
偃蹇松枝隔烟雨知儂定是歲寒材百年根節要
老硬將恐奔崖倒石來
故人松枝寄千里想聽萬壑風泉音誰言五鬣蒼
烟雨猶作人間兒女心
老松連枝亦偶然紅紫事退獨參天金沙灘頭鎖

子骨不妨隨俗暫婵娟

露宿泥行草澤中千年春雨蒼髯龍如今五尺城南社欲問東坡學種松東坡

君方埽雪收松子我已開榛得茯苓為問何如插楊柳明年飛絮作浮萍

高標不畏雪霜侵狂斵孤根出舊林但恐長安無地種人家桃李自成陰鄭毅夫

翠旌緣纛夾車輪龍作長身鐵作鱗莫笑道傍數松樹古來老却幾官人誠齋

修塗殘暑僕夫勞午憩茅檐尺許高忽有凉風颯然起小松呼舞大松號

松本無聲風亦無適然相值兩相呼非金非石非絲竹萬頃雲濤殷五湖

莫信秦人五大夫一生清苦不敷腴也將青玉琱釵子一一釵頭綴兩枝

夾道長松落々　一松奇怪獨淩秋雨枝垂地却翻上活走蒼龍戲翠毬

老人手種一川松為棟為梁似未中只合茅齋聽驅使為公六月喚清風

夾道松杉半老蒼前賢餘澤未應忘君看直幹連雲起豈但當年蔽芾棠

一生著數落人先自愛栽松自可憐待得茯苓堪採掘此翁久已作飛仙

彙進犨奸卒名戎萌芽培養自熙豐當時手植留遺愛只有岩前十八公曾景建

烟翠松林碧玉灣捲簾渡影動清寒住山未必知山好却是行人得細看游愛竺

七言八句

下視垂楊拂路塵嵯峯石上覆苔紋濃霜滿徑無紅葉晚日高枝有白雲春砌花飄僧旋掃寒溪子落鶴先聞那堪寂莫悲風起千樹深藏李白墳鄭谷

森々直幹百餘尋高入青霄不附林萬壑風生成夜響千山月照桂秋陰豈因土壤栽培力自得乾坤造化心廊廟之材應見取世無良匠莫相侵荊公

萬松誰種已縱々半嶺蒼雲映北邦露重珠纓蒙翠蓋風來石齒碎寒江浮空雨竹橫南閣倒景扶桑射北窓坐待夕風傳海嶠重城歸去踏逢々東坡

十年栽種百年規好德無人助我儀縣令若同倉庾氏亭松應長子孫枝天公不救斧斤厄野火解憐冰雪姿為問幾株能合抱殷勤莫負角弓詩東坡

風韻颼飂遠更清蒼髯瘦甲聳亭亭連根欲鬭岩巒力一蓋常沾雨露清曾映月明留鶴宿近紅雷霹帶龍腥哀殘愧我無仙骨頗採流膏樹暮齡劉屏山

直氣森森恥屈豔鐵衣生澀紫麟乾影影揺千尺龍蛇動聲撼半天風雨寒蒼鮮靜緣留石上翠羅高絆入雲端

樂府祖

水龍吟

錢王霸圖成時多應是百年遺樹羞將高古為渠遮映魚鹽調度且向空山趁時多事四垂盤踞笑興衰坐閲權奇磊塊世間斤斧　又見當天明聖便彈丸也難分土一番整頓舊家草木新來雨露鐵石心腸虬龍根幹亭亭天柱縱茯苓下結蔦蘿高際怎堪攀附陳龍川

臨江仙

五百年前非一日可堪只到今年雲龍欲化豔陽天從來耆舊傳不搏地行仙　昨夜風聲何處度典型猶在南山自憐不結傍時緣着鞭非我事避路只渠賢陳龍川

全芳備祖卷之十四終

全芳備祖卷十五後集

天台陳景沂編輯

建安祝　穆訂正

木部

柏附檜　栝

事實祖

碎錄

柏掬也爾雅柏曰蒼官樊宗師記荊州厥貢杶榦栝柏禹貢新甫之柏閟宮四時常保其青青莊子大谷栁生之柏與天齊其長地等其久也抱朴子信松茂而柏悅文選柏葉松身曰檜爾雅有鴈翅檜葉如鴈翅李德裕記

紀要

魯郡孔子廟有柏二十四株歷漢晉其大合抱土人崇敬之莫敢犯也水經延陵季子解寶劍挂于徐君墓柏樹而去以其心許之也本傳赤松子好食柏實齒落更生列仙傳漢武帝造柏梁臺二十四丈悉以柏香聞數十里本紀漢諸陵皆屬太常有人盜柏葉者棄市三輔舊事王裒痛父非命絕世不仕居墓側旦夕至墓前朝拜輒悲號斷絕墓前柏樹色與他樹不同亦為慘烏本傳朱博為御史大夫府中列柏有烏棲其上世稱曰柏臺史虞延

積學書藏

為郡督郵光武巡狩至外黃問延園林柏樹數延悉以對由是見知後漢柏谷谷名也漢武帝微行至谷中題曰夾以高原柏林藹蔭窮是幽暗弗覩陽景述征記李恂遭父母喪六年躬自負土植柏塚下東觀記司徒袁粲見王儉嘆曰宰相之門也栝柏豫章雖小亦有棟梁之器本傳桑道茂家有二柏甚茂曰人居而木蕃者土之本盛土衰則人病乃以鐵數十鈞埋其下復曰後有發其地者死太和中温造居之發藏鐵而造死異聞錄田鸞入華山見黃冠師〻曰柏葉乃長生藥也教以服食之法後得道朝上真雜說孤山有陳朝柏二株其一為人所伐僧忘詮作堂其側名曰柏堂東坡有二詩

寇萊公知巴東縣嘗手植雙柏於縣堂至今民比甘棠謂之萊公柏後失火柏與公祠俱焚明年莆陽鄭韶為令惜公手植乃種凌霄于下使附幹而上以著公之遺德且慰邦人之去思云燕談昭帝時長安諸陵柏樹枯倒者悉起生葉蟲蝕作字云曾孫病已立後昭帝崩昌邑王被廢迎立宣帝宣帝名病已史問趙州和尚祖師西來意趙云庭前柏樹子又有老宿忽拈拄杖謂僧曰要識趙州麼這裏是趙州傳燈錄

雜著

積學書藏

既殊羣而抗立亦含貞而挺正豈春日之自芳亦霜下而為盛衝風不能摧其枝積雪不能改其性雖坎凜于當年庶後凋之可詠齊江夏王鋒修柏賦

賦詠祖

五言散句

松柏轉蕭瑟　青〻陵上柏文選

氣壓千丈蜓　風聲吞萬壑

翠柏深留景杜　風霜亦飽經張文潛

松柏本孤立難為桃李顏杜

蒼龍轉玉骨黑虎抱金杞東坡

蛇露根穿嶺龍眠影在潭曼卿

時人花眼誰共歲寒看余襄公

紫結茱萸實濃熏菡萏香晏元獻

瘦皮纏鶴骨高頂轉龍腰東坡

枝撐雲峰斂根入石窟蟠

半空雷電腹未死雪霜心張以愚

七言散句

錦官城外柏森〻杜

為見蟠形似卧龍

逸勢參天不在人韓忠獻

凜〻節奇霜餘柏歐

樽前柏葉休隨酒鏡裏金花巧耐寒杜

積學書藏

昔托孤根百仞溪何言移植對芳蹊宋景文
花非龍香葉非柏獨竊二美誇芳蕤梅聖俞
長材夭矯堪豆棟老項縈紆若僭蓋
不惜以材同失地好留更老共支天王逢原
更添蒼柏兩三輩相伴高枝作雨聲陶弼
南墻瘦柏天生直材雖未老心千尺劉原父
托植久依山杏崟附枝俄接帝梧榮夏英公
道人手植幾生前鶴骨龍姿尚宛然東坡

五言古詩

故園多珍木翠柏如蒲葦幽囚無與樂百日看不
已未時拾流肪未忍踐落子當年誰所種少長與
我齒仰視蒼蒼幹所閲固多矣應見李將軍膽落
溫御史東坡
有柏生崇岡童童狀車蓋偃蹇龍虎姿生當風雲
會神明依正直故老多再拜豈知千年根中路顛
色壞出非不得地蟠踞亦高大歲寒忠無憑日夜
柯葉改丹鳳領九雛哀鳴翔其外鴟鴞志意滿養
子穿穴內客從何方來佇立久吁怪靜求元精理
浩蕩難倚賴杜
汝陰多老檜處處屯蒼雲池連丹砂井物化青牛
君時有再生枝還作左紐文王孫有古意書室延
清芬應憐四孺子不墮凡木群體備松柏姿氣合

積學書藏

芝朮熏初扶鶴骨立未能龍纏筋巢根白蟻亂綱
葉青蟲粉乃知蔽芾初甚要封植勤他年皮三寸
孤鼠了不鬪東坡
植檜三尺強已有淩雲氣生世能幾何擬作千歲
計衆人怕手咲君子用其意蕭蕭孤竹君忘言理
相契名以金石交椿楊豈奴婢緬懷萬仞巔千丈
蔚蒼翠蟠根泉石底用意霜雪外寧須大廈材坐
待斧斤至散為風雨聲崟作牛馬蔽陳後山
挺挺淩霜標香實隕平林偶隨樗櫟生不為樵斧
侵忽驚黃茅嶺稍出青玉鉞好事雖力取玉城少
知音豈無換鵞手但知覓來禽高懷獨夫子一見
損橐金得知喜不寐贈我意殊深公堂開後閣亢
木愧華簪栽培一寸根寄子百年心常恐樊籠中
摧我鸞鶴珍誰知積雨後寒苣曉森森恨我迫歸
老不見汝千尋蒼皮護玉骨旦莫視古今何人風
雨夜即聽饑龍吟東坡

五言古詩散聯

幽幽太華側老柏如建纛龍皮相排擊翠羽更蕩
掉李賀
植檜三尺強已有淩雲氣人生能幾何擬作千年
計陳後山
歲老枝葉簡春深香氣新可憐湖上檜曾識井中

人郭功父

五言八句

庭柏無生意摧殘二十秋稍沾杯水潤已與歲寒謀黄裏青々出愁邉稍々瘳會看笙鶴下暮雀莫深投

英姿帶枯槁勁節缺和柔物理有興壞人情成去留稍看棲鳥集聊待晚風秋解道庭前柏何曾識趙州

歲月那更記風霜亦飽經槁乾仍故節潤澤出新青色與江波共聲留靜夜聽㩳々垂熏露點々綴流螢後山

用直寧論世名成不待官低枝緣我有偃盖到誰看秀色有新故英姿無暑寒千歲

豈處萬牛難孤直自新甫何年移禁廷寒枝雪後看清韻月中聽頳湝

七言古詩

孔明廟前有老柏柯如清銅根如石霜皮溜雨四十圍黛色参天二千尺君臣已與時際會樹木猶為人愛惜雲來氣接巫峽長月出寒通雪山白憶昨路繞錦亭東先主武侯同閟宮徘徊枝榦郊原古窈窕丹青户牖空落々盤踞雖得地冥々孤高多烈風扶持自是神明力正直原因造化功大廈如傾要樑棟萬牛回首丘山重不露文章世已驚未辭剪伐誰能送苦心豈免容螻蟻香葉終驚宿鸞鳳志士幽人莫怨嗟古來才大難為用少陵

淮南亭中有蒼檜仰視團々翠為盖真幹每容鸞鳳棲盤根深壓鯨鰲背北風預作氷陣聲恐取蛟龍斬天外呼童出屋為我窺摩挲清陰月光碎閗誰植之前蔣公得地脩經三十載不同種杏上青天正似甘棠有遺愛使華今復見公孫太平事業鍾一門祖朝冠帶漸壅土却嗟此檜春長存孤高豈忘栽培力秀發兼承造化恩已看枝葉飽霜露終作棟柱扶乾坤新詩編聯盡珠玉光大先烈聽篪塤更憶丹青妙手畫進入明堂逢至尊郭功父

澗底長松風雨寒冈頭老柏顏色悅天生草木臭味同同盛同衰見氷雪君莫愛清江百尺船刀鋸來謀歲寒節千林無葉草根黃蒼髯龍吟送日月山谷

柏生如拳栁如把同時移根種庭下柏根未活栁已榮春風飛々意融冶青條眼看千尺餘疎蔭朦朧及驚詫劉原父

強枝拗回信有力高榦復俯交虬拳雷疲風休雲雨去龍蛇鬭此猶鈎纏安分爪牙與尾鬣搖擺舌

積學書藏

吻峬之仙王逢原

君家大檜長八尺根如車輪身弦直壯夫連臂不肯抱孤鶴高飛直下立翩濱

七言絶句

周遭松檜漫爲鄰翠碧婆娑未出羣但願盤根堅似石不憂枝榦不凌雲郭公父

花開供盞葉經霜老柏喬松氣亦降未遇李腁誰愛惜柘塘西浣碧油幢

當時雙檜是雙童柏樹無言老更恭庭雪倒腰埋不死如今化作老蒼龍東坡

吴王池舘徧重城野草幽花不記名青蓋一峬無覓處只留雙檜待昇平

凜然相對敢相欺直榦凌空未要奇根到九泉無曲處世間惟有蟄龍知

七言八句

晉朝名輩此離羣想對濃陰去住分題處尚尋王内史畫時應是鮑參軍長廊鄭夜静聲疑雨古殿秋深影勝雲一下南臺到人世晚來清韻更誰聞温飛卿

翠雲交榦瘦輪菌嘯雨吟風已百春深蓋屈盤青麈尾老皮張展緑龍鱗惟將寒色資琹興不放秋聲染俗塵歲月如波事如夢竟留蒼翠待何人秦

積學書藏

韜玉

青幢碧蓋儼天成濕翠濛濛滴晝楹禪客自陪千歲老遊人時把一樽傾恥隨桃李春風短奪盡松篁夜氣清安得鬼神題巨筆不容左紐獨專名郭功父

香葉猶來耐歲寒幾經真賞駐鳴鸞根通御水龍應蟄枝觸宫雲鶴更盤荆公

杉

事實祖

碎録

杉黏也爾雅杉木類松而勁直葉附枝生若刺針可以爲船及棺木作柱埋土不朽本草

賦詠祖

五言散句

擢榦方數尺幽姿已蒼然韋

勁葉森利劍孤莖挺瑞標纔高四五尺勢若干雲霄白

七言八句

何代移來得許長想渠歷晉復經唐慣于巖畔諳風雪不與人間作棟梁二室七仙同守護千松萬檜自低昂向來諸葛祠前柏此物當爲伯仲行潘紫岩

【中國古農書集粹】

更鼓庭空鵲噪簷閑門獨宿夜厭厭似將棗栗同時種應與柏松刻日添麯蘖有神熏不醉雪霜誇健巧相沾光生坐待清陰滿空使人生嘆滯淹東坡

槐

事實祖

碎錄

槐之生也入季春五日而兔目十日而鼠耳淮南子老槐生火本草樹槐聽其下注槐之言歸也情見歸實也元命苞守宮槐葉晝聶宵炕注晝聶合而夜舒布爾雅朝士面槐三公位焉　秋取槐檀之火並周禮南唐諺云槐花黃舉子忙

紀要

太公請武王植槐于王門有益者入無益者距以待天下之神也金匱書齊景公有愛槐令人守之犯槐者死有醉而傷者且加刑勿宥晏子春秋趙宣子拒諫公患之使鉏麑刺之晨往寢門闢矣盛服將朝尚早坐而假寐麑退嘆而言曰不忘恭敬民之主也賊民之主不仁棄君之令不信遂觸槐而死左傳元始四年起明堂辟雍為博士舍三十區別槐數百株諸生朔望會市各持其地所出物及經書相互市雍雍揖遜論議三輔圖梁庾肩吾服槐實年八十餘日看細字鬚皆黑本傳祖士雄盧側有槐先自榮茂及士雄居喪槐忽枯死服闋遂茂高祖嘉之名其里為孝德里南史吳湊為京兆尹悉樹以槐湊亡行人指槐而思之唐書貞元中度支欲取兩京道中槐樹為薪先下符言渭陽縣尉張造曰召伯所憩尚勿剪除先王舊遊豈宜斬伐唐書廣陵王克淵夢著衮衣倚槐樹立問于湯元慎元慎曰三公之祥退而言曰廣陵死矣槐字木傍鬼死後當得三公廣陵果為葛榮所殺洛陽記淳于棼家有古槐棼豪飲其下因醉致疾二友扶之卧夢二使曰淮安國奉邀二使指古槐入穴中見國王王曰吾南柯郡政事不理屈卿為守及寤尋槐下穴洞然明朗可容一榻有二大蟻又窮一穴直上南枝即南柯郡也異聞錄王晉公祐事太祖知制誥以魏州節度使符彥卿事坐貶華州祐赴貶時親朋送于都門外謂公曰意公作王溥官職矣以太祖遣使魏州之日許以宰相之職也祐笑曰祐不做兒子二郎必做二郎即文正公也祐素知其必貴因手植三槐于庭曰吾子孫必有為三公者已而果然天下謂之三槐王氏言行錄

雜著

攄文陛而結根曹植槐楓被宸景福殿賦連理而

積學書藏

生二榦一心以蕃根本晉虞摯頌龍升南陸犬集
正陽鼓柯命風振葉致涼王濟
賦詠祖
五言散句
夏槐作雲屯文公　綠槐十二街
滿地槐花秋香山　槐陰凝衆姿
宮槐有秋意　雨餘槐落花
曉日宮槐影山谷
七言散句
夾道疎槐出老根韓
三株已作熒煌〻陶弼
槐催舉子看黃花山谷
風動槐龍舞交翠東坡
細〻槐花暖欲零
綠槐高處一蟬吟
今日獨經歌舞地古槐疎冷夕陽多趙嘏
六月御溝馳道間青槐花上夏雲山聖俞
庭槐似識天顏喜舞破清陰作雨龍東坡
巍〻百尺樓上槐夾樓清蔭葉已繁楊內翰
火輪東升又西沒倒影參差朝復曛劉原父
任從葉逐西風去要聽庭槐夜雨聲張右史
裊〻秋風官舍冷半枝斜日帶歸鴉張右史

積學書藏

三公只得三株看閙客清陰滿北窗
槐陰隔暑炁清影荷葉翻風吹遠香應芳山
五言古詩
憶我初來時草木向衰歇高懷雖驚秋晚蟬猶抱
葉淹留未云幾離〻見疎筴棲鴉寒不去哀叫飢
啄雪破巢帶空枝疎影挂殘月豈無兩翅羽伴我
此愁絕
氷雪泊楚岸萬枝同飄零春風都城居初見葉青
青
花開雖可憐采色不堅久辟如玩氷雪隨執隨去
手
陰作宮街綠花催舉子黃公家有三樹猶帶鳳池
香
七言絕句
毿〻金蕋撲晴空舉子魂驚落照中今日老郎猶
有恨昔年相虐十秋風鄭谷
雨中妝點望中黃句引蟬聲送夕陽憶得當年隨
計吏馬蹄終日為君忙翁承贊
七言八句
漢家宮殿蔭長槐嫩色葱〻不染埃天仗龍旌穿
影去鈎陳豹尾拂枝來青蟲挂后蜂衙子素月生
時桂並栽我意方同杜工部冷淘惟喜菜新開

積學書藏

椿

事實祖

碎錄

椿有實而葉香可啖本草上古有大椿以八千歲為春秋

賦詠祖

五言古詩

戔戔楚南樹杳杳含風韻何用八千秋騰凌詫朝菌晏元獻

七言古詩

野人獨愛靈椿館館西靈椿聳危榦風揉雨煉三月餘奕奕中庭蔭華傘劉原父

全芳備祖卷之十五終

積學書藏

全芳備祖卷之十六後集

竹

天台陳景沂編輯
建安祝穆訂正

事實祖

碎錄

竹曰青士樊宗師記揚州厥貢篠簜荊州厥貢椎菌簵楛禹貢瞻彼淇澳綠竹猗猗衛風仲冬取竹箭箭矢竹也說文如竹箭之有筠貫四時而不改柯易葉禮記渭川千畝竹其人與千戶侯等史記東南之美有會稽之竹箭焉爾雅少室之山有大竹堪為釜甑孝經河圖秦地有樗杜竹林南山檀柘號陸海焉漢書江寧縣慈姥山生簫管竹丹陽記竹生花其年便枯竹六十年一易根必結實而枯死實落土復生山海經種竹者用辰日山谷所謂竹須辰日所笋看上番成是也又用臘月杜陵所謂東林竹影薄臘月便須栽是也又用五月十三日古人謂之醉竹日栽竹多盛茂然又有不拘此者晏元獻詩云苒苒渭侯族蕭蕭塵外姿如能善封植何必醉中移竹有雌者多筍自根而上至梢一節發者為雄二節發者為雌仇池墨記

紀要

積學書藏

昔黄帝命伶倫為律伶倫自大夏之西沉渝之陰取竹于嶰谷兩節閒長六寸九分而吹之以為黄鍾之宫律之本也吕氏春秋　黄帝時鳳皇棲梧桐食竹實外傳　舜南巡不返塟于梧丘之野堯二女娥皇女英追之不及至洞庭之山淚下染竹即生班妃死為湘水神博物志　尚書伏生以竹簡書之書序殺青者用青竹簡書也劉向别録　漢武帝發卒塞瓠子河令羣臣將軍以下皆負薪塞河而下淇園之竹漢書　蔡邕避難江南宿于柯亭柯亭有觀以竹為椽邕仰而視曰良材也取以為笛音聲卓絶本傳　費長房隨壺公入山以竹杖與騎至家長房以杖投葛陂中化龍而去本傳　晉武帝平吳之後納孫皓宫人並龍之莫知所適乘羊車任其所之所至宴寢宫人乃以竹葉插户以鹽水洒地而引炎車晉史　王子猷時吳中一士大夫家有好竹欲觀之便造竹下諷嘯良久主人出迎不顧而去嘗借居空宅中便令栽竹或問之但咏嘯指竹曰何可一日無此君史　宋袁粲為丹陽尹郡南一家頗有竹石粲率爾步往不通主人直造竹所笑咏主人出迎咲歎車騎儀從至方知是袁尹史　蔣詡舍種竹下開三徑有羊仲裘仲之徒與之游三輔録　嵇康所與交者阮籍山濤向秀劉伶阮咸王

積學書藏

戎為竹林之遊世稱竹林七賢史　明皇遊後苑有竹叢客笋不出外顧諸王曰父子兄弟相親當如此竹因號義竹遺事　李白與孔巢父韓準裴政張叔祖陶沔居徂徠山日沈飲號竹溪六逸史　王維别墅在輞川地奇勝有竹里館本傳　李衛公言北都惟童子寺有竹一窠纔長數尺其寺綱維每日報竹平安雜俎　羅公遠引明皇遊月宫擲一枝竹于空中為橋色如白金行數里至一大城闕曰此月宫也雜録　潤州甘露寺僧某者李德裕以方竹杖留贈此竹出大宛國堅實周正節根四面對出公再鎮浙右問僧曰竹宅無恙否曰已規圓而漆之矣叢談　黨項剽掠詔鳳翔合河東節度兵討之宰相白敏中為都統帝出近苑取竹一箇植舍外遠百步帝囑矢曰黨項歲暴我鄙今我約射竹中則彼當自亡不中我當索天下兵殄之終不以此賊貽子孫憂左右注目帝一發矢竹分矢徹外左右呼萬歲不閱月果敗史　寇萊公貶死于雷詔遂塟洛陽道公安民皆迎祭斬竹插地以挂紙錢焚之竹復生成林邦人神之號曰相公竹因立廟祀之劉貢父王樂道為文刻石以紀其事史

雜著

植物之中有名曰竹不剛不柔非草非木小異空

積學書藏

寶大同節目或茂沙水或挺巖陸條暢紛敷青翠森
肅質雖冬青性忌殊寒九河鮮育五嶺實繁萌筍
苞籜夏多冬鮮根榦將枯花復乃懸籊必六十復
亦六千鍾龍之美爰自崑山員丘帝竹一節為舡
巨細已閑形名未傳桂實一族同稱異源衛尤勁
簿博矢之賢篁任篙笛體特堅圖棘竹駢深一叢
為林根如推輪節若束針亦曰芭竹城固是任筏
笋既食鬚髮則侵單體虛長各有所育苦實稱名
甘亦無目弓竹如藤其節郄曲生多臥土立則倚
木長幾百尋狀若相續質雖含文須膏乃縟厥族
之中蘇麻特奇修榦平節大葉繁枝凌群獨秀箭
茸紛披篔簹射筒箖箊桃枝長爽纖葉清肌薄皮
千百相軋洪纖有差相繇既戕厥土惟腥三淫斯
沮尋竹乃生物尤世遠略狀傳名般腸實中與笆相
類于用寡宜為笋殊味筋竹為矛稱利海表槿仍
其榦刃即其杪生于日南別名為篻百葉參差生
自南垂傷人則死醫莫能治亦曰篣竹厥毒若斯彼
之同異余所未知簹簹與由衛厥體俱洪圍或累尺
簹實衛空南越之居梁柱是供竹之堪杖莫尚于
䇯磥砢不凡狀若人工豈必蜀壤亦產餘邦一曰
扶老名實縣同䈂豐二族亦甚相似杞髮枯竹促
節薄齒束物性柔殆同麻枲蓋竹所生大抵江東

積學書藏

上密防露下踈來風連畝接町竦散岗々雞脛似
篁高而笋脆稀葉杪梢類記黃細狗竹有毛出諸
東裔物類詭異于何不計有竹象蘆因以為名東
甌諸郡緣海所生肌理勻淨筠色潤貞凡今之篪
匪茲不鳴會稽之箭東南之美古人嘉之因以命
矢箘簬載籍貢名荊鄀簬亦箘徒概節而短江漢
之閒謂之為箴根深耐寒茂彼淇苑篁篠蒼々接
畛連篁性不卑植必也巖岡踰矢為大出尋稍長
物各有用帚之最良又有族類爰挺峄陽懸根百
仞踈榦風生簫笙之選有聲四方質清氣亮眾管
莫伉亦有海篠生於島岑節大盈尺幹不滿尋形
枯若筋色如黃金徒為一異莫知所任赤白二竹
遂取其色白薄而曲赤厚而直沅澧所生餘方鮮
植蕭々筀篁叢々攢木擢笋于秋冬乃成竹無大
無小千萬修直篁膜內膏黼文外方箛篆誕節內
實外澤作貢漁陽以供軺策浮竹丑節虛軟厚肉
臨溪覆潦栖雲蔭木淇筍滋肥可為旨蓄厥性異
宜各有所育笆植于宛蒙生于蜀細篠大簜竹之
通目互名統體譬牛與犢人之所知事生軌躅赤
縣之外烏可詳錄聽之筆之匪邁伊觴晉戴凱之
竹記竹似賢何哉竹本固々以樹德君子見其本
則思建善不拔者竹性直々以立身君子見其性

積學書藏

則思中立不倚者竹心空空以體道君子見其心則思應用虛受者竹節貞貞以立志君子見其節則思砥礪名行夷險一致者夫如是故君子人多樹之為樹實焉貞元十九年春居易以拔萃選及第授校書郎始于長安求假居處得常樂里故關相國私第之東亭而處之明日履及于亭之東南見叢竹焉枝葉殄瘁無聲無色詢于關氏之老則曰此相國之手植者自相國捐館他人假居于是筐篚者斬焉篲帚者刈焉刑餘之材長無尋焉數無百焉又有凡草木雜生其間葢薈蓊蔚有無竹之心焉居易惜其經長者之手而見賤俗人之目翦棄若是本性猶存乃芟翳薈除糞壤疏其間封其下不終日而異于是日出有清陰風來有清聲依依然欣欣然若有情于感遇也嗟乎竹植物也於人何有哉以其有似于賢而人猶愛惜之封植之況其真賢者乎然則竹之于草木猶賢之于衆人也呼竹不能自異惟人異之賢不能自異惟用賢者異之故作養竹記書于亭之壁以貽後之居斯者亦欲以聞于今之用賢者云白樂天秋八月劉氏從竹凡百餘本列于室之東西軒泉之南北隅克全其根不傷其性載舊土而植新地烟翠靄靄寒聲蕭然適有問曰樹梧桐可以代琴瑟植查梨

積學書藏

可以代甘實苟愛其堅貞豈無松桂也何不雜種其間也荅曰君子比德于竹焉原夫本勁節堅不畏霜雪剛也綠葉萋萋翠筠浮日柔也虛心而直無所隱蔽忠也不孤根以挺聳必相依以成秀義也雖春陽氣旺不與草木爭榮謙也四時一貫榮衰不殊常也垂蕢實以進鳳樂賢也歲擢笋以成幹進德也及于將用則裂為簡牘于是寫詩書象象之辭留示百代微此則聖哲之道墜地而不聞矣後世又何所宗歟至若鏃而箭之插羽而飛可以征不庭可以除民害此文武之兼用也又劃而破之為篾席敷之于宗廟可以展孝敬截而穴之為篪為簫為笙為簧吹之成虞韶可以和神人此禮樂之並行也夫此數德可以配君子故巖夫列之于庭不植他木欲令獨擅其美且無以褻之乎竊懼來者之未諭故書曰劉氏植竹記唐劉巖夫

左史院迎宸居之正地直日華之東偏俗塵不飛人意自遠閟邃幽閑似非官曹有竹一叢翠接階廳其虛中潔烈之操陰助袪煩之能紫微郎高公嘗賦之固已備盡然而歲月滋久蔓衍浸淫大小相仍高下芃翳俾日光不透陰氣常凝瞑色為之早來陽春為之減照四序不正一庭恆昏蚊蟲曹飛雀鷇自遂披圖散帙流覽不快二年冬侍軒之

積學書藏

暇載筆之餘偶步庭除病其蔽翳因命斧斤將治其蕪沈吟良久乃用申誡且謂其徒曰礪爾器用端尒瞻視謹爾操執慎爾區分其有質微而葉璪笨尊者出之從風而不能自正者去之大而倚者去之翳而曲者去之竅而不能筌簧之用者去之挺而不能栖鸞鳳者去之其有群居不亂獨立自持振風發屋不為之傾大旱乾物不為之瘁堅可以配松柏勁可以凌霜雪密可以泊晴烟疎可以漏宵月嬋娟可玩勁挺不回爾其保之既而芟剪成功繁蕪交盡去者存者邪正乃分不浹旬扶疎一林歷々可觀有清風澡慮之效無蔽日朋奸之譏檀欒風生韻合宮徵君子是以知竹箭之美實資科別之功即其地不俟言而詳矣或以斯為小可以伸之以紀一時之妙廣而述之劉寬夫

竹之始生一寸之萌耳而節葉具焉自蜩蝮蛇蚹以至于劍拔十尋者生而有之也今畫家乃節々而為之葉々而敷之豈復有竹乎故畫竹必先有成竹于胸中執筆熟視乃見其所欲畫者急起從之振筆直寫以追其所見如兔起鶻落少縱則逝矣與可之教予如此予不能然也而心識其所以然而不能然者內外不一心手不相應不學之過也故凡有見于中而操之不熟者平居自視了然

積學書藏

而臨機忽焉喪之豈獨竹乎子由為墨竹賦以遺與可曰庖丁解牛者也而養生者取之輪扁斲輪者而讀書者與之今夫夫子之托于斯竹也而予以為有道者則非耶子由未嘗畫也故得其意而已若予者豈徒得其意并得其法與可畫竹初不自貴重四方之人持縑素以請者足相躡于其門與可厭之投之地而罵曰吾將以為襪士大夫傳之以為笑談及與可自洋州還而余為徐州與可以書遺予曰近語士大夫吾墨竹一派近在彭城可往求之襪材當萃于子矣書尾複寫一詩其略曰擬將一足鵞溪絹掃取寒梢萬尺長予謂竹長萬尺當用絹二百五十疋知公倦于筆硯願得此絹而已與可無以荅則曰吾言妄矣世豈有萬尺之竹也哉余因而荅其詩曰世間亦有千尋竹月落庭空影許長與可笑曰蘇子辯則辯矣然二百五十疋吾將買田而歸老焉因以所畫篔簹谷偃竹遺予曰此竹數寸耳而有萬尺之勢篔簹谷在洋州與可嘗令予作洋州三十韻篔簹谷其一也予詩云漢川修竹賤如蓬斤斧何曾赦籜龍料得清貧饞太守渭川千畝在胸中與可是日與其妻遊谷中燒筍晚食發函得詩失笑噴飯滿案元豐二年正月二十日與可歿于陳州是歲七月七日

積學書藏

予在湖州曝書畫見此竹廢卷而哭失聲焉昔曹孟德祭喬公文有車過腹痛之語而予亦載與可疇昔戲咲之言者以見與可與予親厚無間如此也東坡

濟南李文叔爲太學正得于經衢之西輸直于官而居之治其南軒地植竹砌傍而名其堂曰有竹榜諸棟間又爲之記于壁率午歸自太學則坐堂中掃地置筆硯呻吟策牘爲文章如繭抽緒如山蒸雲如泉出流如春至草木發須臾盈卷軸門窓几席婢僕犬馬目前之物有一可指無不論說形容強嘲而故許之以致其欣悅而于竹尤數々也顧其地狹而卑天雨榛穢蜘蛛之織河柳莧葵之所交橫而蒙翳人不知其竹也有過者文叔必顧堂下而語之讀壁間記仰棟而指其榜曰吾固詔客矣客輾然而笑曰今夫渭川之千畝淇園之林與南山之叅天而蔽日者其大若盃若盂若桐梓之軀其膠漆嵌岩之上而臨百仞之淵不特出屋簷而摩墻堵也暮春者春雷隱々萬笋奮角如犀角作籜解而出碧一日百尺彌望不可以極于時刀斧之取材度經圍而得之大小齊一西轉巴笮南引江漢浮渭而亂河困東薭僞而下者爲筒爲竿爲屋椽楗菑千文之笮偏國之藩籬是賴與竅

積學書藏

而比于律呂以悲哀娛耳者聲音滿天地也視其傍之人室廬竹也器用竹也樵而薪者竹也以貿米鹽而出之其隣境者竹也夫此人豈知竹之愛翛然而喜譪々然語人而以誇之曰吾居有竹也哉文叔亦輾然而笑曰不然夫物安知有貴賤之所常在玉之美而藍田以抵鵲沈爲美木而交趾以爲槃石焚白鵰錦鷄山中以醯腊而貴人以百金致茗以爲粥而胡人以爲佩夫物固有以多爲賤而以少爲貴者今夫王城之廣大九塗四達三門十二陌坊之綦置上自王侯至于百姓庶民宮接而垣比車馬之所騰人氣之所蒸鬱塵百里欲求尺寸之地以休逸而莫之致而貧者置闠無隙況于其他哉然則環堵不容丈而有竹如吾堂者不知能幾人也則予所以揭之于棟而名之書諸壁而記之翛然而喜譪々然語客以誇之不亦可哉且竹之美昔人以比德松柏冬夏青々君子之所獨也以夫少爲貴者之使得見夫渭川淇園與南山之蒼蔚者而遊其間雖多固不可賤也夫多猶不可賤又況其少哉客唯々雖然吾聞昔王子猷好竹嘗曰安可一日無此君聞吳中士大夫家有好竹欲觀之徑往坐竹下嘯咏良久主人欲留而不可將出主人閉戶因盡歡而返今文叔居有

竹文叔嫂亦當灑掃儲具請不速客客將造門坐堂上不去曰竹固招我兒補之永嘉吴公叔清曠簡遠望之皎然如雪山倚空落月滿屋梁也趯然如瓊田之鶴阿閣之鸞鳳也蕭然如馭風騎氣飲沆瀣而遊汗漫也予頃識之湘中一見定交脱帽痛飲談詩論文俗士或疑其異或信其真公叔不知也今年四月予來為邑于斯吴公叔資贊洪府相見説潮中事予蓋老且朽病折腰走階下非其好也公叔復呼酒擢余之泥塗塵沙夜過半月在牖户荷風飄然從東湖之東度水而至公叔與予皆大醉矣公叔起曰吾有竹所予盍為我記之予曰奚而名也公叔曰不聞王子猷之不問主人徑造竹所乎予曰記之易耳雖然此非公叔事也乃楊子事也楊子將為子猷之徑但未知今之主人與昔之主人何如耳公叔大笑曰王茂洪不云乎元規若來吾便角巾還第誠齋皮日休與杜甫竹詩皆有緑沈語故後人以竹名緑沈老杜云雨拋金鎖甲苔卧緑沈槍皮日休云一架三百本緑沉森冥冥詩話唐李益詩云開簾風動竹疑是故人來後人以竹為故人亦猶王子猷以竹為此君劉禹錫以舊有竹枝歌其歌陋乃作竹枝曲九章由是盛傳于正元元和間　東坡云竹枝歌本楚聲幽怨惻怛若有深悲者夫傷二妃而哀屈原思懷王而憐項羽此亦楚人之意並詩話翠篠隨風金戛動日　謝朓

賦咏祖

五言散句

竹深留客處　杜甫

美花多映竹

野外堂依竹

竹日淨暉暉

修竹不受暑

花亞欲移竹

愛竹遺兒書

霜埋雪竹根

種竹交加翠

竹光團野色

叢篁低地碧

竹送清溪月

竹高鳴翡翠

竹細野池幽

秋竹映疎花

竹影金瑣碎　韓

窓竹夜鳴秋

竹影掃秋月

嫩籜筠粉暗　歐

粉籜春苞解

雪節貫霜根　東坡

解籜呈新緑

作龍還葛水為馬向并州　梁元帝

含風自颭颭負雪亦猗猗　齊虞羲

夜條風淅淅晚葉露凄凄　謝朓

無人賞高節徒自抱貞心　沈約

南條交北葉新笋雜故枝　江洪

萌開籜已垂結葉如成枝　劉孝先

積學書藏

誰能製長笛當為玉龍吟
綠竹影參差葳蕤帶曲池 陳賀循
勿嫌鳳不至終當待聖明 劉孝威
味苦夏蟲避叢卑春鳥疑 杜甫
為問南溪竹抽梢合過墻
我有江陰竹能令朱夏寒
伐竹者誰子悲歌上雲梯
高節人相重虛心世所知 張九齡
露滌松粉節風搖青玉枝 禹錫
何處聞秋聲蕭蕭北窗下 太白
扶踈多瀟透日零落未成叢 元稹
嫩節留餘籜新叢出舊欄 王維
朝煙生宮翠晚影滿餘明 聖俞
竹比君子德猗猗寒更綠 歐陽
愛此孤生竹碧葉琅玕柯 聖俞
風梢千纛亂月影萬夫長 東坡
蕭騷寒雨夜敲戛晚風時 杜
能識凌冬性知有歲寒心 世南
送籜分苦節輕筠抱虛心 柳
叢長傲霜雪根瘦耻泥塗 蘇
固節遂同我虛心欲誰待 許書
粉膩蟲難篆叢踈鳥易窺 唐許書

積學書藏

笋補踈邊竹花藏客處枝 和靖
後笋碧含鮮歷包黃帶沙 徐竹隱

七言散句

錦竹亭亭出縣高 杜
籠竹和煙滴露梢
風含綠篠娟娟淨
好風涼月滿松陰 香山
誰家多竹門可款 文公
千株玉槊搀空立 東坡
醉裡曾看碧玉泉
一林瘦竹吾菟裘
翠竹梢雲自結叢輕花嫩笋欲凌空 張正見
寂寞孤燈愁不寐蕭蕭風竹夜窗寒 武元衡
只須伐竹開荒徑拄杖看花聽馬嘶
江深竹淨兩三家多是紅花映白花
子猷去後知音少粉節霜痕漫歲寒 羅隱
此君若欲長相見政事堂前有舊林 許渾
無端種在幽寒處衆鳥嫌寒鳳未知 薛能
祇應更使伶倫見寫盡雌雄雙鳳鳴 宗元
遠愛檀欒碧徑開荷錢乘雨點蒼苔 聖俞
龍孫已見多奇節鳳實新生入翠枝
西園不宿還堪恨孤負夜窗風雨聲 王元之

積學書藏

先出烟姿遂雅淡削開龍影起幽蟠韓忠獻
不雜囂塵多冷淡飽經霜雪越精神
清風掠地秋先到赤日行天午不知山谷
寺籬斜夾千梢翠山磴深穿萬籜乾和靖
數聲野鶴無尋處只在樓西有竹家趙紫芝
枰停欄檻多栽竹料理陂塘旋放荷吳皆山
秋聲來處無尋覓只在窓前竹葉間俞匪溪
踈竹生孫初上坂矮松種子欲凌霄朱湛盧

五言古詩

筍添南階竹日日成清閟縹節已儲霜黃苞猶掩
翠出欄抽五六當戶羅三四高標陵秋嚴貞色奪
春媚稀生巧補林併出疑爭地縱橫乍依竹爛熳
忽無次風枝未飄吹露粉先涵淚何人可移玩清
景空瞠視退之
野竹攢石生含烟映江島翠色落波深虛聲帶寒
早龍吟曾未聽鳳曲吹應好不覺蒲柳凋貞心常
自保太白
茲軒景灑落〻種琅玕正晝薄雲稀蕭〻風雨
寒翠陰涼宴坐踈韻成清歡錦籜裁夏扇玉筍供
春盤晴蝸潛葉底暝雀投林端幽興遇物愜高懷
隨處安且免一日無何須千畝覓温公
花妍兒女姿零落一何速竹比君子德猗〻寒更

積學書藏

綠京師多名園車馬紛馳逐春風紅紫時見此蒼
翠玉淩亂迸青苔蕭踈拂華屋森〻日影閑濯〻
生意足幸此供清賞寧辭薦芳醁黃昏人去鎖空
廊枝上月明春鳥宿歐陽
寧可食無肉不可居無竹無肉令人瘦無竹令人
俗人瘦尚可肥人俗不可醫傍人笑此言似高還
似癡若對此君真大嚼世間那有楊州鶴東坡
野次小崢嶸幽篁相依綠阿童三尺箠御此老觳
觫石吾甚愛之勿遣牛礪角牛礪角尚可牛鬬残
吾竹山谷
今日南風來吹斷庭前竹低昂中音律甲刃紛相
觸蕭然風雪意可折不可辱風霽竹亦回猗〻散
青玉故山今何有秋雨荒松菊此君知健否歸掃
三徑綠東坡

五言古詩散聯

貞幹障曲砌翠節負寒霜拂牖分雲影臨池侍鳳
凰唐太宗
小者截漁竿大者編茅屋勿作篙與箕而今糞土
辱樂天
封以梁園土澆之清泉水得此色不移凌空勢方
起許渾
龍鍾生南嶽孤翠鬱亭〻峯嶺上叢翠煙雨下微

積學書藏

賓　元稹

昔公憐我直比之秋竹竿秋來苦相憶種竹廳前看

慈竹不外長密比青瑤華矛攢有森束玉粒無蹉跎纖粉妍膩質細瓊文翠柯亭亭霄漢近藹藹雨露多

其誰賞高節祇自保孤根密榦青杠直危梢翠纛翻　宋景文

梢弱煙纔足筠浮粉未乾抱陰照流水迸節犯朱欄

新笋漸盈尺新枝已鋪瓦燕雀勿相驚深沈似隆夏

世皆笑幽獨可不少自貶種竹南軒間亦足以相檢况茲歲華晚衆卉日凋斂清節良自如栽培匪為謟

古寺帶修岡青葱萬竿玉春梢長舊枝夏雨滋新綠　聖俞

晉人遁竹林所以避亂世唐士隱竹溪所以養高致　富文忠

五言絶句

無塵終不掃有鳥莫令彈若要添風月應除數十竿　韓文公

積學書藏

竹洞何年有公初所竹開洞門無鎖鑰俗客不曾來

藹藹溪流漫梢梢岸篠長穿沙碧榦淨落水紫苞香

蒼梧千載後班竹對湘沅欲識湘妃怨枝枝滿淚痕　劉長卿

蕭蕭凌霜雪濃翠異三湘疎影月移壁寒聲風滿堂　朱文公

種竹宫墻陰經年但憔悴故園新綠多宿榦轉蒼翠

凜凜氷雪節修修玉雪身便無文與可自有月傳神　誠齋

五言古詩

體方如就矩榦直匪從繩杖有削圓厄提攜先模稜　放翁

五言八句

綠竹半含籜新梢纔出牆色侵書帙晚陰過酒樽涼雨洗娟娟淨風吹細細香但令無剪伐會見拂雲長　杜

微風驚暮坐臨牖思悠哉開門風動竹疑是故人來時滴枝上露稍沾階下苔幸當一入幌為拂素琴　李益

積學書藏

東隣誰種竹偏稱長官心月上分清影風來惠好
音低從疑見接迸筍似相尋多謝此君意墻頭誘
我吟王元之
森然幾竿竹密〻茂成林半室生清興一窓餘午
陰俗物不到眼好書遂上心底事忘覊旅此君同
此襟楊孟川

五言律詩散聯附　絶句附

江西瀟洒地本自與君宜固節還同我虛心欲待
誰澗泉傍借響山水共含滋粉膩蟲難篆叢疎鳥
易窺遊邉曾結念到此數題詩莫恨成龍晚成龍
自有時唐許晝
歲月人間促煙霞此地多殷勤竹林寺更得幾回
過朱放
擢翠向人孤潭〻省署虛雨餘秋更晚風月共蕭
疎石曼卿
小桃遮不得深草放教青影射池光冷聲敲鶴夢
驚張忠定
秋來初種竹憔悴不成林復此雪霜晚空驚孤直
心如何沾瑞露似欲慰窮陰劉原父
不求丹鳳食不學景龍吟自有慈仁意相依歲月
深潛符君子道可愧丗人心王逢原
松影半壇日竹聲一檻秋每番看鶴過疑似有仙

積學書藏

遊貫秋壑
挺〻霜中節沈〻日下陰試裁蒼玉管吹作紫鸞
音斯菴

七言古詩

王師學琹二十年響如清夜落澗泉滿堂洗盡琵
琶耳請君停手恐斷絃神人傳書道人命死生貴
賤如看鏡晚知直語獨憎嫌深藏幽寺聽鐘磬有
酒如澠客滿門不可一日無此君當時手栽數寸
碧聲挾風雨今連雲此君傾蓋如故舊骨相奇怪
清且秀程嬰杵臼立孤難伯夷叔齊採薇𤲅霜鐘
堂上弄秋月微風入絃此君說公家周彥筆如椽
此君語意當能傳山谷

七言絶句

華軒藹〻他年到錦竹亭〻出縣高江上舍前無
此物幸分蒼翠拂波濤杜子美
負郭依山一徑深萬年如束翠沈〻從來愛物多
成癖辛苦移家為竹林李涉
竹裡編茅倚石門竹莖疎處見前村閑眠盡日無
人到自有春風為掃門
溪上殘春黄鳥稀辛夷花盡杏花飛始憐幽竹山
窓下不改青陰待我歸錢起
不用山僧借帳迎丗間無此竹風清獨拳一手支

【全芳備祖】

積學書藏

頤卧偷眼看雲生未生　萬敏
晚節先生道轉孤歲寒惟有竹相娛麤材杜牧真
堪笑喚作軍中十萬夫
寄語菴前抱節君與君到處合相親寫真雖是文
夫子我亦賞堂作記人　東坡
萬木蕭疎怯歲寒子猷相見喜平安世間寧有楊
州鶴休訝平生肉食難　王梅溪
東風美巧補殘山一夜吹添玉幾竿半脱錦衣猶
半著籜龍未信怯春寒　誠齋
一抹輕煙隔小橋新篁搖翠雨三梢惜春不覺歸
來晚花壓重門帶月敲　趙信菴
風竹蕭蕭梧葉黃相思寸寸斷人腸一聲塞管來
何處鴈帶秋聲入故鄉
編茅為屋竹為椽屋上青山屋下泉半掩柴門人
不見老牛將犢傍籬眠　吳履齋
鳳尾森森半已舒玳紋滴瀝晝難知虛心不貯相
思恨遂作風流向綺疏　方伯謨
盧仝茅屋面桃李杜老草堂依柳梅我欲四時相
照映小窓時對此君開　徐竹隱
解籜新篁不自持嬋娟已有歲寒姿要看凜凜霜
前意須待秋風粉落時　任斯菴
瘦削嶔崎向小岑分行種竹未成林丁寧莫伐春

積學書藏

來筍留與新梢補缺陰　名賢集
一別虞妃去不還愁雲空鎖九疑山世間多少相
思淚洒偏修篁染不斑　易元矩
渭川未暇栽千畝庭檻聊須種數根敢愛深秋群
木脱獨欺風雨戰黃昏　厲小山
蟄龍驚起雨龍角蛟室未呈變水犀同本君為分
魯衛清風應不愧夷齊　樓玫瑰

七言八句

作見淩雲飄粉籜須知凝石作盤根細看枝上蟬
吟處猶是筍時蟲蝕痕月送綠陰斜上砌露凝寒
色濕遮門列仙終日逍遙地鳥雀潛來不敢喧　方
平
宜煙宜雨又宜風拂水藏村又間松移得蕭騷從
遠寺洗來疎淨見前峯侵階蘚拆春芽迸繞徑莎
微夏蔭濃無賴杏花多意緒數枝穿翠好相容　鄭
注
借居未定先栽竹為愛疎聲與薄陰一日暫無便
鄙吝數竿雖少亦蕭疎窓間對了添詩料郭外移
來費俸金自笑明年何處在虛簷風至且披襟　劉
後村

樂府祖

水龍吟

楚山修竹如雲異材秀出千林表龍鬚半剪鳳膺微漲玉肌勻繞木落淮南雨晴雲夢月明風裊自中郎不見桓伊去後知辜負秋多少 聞道嶰南太守後堂深綠珠嬌小綺窗學弄梁州初徧霓裳未了嚼徵含宮泛商流羽一聲雲杪看使君洗淨蠻風瘴雨作霜天曉 東坡

朝中措

龍孫脫穎破苔痕英氣欲凌雲深處未須留客春風自掩柴門 蒲團宴坐輕敲茶臼細撲爐熏彈到琴心三疊鷓鴣啼傍黃昏 馬古洲

謁金門

西風竹 入翠煙 矗紅小闌干知幾曲聲聲敲碧玉 窗下鳳臺銀燭斷夢已驚難續曾伴去年庭下菊夜闌聽雨宿 陳東甫

沁園春

竹焉美哉愛竹者誰曰君子歟向佳山水處築宮一畝好風煙裡種玉千株朝引輕霏夕延涼月此外塵埃一點無須知道有樂其樂吾愛吾廬 竹之清也何如應料得詩人清矣乎況滿庭秀色對拈彩筆半窗涼影伴讀殘書休說龍吟莫言鳳嘯且道高標誰勝渠君試看正繞坡雲氣似渭川圖 嚴三休

全芳備祖卷之十六

積學書藏

全芳備祖卷之十七後集

天台陳景沂編輯

建安祝　穆訂正

木部

楊柳

事實祖

碎録

楊蒲柳也從木易聲檉河柳也從木聖聲柳小楊也從木丣聲說文昔我往矣楊柳依依　折柳樊圃　菀彼柳斯鳴蜩嘒嘒並詩漢苑有人柳一日三眠三起三輔故事正月元旦取柳枝懸戶以驅百邪齊民要術　正月柳梯梯者發葉也大戴禮

紀要

展禽之家植柳行德惠因號柳下惠一曰邑名淮南子楚養由基善射去楊葉百步百發百中戰國策支離叔與滑分叔觀于冥伯之丘崑崙之區黃帝之所休俄而柳生其左肘支離曰子惡之乎滑分叔曰生者假借也假之而生生者塵垢也死生為晝夜且吾與子觀化而化及又何惡焉莊子右革子尹文子叔儋子相與為友聞楚武王賢俱往見之至崤峇之間卒逢風雨共伏于枯柳之下衣寒糧乏度不能俱活以革子為賢乃併衣糧與之

積學書藏

二子遂凍餓而死革子見楚王王知其義陳酒設鐘鼓以享之革子援琴而作別散之音楚王賜以百金使塋二子焉琴操漢周亞夫屯軍細柳本傳張敞為京兆尹走馬章臺街有柳終唐時曰章臺柳杜詩云京兆空柳市詩注陶潛宅邊有五柳因以為號本集陶侃鎮武昌性縝密好問嘗課諸營植柳都尉夏施盜種于己門侃過見之問曰武昌西門柳何故盜種于此施服罪晉書桓溫自江陵北行往觀少時所種柳處皆數圍慨然嘆曰木猶如此人何以堪扳枝折條泫然流涕晉書嵇康性絕巧能鍛家有一柳乃激水以圜之夏日甚涼居其下遊戲以煆晉傳王恭美姿容人多悅之或目之曰濯濯如春月柳本傳顧長康癡信小術桓玄以一葉柳紿之曰此蟬翳葉也長康信之晉書齊劉悛之為益州刺史獻蜀柳數株枝甚長狀若絲縷武帝植之于太昌雲和殿前嘗玩嘆曰楊柳風流可愛似張緒當年齊史梁脩仁監造蓬萊宮種白楊更植以桐見桐門隋高潁孩孺時家有柳高丈許亭亭如車蓋里中父老曰此家當出貴人隋書隋煬帝自板渚引河達于淮海謂之御河河畔築道樹柳名曰隋隄史呂渭遷禮部侍郎始中書省有古柳建中末枯死德宗自梁還復榮茂人以

為瑞柳渭令貢士賦之帝聞不以為喜唐書天寶中韓翃有詩名與富人李生友善以幸姬柳氏與之明年翃擢第家于青池歲餘适從兩京柳以姿色懼不免乃剪髮居法雲寺侯希逸為淄青節度翃為書記遣使間行求柳氏以練囊盛金題曰章臺柳章臺柳往日青青今在否縱有長條似舊時也應攀折他人手柳荅曰楊柳枝芳菲節所恨年年贈離別一葉隨風忽報秋縱使君來豈堪折無何蕃將沙吒利立功知其恣色劫以歸翃使虞侯以計取之希逸以聞于朝詔柳氏遂翃青瑣白樂天有姬名小蠻善唱楊柳枝人遂以曲名之詩話

宣宗聞樂府唱白居易柳枝詞敕永豐坊中移楊柳兩株植于禁中居易以一曲表其意云一樹衰殘委塵土雙株榮耀屬天庭定知此後天文裏柳宿光中添兩星

雜著

夫楊橫樹之則生倒樹之亦生折而樹之又生戰國策

賦咏祖

五言散句

長楊陰碧海文選　修楊夾廣津

欝欝園中柳　弱柳蔭修衢潘岳

楊園流好音王僧達　垂楊蔭御溝謝元暉

柳色黃金嫩李白　高柳半天青少陵

開筵俯高柳少陵　寒柳半疎翠

雨多添柳耳　青歸柳葉新

官橋帶柳陰　官柳著行新

市橋官柳細　青柳檻前梢

歸院柳邊迷　秋風吹柳條劉夢得

手自移蒲柳　金穗不勝吹温庭筠

柳意不勝春韋　柳老半書蟲東坡

垂陰半上路結翠早知音梁簡文帝

遂將眉裏翠來就錦中舒唐太宗

白楊多悲風蕭蕭愁殺人古詩

解有相思否應無不舞時李義山

愁眼明秋水愁眉淡遠峰

柳州柳刺史種柳柳江邊柳子厚

柳條將白髮相對共垂絲戴叔倫

如美婦正立櫛髮長在地子由

細栽烟外葉繁並暖前枝宋景文

何用長堤柳將眉與血顰趙寒泉

七言絶句

動似顛狂静似愁姚合

柳條弄色不忍見高適

積學書藏

問柳尋花到野亭程明道
恨得東風不展眉段成式
烟柳風絲拂岸斜雍陶
河堤柳弱鬭金枝
陌頭楊柳黃金色李白
岸容待臘將舒柳杜
漏泄春光有柳條
故園楊柳今搖落何得愁中却盡生杜
江頭宮殿鎖千門細柳新蒲為誰綠
遥憶青〻江岸上不知攀折是何人
漸欲拂他騎馬客未多遮得上樓人
莫折宮前楊柳枝元宗曾向笛中吹張祜
一把柳絲收不得和風搭在玉闌干古詩
巫娥廟裏低含雨宋玉門前斜帶風牧之
葉含濃露如啼眼嬌嫋輕風似舞腰香山
桃紅李白皆誇好須得垂楊為發揮夢得
依〻故國樊川恨半掩村橋半拂溪牧之
幾回離別折枝盡一夜春風吹又長劉商
明年更有新條在撓亂春風卒未休羅隱
纔聞暖律先偷眼直待風和始展眉辛寅遜
思量却是無情木不解迎人只送人皇甫冉
誰家縹緲青羅被何處蹁躚金縷衣卲康節

積學書藏

生計任從栽者意却嗟松柏不禁移韓忠獻
章臺街裏翻輕吹灞水橋邊送落暉錢忠公
人昔共遊今在樹猶如此我何堪歐陽公
不識日高眠起處何如風定舞餘時劉原父
燈背翠簾人欲別月斜烟柳馬頻嘶夏英公
不知張緒當年少得似長條濯〻時宋景文
但見低垂長衛足更無踈聳直參天張忠定
不及垂陰向黎庶春風一路送　情
多謝灞陵隄上柳與人頭上拂塵埃李山甫
風雨不知春早晚柳條搖動半江陰劉攷之
祇無惱亂春風意却是春風惱亂他僧北澗
如今已作參天木應是衰遲老主人王梅溪
綠楊影裡鶯聲碎正是南窻睡覺時趙冷菴
若見集英門外柳為言曾惹御爐香厲小山
昭陽太極無行路歲〻鶯黃上柳條周方泉
門外莫栽楊柳樹得春多處恨春多陳卓山
粥香餳白清明近鬧挽柔條插畫簷秋崖
風霜兩鬢五十五楊柳幾番三月三
鬢痕不似新條好可倩東風染得青陳月潭
根枝不入靈和殿枉為人間拂馬蹄陳晦叔
楊柳年〻人老大江山處〻客淒涼吳履齋

五言絕句

積學書藏

巫山巫峽長垂柳復垂楊同日宜共折故人還故
鄉梁元帝
柳掛九衢絲花飄萬家雪如何憔悴人對此芳菲
節武元衡
河柳擅佳名青條發紅穗因愁百卉嬌強作芳菲
意晏元獻
七賢寧占竹三品且饒松腸斷雲和殿先皇玉座
空李義山
白頭種松桂他日見成林不及栽楊柳明年即有
陰香山
花明柳陌春柳　御溝新為報遼陽客流芳不待
人王涯
濯々縈春晚依々帶暝饒楚宮皆餓死無計學纖
腰宋景文
楊柳多風裏青々夾御河為何扳折苦只為別離
多王之渙

五言古詩

白楊初生時乃在豫章山上葉拂青雲下根通黃
泉古詩
輕盈拂建章夾道連未央因風結復解霑露猶且
長沈約
不如種此柳此柳易榮滋無根亦可活成陰亦非

積學書藏

遲三年未離郡可以見依々香山
玉縷葳蕤姿結為芳樹枝忽驚明月約約出珊瑚
枝灼々不死花蒙々長生絲夔得
美咲千黃金駐景淒白璧東風楊柳津幾度千絲
碧款々白面郎畫舫宮樣妝新隄五里長回頭意
悠揚幽人興不怯得志汀草芳陳肥遯

五言八句

只道梅花發那知柳亦新枝々總到地葉々自生
春紫燕時翻羽黃鸝不露身漢南因老盡灞上遠
愁人杜子美
山靜雲為友家貧鶴是親掃花存逕螘留食施飢
鱗有句題僧寺無書擾貴人三間依柳下渾不染
京塵吳南叔

五言律詩散聯

楊柳非花樹依樓自覺春枝邊通　色葉裡映朱
輪帶月交簾影因吹掃席塵梁元帝
已帶黃金縷仍殘白玉花長時須拂馬密處共藏
鴉眉細從他斂腰纖莫亂斜李義山

七言古詩

露井天桃春未到遲日猶寒柳開早高枝低枝飛
鸝黃千條萬條覆宮牆幾回離別折欲盡一夜東
風吹又長毿々拂人行不進依々送君無遠近青

積學書藏

春去住隨柳條却寄來人以為信　劉商
隨堤柳歲久年深盡衰朽風飄〻兮雨蕭〻三株
兩株汴河口老枝病葉愁殺人曾經大業年中春
蕭墻禍生人事變晏駕不得歸秦中土墳數尺何
處塋吳公臺下多悲風二百年來汴河邉涉草和
烟朝復暮後生何以鑒前王請看隋堤亡國樹　白
居易
綠絲條弱不勝鶯蘇家小女舊知名楊柳風前別
有情剥條盤作銀環樣卷葉吹為玉笛聲

七言絶句

陶令門前四五樹亞夫營裏百千條何似東都正
二月黄金枝映洛陽橋　香山
隔戶楊枝弱嫋〻洛陽十五女兒腰誰謂朝來不
作意狂風枉斷最長條　杜
人言柳葉似愁眉更有愁腸似柳絲柳絲挽斷腸
牽斷彼此因由續得時　樂天
花萼樓前初種時美人樓上鬬腰肢如今抛擲長
街裏露葉如啼將恨誰　憂得二首
御陌青〻拂地垂千條金縷萬條絲如今綰作同
心結將贈行人知不知
城外春風颭酒旗行人揮袂日西時長安陌上無
窮樹惟有垂楊管別離

積學書藏

半烟半雨江橋畔映杏映桃山路中曾得離人無
限意千絲萬縷惹春風　鄭谷
碧玉裝成一樹高萬條垂下綠絲條不知細葉誰
裁出二月春風似剪刀
高出軍營遠映條曾逢兵火一時燒風流性格終
難挫暖日遂生萬〻條　薛逢
渭城朝雨浥輕塵客舍青青楊柳春勸君更盡一杯
酒西出陽關無故人　摩詰
一樹春風萬〻枝嫩于金色軟于絲永豐南角荒
園裏盡日無人屬阿誰　香山
金縷毿〻碧瓦溝六宮眉黛惹春愁晚來更帶龍
池雨半拂闌干半入樓　温岐
池南柳色半青〻縈烟裊娜拂綺城垂絲百尺挂
朝檻上有好鳥相和鳴　太白
枝裊纖腰葉鬬眉春來無處不成絲灞陵原上多
離別少有長條拂地垂　韓琮
江邉楊柳麴成絲立馬憑君折一枝雖是春風最
應惜殷勤惟向手中吹　楊巨源
白雲溪畔種遂生風擺長條拂水輕應為繁華壓
金谷依〻終日是無情　种明逸
新豐道上灞陵頭又送夫君去遠遊借問柳枝能
記否古今共有幾多愁　温公

積學書藏

永豐坊裏舊腰肢曾見青々初種時看盡道邊離
別恨爭教風絮不狂飛 張文潜
亂條猶未變初黄倚得東風勢更狂解把飛花蒙
日月不知天地有清霜 曾南豐
含煙帶雨過平橋嫋々千條復萬條張令當年成
底事風流纔似女兒腰 呂居仁
萬縷千絲織暖風絆烟留露市橋東砌成幽恨斜
陽裡供斷閑愁細雨中 朱淑貞
堤邊楊柳密藏鴉堤上遊人兩髻丫可惜行春來
較晚誰家留得碧桃花 張于湖
絲々烟雨羙輕柔偏稱黄鸝與白鷗纔著一蟬嘶
晚日西風容易便成秋 宋正父
三月名園草色青夢回猶憶賣花聲春花不管人
憔悴飛絮紛々羙晚晴 趙信菴
燕子樓邊柳色新畫眉人去鏡生塵來年羞結空
牀夢閑撥琵琶過一春 賈秋壑
花瘦水肥二月天畫橈變動木蘭船人家盡換新
榆火惟有垂楊帶舊煙 陳莭齋
雨重垂楊綠未乾一渠流碧弄潺々暝鴉過盡東
風惡獨倚衡門看遠山 王潜齋
蝶撲蜂黏發出狂飄然欲上白雲鄉無端却被遊
蜂攪縮住東風舞幾場 李梅亭

積學書藏

騰雪逢春次第消等閑著脚上溪橋柳條畢竟帶
兒女一夜東風眼便嬌 陳北山
憶別東河雨度春西湖柳眼又新々想因一樣湖
邊柳一樣春風一樣青 鄭亦山
嫋々吳興柳滿城春光濃處白蘋亭來時金縷黄
尤淺看得枝々葉々青 任斯菴
春到枝々是綠絲秋來葉々是愁眉灞橋何限經
行者不記尋花繫馬時 王慢翁
陰々垂柳亂蟬嘶柳外嬌鶯自在啼心事太平山
色好閑軒坐到日沈西 徐橘隐
一掃嬌黄染不成藏鴉未穩蚤藏鶯行人自謂傷
離別枉折無情贈有情 薛獨菴

七言八句

揚子江頭流水清長安陌上暖風吹黄金瓔珞雪
晴後碧玉瓏璁春盡時端的園林俱不及等閑臺
榭便相宜思量也是多情物占與人間贈別離陶
弼
破篋猶存舊賜香輕將竈夢到昭陽只知鏡裏
難駐不信人間夜更長父母家貧容不得君王恩
重死難忘東風二月垂楊柳猶解飛花入禁墻陸
雲西

樂府祖

積學書藏

蘭陵王

柳陰直煙裏絲〻弄碧隋隄上曾見幾番拂水飄綿送行色登臨望故國誰說京華倦客長亭路年去歲來因折柔條過千尺　閒尋舊踪跡又酒聽哀絃燈照離席梨花榆火催寒食愁一箭風快半篙波暖回頭迢遞便數驛望人在天北　悽惻恨堆積漸別浦縈迴津堠岑寂斜陽冉〻春無極記月榭攜手露橋聞笛沈思前事似夢裏淚暗滴周美成

蝶戀花

愛日輕明新雪後媚眼星〻漸欲穿窗牖不待長條傾別酒一枝已入離人手　淺〻柔黃輕蠟透過盡冰霜便與春爭秀強對青銅簪白首老來風味難依舊周美成

小閣陰〻人寂後翠幕褰風燭影搖疎牖夜半霜寒初索酒金刀正在柔荑手　絲薄紛香光欲透小葉尖新未放雙眉秀記得長條垂鷁首別離情味還依舊方千里

移得綠楊栽後院學舞宮腰一月青猶短不比灞陵多送遠殘絲亂絮東西岸　幾葉小眉愁不展莫唱陽關真个人腸斷〻付與春〻細看條〻盡是離人怨張子野

積學書藏

為問宛溪橋畔柳拂水倡條幾贈行人手一樣葉眉偏解綰白綿飛盡因誰瘦　今日離亭還對酒唱斷青〻好去休回首美蔭向人疎似舊何須更待秋風後賀方回

桃萼新香梅落後葉〻藏鴉冉〻垂亭牖舞困低迷如着酒輕絲偏近遊人手　雨過朧〻斜日透客舍青〻時地香明秀停話揚鞭回別首渭城荒遠無交舊美成

玉樓春

黃金弄色輕於粉濯〻春條如水嫩為緣力薄未經風不奈嬌多長似困　腰柔乍怯人相近眉小未知春有恨勸君着意惜芳菲莫待行人攀折盡歐陽公

天然不比花含粉約月微黃春色嫩小橋低映欲迷人閒倚東風無奈困　煙姿最與章臺近冉〻千絲誰結恨狂鶯來往戀芳陰不道風流真態盡聖俞

朝中措

平山欄檻倚晴空山中有無中手種滿庭楊柳別來幾度春風　文章太守揮毫萬字一飲千鍾行樂直須年少樽前看取良翁歐陽

浣溪沙

二月和風到碧城萬條千縷巧相迎舞烟眠露過清明　妝鏡巧偷眉葉樣歌樓妍曲借枝名晚秋霜霰莫無情　晏叔原

解連環

露條烟葉惹長亭舊恨幾番風月愛細縷先窣輕黃漸拂水藏鴉翠陰相接纖軟風流眉黛淺三眠初歇奈年華又晚縈絆遊蜂絮飛晴雪　依依灞橋怨別正千絲萬縷難禁愁絕悵歲久應長新條念曾繫花驄屢停蘭檝美影搖晴恨閒損春風時節隔郵亭故人望斷舞腰瘦怯　高竹屋

虞美人

一番雨過年芳淺裊裊心情嬾章臺人過馬嘶聲小眉不展恨盈盈怨清明　烟柔露軟湖東岸惱亂春風慣一聲鶯是故園鶯及至如今聞處又多情　僧仲殊

驀山溪

黃金線軟玉露生輕潤青豆破初芽拂煙痕一枝獨嫩東風著意不放舞腰春漸暖柔無力依依怨和困　旗亭帶晚又是清明近惹盡別離愁約啼鶯深深與問灞陵傷感那更入陽關攀折處我無心行人自多恨　仲殊

江城子

西城楊柳弄春柔動離憂淚難收猶記多情曾為繫歸舟碧野畫橋當日事人不見水空流　韶華不為少年留恨悠悠幾時休飛絮落花時候一登樓便做春江都是淚流不盡許多愁　少游

柳枝

江南岸柳枝江北岸柳枝折送行人無盡時恨分離柳枝　酒一杯柳枝淚雙垂柳枝君到長安百事違幾時歸柳枝　朱希真

採桑子

人如濯濯春楊柳徹骨風流脫體溫柔牽繫多情卒未休　最憐恰新眠起雲雨初收斜倚瓊樓葉葉眉心一樣愁

行香子

雲葉烟條天與多嬌笑風流張緒難消惱人春思正自無聊賴斂愁眉酣醉眼減圍腰　風絮拍迷蝶美鶯嘲最關情是短長橋解驂分袂催上蘭橈更綠波平紅日墜碧雲遙　劉隨如

謝池春

烟雨池塘綠影乍添春漲鳳樓高珠簾卷上金柔玉困舞腰肢相向似玉人瘦時模樣　離亭別後試問陽關誰唱對青春翻成悵望重門靜院度香風屏障吐飛花伴人來往　李方舟

積學書藏

全芳備祖卷之十七

國立中央圖書館珍藏

積學書藏

全芳備祖卷之十八後集

天台陳景沂編輯
建安祝　穆訂正

國立中央圖書館珍藏

木部

楓

事實祖

碎錄

楓香樹似白楊葉圓而岐分有脂而香其子大如鴨卵二月花發著實九月熟曝乾可燒 嵇含錄 楓聶天風則鳴故曰聶聶 漢宮殿中多植之至霜後葉丹可愛故騷人多稱之 爾雅注 老楓化為羽人 齊丘書

紀要

黃帝殺蚩尤于黎山之丘擲其械于宋山之上化為楓木之林 廣軒轅記 後周武帝梁州上書言鳳集于楓上群鳥列侍以萬數 本史 楓槐被宸 何晏句

賦咏祖

五言散句

楓落吳江冷 崔信明　曉霜楓葉丹 謝靈運

青楓滿瀟湘 李白

湛湛長江水上有楓樹林 阮籍

春岸桃花水秋江楓樹林杜
艤棹青楓浦雙楓舊已摧
回首遇津口而多楓樹林

七言散句

背日丹楓萬木稠杜
玉露凋傷楓樹林
楓葉荻花秋瑟瑟香山
香靄深谷攢青楓文公
赤葉楓林百舌呼黄谿野岸天雞舞杜
旅鴈上雲歸紫塞家人攢火用青楓
江頭赤葉楓愁客籬外黄花菊對誰嚴武
楓葉千枝復萬枝江橋掩映暮帆遲魚玄機
青楓綠草將愁去遠入吳雲暝不還李羣玉
月落烏啼霜滿天江楓漁火對愁眠張繼
遥看一樹淩霜葉好似衰顔醉裏紅朱行中
含雨數峯分水墨著霜千樹半丹青湛道山
水落纔餘半篙綠霜高初染一林丹翁元廣
楓葉不耐冷露下胭脂紅無復戀本枝槭槭隨驚風向來樹頭蟬去盡不見蹤日落秋水寒哀哀叫征鴻劉仙倫
萎綠映葭青疏紅分浪白落葉灑行舟仍持送遠客簡文帝

五言絕句

輦路江楓暗宮城野草春傷心庾開府老作北朝臣司空文明
一夕起霜風千林墜曉紅無端逐流水流向武陵東名賢集
猿鶴驚呼曉樓鐘動翠微楓林墜明月疏影亂人衣參寥
一塢藏深林楓葉翻蜀錦寄語別家人路遥霜霰凜郭功父

七言古詩

雙楓一松相後前可憐老翁依少年少年翡翠新衫子老翁得衣青布被更有秋風清露時少年再換輕紅衣莫教一夜霜雪落少年赤立無衣著老翁深衣却不惡誠齋
鳳山高兮上有楓青女染葉猩血紅莫辭老紅嫁西風一夜憔悴成秃翁朱湛盧

七言絕句

遠上寒山石徑斜白雲深處有人家停車坐愛楓林晚霜葉紅于二月花杜
千里楓林煙樹深無朝無暮有猿吟停橈靜聽曲中意好是雲小韶濩音元次山

赤葉楓林落酒旂白沙洲渚夕陽微數聲柔櫓蒼茫外何處江村人夜歸 參寥

山寒江冷丹楓落爭渡行人簇晚沙菰米蘋花飛白鳥一張紅錦夕陽斜 山谷

黃紅紫綠巖巒上遠近高低松竹間山色未應秋後老靈楓方為駐童顏 趙成德

七言八句

少立危亭獨倚欄此心便與白鷗閑水波不動魚龍蟄風月無邊天地寬幾處風蒲連碧浪數重烟樹出青山垂虹丹卜清遊日楓落吳江波正寒 史雲麓

榕

事實祖

碎錄

榕葉如冬青其葉不凋嶺表錄榕樹一株可蔭數畝泉福間多產此木樹上懸鬚著地即便生根俗喭云榕樹倒生根郡志樹拳曲不可為材燒無熖不可為薪故能久而大 嵇氏錄

賦咏祖

五言散句

忽此榕林中跨空飛栱折東坡

七言散句

拔地高標如鐵色拂天老樹作寒聲 劉後村

五言古詩

寒溪澹容與老木枝相樛其誰合二美名此景物幽太師昔南來於焉曾少休想當下榻時清與耳目謀品題得要須亦有翰墨留我來訪遺地容竹鳴鈎鞘稍令舊觀復還與佳客遊樹影散香篆水光泛金甌市聲不到耳永日風颼颼所忻簿書隙有此足夷猶平生丘壑願如痼不可瘳雖知筆嗤寂終覺靜理優更思濯滄浪榕根浮小舟 張南軒

七言絕句

宦情羈思共悽悽春半如秋意轉迷山城過雨百花落榕葉滿庭鶯亂啼 柳子厚

晚暑無涼可得尋小風一點慰人心斜陽碎入高榕葉翻作青天覆作金 誠齋

榕聲竹影一溪風遊客曾來繫短篷我與竹君俱晚出兩榕曾為識涪翁 後村

楸

事實祖

碎錄

河濟之間千樹楸與千戶侯等 漢書 紋楸可以為棊局 雜志

雜著

積學書藏

走馬長楸之間 陳思王 望青楸之離霜 潘岳
賦咏祖
七言散句
高花曾吐驛庭春老幹空纏薜荔鱗 王右丞
句稽嚴家不通賓因見楸花憶去春 芸叟
五言古詩
庭樹上五株共生十步 有藤繞之上葉相
下葉各垂地樹巔各雲連朝日出其東我常坐
西偏夕日在其西我常坐東邊當晝日在上我在
中央 仰視何青青上不見纖穿朝暮無日時我
且八九旋濯濯晨露香明珠何珊珊夜月來照之
蒨蒨自生煙我已自頑惰重遭五楸牽客來尚不
見肯到權門前權門衆所趨有客動百千九牛亡
一毛未在多少間往既無可顧不往自可憐 韓退
之
楸英獨嫵媚淡月相參差大葉與勁幹簇萼密自
宜 聖俞
涼風天際來拂我階前樹梢驚枝上禽復滴葉間
露 劉原父
七言絶句
中庭長楸百尺餘翠謁拚葉當四隅晨露日 自
相翳並坐可以千人居 原父

積學書藏

楸樹馨香倚釣磯斬新花蕊未應飛不如醉裏春
風盡可忍醒時雨打稀 子美
幾歲生成為大樹一朝纏繞困長藤誰人與脫青
羅帕看吐高花萬萬層 退之三首
幸自枝條能樹立何須蘿蔓作交加旁人不解尋
根本却道新花勝舊花
青幢紫蓋立童童細雨浮煙作綠籠不得畫師來
貌取定知難見一生中
榆
事實祖
碎錄
榆者白枌也榆有刺莢為無夷說文無姑其實夷
注云姑榆也生山中葉員厚剝取皮合漬之味辛
苦所謂無夷是也 爾雅注 春取榆柳之火 周禮 三
月榆莢落 元命苞 槿荁枌榆免膏滫以滑之 禮記
襄國鄴路千里之中夾道種榆盛暑之下人行之
鄴中記 鵲上高城之危而巢于高榆之顛城壞巢
傾凌風而起故君子之居世也得時則義行失時
則鵲起 莊子
紀要
楚莊王將伐晉敢諫者死無赦進諫曰臣園中有
榆柳上有蟬方奮翼悲鳴飲清露不知螳螂之在

積學書藏

其後也韓詩外傳高祖禱枌榆社在東豐北十五
里漢郊祀志成帝時旱災民食榆皮天文志龔遂
為渤海太守勸民農桑種榆一口一樹循吏傳鄭
渾為魏郡太守課百姓種榆為籬魏志

賦咏祖

五言散句

春榆初改火古詩　錢穿短貫榆香山
天上何所有歷歷種白榆古樂府
可惜凌雲條化作樵夫柬東坡
農家榆莢雨江國鯉魚風余襄公

七言散句

榆莢拋錢柳展眉香山
隔墻榆莢撒青錢
榆莢相催不知數李賀
柳絮榆錢不當春東坡
榆錢可穿柳帶柔山谷
楊花榆莢無才思也解漫天作雪飛退之
此日郊亭心乍喜敗榆芳景似還家薛能
寂寞春風花落盡滿庭榆莢似秋天雍陶
榆莢翻風驚社節梨花帶雨近清明王坦軒

五言古詩

我行汴隄上厭見柳隄綠千株不盈畝斬伐同一

積學書藏

東及居幽囚中亦復見此木蠹皮滿秋雨病葉埋
墻曲誰言霜雪苦生意殊未足坐待秋風至飛英
覆空屋東坡
修柯過雲日老枿干雲霓嗟爾擁腫材大匠何見
遺張右史

桐梓附

事實祖

碎錄

榮桐木梧桐也櫬梧也爾雅　椅桐梓漆爰伐琴瑟
注梓實桐皮曰椅即梧桐也詩定之方中　鳳皇鳴
矣於彼高岡梧桐生矣于彼朝陽卷阿鵷鶵非梧
桐不棲莊子徐州嶧陽孤桐禹貢梓椶鼠梓也爾
雅維桑與梓必恭敬止小弁拱把之桐梓孟子

紀要

成王剪桐葉為圭以與唐叔曰吾以此封若史臣
因請擇日成王曰我以此戲之史臣曰天子無戲
言遂封于唐史記吳人有燒桐以炊者邕聞火裂
之聲因請裁以為琴頗有美音時人號為焦尾琴
蔡邕傳晉武帝時吳郡臨平岸出一石打之無聲
以問張華華曰取蜀中桐材刻魚形扣之則鳴矣
于是如其言音聞數里異苑何力為司稼少卿梁
脩仁新作大明宮植白楊于庭示力曰此木易成

陰力不荅但誦白楊多悲風蕭蕭愁殺人之句修仁悟更植以桐世說歷城房家園齊博陵君豹之山池其中雜樹森竦或有人折其桐枝者曰何為傷我鳳條自是人不復折其枝雜俎吴平門外忽生一株桐上有歌謡之聲平惡而伐之平隨軍北虜三載忽空中似歌曰死樹今更青吴平尋當歸平尋歸異苑王義方初拜御史買宅酧直訖數日忽對賓朋指庭中青桐一雙曰此忘酧直召宅主付錢四千北夢瑣言德宗在奉天召李泌赴行在時李懷光叛歲又旱蝗議者欲赦懷光帝博問群臣泌破一桐葉附使以進曰陛下與懷光君臣之分不可復合有如此葉由是不赦唐史顧况於御溝流水上得一桐葉有詩云一入深宮裡年年不見春聊題一片葉寄與有情人况亦題葉于流泛之後數日况又得一詩似荅况者縉紳脞說蜀侯繼圖倚大慈寺樓飄一大桐葉上有詩云拭翠斂娥眉為鬱心中事搦管下庭除書作相思字此字不書名此字不書紙書向秋葉上願逐秋風起天下有心人盡解相思死後數年繼圖卜任氏為昏焉本傳商子云南山之陽有木名喬北山之陰有木名梓二子盍往觀焉二子往觀見喬木高而仰梓木實而俯反以告商子曰喬者父道也梓者子道也尚書大傳子胥將死告其舍人曰必樹我墓上以梓令可以為器而抉吾眼懸吴之東門以觀越兵之入吴也史記斬泗濱之梓以為箏文選後漢樊宏父常欲作器物先種梓漆時人嗤之積以歲月皆得其用向之笑者咸求假焉貲至巨萬

雜著

龍門之桐高百尺而無枝中鬱結而輪菌枚乘含黃鍾以吐榦據蒼岑以孤生張協納谷風以疏葉含春雨以濯莖張湛呂洞賓題汴都峩眉院云明月斜秋風冷今夜故人來不來教人立盡梧桐影曾慥集仙傳

賦咏祖

五言散句

桐林帶晨霞靈運　寒井落梧桐文選

霜風侵梧桐退之　井梧栖靈鳳古詩

秋色老梧桐杜　樹暗惜桐孫

有谷杉漆桐　庭梧自黃隕後山

風梧有先聲後山　露葉秋高梧東坡

桐葉滿東齋

曉葉藏栖鳳朝華拂曙烏梁簡文帝

方同散木爨清響竟誰知王符

分根蔭玉池欲待高鸞集沈約

積學書藏

一株青玉立千葉綠雲垂　香山

梧桐落金井一葉飛銀牀　太白

四面無附枝中心有通理

葉生既婀娜葉落亦扶疎

今茲大火落秋葉黃梧桐　杜

秋日坐梧桐轉陰如轉轂　荆公

寒聲落鴻雁秋意著梧桐　林竹軒

林梧自黃殞風過成夜語　後山

七言散句

碧梧棲老鳳皇枝　少陵

清秋幕府井梧寒

秋雨梧桐葉落時　香山

秋桐不識春風面　貢父

滿階桐葉候蟲鳴　東坡

槭槭井梧疎更殞　韓

夢斷南窗啼曉烏新霜昨夜下庭梧　羅鄴

枉教紫鳳無棲處斲作秋琴彈廣陵　李義山

百葉盆榴照眼明桐陰初密暑猶清　明道

風高露井無桐葉雨急村煙有雁聲　劉貢父

不緣桃李開顏色似為琴瑟養肌膚　劉元父

井梧搖落先霜盡衣杵淒涼帶月聞　洪适

畫堂蟋蟀怨清夜金井梧桐辭故枝　放翁

積學書藏

纔破繁華海棠日又驚搖落井梧時　翁元廣

雨滴梧桐秋夜長愁心和雨到昭陽　劉媛

睡起秋聲無覓處滿階梧桐葉月明中　劉小山

五言古詩

苕苕梧桐樹寄生于南嶽上凌青雲霄下臨千仞谷處身孤且危於何託余足昔也植朝陽傾枝俟鸞鷟今者絕世用倥偬見迫束班匠不我顧牙曠不我錄焉得琴瑟成何由揚妙曲　司馬彪

山木多蘙翳梧桐獨亭亭葉重碧雲片花簇紫霞英是時三月天春暖山雨晴無人解愛賞有客還屏營生憐不得所死欲揚其聲栽為天子琴薦之于穆清誠是君子心恐非山木情老龜被刳腸不如無神靈雄雞自斷尾不願為犧牲況此好顏色花紫葉青青宰遂天地性忽加刃斧刑吾思五丁力拔入九重城當君正殿栽花葉生光晶上對月中桂下覆階前蓂泛拂香爐烟隱映斧藻屏為君布綠陰當暑蔭軒楹為君發清韻風來如扣瓊愛君陽和德不持含芽榮戒君無戲言剪葉封弟兄受君歲月功不獨資生成為君長高枝鳳皇頭上鳴一鳴君萬歲壽如山不傾再鳴萬人泰泰階為之平如何有此用幽滯在岩扃待余有勢力移尔獻彤廷　香山

積學書城

猗猗井上桐，葉華何衰衰。下蔭百尺泉，上聳凌雲材。翠色洗朝露，清陰當午階。日出花焰㬋，飛香動浮埃。今朝一雨過，狼藉粘青苔。歐陽公

朝陽升東隅，照此庭下桐。萋萋復萋萋，密葉翠羽蒙。午景凝餘清，夕焰留殘紅。雨響疊棟外，風生戶牖中。主人政多暇，步賞幸從容。司馬溫公

庭梧驚秋風，葉葉凋萎紅。行人何不歸，妾魂逐孤鴻。去日良已暌，客身轉飄蓬。千里各一涯，關山月明中。兩臂恨不羽，飛逐君西東。頓首嗚

孤桐生空井，枝葉自相加。通泉溉其根，玄雨潤其柯。魏明帝

未霜葉已肅，不風條自吟。不顧見雕琢，為君堂上琴。鮑昭

孤桐北窓外，高高百尺餘。枝生既婀娜，葉落更扶蘇。謝朓

秋還遽已落，春曉猶未荒。綠葉雖可賤，一剪或成珪。沈約

霜風侵梧桐，衆葉著樹乾。空階一片下，錚若摧琅玕。退之

高梧一葉下，空齋歸思多。參差剪綠綺，瀟灑覆瓊柯。韋應物

高岡得梧桐，裁為綠綺琴。有絃絃朱絲，有徽範黃金。引手試拂拭，琅然發清音。吳竹坡

往往遊西崦，時時憇午陰。鳳來人不見，飛入碧梧深。

五言八句

晚來狂索酒，量大酒無功。窗豁能容月，樓高易得風。碎聲聞蟋蟀，疏影舞梧桐。夜半清夢，江湖垂釣翁。趙節齋

七言古詩

去日桐樹半桐葉，別來桐樹老桐孫。城中過盡無窮事，白髮滿頭歸故園。元微之

君家井泉深百尺，正有高梧十尋碧。鳳鳥不至獨可憂，蛟龍深潛莫能識。劉原父

七言絕句

老桐休斲為琴瑟，胡部新翻格調清。試聽琵琶掺蓮曲，一般絃上數般聲。陶弼

仰看陽光只見空，不知影裏著梧桐。莫言日脚無行跡，偷轉零分破寸中。誠齋

金井梧桐秋葉黃，珠簾不捲夜來霜。薰籠玉枕無顏色，卧聽南宮清漏長。王昌齡

葉底秋聲急雨催，人言滿樹是愁媒。九迴百斷渠何預，自是愁人做得來。僧北澗

夢回歷歷雨聲中，窗影分明曉色紅。出戶方知是

積學書藏

黄葉更無一片在梧桐陳箕芷

七言八句

灝氣行秋萬宇涼玄姑新勅辦衣裳林為機杼織無跡月當膏油緝易長謂尔索裘雖有日到頭無褐可禁霜工夫只有琵琶索又在梧桐夜雨旁徐介軒

開盡群花欲折桐春歸何事太匆〻枝頭嫩綠偏宜雨葉底殘紅不奈風燕帶香泥歸院落蜂粘飛絮入簾櫳小窓獨坐無餘事盡日青山在眼中謝盈齋

樂府祖

憶秦娥

臨高閣亂山平野烟光薄煙光薄棲鴉歸後暮天聞角　斷香殘酒情懷惡催　梧桐落梧桐落又　秋色又還寂寞李易安

卜算子

缺月掛疎桐漏斷人初靜時見幽人獨往來縹緲孤鴻影　驚起却回頭有恨誰能省揀盡寒枝不肯棲寂寞沙洲冷

訴衷情

征衣薄〻不禁風長日雨絲中又是一年春事花信到梧桐　雲漢〻水溶〻去匆〻客懷今夜家

積學書藏

在江西身在江東劉柖山

全芳備祖卷之十八

積學書藏

全芳備祖卷之十九後集

天台陳景沂編輯
建安祝　穆訂正

木部

豫章

事實祖

碎録

豫章大木也服虔漢書注豫章生七年而後與衆
木異述異記山陽縣豫章木可伐作鼓額荆州記

紀要

丹陽尹袁粲見王儉曰栝柏豫章雖小已有棟梁
之氣矣南史

雜著

其北則有楩枏豫章子虛賦木則楩枏豫章吳都
賦余卜居南溪上流溪之滑有喬木二蓋古之豫
章而今俗以樟名者也其壽當三百餘載而大且
二十圍團欒偃蹇庇及數畝老根盤踞高突地面
如巨石磊砢余因募工畚土厚培其根使平若一
臺可坐數客久焉根入土深得所滋養枝葉益敷
暢亭午日不穿漏夏五六月清陰覆地暑氣不入
涼飔時來方春稚緑競秀靄若雲屯及立冬凍沍
此獨挺秀余愛護封植每為賦甘棠之詩余聞昔

積學書藏

有商山之老戲于橘中者謂之橘隱後去效山陰
之種竹者謂之竹隱慕彭澤之採菊者謂之菊隱
擬孤山之詠梅者謂之梅隱余愛此古樟遂名吾
廬以南溪樟隱暇日披閱書篋得晦庵朱子所書
四大字適契余所命名若有天相亟模勒揭于廳
之楣即其右闢小室又取朱子所書歲寒二大字
為扁以表古樟之高致室僅容膝處勢最高平挹
翠嵐下臨緑浸隔岸擔簦負笈之行人中流披蓑
鼓枻之漁父皆可坐見于几席之上市廛雖近而
一塵不侵余蓋于此讀書以求聖賢為己之學涵
養體察私淑吾身庶幾不負朱子教育之意且日
有餘力則編輯古人嘉言善行類成巨帙窮年矻
矻皆手自抄録樂而忘疲令一二書行于世者行
有楊子雲不以一醬瓿之可為坐久神倦起而欠
伸則信手拈取前輩詩文一二帙緩誦微吟戰睡
魔而却之此則樟隱之成趣也其西則築小樓四
楹與廳對峙又取南軒張子所書藏書閣三大字
揭扁樓上雖余無資聚書不能多視鄴侯插架特
泰山之毫芒然余性健忘不可無書舊所讀不獲
盡記必藉檢閱積久抽取簡帙散亂則必決其甲
乙使如舊序剔去蠹魚燥以風日蓋茲樓也檢書
則登整書則登曝書則登當此之時窓櫺四敞不

積學書藏

妨眺望以舒暢心目至于秋宵爽豁月鑑澄鮮翔風怒號雪絮飛舞乘興一登便覺水晶宮闕瓊樓玉宇去人不遠此又樟隱之勝槩也噫余晨興而啟吾扉出入而涉吾庭仰而瞻吾巨扁銀勾鐵畫動有法度則思其人儼若先儒之臨其上顧而見吾古樟龍身虬柯昂霄聳壑則愛其木懍然歲寒之友在吾側是則吾廬雖甚湫溢卑陋而雄麗偉時之觀固不在于輪奐之美也偶記曩嘗宴坐樹下見有老鸛長頸聳尻玄裳縞衣頗似鶴立于樹杪為綢繆牖戶之計他禽亦斷斷梗以相其役予甚異之豈杜子美所謂義鶻者耶居無何近山叢灌穢莽中惡鵰二三突如其來驅攫相投之衆羽或傷其翅或擊搏使遠徙越數日一鶵忽為赤虵所齧而斃悉族旋亦引去他日又聞鵲聲嘖嘖其鳴甚悲若有所訴余試靜覘第見隔林一鳩飛去復來睥睨鵲所當巢予因悟名南鵲東鳩居之意是殆欲奪其巢者耶亟挾彈逐之鳩亦引去夫鸛鵲一枝之栖耳尚不能免夫物之為害余以貧士銖積寸累僅架數椽其艱難辛苦與二禽之巢于古樟者奚以異今雖幸而迄于落成且奠居焉而觸物興懷亦自不能無感繫我後人之居于斯者其必念余經始之勞可也其必讀昌黎示兒之詩

積學書藏

使有賢卿大夫相過考評道之精粗以不迷厥初可也其必思朱子所記先大夫遺事克稱天之報施其將在此之語可也審能如是則古樟亦不貽林慚澗愧之譏而凌霜傲雪之標當相與輝映于無窮此則予之望也寶祐丙辰冬十一月樟隱老人記

賦咏祖

五言散句

豫章夾日月歲久空深根　杜

七言散句

豫章深入地滄海潤無涯

豫章翻風白日動鯨魚跋浪滄浪開　少陵

七言絕句

豫章偃蹇雨蒼龍雪榦嵩須匠石逢借重歲寒叟大字絕勝松拜大夫封　祝樟隱

石楠

事實祖

碎錄

葉如枇杷有小刺凌冬不凋春生白花秋結細紅實人多移植庭宇間陰翳可愛不透日氣

雜著

余在成都嘗以事至沈犀過國寧觀有古楠四皆

千歲木也枝攖雲漢聲挾風雨根入地不知幾百尺而陰之所庇車且百兩正晝日不穿漏夏五六月暑氣不至凜如九秋成都固多壽木然莫與四楠比余蓋愛而不能去者彌月有石刻立廡下曰是仙人蘧君手植予嘆曰神仙至人手之所觸氣之所呵羸疾者起盲瞶者愈榮巧而金玉瓦石不難況其親所培植哉久而不槁不死固宜欲為作詩文會多事不果嘗以語道人蘧昌老眞叟以為恨予既去蜀三年而昌老萬里以書屬予曰國寧之楠幾伐以營繕郡人力全之僅乃得免懼卒不免也子為我終昔之意予發書且嘆且喜夫勿翦憇棠敬恭桑梓愛其人及其木自古已然姑以蜀事言之則唐節度取孔明祠柏一小枝為手板書于圖至今見非詆蔣堂守成都有美政止以築銅壺閣伐江瀆廟木坐謡言罷亦書國史昔王建孟知祥父子專有西南窮土木之侈況庳近在國城數里間而四楠不為當時所取彼猶有畏而不敢者況今聖主以恭儉化天下有夏禹卑宮室漢文罷露臺之風專閫方面皆重德偉人豈其殘滅千歲遺跡侈大棟宇為王孟之所難哉意者情出於吏胥梓匠欺罔耑恣以自為功而已使有以吾文告之者讀未終蔫禁令下矣然則其可不書 放翁

賦咏祖

七言散句

客處偷閑不是閑石楠雖好懶頻攀 司空曙

佛現寶幢經幾刦天開雲幄待何人 文與可

五言古詩

大樸既一剖衆材爭萬殊懿茲南海華來與北壤俱生長如自惜雪霜無凋渝蘢々抱靈秀簇々抽芳膚寒日吐丹艷赬子流細珠鴛鴦花數重翡翠葉四鋪雨洗新粧色一枝如一株聳異敷庭際傾妍來坐隅散彩飾几案餘輝盈盤盂高意因造化常情逐榮枯王公方寸中陶植在須臾養此奉君子賞覿日為娛始覺石楠咏價傾賦西都棠頌庶可比桂詞難以踰因謝丘墟木空採落泥塗時來開佳姿道去卧榮枯爭芳無由緣受氣如鬱紆抽肝在郢匠嘆息何踟躕 孟郊

楩楠枯崢嶸鄉黨皆莫記不知幾百歲慘々無生意上枝摩蒼天下根盤厚地巨圍雷霆拆萬孔蟲蟻萃凍雨落流膠衝風奪佳氣白鵠遂不來天雞為愁思猶含棟梁具無復霄漢志良工古昔少識者出涕淚種榆水中央成長何容易截承金露盤裊々不自畏 杜甫枯楠

五言絶句

積學書藏

童〻挺十尋一蓋摩空綠斜月礙枝回涼烟附葉宿宋景文

七言絶句

石楠紅葉透簾青憶得妝成下錦茵試折一枝含萬恨分明說向夢中人權德輿

自隨野意了山行香浸楠花白水生借得風來帆便飽隔溪新度一聲鶯高疎寮

傘蓋低垂金翡翠薰籠亂搭繡衣裳春芽細炷千燈焰夏蕊濃焚百和香樂天

六代喬楠二百齡分柯中有異芝生孤根自合藏幽處瑞子何期應太平張芸叟

枏

事實祖

碎錄

葉似桑子似杏而酸杜詩注楩枏杞梓天下之良材顏師古注滕猿得杉枏挽蔓枝而生長其閒得便也莊子

賦咏祖

七言古詩

倚江枏樹古堂前故老相傳二百年誅茅卜居總為此五月恍惚聞寒蟬東南飄風動地至江翻石走流雲氣幹排雷雨猶力爭根斷泉源豈天意滄

積學書藏

波老樹性所愛浦上童〻一青蓋野客頻留懼雪霜行人不過聽竽籟虎倒龍顛委榛棘淚痕血點垂胸臆我有新詩何處吟草堂自此無顏色杜甫枏為風雨所拔歎

五言八句

枏樹色冥〻江邊一蓋青近根開藥圃接葉製茅亭落景陰猶合微風韻可聽尋常絶醉困臥此片時醒少陵

靈壽木

事實祖

碎錄

木似竹有節長不過八九尺圍可三四寸自然有合杖之制不須削理也漢書注作杖令人延年益壽本草

紀要

孔光年老哀帝賜靈壽杖史

賦咏祖

五言散句

既非扶險阻何必問年齡張浮休

五言古詩

白華鑒寒水怡我適野情前趨問長老重復興嘉名蹇連易衰朽方剛謝經營敢期齒杖賜聊且移

孤莖叢莽中競秀分房外舒英柔條作反植勁節常對生循玩足忘疲稍覺步武輕安能事剪伐持用資徒行柳州

五言八句

曲木天然性叨名席上珍節高工碍手倚壁快扶人莫問西來意終為竈下薪他時俘頡利拜賜敢忘身張浮休

七言絶句

滇池藤赤人難到太乙藜青事近誣林下揞來供燕息省中攜去寵師儒曾曲阜

椰子

事實祖

碎錄

樹似栟櫚而高一房生三十餘子如瓜內有漿一升清如水甜如蜜雜記葉如栟櫚無枝條其實大如寒瓜外有粗皮次有殼圓而且堅剖之有膚厚半寸味似胡桃而極肥美有漿飲之得醉嵇氏傳殼可以為器本草

紀要

晉林邑王與越王有故怨遣俠客刺之得其首垂于木上俄化為椰子林邑王憤之剖為飲器南人至今效之當刺時越王大醉故其漿猶如酒俗稱曰越王頭云嵇氏錄

賦咏祖

七言散句

美酒生林不用儀東坡 注儀狄也

五言古詩

日南椰子樹香裊出風塵叢生雕木首圓實檳榔身玉房九霄路碧葉四時春不及塗林果移根隨漢臣沈佺期

矮胡生南方托生碧山崖揉擇供肓篚扶杖上天衢愧此愿慤姿欲售久未諧道旁麴先生風味固自佳逢渠即傾蓋輸寫能剛懷刮削出光采規繩去欹衺金玉豈足貴膠漆真吾儕客來有嘉招二士往必偕婆娑止坐隅供饋煩金釵矮胡雖木強醇德真無涯虛心實其腹居然外形骸微物幸見用棄置理則乖毛顯有封國陶匏荐烟蒸大藥起世痾炬熇及根荄願子自洗濯勿受塵埃埋暇日首相從醉經生高齋張于湖椰子酒榼

七言絶句

凝成乳酒釀人醉肉截鵝肪上客盤有核如匏可雕琢道裝宜作玉人冠山谷椰子冠

碩果不食寒林梢剖而器之如懸匏故人相見各貧病且可烹茶當酒肴山谷椰子茶盂

積學書藏

桄榔

事實祖

碎錄

生廣南山谷間有樹身皮葉與蕃棗檳榔等異然葉下有鬚如粗馬尾廣人織為巾子其麪有補可以碎穀本草其皮可作綆得水則柔韌胡人以此聯木為舟皮中有屑如麪木性如竹紫黑色有文理解之以製奕枰嵇含記

賦詠祖

五言散句

雪粉剖桄榔東坡

七言散句

日下桄榔羽扇開山谷

七言絶句

化工到得乃窮時東補西移也太奇君看桄榔一窠子竹身杏葉海棕枝誠齋

七言八句

睡起風清酒在亡身隨殘夢雨茫茫江邊曳杖桄榔瘦林下尋苗蓽撥香獨步倘逢岣嶁令遠來莫恨曲江張遥知魯國真男子獨憶平生盛孝章東坡以桄榔杖寄張文潛

楮

積學書藏

事實祖

碎錄

楮一名穀說文樂彼之園其下維穀注楮也詩世以楮實練絹又為面藥以米泔洒楮而生菌坡詩注

紀要

蔡倫造意用楮膚麻頭敝魚網以為紙本傳桐君說其花蕋形色仙方楮實正赤時收取其子陰乾用之採藥錄

賦咏祖

五言古詩

我墻東北隅張王並去聲維老穀樹先樗櫟大葉等桑柘沃流膏馬乳漲墮子楊梅熟胡為尋丈地眷此不材木蹶之得輿薪規以種松竹靜言求其用略數得五六膚為蔡侯紙子入桐君錄黃繒練成素黝面頮作玉瀧灑蒸生菌腐餘光吐燭雖無傲霜節幸免狂酲毒孤根信微陋生理有倚伏投斧為賦詩德怨聊相續東坡有老楮

五言古詩散聯

植根雖云固伐去曾須臾我塗雖不寬出入自有餘開門聽來往併納賢與愚潁濱

五言絶句

積學書藏

可憐臺上楮轉日已陰繁不解詩人意何為樂彼
園王文公

七言絶句

楮樹婆娑覆小齋更無日影午窗開一端能敗幽
人意夜夜墻西碍月來

漆

事實祖

碎録

椅桐梓漆　山有漆　坂有漆並毛詩　以竹筒釘
入木中取之本草

紀要

莊子嘗為漆園吏楚威王聘之欲以為相謂使者
曰亟去毋汚我故曰傲吏莊子　樊阿從華陀求方
可服食有益于人者佗以漆葉為青黏散與之後
漢方藝傳　樊宏父嘗欲作器物先種梓漆時人嗤
之積以歲月皆得其用向之笑者咸求假焉貲至
鉅萬追爵謚為壽張敬侯本傳　雷義與陳重為友
時人語曰膠漆自謂堅不如雷與陳本傳

賦咏祖

五言散句

漆園有傲吏靈運　楚材擇杞梓杜甫
樊侯種梓漆東坡

積學書藏

近聞西枝西有谷杉漆椆杜甫

五言古詩

古人非傲吏自闕經世務偶寄一微官婆娑數株
樹王維

好閑早成性果此諧宿諾今日漆園游還同莊叟
樂崔迪

舊聞南華仙作吏漆園裏應悟見割憂嗒然空隱
几朱文公

七言八句

天以晶華界尔形千夫斂鍔可曾停世間有器蒙
鮮澤林下無辜受割刑斫壞孫枝難老大摧殘老
榦易凋零退思禹貢周征日未必如今稅不征蕭
大山

椶　椶筍附

事實祖

碎録

一名栟櫚葉似車輪乃在顛上有皮纏之附地起
二旬一採轉復上生廣志　椶樹高一丈許無枝榦
葉大而圓岐生枝頭美實皮相重複一行一皮各
有節皮可為索也山海經　椶筍狀如魚子其味似
苦筍而加甘芳蜀人以餜佛僧甚貴之而南方不
知也蔄生膚毛毴中蓋花之方孕者正二月間可剝

而取過此苦澁不可食矣取之無害于木而宜于飲食法當蒸熟所施略與竹笋同蜜煮酢浸可致千里外坡詩注

紀要

杜甫以朝廷以李林甫瑣瑣之才代張九齡為相作椶櫚拂詩以寓意杜詩注

雜著

異木之生疑竹疑草攢葉石徑森蓯山道烟抽相珍雲璧共寶不綿不繆何遜工巧梁江淹頌

賦咏祖

五言散句

鑿井交椶葉少陵

童童淒椶櫚葱蒨雨車蓋曾文昭

七言散句

栟櫚葉戰水風涼香山

芍藥初開菩薩面棕櫚葉散夜叉頭李群玉王琪聯句

孤出亭亭雨盖高掌開圓葉臂抽條程金紫

纛影比筅竿影直雪中霜裏伴松筠

五言古詩

蜀門多椶櫚高者十八九其皮剝割甚雖衆亦易朽徒布如雲葉青青歲寒後交横集斧斤凋落先蒲柳傷時苦軍之一物官盡取念爾形影乾摧殘投藜莠少陵

棕拂且薄陋豈知身效能不能代白羽有足除蒼蠅熒熒金錯刀濯濯朱絲繩非獨顏色好亦用顧眄稱吾老抱疾病家貧卧炎蒸咂膚倦撲滅賴尔甘服膺物微世競棄義在誰肯徵三歲清秋至未敢闕緘縢杜少陵棕拂

五言古詩散聯

青青栟櫚樹葉散如車輪擁籜交紫髯歲剝豈非仁用以覆彫輿何憚克厥身聖俞

斫破夜叉頭取出仙人掌鮫人滿腹珠鮰魚新出網唐庚

哆幟風葉張圓皺雨皮厚叢櫞列盖端攢旄注旗首宋景文

五言八句

舊脫敗簑亂新添華節高肅容春尚靜俠氣夜方豪黃孕子魚腹青被孔雀尻豐橦知可製雷動景鍾號洪舜俞

七言古詩

贈君木魚三百尾中有鵞黃子魚子夜叉剖瘿欲分甘籜龍藏頭敢言美願隨蔬果得自用勿使山林空老死問君何事食木魚烹不能鳴固其理東坡送竹筍與殊長老

積學書藏

七言絶句

秀幹扶疎綵檻新琅玕一束淨無塵重苞吐實黄金穗密葉團條碧玉輪

黄楊

事實祖

碎錄

俗説黄楊歲長一寸遇閏年退寸 杜詩注

賦詠祖

五言散句

雖非百尺材歲晚好顔色曾文昭

七言散句

園中草木春無數只有黄楊厄閏年東坡

五言古詩散聯

婆娑雨佳木生長在岩石移植君子堂初因醉翁識曾文昭

黄樹性堅正枝葉已剛愿三十六旬久增生但方寸今何戚脩林左右映霞蔓良材豈一二所期不在鈍李方叔

樗櫟

事實祖

碎錄

樗櫟散材也莊子周秦謂柞爲櫟河南謂蓼爲櫟

積學書藏

方言蔽芾其樗詩

紀要

匠石之齊至曲園見杜樹曰是不材故若是之壽社見夢曰若此木乃文木也楂梨橘柚之屬耶熟則剝故不終天年莊子吾有大樹人謂之樗其木擁腫不中繩墨小枝拳曲不中規矩至于逢匠者不顧今子之言大而無用衆所同知莊子

賦咏祖

七言絶句

香檀文桂苦雕鐫生理何能得自全知有無材老樗在一枝不損盡天年香山

樺

事實祖

碎錄

樺堪爲燭木似山桃取脂燒辟鬼本草

紀要

唐正旦曉漏以前三司使大金吾以樺燭擁謂之火城李肇國史補

賦咏祖

五言散句

月隄槐露葉風燭樺烟香香山

七言散句

送客林中樺燭春 東坡

荊

事實祖

碎錄

楚荊也杜荊蔓荊也青莖大實者名牡荊又有山荊廣志寧浦有三種金荊可以作枕紫荊可以作床白荊可以作履與他處牡荊全異又彼境有杜荊指病自愈節不相當者月暈時刻之與病身等置牀下雖危困亦愈也 郡志

紀要

伍舉入鄭聲子將入晉遇之郊班荊相與食而言復故 左傳 廉頗肉袒負荊 史 淮南王安謀逆伍被諫曰昔子胥諫吳王云臣今見麋鹿遊姑蘇之臺臣今亦將見宮中生荊棘露沾衣也 漢書 尹勤治韓詩事薛漢身牧豕事親至孝無有交游門生荊棘 東觀漢記 田真田慶田廣兄弟欲分財惟堂前紫荊花葉盛茂夜議斫分取為三曉欲伐即憔悴兄弟由是不復分焉 吳筠齊諧記 徐隨居丹徒左慈過隨門下有宿客車六七乘欺慈云徐公不在慈去客皆見在楊樹杪車轂中皆生荊棘客懼入報隨〻曰此左公遣追之客逐慈叩頭謝客還見車在地無復荊木 漢方伎傳

賦詠祖

五言散句

三荊懽同枝四鳥悲異林 晉陸機

五言古詩

風吹紫荊樹色與春庭暮花落辭故枝風迴返無處 杜甫

七言絕句

庭中栽得紅荊樹十月花開不待春直到孩提盡驚怪一家全是北來人 元微之

水清木

賦咏祖

七言散句

密葉凝華承玉戺附枝交影蔭銀塘 夏英公

七言散聯

禁中遲日照南榮瑞木聯祥耀國經合幹舊臨宮檻密交枝重茂帝梧青 夏英公

海棕木

賦咏祖

七言古詩

左綿公館清江濆海棕一株高入雲龍鱗犀甲相錯落蒼稜白皮合抱文自是衆木亂紛〻海棕焉知身出群移栽北辰不可得時有西域胡僧識

積學書藏

女貞木

事實祖

碎錄

葉茂盛經冬不凋或云即冬青本草女貞之木一名冬青負霜蔥翠振柯凌風故清士欽其質而貞女慕其名多植之于庭階云蘇彥頌序江左人謂之萬年枝

賦咏祖

七言散句

好風吹動萬年枝盧多遜

三足赤烏去不顧墻根隱隱冬青樹

五言律詩散聯

霜霰不凋色兩株交石壇未秋紅實淺經夏綠陰寒許渾

七言絶句

碧樹如烟覆暖波清秋欲盡客重過故園亦有如烟樹鴻雁不來風雨多趙嘏

離宫見尔近天墀雨露常私養種時惆悵一枝嵐氣裏無人識是萬年枝韓

樂府祖

眼兒媚

山礬風味木犀魂高樹綠堆雲水光殿側月華樓畔晴雪紛紛　何如且向南湖住深映竹邊門月兒照着風兒吹動香了黄昏張約齋

積學書藏

七葉木

賦咏祖

五言古詩

伊洛多佳木娑羅舊得名常于佛家見宜在月中生空砌陰鋪静虚堂子落聲文忠公

桫欏木

賦咏祖

七言古詩

桫欏古樹常古歲在昔曾看北海碑今日四方俱大稔不知榮悴向何枝聖俞

全芳備祖卷之十九

積學書藏

全芳備祖卷之二十後集
天台陳景沂編輯
建安祝穆訂正

農桑部

穀 禾稼穡黍稷粟 秔秫農田以上並同

事實祖

碎錄

三農生九穀鄭司農注稷秫黍稻麻大小豆大小
麥周禮六穀凡王之膳食用六穀鄭司農注稻黍
稷粱麥苽禮五穀以五味五穀五藥養其病鄭司
農注麻黍稷麥豆同上百穀粱者黍稷之總名稻
者既種之總名菽者衆豆之總名三穀各二十種
為六十蔬果之實助穀各二十是為百穀楊泉物
理論五穀皆熟為有年穀梁俶載南畝播厥百穀
詩載芟亟其乘屋其始播百穀詩七月穀賤傷農
昭帝詔百穀仰膏雨左傳農殖嘉穀呂刑不違農
時穀不可勝食也孟子一穀不升曰歉二穀不升
曰饑三穀不升曰饉四穀不升曰荒五穀不升曰
大祲大祲則君食不兼味臺榭不塗百官布而不
制鬼神亦禱而不祠穀梁傳穀一不收謂饉二謂
旱三謂凶四謂餽五謂饑饉至九穀不熟謂之大
侵大侵則大夫以下損祿五分之一旱則二凶則

積學書藏

三餽則四飢饉大侵則盡祿廩食而已墨子穀不
熟為飢仍飢為薦〻連年不熟也爾雅禾嘉穀也
二月始生八月而熟得時之中故謂之禾說文禾
易長畝終善且有詩甫田十月納禾稼黍稷重穋
禾麻菽麥七月注禾者總名黍稷稻粱皆名為禾
麻與菽麥則無禾稱　地之美者善養禾賈山至
言稼穡禾之秀實者為稼一曰在野曰稼說文土
爰稼穡洪範注種曰稼斂曰穡　君子所其無逸
先知稼穡之艱難書無逸稼穡維寶代食維好桑
柔不稼不穡胡取禾三百廛兮詩伐檀若農服田
力穡乃亦有秋盤庚我稼既同七月曾孫之稼甫
田大田多稼大田黍稷禾之不粘者為黍亦謂之穄
亦曰黃黍古今注大暑而種故謂之黍說文華黍
時和歲豐宜黍稷也詩豐年多黍多稌　彼黍離
離彼稷之苗　黍稷稻粱農夫之慶並詩黍稷非
馨明德惟馨君陳祭宗廟之禮黍曰薌合粱曰薌
萁稷曰明粢曲禮仲夏之月農乃登黍是月也天
子以雛嘗黍月令孟冬之月天子食黍與彘同上
牛宜稌羊宜黍豕宜稷犬宜粱內則飯黍稷稻粱
白黍黃粱糈穛仝上芃芃黍苗詩稷五穀之長也
說文粢稷今江東人呼粟為粢爾雅翼赤苗今之
赤粱粟芑白苗今之白粱粟黑黍一名秬黍秠一

稃二米秠是黑黍之中一稃二米者爾雅青粱穀
穗有毛粒青米亦微青而細于黃白粱也黃粱穗
大毛長其穀米俱粗于白粱而收子少白粱亦穗
大而長穀粗而長不如粟圓也粟米畬田種之甚
易舂粒細香美陳者或呼為粱大抵人多種粟而
少種粱以其損地力而收穫少其粟米比粱乃細
而圓本草粳米即人所常食米有白赤大小異族
四五種同一類也本草秔稌屬也秔稻不黏者然
秔稻與糯稻甚相類黏與不黏異耳江東呼糯為
粳力亂反呼秔為秈本草秔有早熟之稻吳都賦秫
稻之黏者為秫古今注

紀要

炎帝大庭氏下為地皇作耒耜播百穀曰神農
令神農氏之治天下也甘雨以時五穀蕃殖淮南
注黃帝藝五穀史記帝堯之時有老人擊壤于路
曰日出而作日入而息耕田而食鑿井而飲帝力
何有于我哉通鑑帝舜曰棄黎民阻飢汝后稷播
時百穀舜典誕后稷之穡有相之道生民禹稷躬
稼而有天下憲問厲山氏之子能殖百穀故祀以
為稷禮記惟句龍氏兼食于社而棄為稷神歷代
奉之家語后稷封邰公劉處豳太王遷邠文王作
豐武王治鎬其民有先王遺風好禾稼故豳詩言
農桑衣食之本甚備地理志文王畢服即康功田
功無逸農用八政洪範成王春籍田而祈社稷載
芟魯宣三年五穀皆熟為大有年穀梁大有年何
以書以喜書也公羊淳于髡滑稽多辯齊威王八
年楚伐齊齊使髡之趙請救齎金百斤車馬千駟
髡仰天大笑冠纓索絕王曰先生少之乎髡曰臣
今者從東方來見道傍禳田者操一豚蹄酒一盂
祝曰甌窶滿篝汙邪滿車五穀蕃熟穰穰滿家臣
見其所持者狹所欲者奢故笑之齊王乃益黃金
千鎰白璧十雙車馬百乘髡至趙予精兵十萬楚
聞之引去注篝籠也汙邪下田也史記漢文帝親
率群臣農以勸之本記漢文帝問丞相勃曰天下
錢穀一歲出入幾何勃謝不知又問左丞相平平
曰各有主者陛下問錢穀責治粟內史本傳景帝
詔郡國務農桑益種植本記武帝始令民入穀補
官郡至六百石本紀武帝末年悔征伐之事下詔
以趙高為搜粟都尉本紀魏太祖患廩穀不足私
謂主者曰何如答曰以小斛量之曹操曰善其後
軍中謂賊瞞欺眾賊瞞謂主者曰特當借汝頭以
壓眾不然不可解也遂斬于軍中魏志孔子侍坐
于魯哀公設桃具黍孔子對曰夫黍者五穀之長
也祭先王以為上盛果有六而桃為下祭先王不

積學書藏

得入于廟丘聞之也君子[illegible]以賤雪貴不聞以貴
雪賤今以五穀之長而雪果蓏之下是侵上雪下也
家語鄒衍在燕有谷地美而寒不生五穀鄒子吹
律而温至今傳名為黍谷列子禾唐叔得禾異畝
同穎獻諸天子尚書秋大熟未穫天大雷電以風
禾盡偃王與大夫盡弁以啟金縢之書王出郊天
乃雨反風禾則盡起書漢光武生于濟陽縣是歲
有嘉禾九穗東觀漢記秫陶淵明為彭澤令公田
悉令種秫稻妻子固請種粳乃使二百五十畝種
秫二十畝種粳宋書

雜著

猗猗嘉禾惟穀之精其洪盈箱協穗殊莖昔生周
朝今植魏廷獻之廟堂以昭祖靈曹子建頌華實
蔽野黍稷盈疇王粲登高賦嘉禾六穗呂積呂蓄
司馬長卿封禪賦野多滯穗畝有餘粮六穗慙稱
于漢匪異畝恥書于周典柳子厚賀嘉禾表秦民
歌曰涇水一石其泥數斗且溉且糞長我禾黍前
溝洫志稻穱麦挐黄梁些楚辭五穀六仞設菰梁
只仝上

賦咏祖

五言散句

舊穀猶儲今淵明
佳穀垂金穎陸機

積學書藏

新炊間黄粱杜　雲嶼鋤畬粟放翁
哀年催釀黍白露黄粱熟杜
平疇交遠風良苗亦懷新淵明
春秫作美酒酒酒熟吾自斟
今年秋應熟過從飽雞黍東坡
秋風報秋熟萬頃炊穲稏張右史

七言散句

蠶麥俱收穀價平放翁
眉山遠地蜀山西九穗嘉禾忽效奇夏英公
裹飯送君吾豈敢黄雲穲稏連東皋張文潜

五言古詩

貧居依稼穡僇力東林隈不言春作苦常恐負所
懷司田眷有秋寄聲與我諧飢者歡初飽束帶候
鳴雞揚檝越平湖泛隨清壑迴鬱鬱荒山裏猿聲
閑且悲哀風愛靜夜林鳥喜晨開日余作此來三
四星火頽姿年逝已老其事未聞乖遥謝荷篠翁
聊得從君栖淵明
何處好畬田團團縵山腹鑽龜得雨卦上山燒卧
木下種暖灰中乘陽拆芽蘖蒼蒼一雨後苕穎如
雲發劉禹錫畬田行
斜陽照墟落窮巷牛羊歸野老念牧童倚杖候荆
扉雉雊麥苗秀蠶眠桑葉稀田夫荷鋤至相見語

依〻即事羨閑逸悵然吟式微 王維田家

父耕原上田子劚山下荒六月禾未秀官家已修倉

鋤田當日午汗滴禾下土誰念盤中餐粒〻皆辛苦 二月賣新絲五月糶新穀醫得眼前瘡剜却心頭肉我願君王心化作光明燭不照綺羅筵只照逃亡屋 聶夷中田家

田田時雨足鞭牛務深耕選種隨土宜播植糯與秔條桑去蠶枝采〻待春榮春事不可緩春鳥亦已鳴 郭功父田家四時

麻麥閑熟刈蘻成鏁莫遲更看田中禾粮蒭時态之幸此亦日長農事莫敢違願言一歲稔不受三冬飢

閑膝放餘水經霜穫將實更犁原上疇收麥尔云畢老叟呼兒童敲林收橡栗乃知田家勤卒歲無閑日

田事今云休官輸亦已足刈禾既盈囷採薪又盈屋牛羊各蕃衍御冬多旨蓄何以介眉壽甕中酒新熟

五言古詩散聯

既多九穗穀復有三秀芝〻以保萬壽穀以農東菑 宋景文

早稻如倒戈十穗八九折晚禾不及秀日炙根上烈踏車激湖水車眾湖欲竭 張文潛

五言絶句

春種一粒粟秋收萬顆子四海無閑田農夫猶餓死 李紳

禾黍不陽艷競栽桃李春翻令力耕者變作美花人 名賢集

五言八句

白露黄粱熟分張素有期已應春得細頗覺寄來遲味豈同甘菊香宜配紫葵老人他日愛政想滑流匙 少陵

田家無五行水旱卜蛙聲牛犢乘春放兒孫候暖耕池塘烟未起桑柘雨初晴歲晚香醪熟村〻自送迎 章孝標

縣官清且儉深谷有人家一徑入寒竹小橋穿野花碓喧春澗滿梯倚綠桑斜自說年來稔前村酒可賒 鄭谷田舍

井字行都整花香遠已甜穗肥黄俯首 動紫掀髯風攪平雲陣聲鬆缺月鐮不愁禾把減高廩却愁添 誠齋

出裏一簞飯歸收百把禾勤勞解堪忍餘暇更吟哦歲惡增吾困家貧賴汝多村醪莫辭醉羨芋學岷峨 放翁

積學書藏

供林供留客移花待探春愁邊閒樂國鬧裏作閒身鬓髮今如此頭顱莫問人白鷗非避俗野性自難馴 放翁

七言古詩

牛吒吒田确々旱塊敲牛蹄趵々種得官倉珠顆穀六十年來兵簇々月月倉糧車轆々一日官軍收海服驅牛駕車食羊肉歸來收得牛兩角重鑄鍬犁作斤斸姑舂婦擔輸從々輸官不足歸賣屋農死有兒牛有犢不遣官軍粮不足 元稹田家詞

老翁家貧在山住耕種南山三四畝苗疎稅多不得食輸入官倉化為土歲暮鋤犁倚空屋呼兒登山收橡栗西江賈客珠百斛船中養犬長食肉 張籍

歌元豐十日五日一雨風麥行千里不見土連山沒雲皆種黍水秧綿々復合穄龍骨長乾挂梁梠鮒魚出網蔽洲渚荻筍肥甘勝牛乳百錢可得斗酒許雖非社日長聞鼓吳兒踏歌女起舞但道快樂無所苦老翁塹水西南流楊柳中閒𢳆小舟乘興歌眠過白下逢人歡笑得無秋 王安石 元豐歌

翻々聯々銜尾鴉犖々确々蛻骨蛇分畦翠浪走雲陣剌水綠針抽稻芽天公不念老農泣喚取阿香推雷車 東坡水車

積學書藏

春雲濛々雨淒々春秧欲老翠剡齊嗟我婦子行水泥朝分一壠暮千畦腰如箜篌首啄雞筋煩骨殆聲酸嘶我有銅馬手自提頭尻軒昂腹脇低背如覆瓦去角圭以我兩足為四蹄聳踊滑汰如鳧鷖纖々束藁亦不齎何用繁纓與月題揭從東畦走畦西山城欲閉聞鼓鼙忽作的盧躍檀溪歸來挂壁從高栖了無芻秣飢不啼少壯騎汝逮老黧何曾蹶軼防顛擠錦韉公子朝金閨笑我一生踏牛犁不知自有木駃騠 東坡秧馬歌

今年粳稻熟苦遲庶見霜風來幾時霜風來時雨如瀉杷頭出菌鎌生衣眼枯淚盡雨不盡忍見黃穗卧青泥茆苫一月壠上宿天晴穫稻隨車歸汗流肩赬載入市價賤乞與如糠粞賣牛納稅拆屋炊慮淺不及明年飢官今要錢不要米西北萬里招羌兒龔黃滿朝人更苦不如却作河北婦 東坡田婦歌

鳩婦欲殘農荷鉏身披襏襫頭茅蒲雨不破塊田拆圖稀稗青々佳穀枯夫婦雖舂頭髮疎小婦搭檖行餉姑四時作苦無袴襦門前叫嗔官索租 洪駒父

田夫拋秧田婦接小兒拔秧大兒插笠是兜鍪蓑是甲雨從頭上溼到胛喚渠朝餐歇半霎低頭折腰

積學書藏

只不答秧根未牢蒔未匝照管鵞兒與雛鴨 誠齋
插秧歌

農夫怨農夫怨此怨非是怨年荒此怨翻因年穀賤終年辛苦不少懈及到秋成擬償債誰知斛粟不百錢利尚不償本仍在秋來露冷刈穫時早是朝來債又催況兼荒政輸官急不管農夫垂淚泣君王明哲洞無遺此怨君王知不知 趙竹所

七言古詩散聯

鞭地如鏡築我場破甕玉粒輸官倉九月野空天欲霜甑中初喜炊粳香 放翁

七言絕句

稻穗登場穀滿車家〻雞犬更桑麻謾栽木槿成籬落已得清陰又得花

周遭圩岸繚城一眼圩田翠不分行到秋苗初熟處翠茸錦上織雲

古來圩岸護堤防岸〻圩〻種綠楊歲久樹根無寸土綠楊走入水中央

種茶岩接紅霞塢灌稻泉生白石根皤腹老翁眉似雪海棠花下戲兒孫 滕白

高田二麥接山青傍水低田綠未耕桃杏滿庭春似錦踏歌椎鼓過清明 范石湖

二頃春蕪廢不耕半生名宦竟何成歸來每羨鄰

積學書藏

家樂月下風傳打稻聲 放翁

翁攜稚穉去栽秧婦踏繅車日夜忙終歲幾番身飽暖逢人猶自說農桑 黃漱淵

七言八句

田底泥中跡尚深折花和葉插畦心晚秧初燃金絨線先種輸他綠玉針雲壠霧疇俱水響絲風毛雨政春深莫聽布穀相煎急且為提壺強滿斟 誠齋

阿香一笑走豐隆雨過平疇萬頃中舊喜樊遲知學圃今看許子快論功遙憐鬱〻翻秋隴頓想垂〻美晚風珍重詩翁且強健東阡南陌興無窮 朱文公

稻

事實祖

碎錄

杭稻屬也說文 秈杭也廣雅 稌亦稻也爾雅 稻穗謂之禾 有紫芒稻赤穬白米稻 稻已割而復抽曰稻孫並廣雅 十月穫稻七月 季秋之月天子乃以犬嘗稻先薦寢廟月令 祭宗廟之禮稻曰嘉疏曲禮

紀要

魏文帝與群臣詩曰江表惟長沙有好米何時新

積學書藏

稉稻出耶　風吹之五里聞香魏志夏香有盜刈稻者香助收之盜者慙送以遂香々不受會稽志

李百藥隋内史德林之子也七歲能屬文父友陸乂等共讀徐陵文有刈鄉琊之稻之語歎不得其事百藥進曰春秋鄅籍稻杜預謂在鄉琊客大驚本傳

雜著

國稅再熟之稻鄉貢八蠶之綿吳都賦　厨膳則有華鄉重秬涖皋香秔東都賦

賦咏祖

五言散句

稉稻共比屋杜　家纔足稻粱

秔稻熟天風　嘗稻雪翻匙

稻粱求未足　穫稻空雲水

綠米麞牙稻香山　淅玉炊香粳韓

刈稻擔肩赬韓　白甌貯香秔李頎

東渚雨今足佇聞秔稻香杜

紫扉臨野碓半濕楊香秔國馬竭粟豆官雞輸稻粱

擺𥺬百頃稻西風吹半黄杜牧

七言散句

香稻啄殘鸚鵡粒杜

積學書藏

稻米流脂粱米白

荒畦九月稻刈芽李賀

浮々大甑嘗炊玉蘇軾

都城一飯炊白玉庭堅

稻陂雨細豐年候放翁

壓塍霜稻報豐年

鎌響鴐鵞野日天宋景文

五言古詩

東屯大江北百頃平若按六月青稻多千畦碧泉亂插秧適云已引溜加溉灌更僕往方塘決渠當斷岸公私合地著浸潤無天旱主守問家臣分明見溪畔芊々炯翠羽剡々生銀漢鷗鳥鏡裡來閑山雪邊看秋菰成黑米精鑿傳白粲玉粒定晨炊紅鮮任霞散終然添旅食作苦期壯觀遺穗及衆多我倉戒滋蔓杜少陵

五言八句

香稻三秋末平田百頃間喜無多屋宇幸不礙雲山御袂侵寒氣嘗新破旅顔紅鮮終日有玉粒未吾慳少陵三首

稻米炊能白秋葵煮復新誰云滑易飽老藉軟俱匀種幸房州熟苗同伊闕春無勞映白盌自有色如銀

復作歸田去猶殘穫稻功築場憐穴蟻拾穗許村童落杵光揮白除芒子粒紅加餐可扶老倉庾慰飄蓬

樂府祖

點絳唇

霜落吳江萬畦香稻來場圃夜村舂處芳屋寒燈雨　玉粒長腰況水溫溫注相留住共抄雲子更聽歌聲駐曹文寵

全芳備祖卷之二十　終

全芳備祖卷之二十一　後集

天台陳景沂編輯

建安祝穆訂正

農桑部

米粟附

事實祖

碎錄

米之精者曰粲說文　烝民乃粒注米食曰粒益稷　樂歲粒米狼戾多取之而不為虐孟子　粟嘉穀實也粟之為言續也說文　雖有粟吾得而食諸論語

紀要

子路見於孔子曰昔者由也事二親之時常食藜藿之食為親負米百里之外親沒之後南遊于楚從車百乘積粟萬鍾欲食藜藿為親負米不可得也家語　淵明為彭澤令郡遣督郵至軍吏白應束帶見之潛嘆曰我不能為五斗米折腰向鄉里小兒即日解印綬賦歸去來以遂其志本傳　蘇秦謂楚王曰楚國之食貴于玉薪貴于桂又云食玉炊桂戰國策　東方朔言臣若無用宜棄捐無令索長安米本傳　魯肅以振窮士為務甚得他人歡心三國志　周瑜為居巢長將數百人故過候肅併求資糧肅家有囷米各三千斛乃指一囷與瑜瑜益知其

積學書藏

奇也遂相親結僑札之分本傳吴全琮父柔爲桂
陽守使琮齎米數千斛至吴交易琮皆振結士大
夫空船而還柔奇之本傳王修齡貧乏陶胡奴爲
烏程令送米一船答曰王修齡飢自就謝仁祖索
食不須陶胡奴送米世説齊劉懷惠爲齊郡守人
有餉新米一斛者懷惠出所食麥飯示之曰食有
餘幸不煩此同上梁張率爲新安太守遣家僮載
米三千石還宅及至遂耗其半率問其故答曰鼠
雀耗率咲曰壯哉鼠雀不問梁書梁庾詵嘗乘舟
從山舍還載米百五十石有人寄載三十石至宅
寄載者曰君三十石我百五十石詵默然不辨恣
其取足世説沈約少貧干宗黨得米數百斛爲宗
人所侮覆米而去及貴不以爲憾梁書唐太宗貞
觀初户不及三百萬絹一疋易粟一斗至四年斗
米三四錢人行數千里不齎糧本紀顔魯公乞米
于李大夫帖云拙於生事舉家食粥而已實用憂
煎法帖陽城嘗絶糧遣奴求米奴以米易酒醉卧
于路城與弟迎之奴未醒乃負以歸及覺痛咎謝
城曰寒而飲何害焉本傳粟武王發鉅橋之粟武
成武王平商天下宗周伯夷叔齊恥之義不食周
粟隱于首陽山采薇而食史記鄭饑而未及麥民
病子皮以子展之命餼國人粟户八鍾左傳晋薦

積學書藏

饑乞糴于秦秦輸粟于晋自雍及絳命之曰汎舟
之役左傳邾穆公有令食鳧雁者必以秕無敢以
粟鳧雁無食而以一石粟易一石秕其貴甚矣請
以粟食之公曰非尔所知也夫百姓餉牛而耕暴
背而耘勤而不敢惰者豈爲鳥獸食哉粟米人之
上食也奈何其以養鳥汝知小計而不知大害韓
非子子華使於齊冉子爲其母請粟原思爲之宰
與之粟九百辭子曰毋以與爾鄰里鄉黨乎論語
季桓子以粟十鍾餼夫子受而頒諸門人之無者
子貢曰季孫以夫子之貧也而致粟今而施矣乃
厥意乎子曰吾受而不辭爲季孫之惠受而惠非
一人不亦宜乎家語子思居貧其友有饋之粟者
受二車焉或獻以樽酒束脩子思曰爲貴而不當
也或曰子取人粟而辭酒是辭少而受多于義無
名于分則不全行之何也子思曰然伋不幸而貧
至于困乏得絶先人之祀夫所以受粟爲周之也
酒脯所以飲燕也方爲食而飲燕非義也度義而
行之可也家語郭騶見管子託以養母管子分食
粟府金以遺之騶辞金受粟管子莊周往貸米于監
河侯曰諾吾以金貸子周忿然作色曰若乃言不
如索我于枯魚之肆矣莊子高平王遣使者從魏
文侯貸粟文侯曰須吾祖粟至乃可也使者曰如

魚張口待水上呼吸閒若待決雍河之水必求吾
于枯魚之肆矣說苑田蕫子乞爲齊大夫收賦税
于民以小斗受之其粟予民以大斗行陰德于民
由此得齊衆心田乞卒子常立復修蕫子之政以
大斗出貸以小斗收齊人歌之惠子有任氏爲倉
吏秦敗豪傑爭取金玉任獨窖倉粟楚漢相距滎
陽民不得耕其米涌貴是時豪傑金玉已盡任氏
以粟起富史記酈食其說高祖曰敖倉天下輸轉
久矣可急據敖倉之粟本傳炎漢之興七十餘年
太倉之粟陳陳相因充溢露積于外至腐敗而不
可食食貨志淮南王死民歌曰一斗粟尚可舂兄
弟二人不相容本傳鼂錯建策令民入粟塞下拜
爵漢書鼂錯說文帝曰方今之務莫若使民務農
在于貴粟貴粟之道在于以粟爲賞罰令天下入
粟縣官得以拜爵除罪本紀武帝末年悔征伐之
事下詔以趙高爲搜粟都尉本紀武帝建元四年
天雨粟宣帝地節三年長安雨黑粟又南陽山都
縣天雨粟色青黑味苦大者如小豆小者如麻子
古今注河内失火上使汲黯視之還報曰河内水
旱或父子相食臣謹發河内倉粟以賑貧乏本傳
東方朔曰侏儒長三尺餘俸一囊粟錢三百四十
臣朔長九尺餘亦一囊粟錢三百四十侏儒飽欲

欲死臣朔飢欲死也漢書諸葛亮閒孫恪代徐以
書與陸遜曰家兄年老而性疎今使典粮穀糧穀者
軍之最要也僕在遠切用不安江表傳

雜著

杜子美稻畦詩秋菰成黑米精鑿傳白粲精鑿出
左傳粢食不鑿謂治米使白也詩話杜詩云玉粒
足晨炊紅鮮任霞散紅鮮言飯紅潤之色又收稻
詩云紅鮮終日有玉粒未吾慳今有一種紅米即
此謂也

賦咏祖

五言散句

故人供飯米　瘦地翻宜粟杜
乞來助饋餾荆公

七言散句

烏鵲苦肥舂粟菽少陵

五言古詩

舉家鳴鵞雁突冷無晨炊大貧丐小貧安能不相
唆幸存顔氏帖況有陶公詩乞米與乞食皆是前
人爲梅堯臣貸米于如晦

七言古詩

臘中儲蓄百事利第一先舂年計米群呼步碓滿
門庭運杵成風雷動地篩匀箕健無粞糠百斛只

積學書藏

費三日忙穧頭圓潔箭子長隔離糴日雪生光土
倉瓦龕分蓋藏不蠹不腐常清香去年薄收飯不
足今年頓頓炊白玉春耕有種夏有糧接到明年
秋刈熟鄰叟來觀還歎嗟貧人一飽不可賒官租
私債紛如麻有米冬舂能幾家范石湖冬舂行
有虞有宋雙重華兩聖一心民一家綠秧刺水農
事起重華愁旱從此始黃雲登場萬寶秋重華對
天失却愁二十八年臨玉座大半光陰愁裏過天
顏有喜丞相知常平使者陳便宜倡為社倉首建
溪盱江吳　承君師伯霜仲雪蕠爾私支奇虐魃
手莫施活幾振子幾凍黎詒子又孫孫又子个是
重華聖人意無論十世千百世誠齋題社倉

七言古詩散聯

先生結髮憎俗徒閉門不出動一紀至今鄰僧乞
米送僕忝縣令能不恥韓文公贈盧仝

七言絶句

盧仝不出憎流俗我卜郊居避俗憎仝有鄰僧來
乞米我今送米乞鄰僧介甫

麥

事實祖

碎錄

來小麥也牟大麥也廣雅麥有大麥小麥穬麥蕎

積學書藏

麥四種大麥久食令人肥白滑肌膚為麪勝小麥
無燥熱本草於皇來牟將受厥明明昭上帝迄用康
年頌臣工我行其野芃芃其麥載馳麻麥幪幪雅
禾麻菽麥七月植穉菽麥閟宮季春天子乃登麥
祈實月令孟夏麥秋至月令孟夏之月農乃登麥
天子乃以彘嘗麥先薦寢廟月令今夫麰麥播種
而耰之孟子北人當新麥初熟取以炒乾磨為粗
麪而乾食之禮部韻作麨齒沼反注糗也今大內
當麥熟時以黃羅帕封賜百官其外題曰麨或云
以蜜漬食尤佳坡詩注

紀要

思文后稷克配彼天貽我來牟帝命率育周頌箕
子朝周過故殷墟見而傷之作麥秀之詩以歌咏
之曰麥秀漸漸兮苗黍油油史記夏四月鄭祭足
帥師取溫之麥左傳晉侯夢大厲公覺召桑田巫
曰不食新麥矣六月晉侯欲麥使甸人獻麥饋入
為之召桑田巫示而殺之將食張如廁陷而卒同
上莊八年冬大無麥禾春秋他穀不書至于
麥禾不成則書之以此見聖人於五穀最重麥與
禾也前食貨志宓子賤為單父宰百姓化之齊人
攻魯道由單父單父老請曰麥已熟矣今齊寇至
人人自收不及請放民皆使出穫可以益糧且不資

寇恂子賤不從曰今茲無麥明年可植若使不耕者得穫是使民樂有役也季孫聞之赦家語光武自薊東南馳至南宮遇大風雨帝引車入官舍馮異進麥飯史張堪為漁陽太守勸民耕種以致殷富百姓歌曰桑無附枝麥秀兩岐張公為政樂不可支後漢書漢成帝童謡云小麦青〻大麥枯誰當穫者婦與姑丈夫何在西擊胡仝上高鳳勤學妻嘗之田曝麥于庭以竿授鳳令護雞受竿誦讀如故天忽雷雨麥漂去不知東觀漢記孔文舉為北海相有遭父喪哭泣墓側色無憔悴文舉殺之又有母病思食新麥家無乃盗鄰熟麥而進之文舉聞之特賞曰不必來謝但勿盗也盗而不罪者以為勤于母哭父而見殺者以其形慼而實否也秦于曹操經行麥中令士卒無敗麥犯者死士皆下馬扶麥以行時曹操馬騰入麥中勑主簿議罪主簿對以春秋之義罰不加于至尊曹操曰制法而自犯之何以率下遂拔劍割髮以置地魏志孫權嘗饗蜀使費禕〻停食餅索筆作麥賦恪亦請筆作磨賦咸稱善吴志人有中麥毒夢紅裳娘子悲歌有一丸蘆菔火吾宮之句小説

雜著

久旱傷麥秋種未下朕甚憂之光武詔

賦咏祖

五言散句

麥秋晨氣潤文選　暖風抽細麥

麥壠多秀色王僧達　細麥落輕花杜

青熒陵陂麦杜　野多青〻麥

山田麥無壠　麥黄韻鸝鶊文粹

東下麥青〻黄花入麥稀文粹

崆峒小麥熟且願休王師杜

梅殘數點雪麦漲一溪雲王安石

小輿穿麦去狹徑碍桑田荊公

不憂無餅餌已幸有襦裙子由

細箓場無隙輕推磨有音

美田鋤肩裏躬稼麦秋餘劉原父

但見古河東喬麦如鋪雪

漫〻喬麥花如雪覆平野放翁

七言散句

麥芒如篲黍如煙李賀

麦芒漲天揺青波柳〻州

寒食離家麦熟還王建

雪花漫〻麦將熟放翁

割盡黄〻雲稻正青介甫

似法陰文呈六穗或符陽數效三岐夏英公

積學書藏

期君正似種宿麥忍飢待食明年麰 子瞻
使麥長熟人不飢敢告吾君不須赦 石守道
穿鞋帶笠隨麥壠早日炎々烟燎顏 晁无咎
蕎花著雨相爭秀稟穎迎陽一半丹 孔毅父
夜來更下西風雪蕎麥稍頭萬玉塵 誠齋
旅程一見錯歡喜彷彿吾鄉茉莉花 鄭松窓蕎麥
吳波亭下繫扁舟輕雨輕寒又麥秋 吳履齋
麥秋天氣朝々變蠶月人家處々忙 盧贊元

五言古詩散聯

春寒風雨湮蠶麥止半熟耕桑未嘗親有穫敢求足 子由
青々已滿壠芃々在伐柯農功欣嗣歲節物嗟騰波 劉原父

五言律詩散聯

天行九五健歲取十千求洪洞開金仗連蜷按玉虬塵清僑車豹槍簽羽林騶 宋景文

七言古詩

大麥乾枯小麥黃婦女行泣夫走藏東至集壁西梁洋問誰腰鐮胡與羌豈無蜀兵三千人部領辛苦江山長安得如鳥有羽翅托身白雲還故鄉 少陵

霜林老鴉閑無用畦東拾麥畦西種畦西種得青

積學書藏

猗々畦東已作牛尾稀明年麥熟芒攢槊農夫未食鴉先啄徐行俛仰若自矜鼓翅跳踉上牛角憶昔舜耕歷山鳥為耘如今老鴉種麥更辛勤農夫羅拜飛起勸農使者來行水 東坡鴉種麥

去年麥不熟挾彈規我肉今年麥上場處々有殘粟豐年無象何處尋聽取林間快活吟 東坡五禽言

打麥打麥彭々魄々聲在山南應山北五月太陽出東北才離海嶠麥尚青轉到天心麥已熟鶡旦催人夜不眠竹雞喚雨雲如墨大婦腰鐮出小婦具箱逐上壠先將青下壠已成東田家以若乃為樂敢憚頭枯面焦黑貴人薦廟已嘗新酒醴雍容會所親曲終厭飫勞僮僕豈信田家未入唇盡將精好輸公賦次把升斗求市人麥秋正急又秧禾豐歲自少凶年多辛苦可奈何將此打麥詞兼作插禾歌 張芸叟

梅花開時我種麥桃李花飛麥叢碧多病經旬不出門東坡已作黃雲色腰鐮刈熟趁晴歸明朝雨來麥沾泥犁田待雨插晚稻朝出移秧夜食麨 范石湖

城南城北如鋪雪原頭家々種蕎麥霜時收斂少在家餅餌令冬不憂窄胡麻壓油々更香油新餅

積學書藏

美爭先嘗獵歸熾火燎雉兔相呼置酒喜欲狂陌上行歌忘惡歲小婦紅妝穗簪髻詔書寬大與天通逐熟淮南幾誤計 陸放翁刈蕎麥

苦寒勿怨天雨雪〻來遺我明年麥三月翠浪舞東風四月黃雲蔣南陌坐看比屋騰歡聲已覺有司寬吏責腰鐮丁壯傾閭里拾穗兒童動千百玉塵出磨飛屋梁銀絲入釜須寬湯寒醅發劑炊餅製新麻壓油寒且香大婦下機廢農織小姑佐庖忘晚妝老翁飽食咲捫腹林下擊壤歌時康 陸放翁田家樂

大麥半枯自浮沈小麥刺水鋪綠針山邊老農望麥熟出門見水放聲哭去年冷〻七月雨秋苗不收一粒穀只今米價貴如玉并日舉家纔食粥小兒索飯門前啼大兒雖瘦把鋤犁晴時種麥耕荒壠正好下秧無稻種 張于湖

新穀未升陳穀罄窶人託麥以為命今年種麥如去年去年滿屋今空田吁嗟皇天毋乃戾去年浙右當死歲湘中死餓淮死兵留得東州僅旒綴只今艱食遽如斯豈是造物有乘除我無一語活四海對之泣下徒沾裾催租官吏如束溼里正打門急復急安得君眼如月長灼破田翁簑與笠 陳貧窓

七言古詩散聯

積學書藏

少年食稻不食麥老居潁川麥稻不足人言小麥勝西川雪花出磨煮成玉冷淘槐葉水上齒湯餅羊羹火入腹 子由

場頭雨乾場地白老翁相呼打新麥半歸倉廩半輸公免教縣吏相催迫 張文潜

七言絶句

舍西桑葉可枯江邊細麥復纖〻人生幾何春已夏不放香醪如蜜甜 少陵

麥風翻隴潑濃綠花露滴枝粘老紅小立樓頭撿春事一絲暖日墜青蟲 危逢吉

無邊綠錦織雲機全幅青羅作地衣个是農家真富貴雪花銷盡麥苗肥 誠齋

黃金割露幾肩歸紫玉炊香一飽肥却被麥田秧晚稻未教水牯卧斜暉 放翁

七言八句

貽牟夙昔但聲歌今見郊園樂事多且喜甌窶符善禱未須蘆菔顰去聲妖娥霞觴政自誇真一香鉢何須問畢羅我欲買牛來學稼不知還許受廛麽 朱文公

田家望麥在須臾何啻中流濟一壺黑雨漫天殊未已黃雲委地不堪扶禽聲快活真成誤鳩婦流離空自呼亦笑此翁長負腹又尋杞菊誑齋盂 方

秋崖

樂府祖

滿庭芳

麥隴如雲清風吹破夜來疎雨纔晴滿川煙草殘照落微明縹緲危欄曲檻遙天盡日脚初平青林外參差暝靄縈帶遠山橫　孤城春已過綠陰是處時有鶯聲問落絮游絲畢竟何成信步蒼苔繞徧真堪付閒客閑行微吟罷重回皓首江漢渺遺情葉少蘊

全芳備祖卷之二十一終

全芳備祖卷之二十二後集

天台陳景沂編輯

建安祝　穆訂正

農桑部

豆

事實祖

碎錄

菽者豆之總名物理志大豆菽也小豆荅也豆角謂之莢其葉謂之藿廣雅萁豆莖也說文采菽采菽筐之筥之　七月烹葵及菽　禾麻菽麥並詩使有菽粟如水火孟子

紀要

桓公北伐山戎菽徧布天下管子子路曰傷哉貧也生無以為養子曰啜菽飲水盡其歡斯謂之孝檀弓王郎起兵光武自薊東南馳晨夜草舍至蕪蔞亭時天寒烈衆皆飢疲馮異上豆粥明旦帝謂諸將曰昨得公孫豆粥飢寒俱解後帝即位使中黃門賜以珍寶詔曰倉卒蕪蔞亭豆粥滹沱河麥飯厚意久未報本紀楊惲與孫會宗曰臣之得罪已三年矣田家作苦歲時伏臘烹羊炰羔斗酒自勞家本秦也能為秦聲婦趙女也雅善鼓瑟奴婢歌者數人酒後耳熱仰天拊缶而呼嗚嗚其詩曰

積學書藏

田彼南山蕪穢不治種一頃豆落而為萁人生行樂耳須富貴何時 本傳 閔仲叔太原人與周黨相友黨每過仲叔共含菽飲水亦無菜茹 東觀漢記 魏陳思王曹植字子建曹丕同母弟也丕嘗令七步中作詩不成者行大法應聲成詩曰煑豆作豆羮漉菽以為汁萁在釜下燃豆在釜中泣本是同根生相煎何太急 魏志 劉平嘗為餓賊所劫叩頭曰老母飢少氣力恃乎為命願得還飯食母馳來就死涕泣發于肝胆賊即遣去乃撫三斗豆以謝賊 孝子傳 趙達善筭使人取小豆數升播之席上立知其數 方術傳 郭璞至廬江愛主人婢無由而得乃取小豆三升繞主人舍散之主人晨見赤衣人數十圍其家就視則滅甚惡之請璞為卦璞曰君家不宜畜此婢可于東南二十里賣之慎勿爭價則此祟可除主人從之 本傳 石崇作萍虀豆粥咄嗟而辦 晋書 石勒諱胡凡有胡名皆改胡餅曰麻餅胡綏曰綏胡豆曰豆 鄴中記

雜著

孟秋嘉菽垂枝從英是刈是穫充筐盈筐 張翰 豆羮賦

賦咏祖

五言散句

積學書藏

豆子雨已熟 杜 宿雨飽豆英 放翁

敢辭茅葦漏已喜黍豆高 少陵

七言散句

南山豆苗早荒穢青門瓜地新凍裂 白氏集

道邊籬落 遮眼白〻紅紅匾豆花 誠齋

碧絲高壓涎滑蕁脆响平欺辛螯 方秋崖

五言古詩

種豆南山下草盛豆苗稀晨興理荒穢帶月荷鋤歸道狹草木長夕露沾我衣〻沾不足惜但使願無違 淵明

弱年逢家乏老至更長飢菽麥實所羨孰敢慕甘肥惄如亞九飯當暑厭寒衣歲月將欲暮如何辛苦悲常善粥者心深恨蒙袂非嗟來何足吝徒沒空自遺斯濫豈彼志固窮昔所歸餒也已矣夫在昔余多師 淵明

五言古詩散聯

相攜行豆田秋花藹霏〻子實不得吃貨市送王畿盡添軍旅用迫此公家威 少陵

七言古詩

君不見滹沱流澌車折軸公孫倉皇奉豆粥溼薪破竈自燎衣飢寒頓解劉文叔又不見金谷敲氷草木春帳下烹煎多美人萍虀豆粥不傳法咄嗟

而辨石李倫干戈未解身如寄聲色相壓心已醉身心顛倒自不知更識人間有真味豈知江頭千頃雪色蘆茆簷出沒晨烟孤地碓舂秔光如玉沙瓶煮豆輭如酥我老此身無着處賣書來問東家住卧聽鷄鳴粥熟時蓬頭曳履君家去東坡豆粥

七言八句

翠莢中排碧淺珠甘欺崖蜜軟欺酥沙瓶新熟西湖水漆櫑分嘗曉露腴味與櫻桃三友益名因蠶繭一絲約老夫稼圃方雙學譜入詩中當稼書誠齋蚕豆詩

桑麻附

事實祖

碎錄

女桑積桑檿桑山桑爾雅遵彼微行爰求柔桑七月蠶月條桑取彼斧戕以伐遠揚仝上桑之未落其葉沃若氓維桑與梓必恭敬止小弁星言夙駕說于桑田定之方中無踰我牆無折我樹桑將仲子食我桑椹懷我好音泮水桑土既蠶禹貢厥貢檿絲仝上其亡其亡繫于苞桑否卦五畝之宅樹之以桑五十者可以衣帛矣孟子季春之月命野虞無伐桑柘鳩鳴拂其羽戴勝降于桑具曲植籧筐后妃齊戒親東鄉躬桑禁婦女無觀省婦使以

勸蠶事蠶事既登分繭稱絲效功以共郊廟之服無有敢惰月令古者天子諸侯必有公桑蠶室近川而為之築宮仞有三尺棘墻而外閉夫人世婦之吉者使入蚕室奉種入于川桑于公桑風戾以食之注戾燥也蚕性惡溼既畢矣世婦奉蠒繭以示于君遂獻繭于夫人祭義宅不毛者有里布注謂不植桑麻也欲令宅植桑麻則無稅賦以勸之不植桑麻之毛者則罰以二十五家之稅布周禮麻桑麻黂枲黂子麻母爾雅有倉麻有緝麻二種草木記仲秋之月天子乃以犬嘗麻先薦寢廟月令天子居總章服白玉食麻與犬仝上蓬生麻中不扶自直

紀要

伊尹生于空桑列子晉公子重耳出奔齊桓公妻之將行舅犯等謀于桑下蚕妾在上聞之以告姜氏姜氏殺之謂公子曰子有四方之志其聞者吾殺之矣左傳趙宣子田于首山舍于翳桑見靈輒餓曰不食三日矣為攜簞食與肉寘諸橐以與之既而與為公介倒戟以禦公徒而免之問何故曰翳桑之餓人也問其姓名不告而去遂自亡也左傳晉文公會欲伐衛公子鉏仰而笑公問之曰臣之鄰人有送其妻適私家者道見桑婦悅而與言

然顧其妻亦有招之者矣臣切笑此公悟其言引
師還未至而有伐其北鄙者列子子產闢畝植桑
鄭人訾謗韓非子鄒魯濱洙泗猶有先王之遺風其
民頗重桑麻之業史貨殖傳齊帶山海膏壤千里
宜桑麻與千戶侯等史貨殖志齊宿瘤女東鄙採
桑之女項有大瘤閔王遊至東都百姓盡觀宿瘤
女採桑如故王怪問之對曰受父母教採桑不受
教觀王王曰此奇女悅而聘迎之列女傳吳公子
光伐楚拔居巢鍾離初楚邊邑卑氏之處女與吳
邊邑之女爭桑二女家相怒喧兩國楚邊邑長聞
之怒而攻吳之邊邑吳王怒遂伐楚兩都國語魯
秋胡子納妻五日而宦于陳後歸未至家見路旁
有美婦方採桑秋胡悅之下車願托桑陰下婦人
採桑不顧胡曰力田不如逢年力桑不如見郎令
吾有金願與夫人而婦人不受胡乃歸母呼其媍
乃向採桑者也數胡之罪而自投于河列女傳邯
鄲有美女姓秦名羅敷為邑人王仁妻仁後為趙
王家令羅敷出採桑于陌趙王登臺見而悅之因
飲酒欲奪焉羅敷善彈箏作陌上桑之歌以自明
崔豹古今注晋大夫使于宋過陳遇採桑之女止
而戲曰女為吾歌吾將告女女乃歌曰墓門有棘斧
以斯之夫也不良國人知之晋書漢魯恭為中牟

令雉馴于桑下後漢書蔡君仲汝南人至孝王莽
亂人相食君仲取桑椹赤黑異器賊問仲仲答曰
黑者供母赤者自食賊義之遺鹽二斗仝上陳留
中屠播恥無義士遂閉門養志蓬戶蒙室依大桑
樹以為棟梁漢書汝南尹昆為陰縣功曹令新到
官問曰園中有桑以食蚕何如昆曰非初至所當
務謝承後漢書蜀先主舍東南角南有桑高丈餘
遥望如小車蓋先主曰吾必當乘此羽葆車蓋叔
父曰勿妄言以滅吾門蜀志龐士元師事司馬德
操不矜少名衆莫知之德操蚕月躬採桑後園士
元助之因與談世廢興其言如神遂移日忘餐德
操於是異之三國志齊太祖在武進其宅有大桑
樹高三尺橫出四枝如車蓋太祖年數歲遊于下
從兄謂之曰此桑為汝生也北史諸葛亮自表後
主曰成都有桑八百株薄田十五頃弟子衣食自
有餘饒臣死之日不使內有餘帛外有餘財以負
陛下本傳何祗夢桑生井中趙直占曰桑字四十
八君壽不過此矣果然史書尉遲敬德贊曰桑陰
未徙而大功立本傳李襲譽嘗謂子弟曰吾負郭
有田十頃耕之足以食河內千株桑蠶之足以衣
吾歿後能勤此無資于人矣本傳

雜著

積學書藏

綠葉興而盈尺，崇條蔓而增尋 陸機桑賦 黝之桑柘 文選 土地平曠，有良田美池桑竹之屬 桃源記

桑麻以衣之 仲舒策

賦咏祖

五言散句

桑柘起寒煙 謝朓　蠶眠桑葉稀 王維

桑麻深雨露 杜　桑柘綠如雲 李白

春桑低綠枝　桑柘羅平蕪

宅邊有桑麻 張籍

吳地桑葉綠三眠麥正熟 太白

桑柘葉如雨飛藿共徘徊 少陵

秦地羅敷女採桑綠水邊 太白

二月起蚕事伐桑又阻飢 聖俞

隴上麥頭昂林間桑子落 東坡

兩淮蚕淫地不復長桑芽 後村

到底農桑好營營愧此生 復齋

力勤及黍稷得種麥與麻 少陵

煖分煨芋火明借緝麻燈 禹錫

七言散句

舍西柔桑葉可拈 少陵

野蚕食葉還成繭 張籍

一村桑柘一村煙

積學書藏

繅成白雪桑重綠 王安石

自斷此生休問天韋曲幸有桑麻田 少陵

麥隴雪苗寒剡剡柘林霜葉暮颼颼 唐子西

桑間椹熟麥齊腎鶯語惺忪野雉驕 張文潛

隔籬犬吠窺人過滿箔蠶飢待葉歸

洲中未種千頭橘宅畔先栽百本桑 張芸叟

中分邪斷道邊橫枝幹雖枯葉尚榮 林君復

雨足人家插稻秧蚕桑隣女採桑忙 李商老

桑柘村村煙樹濃新秧刺水麥梳風 劉改之

知是人家蚕事未路傍桑葉小如錢 趙紫芝

莫道春隨風雨過化工昨夜到桑麻 王潛齋

轉蕙風吹拜亭竹採桑日照女筐繁 趙庸齋

二月人家蚕事早屋頭先辦採桑梯 何小村

五言古詩

代耕本非望，所業在田桑。躬親未曾替，寒餒常糟糠。豈期過滿腹，但願飽粳糧。御冬足大布，粗絺以應陽。正爾不能得，哀哉亦何傷。人皆盡獲宜，拙生失其方。理也可奈何，且為陶一觴。 淵明

種桑長江邊，三年望當採。枝條始欲茂，忽值山河改。柯葉自摧折，根株浮滄海。春蠶既無食，寒衣欲誰待。本不植高原，今日復何悔。 淵明

日出東南隅，照我秦氏樓。秦氏有好女，自名為羅

敷羅敷善蚕桑採桑城南隅青絲為籠繩桂枝為
籠鉤觀者見羅敷下擔捋髭鬚少年見羅敷脫巾
著　頭耕者忘其耕鋤者忘其鋤使君從南來五
馬立踟蹰羅敷年幾何二十尚未滿十五頗有餘
使君謝羅敷寧可共載否羅敷亦致辭使君一何
愚使君自有婦羅敷自有夫東方千餘騎夫壻居
上頭何以識夫壻白馬從驪駒青絲繫馬尾黃金
絡馬頭腰中湛盧劍可直千萬餘十五府小史二
十朝大夫三十侍中郎四十專城居為人潔白晳
白晳頗有鬚盈〻公相步冉〻府中趨坐中數千
人皆言夫壻殊 羅敷

洛陽城東路桃李生路旁不知誰家子提籠行採
桑纖手折其枝花落何飄〻高秋八九月白露變
為霜終年會飄墜安得久馨香何如盛年去驩如
永相忘吾欲竟此曲此曲愁人腸歸來酌美酒挾
瑟上高堂 後漢宋少矦

野外罕人事窮巷寡輪鞅白日掩荊扉虛室絕塵
想時復墟曲中披草共來往相見無雜言但道桑
麻長桑麻日已長土物日已廣常恐霜霰至零落
同草莽 淵明

游女湘綺衣春還事蚕作五馬似花飛青絲結金
絡不知誰家子調笑來相讙妾本秦羅敷玉顏艷
名都綠條映素手採桑向城隅使君且不顧況復
論秋胡寒螿愛碧草鳴鳳棲青梧託心自有處但
怪傍人愚徒勞白日暮高駕空踟蹰 李白 陌上桑

出自薊北門遙望湖池桑枝〻自相植葉〻自相
當春色映空來先發院邊梅寄語採桑伴訝今春
日短枝高攀不及細葉籠難滿 梁簡文帝

桑女不勝愁結束下青樓逐伴向　路相攜南陌
頭蚕飢日已暝詎為使君留 梁劉邈

賤妾愚不堪採桑渭城南帶減連枝瘦髮亂鳳皇
簪無由報君信流涕尚春蠶

今日開和景處〻動春心桂筐須葉滿息倦重枝
陰 梁王臺卿

溪橋接桑畦鉤籠曉群過今早去何早向晚蚕恐
卧 王文公

五言絶句

向曉攜籠去桑村路隔淮何如聞百草歸取鳳皇
釵 鄭谷

地僻紫桑古人亡松菊存不如彭澤吏歸去有田
園 毛達可

七言古詩

未城壁月啟朱扉青樓含焰本暉〻遠映陌上春
桑葉斜入秦家緗綺衣羅敷粉妝能佳麗鏡前新

積學書藏

梳倭墮髻圓籠梟々挂青絲鐵鉤舟々勝丹桂蠶
飢日晚暫生愁息逢使君南陌頭五馬停騎遣借
問嫂臉合嬌特好羞妾婿府中經小吏郎今來往
專城裏欲識東方千騎嵞謁々日暮紅塵起　陳徐
伯
晴采桑雨采桑田頭陌上家々忙去年養蠶十分
熟蠶娘只著麻衣裳　鄭菊山

七言絕句

夾岸瀕河種梓桑春風吹出萬條長舡行老眼渾
多忘喚作西湖插柘霜　試齋
樂事新年憶錦城々南麻市試春行如今老病茅
簷底卧聽兒童嚇雀聲　放翁聞隣村守麻

樂府祖

憶秦娥

著春衫玉鞭々馬南城南々城南采桑軟草留住金
銜　粉娥采葉共新蠶々飢略許攜纖々攜纖々
消晨淇上更待初三　賀方回

錦纏頭

雨過園林觸處落紅凝綠正桑葉齊如沃嬌羞只
恐人偷看背立墻陰慢展纖々玉　聽鳩啼幾聲
耳邊相促念蠶飢四眠初熟勸路傍立馬莫踟躕
是那裏唱道秋胡曲

積學書藏

全芳備祖卷之二十二終

國家圖書館藏

積學書藏

全芳備祖卷二十三後集

天台陳景沂編輯
建安祝穆訂正

蔬部

筍

事實祖

碎錄

筍一名竹萌一名篛竹一名笞一名⿱竹淮一名竹胎一名竹芽一名茁一名初篁筍譜 稺龍籜龍玉版錦棚兒皆筍名也竹譜 鄠杜竹林號為陸海漢書

紀要

尹吉甫作韓奕詩以美宣王能錫諸侯其三章云韓侯出祖顯父餞之清酒百壺其殽惟何維筍及蒲詩 孟宗性至孝母卒冬節將至宗乃入林哀泣筍為之生得以供祭本傳 晉劉殷年九歲為曾祖母冬思筍殷泣而獲供饋本傳 宋沈道虔隱居武康人有拔屋後筍令人止之曰惜此筍欲成林更有佳者相與乃令人買大筍送與之盜者慚不取置其門內而還本傳 何隨人有盜其園筍隨見挈屐而歸恐盜者見也華陽國志 范元琰家有竹園每見人盜筍苦於過溝元琰伐樹為橋與盜者過盜感琰情而息意不盜本傳 漢人有適吳吳人設

積學書藏

筍問是何物曰竹也歸煮其牀簀而不熟乃謂其妻曰吳人轣轆欺我如此笑林 唐夏侯彪之上新繁令問里胥曰筍一莖幾錢曰一錢五莖取十千置五萬莖謝之曰吾未要且寄林中養之至秋竹成一竿千丈遂成五千萬貪狠不道皆此類本傳 孟氏有蜀時翰林學士徐光溥劉侍郎羲叟分直忽覩庭中筍迸出徐因題之劉性多譏誚徐詵土本是蜀人詩成二人從此不睦廣政錄 蘇東坡云文與可嘗令余作篔簹谷詩予詩云漢川修竹賤如蓬斤斧何曾赦籜龍料得清貧饞太守渭川千畝在胸中與可是日與其妻游谷中燒筍晚食發函得詩失笑噴飯滿案篔簹谷記 東坡嘗邀劉器之同參玉版和尚器之每倦山行聞參玉版欣然從之至廉景寺燒筍而食器之覺筍味勝問何名也東坡曰名玉版也此老師善說法要能令君得禪悅之味于是器之乃悟其戲為之大笑冷齋夜話

雜著

麻油薑皆殺筍毒凡食筍之要譬若治藥修煉得法則益人反是則損採筍之法可避露日出後掘深土取之半折取鞭根旋得投密竹器中以油單覆之勿令見風風吹旋堅以中粉拭土又不宜見

積學書藏

水含𣪊沸湯瀹之煑宜久生必損人苦笋最宜久
甘笋出湯後去𣪊澄煑笋汁為羮茹味全嘉美不
然蒸最美味全𤂖灰中煨後入五味尤佳採笋一
日曰篤二日曰蔫見風則堅入水則硬脫𣪊煑則
失味生著刃則失柔採而停久非鮮也盛而苦風
非藏也採之脫𣪊非治也淨之入水非洗也蒸煑
不久非食也如此然後可與語食笋矣此外不足
算也　僧賛寧笋譜　僧賛寧為笋譜甚詳其掎摭古
人詩咏自梁元帝至唐楊師道皆詩中言及笋者
非專為題咏也惟孟蜀時徐光溥等二人詩句乃
在笋譜退之和侯協律二十六韻獨不見收何耶

壓史

賦咏祖

五言散句

岸笋開新籜李白　綠垂風折笋少陵
春笋滿林生杜甫　年〻饌籜龍晦翁
穉子脫錦棚駢頭香玉滑唐
破臘初挑菌誇新欲比瓊聖俞
寶地琉璃折紫苞琅玕踴元稹

七言散句

更容一夜抽千尺別却池園數寸苔長吉
無情有恨何人見露壓霜啼千萬枝

積學書藏

池上龍蛇驚蟄起軍中矛戟曉營看劉原父
笋便落林猶勝肉蕨纔出土更燒油楊誠齋
便令剝錦煮金玉甘脆不道簞瓢空聖俞
鄰里亦知偏愛竹春來相與護龍雛東坡

五言古詩

此州乃竹鄉春笋滿山谷山夫折盈把抱來早市
粥物以多為賤雙錢易一束置之炊甑中與飯同
時熟紫籜拆故錦素肌擘新玉每日逐加餐經時
不思肉久為東洛客此味常不足日食勿踟躕南
風吹作竹香山
洛下花作笋花時壓畦菜一束酬千金禪頭不肯
賣我來白下聚此族富庖宰蜀粟載地翻𣪊蔌觸
墻壞纖〻入中廚如償食竹債甘葅和菌甘辛膳
腩薑芥烹鵝雛肢掌炮蟹亂褭必小兒哇不美鼠
壤有餘嘬可貴生於少古來食共憶尚想高將軍
五溪無人采山谷四首
北饌厭竿酪南庖豐笋菜自此初落南幾為兒所
賣習知價廉平百態事烹宰塩蹄胎腊瘦蜜漬爽
味壞就根煨茁美豈念炮烙債咀吞千畝餘胸次
不薑芥二妙谷能詩才名動江介論詩多佳句膾
炙甘我嘬思君思養竹萬籟聽秋噫從此繕藩籬
下令禁魚采

韭黃照春盤菰白媚春菜為比蒼竹留市上三時
賣江南家〻竹剪伐誰主宰半以苦見疎不言甘
易壞筠陂雕龍睡未索兒孫債獺膽能分杯虎魄
好拾芥此物于食饘如客得儐介思入帝鼎烹忍
遭飢涎嘬懶牀供翰墨硈杵風踠噫每下嘆枯枝
楚如落樵菜
人笑庾郎貧滿腹飯寒菜春盤食指動筍出入市
賣回首萬錢厨不美廊廟宰民生暫神奇胞膈伐
蛀壞忍持芭蕉身多負牛羊債籜龍不稱寃易致
等拾芥蕭〻烟雨姿壯士持戈介騈頭沸鼎烹可
口垂涎嘬霜叢負後凋玉食香餘噫續詩無全功
對此尚可采
飽食有殘肉飢食無餘菜紛然喜生怒似被相公
賣迩來誰獨覺凜〻白下太和古白下宰一飯在
僧家至樂甘不壞多生味蠹簡食筍乃餘債蕭然
映樽俎未肯雜菘芥君看霜雪姿童稚已耿介何
為遭暴横三嗔不忍嘬朝來忽解籜勢迫風雷噫
尚可餉三閭飯筒纏五彩東坡次韻
久客厭屢饌枵然思南烹故人知我意千里寄竹
萌騈頭玉嬰兒一一脱錦棚庖人應未識旅人眼
先明我家折厨膳彘肉芼蕪菁送與江南客燒煮
配香粳東坡送筍與公擇

竹君家多材楚〻皆席珍成竹著錦袍玉色映市
人惠然集吾宇老眼薝光新麴生亦税賀共慰藜
藿貧不待月與影一人亦相親可憐管城子頭禿
事苦辛按譜雖同宗聞道隔幾塵詩成聊使寫一
笑驚比隣陳蘭齋

五言古詩散聯

竹林吾最惜新筍好看守方籜包龍兒攢迸溢林
藪吾眼恨不見心腸痛如擣宅錢都未遂債利日
月厚籜龍正稱寃莫殺入汝口丁寧囑託汝〻活
籜龍否盧仝寄男抱孫
此君耐歲寒小友極風味相思如調饑熟可當饔
飧王右丞
久約燒林筍何年會勝園久嘗新氣味每厭供盤
餐漸痛煙犀老方憐露錦繁樓伯長
園客自偷賣主人那能知徒令養新筍旋抽五六
枝張无盡
兒童纔丱角兵衛忽森戟十日不汝見尋丈出咫
尺陳止齋

五言絶句

脩〻江上林白日暗風雨下有萬玉蚪三冬卧寒
士晦翁
南山春筍多萬里行枯腊不落盤餐中今知緣如

積學書藏
積學書藏

積學書藏

賁晦翁

五言八句

叢林真百丈法嗣有横枝不怕石頭落同參玉版
師聊憑柏樹子與問蘀龍兒瓦礫猶能説此君那
不知東坡

五言排律

竹亭人不到新笋滿前軒乍出真堪賞初多未覺
頎成行齊婢僕環立比兒孫驗長常攜手愁乾屢
側盤對吟忘膳飲偶坐變朝昏滯雨膏腴溼驕陽
氣候温得時方張土挾勢欲騰騫見角牛羊沒看
皮虎豹存攢生猶有隙散布忽無垠詎可持籌筭
誰能以理言縱横公占地羅列暗連根狂劇時穿
壁群強幾觸藩深潛如避逐遠去若追奔始訝妨
人路還驚入藥園萌芽防寢妖覆載莫偏恩巴覆
侵危砌非徒出短垣身寧虞瓦礫計擬拚蘭蓀直
嘆高無數庸知上幾番短長終不較先後竟誰論
外恨包藏密中仍節目繁暫須移步履要取助盤
餐穰々疑翻地森々競塞門戈矛頭戢々蛇蚓首
掀々婦孺咨料理兒痴謁盡髡俟生來慰意詩句
讀驚龜僞和才將竭呻吟至欲墩韓文公和侯協
律食笋

七言古詩

積學書藏

蔾藿盤中忽眼明駢頭脱襁白玉嬰極知耿介種
性别苦節乃與生俱生我見魏徵殊媚嫵約束兒
童勿多取人才自古要養成放使干霄戰風雨放
翁苦笋

江西猫笋未出尖雪中土膏養新甜先生别得煮
簀法叮嚀勿爾醯與鹽岩下清泉須旋汲熱出霜
汗生蜜汁寒牙嚼作氷片聲餘湛仍和月光吸菘
羔楮雞浪得名不如來參玉版僧醉裡何須酒解
醒此美一枕爽然醒大都煮菜皆如此淡處當知
有味真先生此法未要傳為公作經藏名山誠齋
笋經

高人愛笋如愛玉忍口不餐要添竹云何又遣此
輩來含花雨眼為渠開販夫束縛向市賣外強中
乾美安在錦紋猶帶落花泥不論燒煮兩皆奇豬
肝累人真可惡以此累公終不惡誠齋

金陵竹笋硬如石々猶有髓笋不及　市裏笋
如酥笋味清絕酥不如帶雨斲來和籜煮中含柘
漿新甘露可饕可膾最可羨繞齒
須呪笋莫成竹頎々食笋莫食肉誠齋煮笋

食蕨食臂莫食拳食笋食梢莫食根何曾萬錢方
下箸先生把菜亦飽去嶺南風物似江南笋如束
薪蕨作籃先生食籍知幾卷千巖萬壑皆廚傳誠

積學書藏

齋

使君喜食筍脯味全勝肉秘法不肯傳閉門課私僕君不見金谷饌客本萍虀豪世籍此真成痴但令長鬚日致饋不敢求君帳下兒 張于湖謝南軒

筍脯登吾監可使食無肉鮭腥避三舍棕櫚乃從僕書生長有十甕虀却咲虎頭肉相痴得君新法也大奇且復從遊錦棚兒 于湖謝筍脯方

齋厨日蕭條晚食以當肉 公來共疏盤留語輒更僕平生懲沸仍吹虀欲了官事渠能癡何時竟作淮南歸擊鮮較獵從廬兒 再和答

七言古詩散聯

天與歲寒終崛強澤分淇澳轉敷榮狂鞭已逐草侵徑疎影長隨月到楹 子由

偶然雷雨一尺深知有南園衆君子從地踊出似人長一一便有凌雲氣

龍孫春吐一尺芽紫錦包玉離泥沙金刀璀璨截嫩節銅錢不與大梁賒 劉原父

七言絶句

嫩籜香苞初出林於陵論價重千金皇都陸海應無數忽剪淩雲一寸心 義山

昨夜春霞迸鮮根亂披烟籜出柴門稺川龍過應

積學書藏

回首認得青青幾代孫

南園初筍味勝肉籜龍稱冤莫採錄煩君更致蒼玉束明日風雨吹成竹 山谷咲苦筍

長沙一月煨鞭筍鸚鵡洲前人未知走送相公助湯餅猫頭突兀想穿籬 山谷猫頭筍

徐徐出土非人種枝葉難投日月壺為是𦊰緣生此地從來長養譬如無 徐光溥

迸出斑犀數十枝更添幽景向蓬壺未 似有凌雲勢用作丹梯得也無 劉義叟

數里春畦獨自尋迸犀抽錦亂森森田文 死去賓朋散抛擲三千玳瑁簪 王元之

一雷驚起籜龍兒戢戢滿山人未知急喚蒼頭斸烟雨明朝吹作碧參差 未章齋

梅雨冥冥想已齊連雲篁竹暗溪蠻短萌解籜登雕俎錯落黃金騕褭歸 未章齋篁竹竹 椎建上有之

長江縈繞地膏腴風氣相連不甚殊自是苦根分彼此致令苦筍勝宜都 張无盡

七言八句

竹祖龍孫渭上居供儂樽俎半年餘斑衣戲綵春無價玉版談禪佛不如若怨平生食無肉何如陋巷飯斯疏不須復悲元脩菜喫到憎時始憶渠 楊誠齋 都下食筍自十月至四月

積學書藏

炮鳳烹龍世浪傳猩唇熊掌我無緣但逢筍蕨杯
盤日便是山林富貴天稱子玉膚新脫錦小兒紫
臂未開拳只嫌嶺外無珍饌一味香蔬不直錢誠
齋
此君乃有寧馨兒犀角豐盈玉不如老去烟姿元
聳壑生來風骨已專車詩腸慣識猫頭筍食指寧
知熊掌魚萬遣匆匆萬竿緑一春心事正閑渠方
秋崖猫筍

樂府祖

玉樓春

錦韡參差朱檻曲露濯文犀和粉緑朱容濃翠伴
桃紅已許纖枝留鳳宿　嫩似春荑明似玉一寸
芳心誰管束勸君速喫莫踟躕看破南風吹作竹
錢僖公

蕨菜薇附

事實祖

碎錄

根如紫草多作山間人作茹食之四皓食之而壽
夷齊食之而死固非良物本草陟彼南山言采其
蕨　采薇采蕨並詩

紀要

伯夷叔齊不食周粟餓于首陽採薇而食之杜詩

積學書藏

注晉齊王冏秉政張翰謂顧榮曰天下紛紛未已
吾本山林人無望于時久矣宜采南山蕨飲三江
水晉書

賦咏祖

五言散句

採薇南山岑張九齡
石暄蕨芽紫
爭復茹藜蕨韓
野蕨漸紫色
山中疾采蕨少陵
初拳幾枝蕨太白
饑從採蕨筐香山
饑食西山蕨山谷
秋風吹几杖不猒北山蕨少陵
石閒採蕨女鬻菜輸官曹

七言散句

今日東湖採蕨薇少陵
蕨芽已作小兒拳白氏集
山童新採蕨芽肥陸放翁

五言古詩

西山采蕨人蓬首尚傾國懷哉遠莫致引脛勢已
塞頃筐忽隋前此意豈易得良遇不可遲枯節有
餘力朱文公

七言八句

真人宮府未因緣且向龍山作散仙春入燒痕催
採蕨雨翻泥壠憶歸田疏腸我若枵蟬腹詩格君

如拏鶴拳筋下萬錢謀吏鄙諸君飽死大官糧秋崖二首

野燒初浮肥紫玉圓枯松瀑布煑春烟偃王妙處元無骨鉤戈生來已作拳早韭不堪同嗅味秋蕈雖滑帶腥涎食經豈為吾曹設弱脚寒中恐未然

全芳備祖卷二十三

全芳備祖卷二十四 後集

天台陳景沂編輯

建安祝　穆訂正

蔬部

枸杞

事實祖

碎錄

一名杞根一名地骨一名枸忌一名地輔一名仙人杖本草杞一名枸檵今枸杞也詩四牡云集于苞杞春生作羹茹子秋熟正赤莖葉及子服之輕身益壽　枸杞千歲其形如犬道書甘菊育兩種一種莖紫氣香而味甘葉可作羹食者為真一種青莖而大作蒿氣味苦不堪食

紀要

朱孺子幼事道士王元正居大若岩一日汲于溪見一花犬逐之入于枸杞叢下掘之根形如二犬烹而食之忽覺身輕飛于峯上續仙傳

雜著

天隨宅荒少牆屋多隙地著圖書所前後皆植以杞菊春苗恣肥得以采擷供左右杯案及夏五月枝葉老梗氣味苦澁旦暮猶責兒童輩掇拾不已人或嘆曰千乘之邑非吾無好事之家日欲擊鮮為

積學書藏

具以飽君者多矣君獨閉閑不出弃空腸於古聖
賢道德言語何自苦如此天隨生笑曰我幾年來
忍飢誦經豈不知屠沽兒有酒食耶退而作杞菊
賦以自廣云　惟杞與菊偕寒互綠或穎或苕煙
披雨沐我衣敗綈我飯脫粟羞慚齒牙苟且粱肉
蔓延駢羅其生實多爾杞未棘爾菊未莎其如予
何其如予何　天隨杞菊賦　天隨生自言常食杞菊
及夏五月枝葉老硬氣味苦澁猶食不已因作賦
以自廣始余疑之以為士不遇窮約可也至于饑
餓嚼齧草木則過矣而予仕宦十有九年家日益
貧衣食之奉始不如昔者及移守膠西意且一飽
而齋廚索然不堪其憂日與通守劉君備古城廢
圃求杞菊食之捫腹而笑然後知天隨之言可信
不謬作後杞菊賦以自嘲且解云　吁嗟先生誰
使汝坐堂上稱太守前賓客之造請後掾屬之趍
走朝衙達午夕坐過酉曾杯酒之不設攬草木以
誑口對案嚬蹙舉箸咽嘔昔陰將軍設麥飯于葱
葉井丹推去而不嗅怪先生之眷眷豈故山之無
有先生听然而笑曰人生一世如屈伸肘何者為貧何
者為富何者為豐何者為陋或糠覈而瓠肥或粱肉
而黑瘦何侯方丈庾郎三韭較豐約于夢寐卒同歸
于一朽吾方以杞為糧以菊為糗春食苗夏食葉

積學書藏

秋食花實而冬食根尚庶幾乎河西南陽之壽東
坡後杞菊賦　張子為江陵之數月時方仲春草木
敷榮經行郡圃意有所欣爰命採掇付之庖人汲
清泉以細烹屏五味而不親甘脆可口蔚其芬馨
盍日為之加飯而他物不足以前陳客有問者曰
異哉先生之嗜此也昔蘇子之在膠西值黨禁之
方興嘆齋廚之蕭條乃覽乎草木之英今先生當
無事之時據方伯之位掾吏奔走順指如意廣厦
延賓毬場享士清酒百壺鳥臑俎胾宰夫奏刀各
獻其技顧何求而弗獲雖醉飽其何忌而乃樂從
夫野叟之餐豈亦不取乎葑菲不然得毋近于矯
激有同乎脫粟布被者乎張子應之曰天壤之間
孰為至味厚或腊毒淡乃其至猩唇豹胎徒取詭
異山鮮海錯紛糾莫計苟滋味之或偏在臟腑而
成贅惟杞與菊微勁不苦滑甘靡滯非若他蔬善
嘔走水既瞭目而安神復沃煩而滌穢驗南陽於
西河又頹齡之可制此其為功或可殫紀況於膏
粱之習貧賤則廢焉永之求不得則悲茲隨寓之
必有雖約居而足恃殆將與之終身又可貽夫同
志子獨不見吞納湖之陰乎雪銷肥壤茸其葳甤
與子婆娑薄言掇之石銚瓦盆啜汁咀齏高論唐
虞咏歌詩書嗟乎微斯物孰同先生之歸於是相

積學書藏

偈而歌殆日昃以忘飢張南軒續杞菊賦

賦咏祖

五言散句

新芽摘杞叢東坡

腹飽仙人杖心存姹女丹曾文昭

味豈同金菊香宜配綠葵杜

七言散句

不知靈性根成狗怪得時聞夜吠聲李

簷前甘菊移來晚細蕋重陽不堪摘杜

五言古詩

深根鎖泉甃高葉架雲空不與凡木並自將仙蓋同影疎千點月聲細萬條風送子鄰溝外飄香客位中花杯來此飲椿壽迴無窮孟東野

神藥不自閟羅生滿山澤日有牛羊憂歲多野火厄越俗不好事過眼等茨棘寶萬春自長絳珠爛莫摘短籬護新垣紫筍生卧節根莖與花實收拾無棄物大將玄吾鬚小則餉我客似聞朱明洞中有千歲質靈厖或夜吠可見不可索仙人倘許我得杖扶衰疾東坡

江皋春氣足佳杞蕃新苗老枿飽霜露餘滋發柯條神農不吾欺詩譽何忉〻堅筋及奔馬瑩目察秋毫張文潛

積學書藏

仙苗壽日月佛界（芥）承露雨誰為萬年計乞此一杯土扶踈上翠蓋磊落綴丹乳去家尚不食出家安用許政恐落人間采剎四時苦養成九節杯持獻西王母山谷顯聖寺杞

越山春始寒霜菊晚逾好朝來出細蕊稍覺芳歲老孤根蔭長松獨秀無衆草晨光雖照耀秋雨半摧倒先生卧不出黄葉紛可掃無人送滿壺空腸嚼珠寶香風入牙頰楚些發天藻新篇蔚已滿宿根寒不槁揚〻美芳蝶生死何足道頗訝昌黎公恨爾生不早東坡甘菊

五言古詩散聯

野岸競多杞小實霜且丹繫舟聊以掇粲〻忽盈盤助吾齏鹽頰豈必採琅玕聖俞

周黨過仲叔菽水無菜茹我盤有枸杞與子同一筯宋待制

七言古詩

菊芽伏土棬青栗杞笋傍根埋紫玉雷聲一夜雨一朝森然奔出如蕨苗先生饑腸詩作梗小摘玲〻芳汲水井風爐蟹眼候松聲罩籬親撈微蒂生爛炊雕胡淅青精笔以天隨寒綠萌饑時作虀仍作羹飽拔龍鳳同庖烹大官蒸羊壓花片宰夫臑蹯削瓊輭豹胎熬出禍胎來貴人有眼何曾見天隨

積學書藏

尚有愁作魔枸杞作棘菊作莎君不見黄金錢照紅玉豆秋高更覺風味多先王釀金煉紅玉自莎自棘如予何金空玉盡苗復出喫苗喫花并喫實天隨白眼著沽兒不道有人頭上立誠齋

七言八句

僧房藥樹依寒井二有香泉樹有靈翠黛葉生籠石甃殷紅子熟照銅瓶枝繁本是仙人杖根老新成瑞犬形上品功能甘露味還知一勺可延齡劉夢得

芥花松苔餞春忙夜吠仙苗喜晚嘗味飽土膏甘復脆氣含風露咽猶香作虀淡著微施酪芼茗臨時莫過湯却憶荊溪古城上翠條紅乳摘盈箱楊誠齋

七言絶句

雨餘芽甲翠光勻杞菊成蹊亦自春骨相定知非食肉可能常伴筒中人晦翁

蔬菜

幽叢秀色可攬擷煮餅菊苗新汪湯飲水食蘖浪自苦摩娑滿懷春草香山谷自採菊苗薦湯餅

事實祖

碎錄

菜謂之蔬不熟曰饉尔雅仲秋命有司趣民務蓄

積學書藏

菜月令

紀要

孔子雖蔬食菜羹瓜祭論語雖蔬食菜羹未嘗不飽孟子孔子窮于陳蔡之閒顔回擇菜莊子後漢宣秉常蔬食瓦器漢書後漢崔瑗愛士好賓客盛修肴膳殫極滋味不問餘產居常食菜羹而已漢書范宣挑菜傷指大泣曰身體髮膚不敢毀傷故也藝文類聚吴隱之爲廣州清操愈厲常食不過菜乾魚而已本傳宋宇種蔬三十品時雨之後按行園圃曰天茹此徒耶予愚俎豫章記梁武帝大官常膳惟以菜蔬本傳齊江泌性仁孝食菜不食心以其生意惟食老葉而已本傳盧懷慎爲吏部尚書卧病既久宋璟從愿嘗相與訪焉懷慎卧於弊簀門無簾箔常器重璟及從愿見之甚喜命設食有蒸豆兩甌菜數俎而已太平廣記劉崇龜以清儉自居常白同列食苦蕒北夢瑣言菜品中蕪菁菘芥之類遇旱其標多結成花或如蓮花或作龍蛇之形此常性無足怪者熙寧中李賓客及之知潤州園中菜花悉成荷花各有一佛坐于花中形如雕刻莫知其數暴乾之其相依然或云李君之家奉佛甚謹故有此異筆談汪信民常言人常咬得菜根則百事可做胡康侯聞之擊節嘆賞湖見

錄

雜著

紫菜縈嘩以叢被 文選

采蔬傲霜而秀折 劉禹錫賦

菜則葱韭蒜芋青筍紫薑菫薺甘旨蓼芡芬芳裒荷依蔭時藿向陽綠葵含露白薤負霜 潘安仁

不可使士大夫不知此味不可使天下之民有此色 山谷題畫菜

嗟余生之剌乖甘偭盜而即疏痛徂背其倦遊飄盤薄乎關居老既怯于山橋窮莫脩乎澤車坐玩相牛之經關抄種樹之書五十步兮園野數十椽兮破廬一甆翁以自樂群痴兒而共鉏水解寒祛霏開日舒濯濯我畦列列我渠捧甲怒長鮮莢蔚扶涉熟成趣雖然忘劬甆翁放鋤顧兒而言曰女亦知夫世有不遇之蔬乎駕釀施蒸蒸鹽醯侑菹軟蒲羞韲食菰薦魚芥醬且截葱滌且朐烈有桂椒滑有堇榆已多乎燧人庖羲氏之初而況織翠膚蘚骰紅氍毹淋漓觴斝轟逐鐘竽猩唇豹胎之異素黿紫駝之廚始饞涎其趋新中便腹而厭餘于是簞臊望風而引卻芳辛候色而應消擷翠茖于崑丘掇瑤穎乎方壺蔗漿盛夏而涷合淬菹祁寒而暖穀行以白玉奉之綠珠五侯鯖兮遜美天酥陋兮失腴此其遇合不啻初識之機雲晚見之嚴徐也若乃巖壑棲遲竹居槿籬蕁擅場于秋風空結鱸魚之思韭爭長于春雨未辨黃粱之炊荻生而河豚上橙熟而蟹螯肥指雖動而莫訓腹不負其幾希已而湊雲采薇近陽刈葵祛萱堂背瞻芹澗涓饞黃獨之雪苗筐白薤之露莛茗蘼蕪以滌煩醪枸杞而補飄泠淘煮兮槐芽餺飥製兮薤滋涇膏鍘兮雹咲飫糞灰兮蹲鴟醋糟紫薑之芽沐醯青橘之絲雲蒸罌粟之乳濤淘胡麻之糜輪囷鶩鴨之瓠蟠虬龍蛇之芝婆娑熊蹯之菘藍鬘虬髯之箬鰤孑孑兮櫻魚鼈解晨兮樹雞竹競棚兮稚子蕨初拳兮小兒以至太華之藕黃河之菇婆羅頭之菠稜大宛之首蓿南越之鹿角江東之嵩蹄與夫蜀之雞蘇龍鶴枏脯加皮名器紛綸色光陸離異性溫涼氣分王良笔擇加精調脗得宜香闢爽心味適解頤有舉案之接敬無轑釜之見欺芬芬苾苾雜陳更進可以甦文園之渴療首陽之飢彼其石芥老而逾勁苦筍少而已奇蕁有拂士之風菊抱幽人之姿回脫蔓菁隨地而易質薯蕷視人而變形曾不滿乎一唾劾肯數乎萵苣邪蒿臭蒜而檝菱然是疏也進不禁于珥貂鳴玉之齒退不偕乎重削胃脯之頤烟雲歕薄乎夜讀之吻風露簸蕩乎朝吟之脾與齊銙其爭道食方丈乎何期其不遇何如已兒拱而前其然豈

積學書藏

然諸葛以姓行元脩以字傳玉糝得坡老而重銀茄為涪翁而姸與其見賞于肉食之鄙孰若託名於蔬茹之賢蓋窮患嫁名之不立而不患併日之食粥達患宿學之不能行而不患一筯之萬錢苟道義之信飽飯蔬食而樂焉翁捧腹一笑長歌振林皎白駒之束芻毋金玉爾音 洪舜俞老圃賦

賦詠祖

五言散句

鄰舍與園蔬 杜少陵　菜本如白玉 陳簡齋

煙畦挽野蔬 陸

畦蔬繞茅屋自足媚盤飧 少陵

清晨送菜把常荷地主恩

自鋤稀菜甲小摘送親情

七言散句

奉煩僚友送園蔬長安冬葅酸且綠 山谷

玉人憐我長蔬食走送廚珍自不嘗

五言古詩

孟夏草木長繞屋樹扶疎衆鳥欣有託吾亦愛吾廬既耕亦已種時還讀我書窮巷隔深轍頗 故人車歡然酌春酒摘我園中蔬微雨從東來好風與之俱汎覽周王傳流觀山海圖俯仰終宇宙不樂復何如 淵明

積學書藏

夢回聞雨聲喜我菜甲長平明江路溼並岸飛雨槳天公真富有乳膏瀉黃壤霜根一蕃滋風葉漸俯仰未任筐筥載已作杯盤想艱難生理窄一味敢專享小摘飯山僧清安寄真想芥藍如菌蕈脆美牙頰響白菘類羔豚冒土出蹯掌誰能視火候小竈當自養 東坡雨後行菜

傍舍種繇蔬攜鉏理荒穢桔槔勤俯仰一雨功百倍朝來綠映土新葉搖旆旆牛羊勿踐畦肉食鄙爾輩 劉屏山種菜

踏雪課園丁趁雨鉏菜甲土甘春繞畦烟重曉攜鍾母令蔓草滋旋舍苦篠揷詩腸風露香碧脆已可掐誰言庾郎貧未覺三韭乏那知世有人猶嫌萬錢狹去毛莫拗項美哉不鳴鴨瀑泉煮山月比豈腥羶厭琉璃乳蒸豚卿自用御法 方秋崖畦菜

五言絕句

耕地棄柘閒地肥菜常熟為問葵藿資何如廟堂內 高適

雖無適口味暖益功稀比菜苦不登盤言忠多逆耳 劉屏山苦菜

五言排律

山翁老學圃自笑一何愚磽瘠纔三畝勤渠賴兩奴正方畦畫局微潤土融酥剪闢荊榛盡鋤犂磊

塊無過溝横略彴聚墍起浮屠隙地成瓜援餘功及芋區如絲細生菜似鴨𦞦蒸壺此事今真辦東歸不爲鱸 放翁

七言古詩

蔓菁宿根已生葼韭芽帶土拳如蕨𦞦蒸香薺白魚肥碎點青蒿凉餅滑宿酒初消今睡起細履幽畦掇芳辣茵陳甘菊不負渠鱠鯉堆盤纖手抹北方苦寒今未已雪底波稜如鐵甲豈知吾蜀賦冬蔬霜葉露芽寒更茁久抛松菊猶細事苦竹江豚那忍説明年投劾徑須歸莫待齒搖幷髮脱 東坡春菜

北方春蔬嚼氷雪妍暖思采南山蕨韭苗水餅姑置之苦菜黄雞羮糝滑蓴絲色紫菰首白蔞蒿芽甜𤇉頭辣生葅入湯翻手成芼以薑橙誇縷抹驚雷菌子出萬丁白鵞截掌鱉解甲琅玕森森未飄籜軟炊香粳煨短茁萬錢自足宰相事一飯且從吾黨説公如端爲苦筍歸明日青衫誠可脱 山谷春菜

雪白蘆菔非蘆菔喫來自是軟底玉花菜蔓菁非蔓菁喫來自是甜底氷三館幸夫傳食籍野人蔬譜渠不識用醯不用醋用鹽不用鹹鹽醯之外別有味薑芽棖子仍相參不甑亦不釜非蒸亦非煮壞盡蔬中腴乃以煙火故霜根露葉細縷來甑瓶夕暮朝即開貴人我知不官樣肉食我知無骨相祇合南溪嚼菜根一樽徑醉溪中雲此詩莫續恐嘸殺要讀此詩先捉舌 誠齋春菜

菜菔根鬆縷氷玉蔞蒿苗肥點寒綠霜鞭行茁軟於酥雪樹生釘肥勝肉與吾同味𤇉絲辣如我長貧韭葅熟更蒸豘壓花層層略糝咼成金簇簇青紅餖飣雜梅柳紫翠招邀醉松竹犖將碧脆捲月明嚼出宮商帶詩腹賜𢅤休上老人頭家貧不負將軍腹人生行樂渠未央物意趁新自相續五十三翁日落山三百六旬車轉轂不妨細雨看梅花且喜春風到茅屋 方秋崖

七言絶句

秋來霜落滿東園蘆菔生兒芥有孫我與何曾同一飽不知何苦食雞豚 東坡煮菜

南山疇昔從諸父雨中烟苗手自鉏三徑就荒歸計拙溷煩僚友送園蔬 山谷

春蔬照映庾郎貧遣騎持籠勝茹葷却得齋廚厭滋味白鵞掌鱉留羹 山谷和孫奉議送菜

桑下春蔬綠滿畦菘心青軟芥薹肥溪頭洗擇店頭賣日暮裹鹽沽酒歸 范石湖田園雜興四首

海雨江風浪作堆時新魚菜逐春回荻芽抽笋河魨上楝子開花石首來

積學書藏

梅子黃金杏子肥麥花雪　菜花稀日長籬落無
人過惟有蜻蜓蛺蝶飛
撥雪挑來蹋地菘味如蜜藕更肥濃朱門肉食無
風味只作尋常菜把供
擬種蕪菁已是遲晚菘早韭恰當時老夫要作齋
盂備乞得青秧趁雨移
百錢新買綠蓑衣不羨黃金帶十圍枯柳枝頭風
雨急憑誰畫我荷鋤歸
青青蔬甲早寒天想像登盤已墮涎更欲鉏畦向
東去園丁來報竹行鞭
黃瓜翠苣最相宜上市登盤四月時莫擬將軍春
薺句兩京名價有誰知　放翁
珍芥可虀芹可羹晚風咿嚶桔槔聲白頭孤宦成
何事悔不畦蔬過此生
新春雲子滑流匙更嚼冰蔬與雪菹靈隱山前水
晶菜近來種子到江西　誠齋　初食白菜因名以
水晶菜
江西菜甲要霜栽徑到炎天憩不佳浪說水菘水
菜菔硬根瘦菜似生柴
七言八句
新春階下笋芽生廚裏霜虀列舊盟曉遶麥田求
野薺強為僧舍煮山羹園無雨潤何須歎身與時

積學書藏

違合退耕欲看年華自有處鬢開秋色雨　三茔東
坡和種菜
未覺閒來歲月頻荷鋤方起王膏勻連畦已放瑤
簪露覆地行看玉本新小摘登盤先餉客晚炊當
肉更宜人却憐寂莫公儀子拔盡園葵不嘆貧　朱
文公蔬園

虀

事實祖

碎錄

虀隧也本作韲說文今江浙間以大缸貯米泔投
生菜釀其中作虀羹　祿志

紀要

楚惠王食寒菹而得蛭遂吞之　新序　石崇為客作
豆粥咄嗟便辦每久得韭萍虀王愷密問其帳下
云豆至難熟豫作熟味客來但作白粥投之韭萍
虀是擣韭根雜以麥苗耳　晉書　太宗皇帝命蘇易
簡講文中子有楊素遺子食經羹黎含糗之說上
因問食品何物最珍對曰物無定味適口者珍臣
上知虀汁為美臣憶一夕寒甚擁爐痛飲夜半吻
噪中庭月明殘雪中得一虀盂連咀數根臣此時
自謂上界仙廚鸞脯鳳胎殆恐不及屢欲作冰壺
先生傳紀其事因循未果也上笑而然之　僧文瑩

積學書城

玉壺清話

雜著

朝虀暮鹽韓　金虀玉膾隋唐嘉話

賦咏祖

七言古詩

君不見領軍家有鞵一屋相國藏椒八百斛士患饑寒求免患病死已足憂不足伯龍平生受鬼笑無錢可使宜見瀆但當與作謫仙詩聊復使渠終夜哭詩中百味甜如蜜任處一呷三鼓腹空腸時作不平鳴却恨忍饑猶未熟冰壺先生作佳傳木奴魚婢何足録頰生狡獪遂可憐晚食由來未忘內陳簡齋

九月十月屋瓦霜家人共畏畦蔬黄小甖大甕淨滌濯青菘綠韭謹蓄藏天氣初寒手訣妙吳鹽正白小泉香挾書旁觀稚子喜洗刀碣作廚人壯國丁無事卧睠日葉葉狼籍堆空廊泥為緘封糠作火守護不敢非時嘗人生各自有貴賤百花開時促高宴劉伶病醒相如渴長魚大肉何由薦凍虀此際價千金不數狐泉槐葉麪摩挲便腹一欣然作歌聊續冰壺傳放翁

庾郎曉菘翡翠茸金城土酥玉雪容如何俱墮瑶甕中却與醯雞同閟宫金井銀牀水清泚雪山冰

積學書城

谷鹽輕脆秋風一月釀得成字曰受辛非麯生太學涂生朝復暮茹冷啜寒那可度十年雪汁凍蔬腸一夜饑雷聽更鼓不如甕頭吏部酲一逢受辛還一醒畢卓與尒同死生誠齋

七言八句

芘薑馨辣最嘉蔬孤芥芳辛不讓渠蟹眼嫩湯微熟了鵞兒新酒未醒初橙香酸釅作三友露葉霜芽知幾鋤自咲枯腸成破甕平生只解貯寒葅楊誠齋芥葅

元脩菜

事實祖

紀要

菜之美者有吾鄉之巢故人元脩嗜之余亦嗜之元脩云使孔北海見當復云吾家菜耶因謂之元脩菜余去鄉十有五年思而不可得見元脩適自蜀來見余於黄乃作是詩使歸致其子種之東坡之下坡詩序蜀蔬有兩巢大巢豌豆之不實者小巢生稻畦中東坡所謂元脩菜是也吳中絶多石漂搖草一名野蠶豆但人不知取食耳予小舟過梅市得之始以作羮風味宛如在醴泉蟇頤時也放翁詩序

賦咏祖

五言古詩

彼美君家菜鋪田緑茸〻夏英圓且小槐芽細而豐種之秋雨餘擢秀繁霜中欲花而未萼一〻如青蟲是時青裙女採擷何匆〻蒸之復湘之香色蔚其饛點酒下鹽豉縷橙芼薑葱那知雞與豚但恐放箸空春盡苗葉老耕翻烟雨叢潤隨甘澤化暖作青泥融始終不我負力與糞壤同我老忘家舍楚音變兒童此物獨嫵媚終年繫余胸君歸致其子囊盛勿函封張騫移苜蓿適用如葵菘馬援載薏苡羅生等蒿蓬懸知東坡下春肉化千鍾長使齊安人持此說雨翁 東坡

七言絶句

昏〻霧雨暗衡茅兒女隨宜治酒殽便覺此身如在蜀一盤籠餅是豌巢 放翁 蜀中雜彘肉作巢饅頭甚佳

冷落無人佐客庖庾郎三九困譏嘲此行忽似蟇津路自候風爐煑小巢

全芳備祖卷二十四終

全芳備祖卷二十五後集

天台陳景沂編輯
建安祝穆訂正

蔬部

山藥

事實祖

碎録

生於山者名山藥千金方薯蕷一名山芋秦楚名曰玉延鄭越名曰土藷本草益力氣長肌肉除邪氣久服輕身耳目聰明不饑延年 山藥本名薯蕷唐時避德宗諱改下一字名曰薯藥及本朝避英廟諱又改上一字名曰山藥本草

紀要

永和初有採藥衡山者道迷糧盡過息岩下是一老子與四五年少對飲因告以饑與之食物如薯芋指教所去六日至家而不復饑湘中記

雜著

華不可佩葉不足憐微根儻餌棄劒爲仙 江淹頌

吾聞南陽之田不墾不耕爰播盈斗可獲連城資陰陽之淑氣孕天地之至精蜿蜒赤埴之腴煌邑白虹之英鷩山木之潤發胃朝采之餘榮逮百卉之澤盡候此王之豐成王公大人方且以不貪爲

積學書藏

寶辨秦玉而陋楚珩雖三獻其奚售乃舉贄于老生囊中之法未試腹内之雷久鳴搴石鼎以自濯楮家腹之彭亨春江浩其波濤遠壑颯以松聲俄白雲之漲谷亂叟眼於晦明擅人間之三絶色味勝而香清捧盃盂而咲領映户牖之新晴斥去懶殘之芋盡棄接輿之菁妝奇勲於景刻已未落而體輕凌厲八仙掃除三彭見蓬萊之帍路接閶闔于初程彼狗華之大夫張景陽七命狗華大夫浩莫公子其七命采云浮蟻星沸飛華萍接元后嘗其味儀氏進其法傾罍一朝可以流通十日含三生之宿酲汗以蜂蜜辱以羊羹合嘗逸少之炙同傳孝儀之鯖喚趂然之至味乃陸沈于聾盲豈能於我乎遇亦或卿而或烹左傳石乞曰事克以為卿不克則烹起援筆以三㪷馳蛇蚓以縱横吾何與大夫之迷疾列子秦人逢氏子有迷罔之疾視白以為黑享香以為臭嘗甘以為苦也蓋以㪺此王之不平也 陳簡齋

賦詠祖

五言散句

充腸多薯蕷崖密亦易求 少陵

五言絶句

人無本則憂物以地為貴如何山芋輩天下稱宋

積學書藏

魏 張芸叟

五言古詩散聯

不種東陵瓜不刈千畦韭山藥數十本帶土遺園叟故華萎未醒傷根亦何咎 聖俞

客從魏都來遺我山諸實散之膏土間春苗比如櫛方家户庭狹種藝苦其密況聞知藥者餌此等苓朮願益君子年康直體無疾

冬實散肥壤春苗動鮮葉會種一畝陰坐取諸盈筐 温公

五言古詩

潦縮田路實妻蛇散腰脚勝日一枝節村西買山藥罔蠻相吞吐遠木互前却天陰野水明歲暮竹籬薄田翁領客意發筐堆磊落玉質湘色裹用世乃見縛屠門幾許快夜語尋幽約石鼎春雲翻門前北風惡 陳簡齋

七言絶句

鳳池春晚綠生烟曾見高枝蔓玉延常伴兔絲留我筵幾隨竹葉泛君筵 王岐公

難追老圃莓苔逕空對玲盤玳瑁筵嘉種忽傳河右壤靈苗更長隴西偏 王文公

七言八句

厨人清曉獻瓊糜正是相如酒渴時能解饑寒勝

積學書藏

湯餅畧無風味笑蹲鴟打窗急雨知焱鬲亂眼睛雲看上匙已覺塵生甑井椀濁醪從此不須持 山谷山蕷湯

怪來朽壤擢瓊英小斸頃筐可代耕秦豹予人儘無分蹲鴟從此不須生雪鏝但使人長健石鬲何妨手自烹欲賦玉延無好句羞論蜂蜜與羊羹 朱元晦

樂府祖

南柯子

積雪迷松徑圍爐掩竹扉牀頭一味有蹲鴟軟火深煨香熟已多時　自得陶朱法休教懶瓚知浪傳黃獨正甘肥紫玉嬰兒盈尺更新奇

種玉能延命居山易學仙青青一畝自鉏烟霧孕雲蒸肌骨更凝堅　熟染蜂房蜜清添石鬲泉雲香酥臟老來便煨芋爐深却笑祖師禪 張約齋

芋

事實祖

碎錄

芋土芝本草 齊人呼為莒說文 有君子芋大如斗魁又有青邊芋味淡芋大如瓶葉如蓋湘色紫莖 廣志

紀要

積學書藏

蜀卓氏曰吾聞岷山之下沃野有蹲鴟至死不饑 顏師古蹲鴟芋也前漢食貨志 汝南有鴻隙陂郡以為饒翟方進為相奏罷之王莽時旱郡中追怨乃作童謡曰壞陂誰翟子威飯我豆食羹芋魁言不生稻梁惟生豆芋本傳 徐無鬼見魏武侯侯曰先生居山林食芧栗厭蔥韭以賓去聲寡人久矣莊子

雜著

瓜疇芋區 左思蜀都賦

五言絶句

分得蹲鴟種連根占地腴曉炊黏玉糝深椀啖糢糊 劉屏山

沃野無凶年正得蹲鴟力區種萬葉青深煨奉朝食 朱文公

七言絶句

隨竹縈迴翠蔓延上諸名異出前編會須霜晚飱珠實可挹浮丘作地仙 韓忠獻

香似龍涎仍釅白味如牛乳更全清莫將南海金虀膾輕比東坡玉糝羹 東坡作山芋羹

匏

事實祖

碎錄

匏亦瓜也爾雅 一曰瓠說文 匏有苦葉詩 仲冬行

積學書藏

秋令則匏瓜不成月令 委人掌蓄聚物瓜匏芋周禮 吾豈匏瓜也哉焉能繫而不食論語 七月食瓜八月斷壺七月 甘匏纍之南有嘉魚

絲瓜一名天羅絮所在有之又名布瓜有苦甜二種多生籬落閒黄花結實如瓜狀内結成網草木記

紀要

惠子謂莊子曰魏王遺我大匏之種注大匏者言濩落而無所庸也莊子 張蒼身長大肥白如匏史記 蜀張裔如匏壺外雖澤而内實粗本傳 盧懷慎為相詐儉召客食曰爛蒸去毛莫拗折項客疑鵞鴨已而下粟米飯一器胡盧一枚而已唐史

賦咏祖

七言散句

匏瓠放教須上屋漁樵相倚自相憐名賢集

五言絶句

溉釜熱輪菌清香味仍美一線醉瓊瑶中有佳人齒劉屏山

五言律詩散聯

束薪已零落瓠葉轉蕭疎幸結白花子寧辭青蔓除少陵

七言絶句

積學書藏

笑殺桑根甘匏苗亂他桑菜上他條向人更逞度藏巧却到桑梢掛一瓢誠齋

寂寥籬戶入泉聲不見山容亦自清數日雨晴秋草長絲瓜沿上瓦牆生杜北山詠絲瓜

黄花褪束綠身長白結絲包困曉霜虛瘦得來成一捻剛偎人面染脂香趙梅隱詠絲瓜

剪剪黄花秋復春霜皮露葉護長身生來籠統君休笑腹裏能容數百人鄭安曉詠冬瓜

茄

事實祖

碎錄

茄損人動氣一名落蘇本草

紀要

蔡撙為吳興守齋前自種白莧紫茄詔褒其清南史 隋煬帝改茄子為崐崘紫瓜芝田錄 段成式食茄子偶問張周封茄子故事張云且看食療本草

雜祖

雜著

身纍百贅頸附于瘤采之不刺茄之頗柔張浮休頌

賦詠祖

七言散句

映葉乳茄濃黛抹 張耒

五言古詩

寒瓜方臥壠秋蔬正滿枝紫茄紛爛熳綠樹鬱參差 沈隱侯

七言絕句

藜羹盤中生精神珍蔬長蒂色勝銀朝來鹽醯飽滋味已覺瓜瓠謾輪囷 山谷謝送銀茄四首

君家水茄白銀色殊勝埧裏紫彭亨蜀人生疏不下筯吾與北人俱眼明

白金作顆非椎成中有萬粟嚼輕冰 戎州夏畦少蔬供感君來飯在家僧

畦丁收盡垂露實葉底猶藏十二三待得銀包已成縠更當乞種過江南

青紫皮膚類宰官光圓頭惱作僧看如何緇俗偏同嗜入口原來總一般 鄭安曉

薤

事實祖

碎錄

豚脂用葱膏用薤 葱薤實諸醯以柔之 內則

紀要

齊田橫止門人為薤露之歌曰薤上露何稀明朝遂復落漢書 漢龔遂為渤海太守勸民口種百本薤五十本葱一畦韭 本傳 後漢龐參為漢陽太守郡人任宗有志節參到先候之宗不與言但以薤一本水一盂置屏前抱兒孫伏戶下參思其微旨曰水欲吾清拔薤欲吾擊強宗抱兒孫當戶欲吾開門恤孤也 本傳 唐李生與客謁華陰令客能知人之飲食客曰明日必食槌薤酒果然 太平廣記

雜著

白薤負霜 潘安仁賦

賦咏祖

五言散句

薤菜有朝露 樂天 留薤為春菜

酥煖薤白酒

甚聞霜薤白重惠意如何 杜甫

輕身強骨幹却老衛正氣 張耒

微言師水鑑交分記金蘭 曾文昭

五言八句

隱者柴門內畦蔬遶舍秋盈筐承露薤不待致書求束比青芻色團齊玉筯頭衰年關鬲冷味暖併無憂 少陵

韭

事實祖

碎錄

積學書藏

山韭茖音格尒雅韭曰豐本曲禮韭是草鍾乳本草醢人其實韭俎周禮庶人春薦韭以卵王制獻羔祭韭七月

紀要

郭林宗見友人夜冒雨剪韭作炊餅今洛人倣之杜詩注石崇韭萍虀見虀門周顒清貧終日長蔬王儉謂顒曰卿山中何所食荅曰赤米白盬綠葵紫蓼文惠太子問顒菜食何味最勝曰春初早韭秋末晚菘南史庾杲之清貧自樂食惟有韭葅瀹韭生韭雜菜任昉戲之曰誰謂庾郎貧食有二十七種謂三種韭也南史李崇為尚書令富而儉食常無肉止有韭茹韭菹崇客李元祐謂人曰李令公一食十八種人問其故元祐曰二韭十八聞者大笑雞跖集

雜著

菜則葱韭蒜子潘安仁

賦詠祖

五言散句

秋韭花初白樂天

七言散句

韭身戴土拳如蕨東坡

見說周顒誇盎韭斵烟鋤雨幸時分符竹隱

積學書藏

五言古詩

人生不相見動如參與商今夕復何夕共此燈燭光少壯能幾時鬢髮各已蒼訪舊半為鬼驚呼熱中腸焉知二十載重上君子堂昔別君未婚兒女忽成行怡然敬父執問我來何方問荅未及已兒女羅酒漿夜雨剪春韭新炊間黃粱主稱會面難一舉累十觴十觴亦不醉感子故意長明日隔山岳世事兩茫茫少陵

五言絕句

肉食朝三九終憐氣韻清一畦春雨足翠髮剪還生劉屏山

葱

事實祖

碎錄

葱凡四種入藥用山葱胡葱食只用凍葱漢葱本草

紀要

梁呂僧珍為冠軍將軍封平固侯其兄以販葱為業及僧珍貴其兄子棄業求官僧珍不許曰汝等自有常分豈可妄求但當速歸葱肆耳

賦詠祖

五言散句

積學書藏

點酒下鹽豉縷橙 薑葱東坡

七言散句

一杯湯餅潑油葱 東坡

鮭菜清貧只韭葱 山谷

已辦煑餅燒油葱 后山

七言絶句

瓦盆麥飰伴鄰翁黄菌青蔬放筯空一事尚非貧賤分芼羮借用大官葱 放翁 鄰國有大官葱比長葱差小

薑

事實祖

碎録

陶氏云久服少志意傷心氣不宜多食經云久服通神明本草有桂與薑以灑諸上而鹽之 内則

紀要

孔子不撤薑食不多食論語 梁周捨占對辯捷嘗與裴子野語及嗜好子野云從來未嘗食薑捨應聲曰孔稱不撤裴乃不嘗一生皆悦南史 秦會之使人論晏享復晏答曰為我謝秦公吾薑桂之性到老愈辣 長編

雜著

菜則青筍紫薑 潘安仁

積學書藏

賦咏祖

五言古詩

名園萬家城千畦等封侯斸當燕太前醃牙費糟丘無筯偃王笑有味三閭羞寄入翰林席望以不撤優又寄蓬門士作賦誰肯休唯我廣文舍免為虀鹽仇劉公漢家裔才學歆向儔胸懷飽經史辨論出九州曾不奉權貴但與故人投贈卒非贈甘此意當自求聖俞謝劉原父糟薑

五言絶句

薑云能損心此謗誰與雪請論去穢功神明看朝澈 朱文公

新芽肌理膩映日淨如空恰似匀妝指柔尖帶淺紅 劉屏山

全芳備祖卷二十五

全芳備祖卷二十六　後集

天台陳景沂編輯

建安祝穆訂正

蔬部

菌蕈

事實祖

碎錄

菌地蕈說文

雜著

雖朽栭腐敗不能生植猶能蒸出芝菌以為瑞柳子厚書

賦咏祖

五言散句

橋柱粘黄菌禹錫　顧之釘頭菌右丞

七言散句

菌生香案正當衙元稹

筍如玉筯蕈如簪強飲將為山作主東坡

驚雷菌子出萬釘白鵞折掌鱉解中山谷

五言絶句

誰將紫芝苗種此槎上土便學商山翁風餐謝肥羜朱文公紫菌

聞說閩風苑瓊田產玉芝不收雲與露烹瀹誰相宜朱文公

五言古詩散聯

戢戢寸土嫩纍纍萬釘繁中涵煙霞氣外絶沙土痕下筯極雋永加餐亦平温汪內翰

七言古詩

空山一雨山溜急漂流桂子松花汁土膏鬆暖都滲入蒸出蕈花圓戢戢戴穿落葉忽起立撥開落葉百數十蠟面黄紫光欲溼酥莖嬌脫手輕拾香如鵞掌味如蜜滑似蓴絲無點涴傘不如笠釘勝笠香留齒牙麝莫及菘羔楮雞避席揖餐玉茹芝當却粒作羹不可疎一日作腊仍堪贈盈筐誠齋蕈子

七言古詩散聯

葵藿不甘羊酪羶筍蕨雋永非蓴鱸香風薰陶紫芝香陸地挺持荷錢圓僧北礀

七言八句

遺化何時取衆香法筵齋鉢久淒涼寒蔬病甲誰能採落蕊空畦半已荒老木忽生黄耳菌故人兼致白牙薑蕭然放筯東南去又入春山筍蕨鄉東坡

木耳

事實祖

碎錄

采采卷耳不盈頃筐詩秋甲子雨禾頭生耳朝野僉載又有石耳爾雅　耳一名苓耳白華細莖蔓生可煮爲茹本草

賦咏祖

五言散句

溪邊卧枯柳雨餘忽生耳汪内翰

七言散句

禾頭生耳黎穗黑杜甫

五言絶句

疏腸久自安異味非所詫樹耳黑垂聃登盤今亦作文公石耳

七言古詩

飢欲食首山薇渴欲飲潁川水嘉禾令尹清如冰寄我南山石上耳筠籠動浮烟雨姿淪湯磨沙光陸離竹萌餌粉相發煇芥薑作辛和味宜公庭退食飽下筯杞菊避席遺芹蘆鴈門天花不復憶況乃桑鵞與楮雞小人藜羹亦易足嘉蔬遺餉荷春私吾聞石耳之生常在蒼崖之絶壁苔衣食腴風日炙扪蘿挽葛採萬仞側足委骨豺虎宅佩刀買犢劍買牛作民父母今得職閔仲叔不以口腹累安邑我其敢用鮭菜煩嘉禾願公不復甘此芻豢此射利登嵯峩山谷謝寄石耳

五言古詩

江中秋已分林中瘴猶劇畦丁告勞苦無以共日夕蓬蒿猶不樵野蔬暗泉石卷耳況療風童兒且時摘侵星驅之去爛熳任遠適放筐亭午際洗剥相蒙冪登牀半生熟下筯還小益加點瓜薤間依稀橘奴跡亂世誅求急黎民糠籺窄飽食復何心荒哉膏梁客富家厨肉臭戰地骸骨白寄語惡少年黄金且休擲少陵蒼耳

芸薹

事實祖

碎錄

能發痼疾患腰脚人不可多食本草

賦咏祖

七言古詩

薹菘正自有風味杯鹽底用專腴豐意行不解殺風景呵殿謾自驚兒童桑麻事起兒女長春色撩好閑渠儂家山福地最深處草花竹樹多華風只今芒屩便歸去自立名號皆山農誠齋

七言絶句

桑下春蔬綠滿畦菘心青嫩芥薹肥溪頭洗擇店頭賣日暮裹鹽沽酒歸范石湖

蓴菜

賦咏祖

七言古詩

學栞自有譜相鶴自有經蔬經我繙盡不見蓴菜名金華詩札初相識玉友尊前每相憶坐令芥孫姜子牙一見風流俱避席取士取名多失真向來許靖亦誤人君不見鄭花不得半山句却忝魯直稱門生誠齋

五言絕句

小草有真性託根寒澗幽懦夫曾一㩮感憤不能休朱文公

七言絕句

虀臼不辭菜受辛子牙為祖芥為孫勸君莫謁獨醒客只謁高陽社裏人誠齋

五言八句

靈草生何許風含古澗旁褰裳勤采擷支筯嚏芳香冷入玄根閟春歸翠穎長遙知拈起處全體露真常朱文公

決明

事實祖

碎錄

夏初生苗根蒂紫色葉似苜蓿至六七月有花黃白其子作穗似青菉豆本草

雜著

決明嘉蔬也食之能決去眼昏以益其明杜詩注

賦咏祖

五言散句

枕囊收決明

五言古詩

后皇富嘉種決明註方術耘鉏一席地時至觀茂密浮葉資芼羹緗花　歸實霜叢風雨餘節節簸場功畢枕囊代曲肱甘寢聽芬苾老眼頗力餘讀書真成癖山谷種決明

七言古詩散聯

雨中百草秋爛死堦下決明顏色鮮著葉滿枝翠羽蓋開花無數黃金錢涼風蕭蕭吹汝急恐汝後時難獨立堂上書生皆白頭臨風三嗅馨香泣杜少陵

苜蓿

事實祖

碎錄

北人甚重江南人不甚食以其無味也本草

紀要

大宛馬嗜苜蓿漢使張騫因採蒲萄苜蓿種歸博

物志閬川長溪縣薛令之登第開元中為東宮侍讀官作苜蓿詩以自嘆玄宗至東宮見其詩舉筆續云啄木嘴距長鳳皇毛羽短若嫌松桂寒任逐桑榆暖薛遂謝病歸坡詩注

賦咏祖

五言散句

秋山苜蓿多杜

七言散句

天馬常銜苜蓿花太白

苑馬揔肥春苜蓿遂同楚客詠江籬李商隱

五言古詩

朝日上團團照見先生盤盤中何所有苜蓿長闌干飯澁匙難綰羹稀筯易寬只宜謀旦夕何由保歲寒薛令之

藜藿

事實祖

碎錄

藿豆菜也說文

紀要

孔子厄於陳蔡藜藿不糝莊子陸龜蒙復友生書云讀古聖人書每誦咀義味獨坐自足案上一杯藜藿如五鼎七牢饋于左右笠澤叢書

雜著

夫荷旃被毳者難與道純綿之麗密羹藜含糗者不足與語太牢之滋味王褒頌啜糲粱之食藜藿之羹太史公自序予甘藜藿未暇此食也曹植七啓

賦咏祖

五言散句

白露灑藜藿李

敝襟不掩肘藜羹常乏斟淵明

藜羹尚如此肉食安可嘗昌黎

三年國子師腸肚集藜莧

試問甘藜藿未可羨輕肥

童稚頻書札盤飧詎糝藜

寂寞天寶後園廬但蒿藜杜甫

時來一顧我笑飯葵與藿

七言散句

顧我從來貧到骨經營藜藿亦艱辛陳克

薺

事實祖

碎錄

綠薺草可食本草葉可作菹羹詩云誰謂荼苦其甘如薺是也本草

積學書藏
積學書藏

雜著

見芳薺之時生被畦疇而獨繁鑽重氷而獨茂蒙嚴霜而發鮮夏侯湛賦 有萋萋之綠薺方滋繁于中丘 下伯玉賦

賦咏祖

五言散句

食薺腸亦苦東野 薺麥餘春雪

薄飯不能羹墻陰老春薺簡齋

七言散句

爛蒸香薺白魚肥東坡

看殺墻陰薺菜花江湖集

時危始識不世才誰謂荼苦甘如薺

時遶麥田求野薺強為僧舍煮山羹東坡

五言古詩

舍東種早韭生計似庾郎舍西種小菜戲學蚕叢鄉惟薺天所賜青青被陵岡珍美辱鹽酪耿介凌雪霜采擷無閑日烹飪有秘方候火地爐暖加糝沙鉢香尚嫌雜笋蕨而況汚膏粱炊秔及煑餅得此生輝光吾饞甚易足捫腹喜欲狂一埽萬錢食終老稽山旁放翁

萋萋墻根薺采掇盈一擔破白半浮糝殺青微下鹽長貧嘆亦苦積悟覺尤甘緬想拔葵者吾今已傷廉徐竹隱

五言古詩散聯

鹽飡到野薺曳杖閑挑根幽人此味熟俗子誰知拌

七言絕句

日日思歸飽蕨薇春來薺美忽忘歸傳誇真欲嫌荼苦自笑何時得瓠肥放翁

采采真蔬不待畦中原正味壓蓴絲挑根擇葉無虛日直到開花如雪時

小著鹽醯助滋味微加薑桂發精神風爐歙鉢窮家活妙訣何曾肯授人

藤菜

事實祖

碎錄

豐湖有胭脂藤生菜滑美大類蓴坡詩注

賦詠祖

五言散句

豐湖有藤菜似可敵蓴羹東坡

全芳備祖卷二十六終

積學書藏

全芳備祖卷二十七 後集

天台陳景沂編輯
建安祝　穆訂正

蔬部

蕪菁 萊菔附

事實祖

碎録

一名蔓菁 爾雅 蕪菁乃上之菜也萊菔乃下之根也今俗呼為蘆葍是也 本草 萊菔下氣消穀解麪毒 研爛如泥制作餺飥佳

紀要

諸葛亮所止必令軍士種蔓菁者取其纔出甲生啖一也葉舒可煑食二也久居隨以滋長三也棄去不惜四也回則易尋而採之五也冬有根可斸食六也比諸蔬其利不更溥乎三蜀之人呼蔓菁為諸葛菜 劉夢得

賦咏祖

五言散句

蕪菁苗過拙 張文潛

中有蘆菔根尚含曉露清 東坡

甕韲氏諸葛寵炊字元修 洪玉齋

七言散句

積學書藏

蕪菁脆肥薑沮辣 張文潛

從教蘆菔専車大早覺蔓菁撲鼻香 誠齋

金城土酥淨如練 山谷 土酥即蘆菔也

蔓菁宿根已生葉韭芽戴土拳如蕨 東坡

安得脆瓊蘆菔子𦱳洲南畔種殘雲 僧北磵

五言古詩

黄黄蕪菁花桃李事已退狂風簸枯榆狼籍九衢内春序一如此汝顔安足賴誰能駕飛車相從觀海外 韓昌黎

我昔在田間寒庖有珍烹常支折脚鼎自煮花蔓菁中年失此味想像如隔生誰知南岳老解作東坡羹中有蘆菔根尚含曉露清勿語貴公子從渠嗜羶腥 東坡

五言古詩散聯

冬菁飯之半牛刀晚來新深耕種數畝未甚後四鄰 少陵

五言絶句

紛敷翦翠叢津潤擢玉本寂莫病文園吟餘得深齦 朱文公

寄壤深根蒂風霜亦飽經如何純白質近蒂染微青 劉屏山

七言古詩散聯

雪白蘆菔非蘆菔喫來自是辣底玉花菜蔓菁非蔓菁喫來自是甜底冰誠齋

七言絶句

秋來霜落滿東園蘆菔生兒芥有孫我與何曾同一飽不知何苦食雞豚東坡

往日蕪菁不到吳如今幽圃手親鉏憑誰為向曹瞞道徹底無能合種蔬放翁

萵苣

事實祖

碎録

萵苣即野苣也可以供厨饌人種為菜生食之本草

紀要

旣雨已秋堂下小畦植萵苣向二旬矣而苣不甲拆傷時君子或晚得微祿轗軻不進云　園官送菜把本數日闕矧苦苣馬齒掩乎嘉蔬傷小人害君子菜不足道也比而作詩杜詩序

賦咏祖

五言古詩

苣兮蔬之常隨事藝其子破塊數席間荷鋤功易止兩旬不甲拆空惜埋泥滓野莧迷女來宗生實于此〻輩豈無秋亦蒙寒露委翳然出地速滋蔓戶庭毀因知邪干正掩抑至沒齒中園陷蕭艾老圃永為恥登于白玉盤藉以如霞綺莧也無所施胡顏入筐篚杜

清晨蒙菜把常荷地主恩守者愆實數略有其名存苦苣刺如針馬齒葉亦繁青〻嘉蔬色埋沒在中園〻吏未足怪世事固堪論嗚呼戰伐久荊棘暗長原乃知苦苣輩傾奪蕙草根小人塞道路為態何喧〻又知馬齒盛氣擁葵荏昏點染不易虞絲麻雜羅紈一經器物内永挂粗刺痕志士採紫芝放歌避戎軒畦丁負籠至感動百慮端杜

芥

事實祖

碎録

芥多種有青芥黄芥紫芥白芥白芥似菘而有毛味辣好作葅芒快且辣本草

賦咏祖

五言散句

芥藍如菌蕈脆美牙頰响東坡

七言散句

甘葅和韲耳辛膳御薑芥山谷

五言古詩散聯

澹金生色染宮黄只作坡羮亦擅場北磵

蔚然蒼石底有此紫玉釵本無塵土侵寧畏霜霰
理未瀟山

五言絕句

菜實抱芳草氣烈消煩滯登俎効微勞乍食驚頻
嚏劉屏山

菘

事實祖

碎錄

有春菘有晚菘菜譜

紀要

周顒晚菘見北門

賦咏祖

五言散句

奴肥為種菘杜

白菘類羔豚冒土出熊蹯東坡

七言散句

茂盛春菘甘勝蕨山谷

久拋菘蕨猶細事苦笋江豚卻忍說東坡

五言古詩散聯

幽居無一事隙地自栽蔬秋雨忽中折青青千萬
餘江鄉盛菘芥烹咀亦甘腴張文潛

五言絕句

周郎愛晚菘對客蒙稱賞今晨喜薦新小嚼冰霜
響劉屏山

七言絕句

雨送寒聲滿背蓬如今真是荷鋤翁可憐遇事常
遲鈍九月區區種晚菘放翁

撥雪挑來塌地菘味如蜜藕更肥醲朱門肉食無
風味只作尋常菜把供范石湖

菠薐

事實祖

碎錄

本西域中自頗陵國將其子來語訛爾劉禹錫嘉
話錄

賦咏祖

五言絕句

金鏃因形製臨軒發永嘆時危思撤佩楚客莫紉
蘭劉屏山

七言古詩散聯

北方苦寒今未已雪底菠薐如鐵甲豈知吾蜀富
冬蔬霜葉露芽寒更茁東坡

莧

事實祖

碎錄

積學書藏

積學書藏

積學書藏

野莧馬齒莧也杜詩注不可以莧菜與肉同食〻
則生鼈症試以鼈甲如豆片大者以莧菜封裹之
置于土炕内上以土蓋之一宿盡變成鼈也國注
本草

賦咏祖

五言散句

馬齒葉亦繁少陵

三年國子師腸肚集藜莧韓愈

莧也無所施胡顏入筐篚杜甫

七言散句

十年讀書猒藜莧山谷

七言八句

琉璃蒸乳壓肫膏未抵齋厨格調高脫粟飯香供
野莧荷鋤人飽撚霜毛斷無文伯可相累比似何
曾母太豪見說能醫射工毒人間此物正騷〻方
秋崖羨莧

芹

事實祖

碎錄

芹水菜也詩注芹亦作靳生水中本草芹有兩種
荻芹取根白色赤芹取莖葉可作菹本草

紀要

積學書藏

宋國有田夫謂妻曰負日之暄人莫知者以獻吾
君將有重賞里人告之曰昔有美芹者取而獻之
螫于口慘于腹其人大慚子之類也列子

雜著

有快意炙背與美芹者欲薦獻至尊雖有區〻之
意亦已疎矣嵇康絶交書

賦咏祖

五言散句

香芹碧澗羮杜　芹泥隨燕觜

飯稲茹芹英香山

猒芹則小〻薦藻明區〻杜

尚有獻芹心無因見明主高適

食芹雖云美獻御固已痴昌黎

七言散句

飯煮青泥坊底芹　鹽剝白鴉烏觜芹

炙背可以獻天子美芹由來知野人杜

艾心芹葉初生小祇鬪時新不鬪花王建

五言古詩

晚食休論肉知君甘薄禜瓊田何日種玉本一時
生白鵠令休誤青泥舊得名收單還炙背北闕儻
關情朱文公

七言古詩散聯

積學書藏

幽人本無食肉願峼草溪毛躬自薦並隄有芹秀
晚春采擷帰來待朝饎 朱待制

七言八句

芘薑馨辣最佳蔬孫芥芳辛不遜渠蟹眼嫩湯微
熟了鵞兒新酒未醒祊根香酸醶作三友露菜霜
芽知幾鉏自咲枯腸成破甕一生只解咍寒菹 誠
齋 此首已見前虀門

樂府祖

生查子

野香春吐芽泥溼隨飛燕碧澗一杯羹夜韭無人
剪 玉釵和露香鵞管隨香軟野意重殷勤持以
君王獻 高竹屋

蓴菜

事實祖

碎錄

蓴生水中葉似鳧葵春夏細長肥滑三月至八月
為絲蓴九月至十一月為豬蓴又曰龜蓴又有石
蓴絲繁者本草諸菜之中蓴為第一四月蓴生莖
而未葉名雉蓴第一肥美葉舒長名絲蓴 齊民要
術

紀要

晉張翰吳人為大司馬東曹掾見秋風起乃思吳中

積學書藏

菰菜蓴羹鱸魚曰人生貴適志何能羈宦數千里
以要名爵乎遂命駕而歸本傳晉王武子食前有
羊酪問陸雲曰吳中何以敵此雲荅曰千里蓴羹
未下鹽豉 世說

雜著

蓴羹不糝鱸魚内香 盧贊元中和紀

賦詠祖

五言散句

羹煑秋蓴滑 絲繁煮細蓴 杜
枯豉蓴絲熟 香山 煮羹秋蓴弱
還鄉念蓴羹 劉長卿 君思千里蓴
豉化蓴絲熟刀鳴鱠縷飛 杜
强飯蓴絲滑端居茗續煎 杜

七言散句

未可將鹽下蓴菜
一官久已輕蓴鱸 東坡
思歸不復為蓴菜 顧濆
蓴羹解滑煑龍涎 盧贊元
時望青旂沽綠酒醉煮白魚羹紫蓴 山谷

七言絕句

我夢扁舟震澤風蓴羹晚箸落盤空那知嶺表炎
蒸地也有青絲滿碧籠 張于湖

千里蓴絲未下鹽北遊誰復話江南可憐一筯秋風味錯被旁人苦未參徐竹隱

七言八句

鮫人直下白龍潭割得龍公滑碧髯曉起相傳蓴珠闕夜來失却水晶簾一杯淡煮宜醒酒千里何須下豉鹽可是士衡設風景却將饞賦比清纖誠齋

堆盤縷縷又秋風客俎虀鹽一洗空羹鱠疑居舵樓底杯螯如墮酒船中蓴羹本是詩人事樽俎那容俗子同不日挽君來快啗請分一筯供涪翁徐竹隱

蒿

事實祖

碎錄

一名萎蒿一名同蒿一名邪蒿本草

紀要

北齊邢峙為博士授太子經厨進食有菜曰邪蒿峙命去之曰菜有不正之名非殿下所宜食顯祖嘉之通鑑

賦咏祖

五言散句

澗蔬煮蒿莭東坡

七言散句

萎蒿數莭玉簪横

萎蒿芽甜草頭辣山谷

七言古詩散聯

爛蒸香薺白魚肥碎點青蒿涼餅滑宿雨初消春睡起細履幽畦掇芳辣東坡

七言絕句

竹外桃花三兩枝春江水煖鴨先知萎蒿滿地蘆芽短正是河豚欲上時東坡

野蔬山芋慣寒酸羹縷虀黃頓頓餐直到新年立春日却無生菜上春盤周吟軒

荇

事實祖

碎錄

荇接余也白莖葉紫赤色正圓徑寸餘浮在水上根在水底詩注參差荇菜左右流之詩

賦咏祖

五言絕句

黃龍記昔遊園客有佳遺不為洛生吟轂飡時擁鼻劉屏山

茭白

事實祖

碎錄

菰謂之茭白歲久中心出白臺如小兒臂謂之菰手其臺中有黑者謂之茭蔚至復結實乃雕胡米也杜詩注

賦咏祖

五言絕句

寒茭翳秋塘風菜自長短刳心一飽餘并得牀敷軟劉屏山

秋風吹折碧削玉茹芳根應傍鷺池發中懷灑墨痕

蘆笋

事實祖

碎錄

苞蘆之笋也杜詩注

賦咏祖

五言散句

渚秀蘆芽短杜　蘆笋初生竹東坡

春洲生荻芽歐

泥筍苞初荻沙茸出小蒲杜

碧鮮春照箸香飯兼苞蘆

七言散句

蔞蒿滿地蘆芽短東坡

七言絕句

溶溶晴港漾清輝蘆笋生時柳絮飛還憶江南風物否桃花流水鱖魚肥

豆腐

事實祖

紀要

世傳豆腐本淮南王術朱文公詩注

賦咏祖

五言絕句

種豆五苗稀力竭心已腐早知淮南術安坐獲泉布朱文公

全芳備祖卷二十七終

積學書藏

全芳備祖卷二十八 後集

天台陳景沂編輯
建安祝穆訂正

藥部

茶

事實祖

碎錄

一曰茶二曰檟三曰蔎四曰茗五曰荈 茶經 茶有三品上者生爛石中者生礫壤下者生黃土 沫餑者湯之華也花之薄者為沫厚者為餑細者為花 陸羽茶經 凡茶少湯多則雲脚散湯少茶多則乳面聚 茶經 建安以鬭茶為茗戰 茶錄 茶之佳者造在社前其次火前謂寒食前也其下則雨前謂穀雨前也齊己詩云高人愛惜藏巖裏白甀封題寄火前此言火前蓋未知社前之為佳也唐人之於茶雖有陸羽茶經而持論未精蔡君謨則持論精也 學林新編 南劍有蒙頂石花湖州有顧渚紫筍峽州有碧㵎明月 蔡寛夫詩話 草茶盛於兩浙日注第一自景祐以來洪州雙井白牙制作尤精遠出日注之上遂為草茶第一 坡詩注 湖州長興縣啄木嶺金沙泉每歲造茶之所也泉處沙中居常無水湖常二郡太守至于境會亭具犧牲拜勅祭泉其夕水溢造御茶畢水即微減供堂者畢水已減半太守造畢即涸矣二守遂旆晚時則有風雷之變 張君房脞說 宣州宣城縣有茶山其東為朝日所燭號曰陽坡其茶最勝形如小方餅橫鋪茗芽其上太守常薦之京洛題曰陽坡茶 杜牧茶山詩云山實東吳秀茶稱瑞草魁 毛文錫茶譜 袁州界橋其名甚著不若湖州之研膏紫筍烹之有綠脚垂下故公淑賦云雲垂綠脚 茶譜 建州北苑先春龍焙洪州西山白露雙井白芽鶴嶺安吉州顧渚紫筍常州義興紫筍陽羨春池陽鳳嶺睦州鳩坑宣州陽坡南劍蒙頂石花露鋑牙籛牙南康雲居峽州碧㵎明月東川獸目福州方山露芽壽州霍山黃芽 茶譜

紀要

齊王肅歸魏初不食羊肉及酪漿常食鯽魚羹渴飲茗汁高帝曰羊肉何如魚羹茗汁何如酪漿肅曰羊陸產之最魚水族之長羊比齊魯大邦魚比邾莒小國明日為設邾莒之會亦有酪奴因呼茗為酪奴 洛陽伽藍記 劉琨與群弟書吾體中憒悶常仰真茶汝可以信致之 法帖 唐正觀趙贊興茶稅而張滂繼之長慶初王播又增其數大中裴休立十二條之利 唐書 德宗正元中稅茶先是鹽鐵

積學書藏

使張滂奏請税茶以待水旱之缺賦詔曰可是歲得錢四十萬貫漫録鄭注為榷茶法詔王涯為榷茶使王涯益便茶法監其税以濟用度下益困本傳陸羽字鴻漸嗜茶著經三篇御史大夫李季卿宣慰江南有薦羽者乃使煮茶羽衣野服挈具而入公心鄙之命奴子取錢三十文酬煎茶博士羽愧之更著毀茶論語林甫里先生陸龜蒙嗜茶荈置小園于顧渚山下歲入茶租薄為甌蟻之費自為品第書一篇繼茶經茶訣之後茶譜白樂天方齊劉禹錫正病酒禹錫乃饋菊苗虀蘆菔鮓換取樂天六班茶三囊以醒酒蠻甌志王濛好茶人至輒飲之士大夫甚以為苦每欲候濛必曰今日有水厄伽藍記覺林僧志崇收茶三等待客以驚雷莢自奉以萱草帶供佛以紫茸香赴茶者以油囊盛餘瀝歸茶譜有人喜飲茶飲至一斛二斗一日過量吐如牛肺一物以茶澆之容一斛二斗客曰此名斛二瘕太平御覽世傳陶穀買得党太尉故妓取雪水煎團茶謂妓曰党家應不識此妓曰彼粗人安得有此但能銷金帳下淺斟低唱飲羊羔兒酒耳陶愧其言類苑張詠令崇陽民以茶為業公曰茶利厚官將榷之命拔茶而植桑民以為苦其後榷茶他縣皆失業而崇陽之桑已成其為政

積學書藏

知所先後如此言行録建州大小龍團始于丁晉公而成于蔡君謨歐陽永叔聞之驚歎曰君謨士人也何至作此事歐集故例翰林當直學士春晚人困則日賜成象殿茶金鑾密記

雜著

臣前因奏事伏蒙陛下諭臣先任福建轉運使日所進上品龍茶最為精好臣退念草木之微首辱陛下知鑒若處之得地則能盡其材昔陸羽茶經不第建安之品丁謂茶圖獨論採造之本至于烹試曾未有聞臣輒條數事簡而易明勒成二篇名曰茶錄伏惟清閒之晏或賜觀採臣不勝惶懼榮幸之至謹序蔡襄進茶錄序上篇論茶色茶色貴白而餅茶多以珍膏油去聲其面故有青黄紫黒之異善别茶者正如相工之視人氣色也隱然察之于内以肉理潤者為上黄白者受水昏重青白者受水鮮明故建安人鬬試以青白勝黄白香茶有真香而入貢者微以龍腦和膏欲助其香建安民間試茶皆不入香恐奪其真若烹點之際又雜珍果香草甚奪益甚正不當用茶味主于甘滑惟北苑鳳皇山連屬諸焙所產者味佳隔溪諸山雖及時加意製作色味皆重莫能及也又有山泉不甘能損茶味前世之論水品者以此藏茶々宜蒻

葉而畏香藥喜溫燥而忌溼冷故收藏之家以蒻葉封裹入焙中兩三日一次用火如人體溫〻則禦濕潤若火多則茶焦不可食炙茶〻或經年則色香味皆陳于淨器中以沸湯漬之刮去膏油一兩重乃止以鈐箝之微火炙乾然後碎碾若當年新茶則不用此說碾茶先以淨紙密裹搥碎然後熟碾其大要旋碾則色白或經宿則色已昏矣羅茶羅細則茶浮粗則水浮候湯最難未熟則沫浮過熟則茶沈前世謂之蟹眼湯者過熟湯也沈瓶中煮之不可辨故曰候湯最難熁盞凡欲點茶先須熁盞令熱冷則茶不浮點茶〻少湯多則雲腳散湯少茶多則粥面聚建人謂之雲腳粥面鈔茶一錢先注湯調令極勻又添注入環迴擊沸湯上盞可四分則止眡其面色鮮白著盞無水痕為絕佳建安鬪茶以水痕先沒者為負耐久者為勝故較勝負之說曰相去一水兩水而已　下篇論茶器茶焙編竹為之裹以蒻葉蓋其上以收火也隔其中以有容也納火其下去茶尺許令溫〻然所以養茶色香味也茶籠茶不入焙者宜密封裹以蒻籠盛之高處不近溼氣砧椎用以碎茶以木為之或金或鐵俱取于便用茶鈐屈金鐵為之用以炙茶〻碾以銀或鐵為之黃金性柔銅及鍮石皆能生鉎不入用茶羅以絕細為佳羅底用蜀東川鵝溪畫絹之密者投諸水掾洗以冪之茶盞茶色白宜黑盞建安所造者紺黑紋如兔毫其杯微厚熁之久熱難冷最為要用出他處者或薄或紫色皆不及也其青白盞鬪試家自不用茶匙要重擊拂有力黃金為上人間以銀鐵或銅為之竹茶匙太輕建茶不取湯瓶瓶要小者易候湯又點茶注湯有準　以上俱蔡君謨茶錄

夫茶為物之至精而小龍團又其尤精者錄序中所謂上品龍茶者是也蓋自君謨始造而歲貢焉仁宗皇帝尤所珍惜雖輔相之臣未嘗輒賜惟南郊大禮致齋之夕中書樞密院各四人共賜一餅宮人剪金為龍鳳花草貼其上兩府之家分割以歸不敢碾試相家藏以為寶時有佳客出而傳玩爾嘉祐七年親享明堂齋夕始人賜一餅余亦忝與至今藏之余自以諫官供奉仗內至登二府二十餘年纔一獲賜而丹成龍駕舐鼎莫及每一捧玩淚血交零而已因君謨著錄輒附于後庶知小團自君謨始而可貴如此　歐陽修龍茶錄後序

賦咏祖

五言散句

破睡見茶功　春風啜茗時　杜工部

積學書藏

碾處亂泉聲　茶䟽緣睡少　馮深居

閩實東南秀茶稱瑞草魁　杜牧

潔性不可污為飲滌塵煩　韋應物

松花飄鼎泛蘭氣入甌輕

碧流霞脚碎香泛乳花輕

舌小侔黃雀毛獰摘綠猿　王元之

來從青竹籠蒸自白雲家　聖俞

價與黃金齊包開青箬整

王初受貢楚客已烹新

甌潔凝芳乳羅纖撼縹塵　宋景文

香濃煙穗直茶嫩乳花圓　宋庠

古木鵶啼空山人採茶　王西湖

何以同歲暮共此晴雲椀　簡齋

赤泥開方印紫餅截圓玉

共約試新茶槍旂幾時綠　歐

七言散句

賜得還應作近臣　王元之

採憶春山露滿旗　宋景文

合坐半甌輕泛綠開緘數片淺含黃　鄭谷

山中摘來採新茗新花亂發前山頂　李涉

靜試恰如湖上雪對嘗兼憶剡中人　林和靖

揀牙幾日始能就碾月一甌初霽來　聖俞

積學書藏

小石冷泉留早味紫泥新品泛春華

湯嫩水輕花不散口甘神爽味偏長

碧月團團墮九天封題寄與洛中仙　王文公

絳縷縫囊海上舟月團蒼潤紫烟浮

溪山擊鼓助雷霆逗曉靈芽發翠莖　歐

初芽一搶知採候亂花三沸記烹時　宋景文

春睡無端巧逐人驅呵不去苦相親　溫公

舊譜最稱蒙頂味露芽雲液勝醍醐　文潞公

西江水清江石老石上茶花如鳳爪　永叔

思公煮茗供湯鼎蚯蚓竅生魚眼珠

香篚解盡寶帶跨黑面碾出明窗塵　山谷

銀花野浪水一掬松雨聲來乳花熟　崔珏

午食易愁藜藿粥夜堂無睡數燈花　張芸叟

官園老兵朝入城報道新芽已堪摘

雲龕亂花爭一水鳳團雙影貢先春　王岐公

未須乘此蓬萊去明月論詩齒頰香　晁无咎

閩侯貢璧琢蒼玉中有掉尾寒潭龍

與療文園消渴病還招楚客獨醒魂　王逢原

得諾向來輕季子打門何日走周公　陳后山

分付著身先引去免教人道販私茶　張无盡

草茶無賴空有名高者妖邪次頑獷　東坡

獨攜天上小團月來試人間第一泉

積學書藏

火前試焙分新銙雪裹題綱轂賜龍
松鳴湯鼎茶初熟雪壓爐灰火漸低 洪駒父
麗官差入党侯帳精品平收陸羽經 劉永叔
相參六一泉中味遂有涪翁句子香 誠齋

五言古詩

禹貢通遠俗始圖在安人後主失其本職吏不敢
陳亦有奸佞者因茲欲求伸動生千金費日使萬
姓貧我來顧渚源得與茶事親黎甿輟農桑採掇
實苦辛一夫且當役盡室皆同臻捫葛上欹壁蓬
頭入荒榛終朝不盈掬手脚皆鱗皴悲嗟徧空山
草木為不春陰嶺芽未吐使者牒已頻心爭造化
先走挺麋鹿均選納無日夜擣聲繫昏晨衆功何
枯櫨俯視迷傷神皇帝尚巡狩東郊路多堙周迴
繞天涯所獻惟艱勤况植兵革用兼茲困疲民未
知供御餘誰合分此珍顧省忝邦守有慚復因循
茫茫蒼海間丹憤何由申 唐袁高
芳叢翳湘竹零露凝清華復此雪山客晨朝掇露
芽蒸煙俯名瀨咫尺凌丹崖圓方麗其色圭玉無
纖瑕呼兒爨金鼎餘馥延幽遐滌慮發其照還源
湯昏邪猶同甘露飯佛事薰甿邪咄此蓬瀛客無
為貴流霞 柳子厚
粉細越笋芽野煎寒溪濱恐乖靈草性觸事皆手

積學書藏

親敲石取鮮火撇泉避腥鱗熒熒爨風鐺拾得墜
葉薪潔石無爽別浮甌亦殷勤以茲委曲靜求得
正味真宛如摘山時自啜指下春湘瓷泛輕花滌
盡昏渴神此遊愜醒趣可以話高人 劉言史
周詩記苦荼茗飲生近世初緣厭粱肉假此雪昏
滯嗟我五畝園桑麥苦蒙翳不令守地閑更乞茶
子蓺飢寒知未免已作太飽計庶將通有無農末
不相庚春生凍地裂紫筍森已銳牛羊煩呵叱筐
筥未敢晚江南老道人齒髮日夜逝他年雪堂品
上記桃花脅 東坡乞桃花茶栽
蒼山走千里斗落分兩騎靈泉出地清嘉卉得天
味入門脫世氛官曹真傲吏 蔡端明北苑
造化曾無私亦有意所嘉夜雨作春力朝雲護日
車千萬碧玉枝戢戢抽雲芽 茶壠
春衫逐紅旂散入青林下陰崖喜先至新苗漸盈
把競攜筠籠歸更帶山雲瀉 採茶
屑玉寸陰間搏金新範裡規呈月正圓勢動龍初
起出焙香花全爭誇火候是 造茶
兔毫紫甌新蟹眼清泉煮雪凍作成花雲閑未垂
縷願爾池中波去作人間雨 試茶

五言古詩散聯

嫩芽香且靈吾謂草中英夜臼和煙擣寒爐對雪

積學書藏

烹々鄭愚

忽有西山使始遺七品茶末品無水暈次品無沈柤五品散雲脚四品浮粟花三品若瓊乳二品罕所加絕品不可議甘香難等差

昔觀唐人詩茶詠鵶山嘉鵶啣茶子生遂以山名鵶

春雷未出地南土物尚凍呼譟助發生萌顆強抽卝團為蒼玉璧隱起雙飛鳳顧渚及陽羨又復下越茗近年江國人鷹爪誇雙井其贈幾何多六色十五餅每餅包青蒻紅纖纏素縢 聖俞

五言律詩

北苑龍茶者甘鮮的是珍四方雅數北萬物更無新纔吐微茫綠初沾少許春散尋縈樹徧急採上山頻宿葉寒猶在芳芽冷未伸茅茨溪口焙籃籠雨中民長疾勾萌拆開齊分雨勻帶烟蒸雀舌和露疊龍鱗作貢勝諸道先嘗祇一人緘封瞻闕下郵傳渡江濱特旨留丹禁殊恩賜近臣啜將靈藥助用與上尊親投進英華盡初烹氣味真細香勝却麝淺色過于筠顧渚慚投木宜都愧積薪年々號哄御天產壯甌閩 丁謂北苑茶

五言八句

積學書藏

古路行終日僧房出翠微瀑為煎茗水雲是坐禪衣尊者難相遇遊人又獨歸一猿橋外急却是不忘機 貫似道天台石橋

五言律詩散聯

揀牙分雀舌賜茗出龍團曉日雲庵暖春風玉殿寒 東坡

玉尺鋒稜聳銀槽樣度穷月中亡桂實雨裏得天葩 張芸叟

七言古詩

日高丈五睡正濃將軍打門驚周公口云諫議送書信白絹斜封三道印開緘宛見諫議面手閱月團三百片聞道新年入山裏蟄蟲驚動春風起天子須嘗陽羨茶百草不敢先開花仁風暗細珠琲瓃先春抽出黃金芽摘鮮焙芳旋封裏至精至好且不奢至尊之餘合王公何事便到山人家柴門反關無俗客紗帽籠頭自煎喫碧雲引風吹不斷白花浮光凝碗面一碗喉吻潤兩碗破孤悶三碗搜枯腸唯有文字五千卷五碗發輕汗平生不平事盡向毛孔散五碗肌骨清六椀通仙靈七椀喫不得也唯覺兩液習々清風生蓬萊山在何處玉川子乘此清風欲歸去山下群仙司下土地位清高隔風雨安知百千萬億蒼生命墮在巔崖受辛

積學書藏

苦便為諫議問蒼生到頭還得蘇息否盧仝謝孟諫議新茶

山僧後簷茶數叢春來映竹抽新茸宛然為客振衣起自傍芳叢摘鷹觜斯須炒成滿室香便酌砌下金沙水驟雨松聲入鼎來白雲滿椀花徘徊悠揚噴鼻宿酲散清峭徹骨煩襟開陽崖陰嶺各殊氣未若竹下莓苔地炎帝雖嘗未辨煎桐君有錄那知味新芽連拳半未舒自摘自煎俄頃餘木蘭墜露香微似瑶華臨波色不如僧言靈味宜幽寂采采翹英為嘉客不辭緘封寄郡齋甎井銅鑪損標格何況蒙山顧渚春白泥赤印走風塵欲知花乳清冷味須是眠雲跂石人劉禹錫蘭若試茶歌

年年春自東南來建溪先暖水微開溪邊奇茗冠天下武夷仙人從古栽新雷昨夜發何處家家嬉笑穿雲去露芽錯落一番榮綴玉含珠散嘉樹終朝采掇不盈襜唯求精粹不敢貪研膏焙乳有雅製方中圭兮圓中蟾北苑將期獻天子林下雄豪先鬭美鼎磨雲外首山銅瓶攜江上中泠水黃金碾畔綠塵飛碧玉瓶中翠濤起鬭茶味兮輕醍醐鬭茶香兮薄蘭芷其間品第何能欺十目視而十手指勝若登仙不可攀輸同降將無窮恥吁嗟天產石上英論功不愧階前蓂衆人之濁我可清千

積學書藏

日之醉我可醒屈原試與招魂魄劉伶却得聞雷霆盧仝敢不歌陸羽須作經森然萬象中焉知無茶星商山丈人休茹芝首陽先生休采薇長安酒價減千萬成都藥市無光輝不如仙山一啜好冷然便欲乘風飛君莫羨花間女郎只鬭草贏得珠璣滿斗歸歐陽修鬭茶歌

建安三千里京師三月嘗新茶人情好先務取勝百物貴早相矜夸年窮臘盡春欲動蟄雷未起驅龍蛇夜聞擊鼓滿山谷千人助叫聲呼呀萬木寒痴睡不醒唯有此樹先萌芽乃知此為最靈物宜其獨得天地之英華終朝摘採不盈掬通犀銙小圓復窊鄙哉穀雨槍與旗多不足貴如刈麻建安太守急寄我香蒻包裹封題斜甘泉器潔天色好坐中揀擇客亦嘉新香嫩色如始造不似來遠從天涯停匙側盞試水路拭目向空看乳花可憐俗夫把金錠猛火炙背如蝦蟆由來真物有真賞坐逢詩老頻咨嗟須臾共起索酒飲何異奏雅終淫哇歐公嘗新茶

蟹眼已過魚眼生颼颼欲作松風鳴蒙茸出磨細珠落眩轉遶甌飛雪輕銀瓶瀉湯誇第二未識古人煎水意君不見昔時李生好客手自煎貴從活火發新泉又不見今時潞公煎茶學西蜀定州花

積學書藏

篋琢紅玉我今貧病常苦饑分無玉椀捧蛾眉且學公家作茗飲磚爐石銚行相隨不用撑腸拄腹文字五千卷但願常及睡足日高時東坡煎茶歌

喬雲從龍小蒼璧元豐至今人未識壑源包貢第一春湘奩碾香供玉食睿思殿東金井闌甘露薦椀天開顔橋山事嚴庀百局補衮諸公省中宿中人傳賜夜未來雨露恩光照宮燭右丞似是李元禮好事風流有涇渭昔憐天禄較書郎親敕家庭遣分似春風飽識大官羊不慣腐儒湯餅腸搜攪十年燈火讀令我胸中書傳香已戒應門老馬走客來問字莫載酒山谷謝送壑原揀芽

我待玄珪與蒼璧以暗投人渠不識城南窮巷有佳人不索檳榔常宴食赤銅茗椀雨斑斑銀粟翻光解破顔上有龍文下棊局探囊贈君諸己宿此物自是元豐春先皇聖功調玉燭晁子胸中開典禮平生自期莘與渭故用澆君磊磈胸莫令鬢毛雪相似曲几蒲團聽煮湯煎成車聲繞羊腸雞蘇胡麻留渴羌不應亂我官焙香肌如瓠壺鼻雷吼幸君飲此莫飲酒山谷以龍團半鋌贈无咎

人間風日不到處天上玉堂森寶書想見東坡舊居士揮毫百斛瀉明珠我家江南摘雲腴落磑霏霏雪不如為君喚起黃州夢獨載扁舟向五湖山谷以雙井茶送子瞻

積學書藏

吳綾縫囊染菊泉蠻砂塗印題進字淳熙錫貢新水芽天珍誤落黃茅地故人鸞渚紫薇郎金華講徹花草香宣賜龍焙第一綱殿上走趨明月璫御前啜罷三危露滿袖香煙懷璧去歸來拈出兩蛇蜒雷電晦莫驚破柱北苑新芽內樣新銅圍銀範鑄瓊塵九天寶月霏五雲玉龍雙舞黃金鱗老夫平生愛煮茗千年燒芽折腳鼎下山汲井得甘冷山上摘芽得苦梗何曾夢到龍遊窠何曾夢喫龍芽茶故人分送玉川手春風來自玉皇家鍛圭椎璧調冰水烹龍炊鳳搜肝髓石花紫筍作衙官赤印白泥牛走爾故人氣味茶標清故人風骨茶樣明開緘不但似見面叩之咳唾金玉聲麴生勸人墮巾幘睡魔遣我拋書冊老夫七椀病未能一啜猶堪坐秋夕楊誠齋謝送講筵茶

分茶何似煎茶好煎茶不似分茶巧蒸水老禪弄泉聲隆興元春新玉爪二者相遭兔甌面怪怪奇奇真善幻紛如擘絮行大空影落寒江能萬變銀瓶首下仍尻高注湯作字勢嫖姚不須更師屋漏法只問此瓶當響答紫薇仙人烏角巾喚我起看清風生京塵滿袖思一洗病眼生花得再明漢鼎難調要公理策勳茗椀非公事不如回與寒儒

歸讀茶經傳衲子楊誠齋在澹庵坐上觀顯上人
分茶

七言古詩散聯

澗花入井水味香山月當人松影直仙翁白扇霜
烏銅拂拭夜讀黄庭經温飛卿
春風三月貢茶時盡逐旌旗到山裏焙中清曉朱
門開箱籠漸見新茶來凌煙觸露不停採官家赤
印連帖催朝饑暮　誰興哀喧闐競細不盈掬一
時一餉還成堆蒸之護之香勝梅研膏篤動奔如
雷李郢
始于歐陽永叔席乃識雙井絕品茶次逢江東許
子春又出鷹爪與露芽
建溪茗株成大樹頗如楚越所種茶先春喊山掐
白芽亦異烏蔕蜀客誇聖俞
我有龍團古蒼璧九泉深深一百尺浼君汲井試
烹茶不是人間香味色歐公
山南之茗先春採山北之人及夏嘗為念老親方
見急極知舊友不相忘張芸叟
老來辛苦須自烹且勿娉婷腕如玉香如桃蕊色
如麵蟹眼松聲浮艾綠
君不見莆陽學士蓬萊仙製成月團飛上天南北
自此俱歲貢寸璧往往人間傳曾文昭

金齏玉膾飯炊雪海螯江柱初脫泉臨風飽食甘
寢罷一甌花乳浮輕圓東坡
海濱魚鹽勝耕稼嘗吐父老來丁寧江鄉魚若尤
逐末為利害別重輕拔茶種桑何苦口崇陽因
得良吏名厲小山

七言絕句

紅紙一封書後信綠芽十片火前春湯添勺水煎
魚眼未下刀圭攪麴塵白樂天
湖上畫船風送客江邊紅燭夜還家今朝寂莫山
堂下獨對炎輝看雪花蔡君謨
石碾輕飛瑟瑟塵乳花烹出建茶春人間絕品應
難識閑對茶經憶故人林和靖
麥粒收來品絕倫葵花製出樣爭新一杯永日醒
雙眼草木英華信有神曾子固
壑源山勢上連雲全占南州第一春自有化工鍾
粹氣特生靈葉奉嚴宸張无盡
慶雲十六升龍樣國老九年容賜來披拂龍紋射
牛斗外家英鑒似張雷山谷以潞公揀芽送公擇
二首
赤囊歲上雙龍璧曾見前朝盛事來想得天香隨
御所延春閣道轉春雷
雞酥狗蝨難同味懷取君恩歸去來青箬湖邊尋

積學書城

顧陸白蓮社裏覓宗雷宫茶極妙難為賞音二首
乳花翻椀正眉開時若渴羗衝熱來知味者誰心
已許維摩雖默話如雷
山芽落磑風回雪曾為尚書破睡來勿以姬姜棄
憔悴逢時瓦釜亦雷鳴為雙井解嘲
要及新香碾一杯不應傳寶到雲來碎身粉骨方
餘味莫厭聲喧萬壑雷和公擇韻
風爐小鼎不須催魚腹長隨蟹眼來深注寒泉收
第一亦防枵腹爆乾雷
乳粥瓊糜霧脚回色香味觸映根來睡魔有耳不
及掩直拂繩牀過疾雷
白錦秋鷹微露爪青瑶曉樹未成芽松梢鼓吹得
翻鼎甌面雲煙乳作花誠齋
書如香色倦猶愛茶似苦言終有情慎勿教渠紈
袴識珠槽碎釜浪相輕鄭安晚
一杯春露暫留客兩腋清風幾欲仙但可喚回槐
國夢不妨更舉趙州禪
宫焙春綱入貢時擔頭獵〻小黄旗甘香不數當
陽羨容待天顏喜可知徐意一
騷客醉眠腸正苦睡魔退聽骨先寒未堪入餅供
龍焙且遣一旗登虎壇戴翼

七言八句

積學書城

昨日東風吹枳花酒醒春晚一甌茶如雲正護幽
人望似雪纔分野老家金餅拍成和雨露玉塵煎
出照烟霞相如病渴金全校不羨生靈白鷁鴟李
郢
活水還將活火烹自臨釣石汲深清大瓢酌月歸
春甕小杓分江入夜缾雪乳已翻湔處脚松風仍
作瀉時聲枯腸未易經三椀卧聽山城長短更東
坡
仙山靈雨溼行雲洗遍香肌粉未勻明日來投玉
川子清風吹破武陵春要知玉雪心腸好不是膏
油首面新戲作小詩君莫笑從來佳茗似佳人東
坡
蒼爪初驚鷹脫鞲得湯已見玉花浮睡魔何止避
三舍歡伯直教輸一籌日鑄焙香懷舊隱谷簾試
水憶西遊銀瓶銅碾俱官樣恨欠纖〻為捧甌張
南軒

樂府祖

滿庭芳

北苑龍團江南鷹爪萬重名動京閩碾深羅細瓊
葉暖生煙一種風流氣味如甘露不染塵凡纖〻
捧水甆瑩玉金縷鷓鴣斑相如方病酒銀瓶蟹
眼波怒濤翻為扶起樽前醉玉頹山飲罷風生兩

腕醒寬到明月輪邊歸來晚文君未寢相對小窗前 山谷

阮郎歸

摘山煑下小龍團色和香味全碾聲初斷夜將闌烹時鶴避烟　清滯思解塵凡金甌雷浪翻只愁啜罷月流天餘情攪夜眠 山谷

烹茶留客駐雕鞍有人愁遠山別郎容易見郎難月斜窗外山　歸去後憶前歡畫屏金博山一杯春露莫留殘與郎扶玉山 山谷

歌停檀板舞停鸞高陽飲興闌獸煙噴盡玉壺乾香分小鳳團　雲浪淺露珠圓捧甌香筍寒絳紗籠下躍金鞍歸時人倚闌 東坡

行香子

綺席纔終歡意猶濃酒闌時高興無窮共誇君賜初拆臣封看分香餅黃金縷密雲龍　鬬贏一水功敵千鍾覺涼生兩腋清風暫留紅袖少却紗籠笙歌散庭館靜略從容 東坡

品令

鳳舞團團餅恨分破教孤令愛渠體淨隻輪慢碾玉塵光瑩湯響松風早減二分酒病　味濃香永醉鄉路成佳境恰如燈下故人萬里歸來對影口不能言心下快活自省 山谷

全芳備祖卷二十八終

積學書藏

積學書藏

全芳備祖卷二十九後集

天台陳景沂編輯

建安祝　穆訂正

藥部

人參

事實祖

碎錄

人參初生小者一椏兩葉爾年深者生三椏四椏各五葉根如人形者神本草

紀要

駱璦採藥北山月夜見紫衣童子歌曰山消〻兮樹蒙〻明月愁兮當夜空烟茫茫兮垂枯松遂於古松下得參一本食之而壽異苑

雜著

紫參幽芳也五葩連萼狀飛鳥羽起放人校書劉公詠歌之錢起作歌序

賦詠祖

五言古詩

上黨天下脊遼東真井底玄泉傾海腴白露灑天醴靈苗此孕毓肩股或具體移根到羅浮越水灌清泚地殊風雨隔臭味終祖禰青椏綴紫萼圓實墮紅米窮年生意足黄土手自啟上藥無炮炙齕

積學書藏

噬盡根柢開心定魂魄憂恚何足洗糜身輔軀幹既食首重稽東坡

谽谺土門口突兀太行頂豈惟團紫雲實自俯到景剛風被草木真氣入苔潁舊聞人銜之人參一名人銜生此羊腸嶺纖〻虎豹鬚戲〻龍蛇癭蠶頭試小嚼龜息變方騁刻予明真子已造浮玉境清宵月挂户半夜珠落井灰心寧復然汗漫久已靜東坡猶故目此藥致遺東欲持三椏根往侑九轉鼎為予置齒頰豈不賢酒茗東坡紫團參寄王定國

七言古詩

遠公林下滿青苔春藥偏宜間石開往〻幽人尋水見時〻仙蝶隔雲來陰陽雕刻花如鳥對鳳棲雞一何小春風宛轉虎穴傍紫翼紅翹翻翠光且葉經前無住色蓮花會裡暫留香蓬山才子憐幽性白雪陽春動新詠應知仙卉老雲霞莫賞夭桃滿蹊徑錢起

七言八句

新羅上黨各宗枝有兩曾參果是非入手　來花暈紫開香已覺玉池肥舊傳飲子安心妙新擣珠塵看雪飛珍重故人相問意為言老矣共思歸楊誠齋紫團參

積學書藏

茯苓

事實祖

碎錄

一名松肪一名松脂本草茯苓千歲松脂也菟絲生其上而無根一名女蘿上有菟絲下有茯苓茯苓皆自作塊不附著根上有抱根而輕虛者為茯神本草茯苓在菟絲之下狀如飛鳥之形似人形龜形者佳久服安形養神不飢延年

賦咏祖

七言散句

無復青粘和漆葉枉教鍾乳敵仙茅東坡

五言古詩

委綬來名山觀奇恣所停山中若有聞言此仙苑庭遂逢五老人一謂西嶽靈或聞棋人語飛去入昴星授我出雲露蒼然凌石屏視之有文字乃古黃庭經左右長松列動搖風露零上蟠千年枝陰虬負青冥下結九秋霰流膏為茯苓取之沙石間妙著鸞鶴形況聞秦宮女華髮變已青有如上帝心與我千萬齡始疑有仙骨鍊魂可永寧何事逐豪遊飲啄以羶腥神物亦自秘風雨護此扃欲傳山中宮回策忽已暝乃悲世上人求醒終不醒李益

積學書藏

五言八句

寄信楊員外山寒少茯苓歸來稍暄暖當為斸青冥翻動神仙窟封題鳥獸形兼將老藤杖扶汝醉初醒少陵

七言絕句

莫道長沙浪得名能教覆額兩眉青便將徑寸同千尺知有奇功是茯苓東坡

七言古詩

岷峨山中千歲松枝虬幹直摩青空雪霜剝落中不槁膏液下與雲泉通蜿蜒息伏自磊砢金堅玉潔仍豐融篝明夜取喜得焉煑鼎朝聽如吟風杵成坐上香飛雪更和乳酪收全功當知至味本無味予若服之壽無窮巽巖脊梁硬如鐵冠峨切雲佩明月可好都隨春夢空大藥獨傳欣寶訣中宵咀嚼不搖頭玉瀹生肥嚥不徹憐我百慮形蚤衰裹贈扶持意何切丹砂著眼謾爾傳脂澤釀泰計已拙由來妙道初不煩此法莫從兒輩說徑思舉袂揖浮丘下視塵市真一決朱顏留得亦何為追逐同堅歲寒節張功甫謝李仁父茯苓

樂府祖

鷓鴣天

湯泛水甆一坐春長松林下得靈根吉祥老子親

積學書藏

拈出简〻教成百歲人　燈熖〻酒醺〻發源曽未破醒竈與君更把長生盌略為清歌駐白雲山谷茯苓湯

术

事實祖

碎録

术山蘇也爾雅一名山薑一名山舫又名山薊又名山芥又名天蘇术有二種曰蒼曰白是也本草必欲長生當服山精神農經

紀要

藥有乙力伽术也瀕海所產有如數斤者劉涓子取以作煎令可丸服之長生嵇氏南陽文氏其祖漢中人值亂逃華山飢困將死有二人教以食术遂不饑數十年乃還鄉顏色愈少氣力轉勝故术名曰山精抱朴子陳子皇得餌术要方服之得仙入霍山去其妻念婿疲病亦效其采术之法服之病自愈其力氣如二十時神異傳

雜著

切以緑葉抽條生乎首峰之側紫花標色出自鄭巖之中六府内充百邪外禦又云味重金漿芳踰玉液足使坐致延生伏深銘感梁庾肩吾謝陶隱居賚术啓

積學書藏

賦咏祖

七言散句

雨浥山薑病有花　東坡

五言古詩

守門事服餌採术東山阿東山幽且阻疲痛煩經過我徒斷靈根封殖歃天和違爾澗底石徹我庭中莎玉膏滋玄液松靈墜繁柯東南自成畝繚繞紛相羅晨步佳色媚夜眠幽氣多離憂苟可怡孰能知其他豐竹茹芳菜寧處瘵與痾留連樹蕙辭婉娩採薇歌悟拙甘自足激清愧同波單豹且理内高門復如何　郭功父

白术結靈根持鉏採秋月歸來濯寒澗香氣流不歇夜火煮石泉朝煙徧巖穴千歲扶玉顏終年固玄髮　聖俞

七言絶句

下簾深與意商量無酒何如此夜長一箸术絲仙有分依然只作秘書香　高似孫

肉豆蔻

事實祖

碎録

肉豆蔻其形圓小皮紫緊薄中肉辛辣本草白豆蔻形如芭蕉葉似杜若子作孚如蒲萄其子初出

微青熟則變白

賦詠祖

七言散句

瘴山江上重相見醉裏同看豆蔻花李涉

娉娉嫋嫋十三餘豆蔻梢頭二月初杜牧

日暮天寒吹屬玉蠻江豆蔻重重綠張武子

五言絶句

紅豆生南國秋來發幾枝贈君多採擷此物最相思王摩詰

樂府祖

南鄉子

停舞袖斂鮫綃採香深洞笑相邀藤杖枝頭蘆酒滴擕燕席豆蔻花開趁暖日　歸路近叩舷歌採真珠處水風多曲岸山橋山月過烟深鎖豆蔻花垂千萬朶

丁香

事實祖

碎録

樹高丈餘淩冬不凋其子出枝葉上如釘長三四分紫色有麤大如山茱萸者謂之母丁香治口氣即御史所含之香也本草

紀要

王梅溪有十二子名以丁香為丁子索文集

賦詠祖

五言古詩

丁香體柔弱亂結枝猶墊細葉帶浮毛疏花披香艷深栽小齋後庶近幽人占晚墮蘭射香休懷粉身念杜

五言律詩

雨裏含愁態枝頭綴玉英為花更雅目變亂欒中名王梅溪

五言八句

來自丁香國遠應去所稱（賦）叢生枝葉亂結胃中衣冷艷瓊為色低枝翠作圍蔓連疑俏骨時見玉塵飛洪景啟

七言絶句

萬枝千葉進相親內結花心外結身草木至微猶有合悲哉父子與君臣陶弼

甘草

事實祖

碎録

此藥最為眾藥之主猶香中之有沉水也本草反甘遂芫花大戟海藻惡遠志解附子毒本草

賦詠祖

【全芳備祖】

積學書藏

五言八句

美草將為杖孤生馬嶺危難從河滁叟寧入化龍陂去與秦人採來扶楚客哀藥中稱國老我懶豈能醫聖俞

辰砂

事實祖

碎錄

辰砂本出麻陽縣及開山洞錦州今屬沅州不屬辰也其地產丹砂而砂井之名有九皆在猺獠窟穴之中而錦之舊城在馬遇歲寒燎以薪竹燔火爆石以取之時出與土人貿易不知者以辰砂為辰所出也郡志辰砂生於深山石崖間土人採之穴地數十尺始見其苗乃白石耳謂之朱砂牀砂生石上其塊大者如雞子小者如石榴顆又似雲母片可析者真辰砂也無石彌佳過此皆淘土石中得之非生于石牀者本草水銀出于丹砂蓋採麄次朱砂作鑪置砂于中下承以水上覆以盎器外加火煅養則煙飛于上水銀流于下本草

紀要

晉葛洪字稚川從祖玄吴時學道號曰葛仙翁其鍊丹秘術悉得真法以年老欲鍊丹砂以期遐壽聞交趾出丹砂求為句漏令帝從之神仙傳

積學書藏

賦詠祖

五言散句

遠慚句漏令不得問丹砂杜甫

七言八句

將軍結髮戰蠻溪篋有殊珍勝象犀謾說玉牀分箭鏃何曾金鼎識刀圭近聞猛士收丹穴欲助君王勝褭蹄多少聖巖人不見自隨初日吐虹霓東坡觀張帥正所蓄辰砂

鍾乳

事實祖

碎錄

鍾乳性通中輕薄如鵞翎碎之如爪甲中無雁齒光明者為貴本草三鍾乳有石鍾乳其山純石以石津相滋乳狀如蟬翼為石乳石乳性温有竹乳其山多生篁竹以竹津相滋乳狀如竹其性平有茅乳其山徧生茅草以茅津相滋乳性微寒本草

雜著

前所以致石鍾乳非良以為土之所出乃良又況鍾乳直產于石石之精粗疎密尋尺特異則其依而產者固不一性然由其精密而出者食之使人榮華温柔由其粗疎而下者食之使人偃蹇壅鬱故君子慎焉取其色之美而不必惟土之性以求

其至精凡為此也柳子厚與崔連州論石鍾乳書

賦詠祖

五言古詩

寄語曾公子金丹幾時就願持鍾乳粉實此懸磬腹遥憐蟹眼湯已化鸞管玉刀圭勿妄傳此物非銖〻山谷乞鍾乳于曾公衮

全芳備祖卷二十九

全芳備祖卷三十後集

天台陳景沂編輯

建安祝　穆訂正

藥部

茱萸

事實祖

碎録

茗藙九月九日採本草三牲用藙注藙煎茱萸也内則

紀要

汝南桓景隨費長房遊學謂之曰九月九日汝南當有災厄急令家人縫囊盛茱萸繫臂登山飲菊花酒此禍可消景如其言舉家上山夕還見雞犬一時暴死長房曰此可代之令重陽是也續齊諧記

郭璞自洞林避難至新息有以茱萸令璞射之璞口子如小鈴含玄珠綦文言是茱萸本傳

賦咏祖

五言散句

綴席茱萸好杜　西楚茱萸節張說

茱萸賜朝士難得一枝來杜

菊酒携山客萸囊繫社童張説

七言散句

茱萸暗綻紅珠蕋 元稹
明年此會知誰健更把茱萸仔細看

五言絶句

朱實山下開丁香寒更發幸與叢桂華窓前向松月 皇甫冉

結實紅且綠復知花更開山中倘留客置此芙蓉盃 王維

飄香亂椒桂布葉間檀欒雲日雖回照森沈猶自寒 崔逈

樂府祖

六么令

快風收雨亭館清殘燠池光静横秋影岸柳如新沐聞道宜城酒美新醅熟輕鑣相逐衝泥策馬來折東籬半開菊　花艷華堂對列一一驚郎目歌韻巧共泉聲間雜淙哀玉惆悵周郎易老莫唱當時曲幽歡難下明年誰健更把茱萸再三囑 周美成

皂莢

事實祖

碎録

有三種如猪牙者良 本草

賦咏祖

七言絶句

畿縣塵埃不可論故山喬木尚能存不緣去垢須青莢自愛蒼鱗百歲根 張文潛

仙靈脾

賦詠祖

五言古詩

窮陋闕自養癘氣劇囂煩隆冬乏霜霰日夕南風温杖藜下庭際曳踵不及門門有野田吏慰我飄零魂及言有靈藥近在湘西源服之不盈掬蹩躠皆騰騫咲打前郎吏為我擢其根蔚蔚遂充庭英翹忽已繁晨起自採暴杵臼通夜喧靈和理内藏攻疾貴自原擁覆逃積霧伸舒委餘暄奇功苟可徵寧復資蘭蓀我聞畸人術一氣中夜存能令淺深息呼吸還歸根疏放固難效且以藥餌論痿者不忘起瘖者復能言神哉輔吾足幸及兒女奔 柳子厚

芣苢

事實祖

碎録

芣苢馬舄也即車前草 本草 一名當道蝦蟆衣

賦詠祖

七言絶句

積學書藏

開州五月車前子作藥人皆道有神𢡟愧使君憐病眼三千餘里寄閒人 張籍

菝葜

事實祖

碎錄

苗莖成蔓採其根田舍貧家亦取以釀酒 本草

賦詠祖

五言古詩

江鄉有奇蔬本草寄菝葜驅風利頑痹解疫補體節春深土膏肥紫笋迸土裂烹之芼薑橘盡取無可擬應同玉井蓮已過苗頭茁異時中州去實子擕根擬免令食蔬人區區美薇蕨 張文潜

白頭翁

事實祖

碎錄

葉似芍藥花紫色似木槿白毛披下似纛正似白頭翁故名 本草

賦詠祖

五言八句

雜入田家去行歌荒野中如何青草裏亦有白頭翁折取相對鏡宛將衰鬢同微芳似相誚流恨向東風 李白

積學書藏

白蘘荷

事實祖

碎錄

人家種此以辟蛇春初生葉似甘蕉根似薑而肥其根莖堪為菹赤者為上 陶隱居

賦詠祖

五言古詩

血蟲化為厲蠱俗多所神御精每腊毒謀富不謀仁蔬果自遠至盃酒薑肆陳言甘心必苦何用知其真華潔自外飾必病中州人錢刀恐賈害飢至益逡巡竄伏常戰栗懷故愈懸新庶民有嘉草功會事久泯炎帝東靈編言此殊足珍崎嶇乃有得託以全餘身紛敷碧樹陰眇眛心所親 柳柳州

益智

事實祖

碎錄

益智葉如蘘荷莖如竹蕭子叢生大如棗中瓣粽味辛 廣州志

紀要

漢建安八年交州刺史張津嘗以益智子粽餉曹操晋嵇含記盧循為廣州刺史遺劉裕益智粽裕荅以續命湯 世說

積學書藏

賦詠祖

五言古詩散聯

挺芳銅嶺上擢潁石門端連叢至本葉雜和委雕盤梁劉孝勝

事實祖

覆盆子

碎錄

覆盆子即蓬藟之實也蓬藟乃根或苗之類益腎藏縮小便服後當覆其溺器以此得名

賦詠祖

五言古詩

靈根茂永夏幽磴羅深叢晶華發鮮澤葉實兮青紅捜尋犯晨露採摘勤村童藉以煙筍籜貯之霜筠籠誰知此俗俚却老有奇功咀飡腦髓聚烹啜形神充金三右

杜若

事實祖

碎錄

葉似山薑花赤色根似高良薑一名杜蘅本草實為紅豆根則為高良薑爾雅

雜著

積學書藏

采芳洲兮杜若將以遺兮下女　雜杜蘅與芳芷並楚詞　山中人兮芳杜若仝上

賦詠祖

五言散句

崖蜜助甘冷山薑發芳辛東坡

宿雨桃花水春風杜若汀吳昭武

七言散句

林深野桂寒無子雨浥山薑病有花

五言古詩

生在窮絕地豈無迹相親不願逢採擷本欲芳幽人沈約

五言八句

採擷黃薑藥封題青瑣闈共聞調膳日正是退朝歸香為華筵發清隨綵翰飛故將天下寶萬里與光輝劉禹錫

七言古詩

欽州五月土如炊滿山杜若芳菲菲素英綠葉紛可喜勁烈不避炎歊威採之盈掬薦蔬食減獲失咲庖人譏君不見屈平夕飡賦秋菊魂兮無南盡來歸又不見坡公服食得枲耳扣角自嘆從前非伊予假祿二千石窮比二子猶庶幾飡花嚼藥有真樂一飽何必謀甘肥尚餘丹台漬生蜜從他薏

次生珠璣 劉圻父

蘼蕪

事實祖

碎錄

芎藭葉也苗似芹與胡荽及蛇床等 本草

雜著

秋蘭兮蘼蕪羅生兮堂下 楚辭

賦詠祖

五言散句

上山採蘼蕪下山逢故夫 古詩

蘼蕪散綠葉紫出蛾眉陰 朱待制

時過湯餅客共破舅侯琛

七言散句

蘼蕪自是王孫草莫送春香入客衣 孟遲

飽食不嫌溪筍瘦穿林閑覓野藭苗 東坡

五言古詩

葉葉秋聲中霏霏蚕英蔽介特有如松繁華匪慚

菊勃蔚襲軒墀薰沾滿衣服人情擢纖指拾莖動盈

掬蘼蕪見離騷苓藿入譜錄 蘇隻溪

五言古詩散聯

蘼蕪有香葉采采垂清旦山頭去婦思堂下騷人

怨使君亦何為烹茶奉閒燕 曾文昭

七言絕句

蘼蕪嘉種列群芳標瀨前推品良時摘嫩苗點

賜茗更從雲脚發清香 韓忠獻

全芳備祖卷三十 終

積學書藏

積學書藏

全芳備祖卷三十一　後集

天台陳景沂編輯
建安祝　穆訂正

藥部

兔絲子

事實祖

碎錄

女蘿兔絲也爾雅蔦與女蘿施于松柏詩兔絲蔓草上生今兔絲子是也在木曰松蘿陸機疏

賦詠祖

五言散句

兔絲附女蘿古詩

兔絲附蓬麻別蔓故不長杜甫

五言古詩

人生莫依倚依倚事不成君看兔絲蔓依倚與荊榛荊榛易蒙密百鳥擦亂鳴下有狐兔穴奔走亦縱横樵童斫將去柔蔓與之并緊暫生可恥束縛死無名桂樹月中出珊瑚石上生俊鶻度海食應龍升天行靈物本特達不敢相纏縈相纏竟何者荊榛與飛莖元稹

五言古詩散聯

輕絲既難理細縷竟無織爛熳已萬條連綿復一色安根不可知縈心終不測謝朓

地黃

事實祖

碎錄

有乾生二種久服輕身不老一名地髓一名芑一名芑本草

賦詠祖

五言古詩

麥死春不雨禾頭秋早傷歲晏無口食田中採地黃採之將何用持以易糗糧凌晨荷鋤去薄暮不盈箱攜來朱門家賣與白面郎與君啖肥馬可使照地光願易馬殘粟救此苦饑腸香山

地黃飼老馬使之光照人吾聞樂天語喻馬施之身我衰正伏櫪垂耳氣不振移栽甘沃壤蕃茂爭香新沇水得稺根重陽養陳新洗以東河清和以北海醇崖蜜助甘冷山薑發芳辛融為寒食餳嚥作瑞露珍丹田自留火渴肺遂生津願餉内熱子一洗胷中塵東坡

椒

事實祖

碎錄

椴大椒也爾雅蜀椒出成都秦椒出天水隴西胡

椒生西戎亦出南海向陰生者名澄茄向陽生者名胡椒本草 椒聊之實蕃衍盈升詩 有椒其馨詩

紀要

漢椒房殿名皇后所居以椒糊壁取其温而香也顔師古注 桓帝竇皇后崩中常侍曹節王甫欲以貴人禮塟太尉李固擣椒自隨謂妻子曰若太后不得配桓帝吾不生還矣漢書 晋石崇以奢相尚室宇宏麗至以椒塗其壁本傳 鍾繇黜其妻文帝命復焉繇恚忿飡椒帝乃止魏氏春秋 吴真君服椒法并歌曰其椒應五行其仁通五義服之半年内脚心肝如水坡詩注 元載為相朝廷籍其家胡椒至八百斛他物稱是本傳 正月旦日進酒降神訖家至無大小以次坐祖先之前各上椒酒于家長曰椒觴四民月令

雜著

奠桂酒兮椒漿楚辭

賦咏祖

五言散句

椒花逐頌來庾信 紅椒豔復殊

椒實雨新紅 椒盤已頌花

七言散句

汗水流骹始信吴東坡

芎

事實祖

碎録

香草也苗名蘼蕪作叢而莖細七八月開碎白花植於園庭芬馨滿徑人採其葉作飲其根以大塊重實作雀腦狀者佳本草

賦詠祖

五言八句

芎藭生蜀道白芷來江南漂流到關輔猶不失芳甘濯濯翠莖滿愔愔清露涵及其未花寔可以資筐籃秋節忽已老苦寒非所堪斫根取其藭對此微物慚東坡

七言八句

燥吻時時著酒濡要令卧病致文殊河魚潰腹空號楚汗水流骹始信吴自笑方求三歲艾不如長作獨眠夫羨君清瘦真仙骨更助飄飄鶴背驅東坡次韻公濟謝芎椒

檳榔

事實祖

碎録

樹高五七丈正直無枝皮似青銅節如桂枝葉生木巔大如楯頭其實作房從葉中出傍有若棘針

積學書藏

重疊其下一房數百實如雞子狀皆有皮殼內滿
殼中味苦澁得扶留藤與瓦屋子灰同咀嚼之則
柔滑而甘美其俗云南方地濕不食此無以祛瘴
癘也本草其大腹子與檳榔相似檳榔尖者乃是
今貧者多大腹子也生南海今嶺外諸郡皆有之
同上栳藤可以食檳榔蓋蒟醬也坡詩注南中風
俗男聘女必以檳榔盤爲禮賓客會見必先進檳
榔若不設用相嫌恨郡志

紀要

劉穆之少貧往妻兄江氏乞食畢求檳榔江氏戲
曰檳榔消食君常飢何須此穆之爲丹陽令乃令
廚人以金柈貯一斛與其妻兄弟南史

雜著

無窮朱實嫌荔枝之五滋能發紅顔類芙蓉之十
酒梁庾肩吾啓

賦詠祖

五言散句

檳榔共聘幣鄭松窓
緑房千子熟紫穗百花開周石信

七言散句

檳榔葉子海棠花誠齋
不用長愁掛月村檳榔生子竹生孫東坡

積學書藏

五言古詩散聯

羞比朱櫻就詎易紫梨津莫言蔕中熟當看心裏
新微芳雖不足含咀願相親劉孝綽

五言八句

憶昔南遊日初嘗發面紅藥囊知有用茗椀詎能
同蠲疾收殊效修真録異功三彭如不避麋爛已
非中柳子厚

七言絶句

蠻烟雨裏紅千樹逐水排痰肘後方莫笑忍飢窮
縣令煩君一斛寄檳榔山谷
人人藤葉嚼檳榔戶〻茅檐覆土牀只有春風不
寒乞隔墻吹渡柚花香

七言八句

海角人烟百萬家蜜風未變事堪嗟果堆羊　烏
青欖菜飣丁香紫白茄楊棗實酸薄蒳子山茶無
葉木棉花一般氣味真難學自啖檳榔當啜茶鄭
松窓　薄蒳如棗而酸

扶留

賦詠祖

五言絶句

根節含露辛苕顆援　緑蠻中靈草多夏永清陰
足朱文公

積學書城

薏苡

事實祖

碎錄

春生苗莖高三四尺葉如黍開紅白花作穗子五六月結實形如珠子而稍長故名薏珠子小兒多以線穿如貫珠戲細舂為飯或煮粥亦好今人多取葉為飲本草

紀要

馬援在交趾嘗餌薏苡以勝瘴氣軍還載之一車時人以為南土珍貴權貴疑之援方有寵故莫以聞及卒有上書譖之者以謂前所載還乃明珠文犀爾上益怒後漢書

賦詠祖

七言散句

胡椒尚殺元丞相薏苡猶疑馬伏波 徐竹隱

五言古詩

伏波飯薏苡禦瘴傳神良能除五溪毒不救讒言傷讒言風雨過瘴癘久亦亡兩俱不及治但受草木長草木各有宜珍產騈南荒絳囊懸荔枝雪粉剖桄榔不謂蓬荻姿中有藥與糧舂為茱萸圓炊作菰米香子美拾橡栗黃精誑空腸今吾獨何者玉粒照　光東坡

積學書城

五言古詩散聯

佳實散南州流傳卻山瘴如何馬伏波生取丘山謗溫公

七言古詩

初遊唐安飯薏米炊成不減雕胡美大如芡實白如玉滑欲流匙香滿屋腹腴項臠不入盤況復傖酪誇甘酸東歸思之未易得每以問人人不識嗚呼奇木從古棄草菅君試求之籬落間放翁

七言古詩散聯

葉如華黍實如珠移種宮庭特葱脩但蠲病渴付相如勿恤謗言歸馬援聖俞

黃精

事實祖

碎錄

一名兔竹一名救窮服花勝實服實勝根抱朴子

紀要

陸通字接輿與妻俱隱蜀峨眉諸名山食苗櫨實服黃精子俗傳以為仙高士傳

賦詠祖

五言散句

三春濕黃精一食先毛羽杜甫

七言散句

積學書藏

掃除白髮黃精在杜　詩人空腹待黃精東坡

雪底黃精興不疏荊公

五言古詩

靈苗出西山服食採其根九蒸換凡骨經著上世言候火起中夜馨香滿南軒齋居感衆靈藥衍起妙門自懷物外心豈與俗士論終期脫印綬永與天壤存韋應物

七言古詩

長鑱長鑱白木柄我生託子以為命黃精無苗山雪盛短衣數挽不掩脛此時與子空歸來男呻女吟四壁靜嗚呼二歌兮歌始放鄰里為我色惆悵少陵

七言絕句

太華西南第幾峰落花流水自重重幽人只採黃精去不見青山養鹿茸

金櫻子

事實祖

碎錄

金櫻子今叢生于籬落間類薔薇有刺霜後方紅熟味甘少澁止多便斂精氣今野人盛摘擣汁熬成糖本草

賦詠祖

積學書藏

五言古詩

人生欲長存日月不肯遲百歲風吹過忽成甘蔗姿傳聞上世士烹餌草木滋千秋垂綠髮每恨不同時李侯好方術肘後探神奇金櫻出黃壤刺橐攬霜枝寒窓司火候古鼎凉膠飴初嘗不可口醕酒和味宜至今年七十孺子色不衰田中按耘鉏孫息親抱持却笑鄰舍翁未老須杖藜山谷和公善飡櫻餌

假守富春公秋毫聽民詞夙夜臨公廳歸臥酸體肢李侯來饋藥期以十日知深中護露根金鎖秘玉符不須許斧子辛勤採五芝我方困健訟擕翁爭一錐不能鳴絃坐頗愧巫馬期敢乞刀圭餘歸和卯飲卮倘全憂民病從此得國醫

七言絕句

三月花如簷蔔香霜中採實似金黃煎成風味亦不淺潤色猶煩顧長康姚西岩

麥門冬

事實祖

碎錄

葉似莎草長及尺餘四季不凋根作連珠形似橫麥顆本草取苗作水飲令上天門冬春生藤蔓如釵股高至丈餘葉似茴香秋結黑子在其根一名

韓本草

賦詠祖

五言古詩

佳人種碧草所愛凌風霜佳人昔已歿草色猶蒼蒼思人不忍棄斯植寒種傍

五言絶句

高蘿引蔓長插楥垂碧絲西窓夜來雨無人領幽姿朱文公天門冬

七言絶句

一枕清風值萬錢無人肯買北窓眠開心暖胃門冬飲如是東坡手自煎東坡送門冬飲與元章

蘇

事實祖

碎錄

有水蘇紫蘇假蘇三種水蘇又名雞蘇紫蘇葉色甚紫而氣甚香其不紫無香者為野蘇不堪用其子主下氣與橘皮相宜本草假蘇又名荆芥

賦詠祖

五言古詩

歲暮有秋望帶經且親鋤今兹五月交盛陽精已徂養生寄空瓢雖乏未可虛正似供一飲形骸如此劬劉原父

胡麻

事實祖

碎錄

狗蝨巨勝也藤弦胡麻也陶隱居云莖方者名巨勝圓者名胡麻形類麻故名胡麻又八穀中最為大勝故名曰巨勝苗曰青蘘始生上黨山澤今處處有之通名脂麻俗訛作芝麻有白黑二種黑色者良苗梗如麻而葉圓銳光澤嫩時可作蔬廣雅

紀要

劉晨阮肇入天台采藥失道食盡見桃實食之覺身輕行數里至溪澗持杯取水見一杯流出有胡麻飯溪邊二女子咲曰劉阮二郎捉向所失流杯來便迎歸作食既出無復相識至家子孫已七世矣天台志

賦咏祖

五言古詩散聯

勉力向藥物曲畦聊自蒔胡麻養氣血種以督兒曹聖俞

全芳備祖卷三十一終

南方草木狀

（晉）嵇含 撰

《南方草木狀》，（晉）嵇含撰。嵇含（二六三——三〇六），字君道，號亳丘子，譙郡（治所今安徽亳州）人，是『竹林七賢』之一嵇康的孫子，曾官至襄城太守，其事迹附載《晉書·嵇紹傳》。《四庫全書總目提要》對該書内容和真僞有考述。

全書共三卷，收載草類二十九種、木類二十八種、果類十七種、竹類六種，共八十種。大都是生長於嶺南的熱帶、亞熱帶植物。對每種植物的記述詳略不一，各有側重，一般是介紹其形態、生態、功用、産地和有關的歷史掌故。作爲最早的一部嶺南植物志，書中關於植物産地和引種歷史的記載，是研究古代嶺南植物分佈和原産地的寶貴資料。書中所見在水浮葦筏上種蕹菜的方法，是世界上有關水面栽培（無土栽培）蔬菜的最早記載。書中記載的利用黄掠蟻防治柑橘害蟲的方法，則是世界上生物防治的最早先例，在閩粤一帶果農中沿用至今。此外，尚有一些内容，不見於其他早期文獻，應屬本書的原始記載，也值得珍視。

該書直至南宋《遂初堂書目》始有著録，而南宋以前諸書所引内容又與今本多有不合之處，所以自清末以來便有人懷疑其爲南宋高手的僞託，由此引起不少争論，其真僞問題仍有待進一步研究。

該書最早的刊本爲南宋《百川學海本》，自此以後，陸續出現十幾種版本，並有英譯本行世。一九五五年商務印書館排印本附上海歷史文獻圖書館珍藏的《南方草木狀圖》六十幅。一九九一年中科院昆明植物所編著《南方草木狀考補》，一九九二年中國農業出版社出版張宗子《嵇含文輯注》。今據南京圖書館藏《百川學海》本影印。

（惠富平）

南方草木狀目録

卷上

草類

一

卷中

木類

卷下

果類

竹類

二

南方草木狀目録終

南方草木狀卷上 并序

永興元年十一月丙子振威將軍襄陽太守嵇含撰

南越交趾植物有四裔最爲奇周秦以前無稱焉自漢武帝開拓封疆搜來珍異取其尤者充貢中州之人或眛其狀乃以所聞詮叙有裨子弟云爾

甘蕉望之如樹株大者一圍餘葉長一丈或七八尺廣尺餘二尺許花大如酒杯形色如芙蓉著莖末百餘子大名爲房相連累甜美亦可蜜藏根如芋魁大者如車轂實隨華每華一闔各有六子先後相次子不俱生花不俱落一名芭蕉或曰巴苴剝其子上皮色黄白味似蒲萄甜而脆亦療飢此有三種子大如拇指長而銳有類羊角名羊角蕉味最甘好一種子大如鷄卵有類牛乳名牛乳蕉微減羊角一種大如藕子長六七寸形正方少甘最下也其莖解散如絲以灰練之可紡績爲絺綌謂之蕉葛雖脆而好黄白不如葛赤色也交廣俱有之三輔黄圖曰漢武帝元鼎六年破南越建扶荔宮以植所得奇草異木有甘蕉二本

耶悉茗花末利花皆胡人自西國移植於南海南人憐其芳香競植之陸賈南越行紀曰南越之境五穀無味百花不香此二花特芳香者緣自胡國移至不隨水土而變與夫橘北爲枳異矣彼之女子以綵絲穿花心以爲首飾

末利花似薔薇之白者香愈於耶悉茗

豆蔻花其苗如蘆其葉似薑其花作穗嫩葉卷之而生花微紅穗頭深色葉漸舒花漸出舊說此花食之破氣消痰進酒增倍泰康二年交州貢一篚上試之有驗以賜近臣

山薑花莖葉即薑也根不堪食於葉間吐花作穗如麥粒軟紅色煎服之治冷氣甚效出九眞交趾

鶴草蔓生其花麴塵色淺紫蔕葉如柳而短當夏開花形如飛鶴觜翅尾足無所不備出南海云是媚草上有蟲老蛻爲蝶赤黄色女子藏之謂之媚蝶能致其夫憐愛

甘藷蓋薯蕷之類或曰芋之類根葉亦如芋實如拳有大如甌者皮紫而肉白蒸鬻食之味如薯蕷性不甚冷舊珠崖之地海中之人皆不業耕稼惟掘地種甘藷秋熟收之蒸曬切如米粒倉圌貯之以充糧糗是名藷糧北方人至者或盛具牛豕膾炙而末以甘藷薦之若粳粟然大抵南人二毛者百無一二惟海中之人壽百餘歲者由不食五穀而食甘藷故爾

水蕉如鹿葱或紫或黄吳永安中孫休嘗遣使取二花終不可致但圖畫以進

蒟醬蓽茇也生於蕃國者大而紫謂之蓽茇生於番禺者小而青謂之蒟焉可以調食故謂之醬焉交趾九眞人家多種蔓生

菖蒲番禺東有澗澗中生菖蒲皆一寸九節安期生

採服仙去但留玉舃焉

留求子形如梔子稜瓣深而兩頭尖似訶梨勒而輕及半黃已熟中有肉白色甘如棗核大治嬰孺之疾南海交趾俱有之

諸蔗一曰甘蔗交趾所生者圍數寸長丈餘頗似竹斷而食之甚甘笮取其汁曝數日成飴入口消釋彼人謂之石蜜吳孫亮使黃門以銀椀并蓋就中藏吏取交州所獻甘蔗餳黃門先恨藏吏以鼠屎投餳中啓言吏不謹亮呼吏持餳器入問曰此器既蓋之且有油覆無緣有此黃門將有恨汝吏叩頭曰嘗從臣求莞席臣以席有數不敢與亮曰必是此問之具服南人云甘蔗可消酒又名干蔗司馬相如樂歌曰太

尊蔗漿折朝醒是其義也泰康六年扶南國貢諸蔗一丈三節

草麴南海多美酒不用麴糵但杵米粉雜以衆草葉冶葛汁滫溲之大如卵置蓬蒿中蔭蔽之經月而成用此合糯爲酒故劇飲之既醒猶頭熱涔涔以其有毒草故也南人有女數歲即大釀酒既漉候冬陂池竭時寘酒罌中密固其上瘞陂中至春瀦水滿亦不復發矣女將嫁乃發陂取酒以供賀客謂之女酒其味絶美

芒茅枯時瘴疫大作交廣皆爾也土人呼曰黃茅瘴又曰黃芒瘴

南方冬無積藁瀕海郡邑多馬有草葉類梧桐而厚取以秣馬謂之肥馬草馬頗嗜而食果肥壯矣

冬葉薑葉也苞苴物交廣皆用之南方地熱物易腐敗惟冬葉藏之乃可持久

蒲葵如栟櫚而柔薄可爲葵笠出龍川

藥有乞力伽朮也瀕海所產一根有至數斤者劉涓子取以作煎令可丸餌之長生

赬桐花嶺南處處有自初夏生至秋蓋草也葉如桐其花連枝萼皆深紅之極者俗呼貞桐花貞皆訛也

水葱花葉皆如鹿葱花色有紅黃紫三種出始興婦人懷妊佩其花生男者即此花非鹿葱也交廣人佩之極有驗然其土多男不厭女子故不常佩也

蕪菁嶺嶠已南俱無之偶有士人因官攜種就彼種

之出地則變爲芥亦橘種江北爲枳之義也至曲江方有菘彼人謂之秦菘

茄樹交廣草木經冬不衰故蔬圃之中種茄宿根有三五年者漸長枝幹乃成大樹每夏秋盛熟則梯樹採之五年後樹老子稀即伐去之別栽嫩者

綽菜夏生於池沼間葉類茨菰根如藕條南海人食之云令人思睡呼爲瞑菜

蕹葉如落葵而小性冷味甘南人編葦爲筏作小孔浮於水上種子於水中則如萍根浮水面及長莖葉皆出於葦筏孔中隨水上下南方之奇蔬也冶葛有大毒以蕹汁滴其苗當時萎死世傳魏武能噉冶葛至一尺云先食此菜

冶葛毒草也蔓生葉如羅勒光而厚一名胡蔓草寘
毒者多雜以生蔬進之悟者速以藥解不爾半日輙
死山羊食其苗即肥而大亦如鼠食巴豆其大如㹠
蓋物類有相伏也

吉利草其莖如金釵股形類石斛根類芍藥交廣俚
俗多蓄蠱毒惟此草解之極驗吳黄武中江夏李俁
以罪徙合浦始入境遇毒其奴吉利者偶得是草與
俁服遂解吉利即遁去不知所之俁因此濟人不知
其數遂以吉利爲名豈李俁者徙非其罪或俁自有
隱德神明啓吉利者救之耶

良耀草枝葉如麻黄秋結子如小栗煨食之解毒功
用亞於吉利始者有得是藥者梁氏之子耀亦以爲
名梁轉爲良爾花白似牛李出高凉

蕙草一名薰草葉如麻兩兩相對氣如蘼蕪可以止
癘出南海

凡草木之華者春華者冬秀夏華者春秀秋華者夏
秀冬華者秋秀其華竟歲故婦女之首四時未嘗無
華也

南方草木狀卷上

南方草木狀卷中

楓人五嶺之間多楓木歲久則生瘤癭一夕遇暴雷
驟雨其樹贅暗長三五尺謂之楓人越巫取之作術
有通神之驗取之不以法則能化去

楓香樹似白楊葉圓而歧分有脂而香其子大如鴨
卵二月華發乃著實八九月熟曝乾可燒惟九真郡
有之

薰陸香出大秦在海邊有大樹枝葉正如古松生於
沙中盛夏樹膠流出沙上方採之

榕樹南海桂林多植之葉如木麻實如冬青樹幹拳
曲是不可以爲器也其本稜理而深是不可以爲材
也燒之無焰是不可以爲薪也以其不材故能久而
無傷其蔭十畝故人以爲息焉而又枝條既繁葉又
茂細軟條如藤垂下漸漸及地藤梢入土便生根節
或一大株有根四五處而横枝及鄰樹即連理南人
以爲常不謂之瑞木

益智子如筆毫長七八分二月花色若蓮著實五六
月熟味辛雜五味中芬芳亦可鹽曝出交趾合浦建
安八年交州刺史張津嘗以益智子粽餉魏武帝

桂出合浦生必以高山之巔冬夏常青其類自爲林
間無雜樹交趾置桂園桂有三種葉如柏葉皮赤者
爲丹桂葉似柿葉者爲菌桂其葉似枇杷葉者爲牡
桂三輔黄圖曰甘泉宫南有昆明池池中有靈波殿
以桂爲柱風來自香

朱槿花莖葉皆如桑葉光而厚樹高止四五尺而枝葉婆娑自二月開花至中冬即歇其花深紅色五出大如蜀葵有蘂一條長於花葉上綴金屑日光所爍疑若焰生一叢之上日開數百朶朝開暮落插枝即活出高凉郡一名赤槿一名日及

指甲花其樹高五六尺枝條柔弱葉如嫩榆與耶悉茗末利花皆雪白而香不相上下亦胡人自大秦國移植于南海而此花極繁細纔如半米粒許彼人多折置襟袖間蓋資其芬馥爾一名散沫花

蜜香　沉香　鷄骨香　黄熟香

棧香　青桂香　馬蹄香　鷄舌香

案此八物同出於一樹也交趾有蜜香樹榦似拒柳

其花白而繁其葉如橘欲取香伐之經年其根幹枝節各有别色也木心與節堅黒沉水者爲沉香與水面平者爲鷄骨香其根爲黄熟香其榦爲棧香細枝緊實未爛者爲青桂香其根節輕而大者爲馬蹄香其花不香成實乃香爲鷄舌香珍異之木也

桄榔樹似栟櫚實其皮可作綆得水則柔韌胡人以此聯木爲舟皮中有屑如麪多者至數斛食之與常麪無異木性如竹紫黒色有文理工人解之以製弈枰出九真交趾

訶梨勒樹似木梡花白子形如橄欖六路皮肉相着可作飲變白髭髪令黒出九真

蘇枋樹類槐花黒子出九真南人以染絳漬以大庾之水則色愈深

水松葉如檜而細長出南海土産衆香而此木不大香故彼人無佩服者嶺北人極愛之然其香殊勝在南方時植物無情者也不香於彼而香於此豈屈於不知己而伸於知己者歟物理之難窮如此

刺桐其木爲材三月三時布葉繁密後有花赤色間生葉間旁照他物皆朱殷然三五房凋則三五復發如是者竟歲九真有之

棹樹幹葉俱似椿以其葉鬻汁漬果呼爲棹汁若以棹汁雜鼠肉食者即時爲雷震死棹出高凉郡

杉一名披煔合浦東二百里有杉一樹漢安帝永初五年春葉落隨風飄入洛陽城其葉大常杉數十倍

術士廉盛曰合浦東杉葉也此休徵當出王者帝遣使驗之信然乃以千人伐樹役夫多死者其後三百人坐斷株上食過足相容至今猶存

荆寧浦有三種金荆可作枕紫荆堪作牀白荆堪作履與他處牡荆蔓荆全異又彼境有杜荆指病自愈節不相當者月暈時刻之與病人身齊等置牀下雖危困亦愈

紫藤葉細長莖如竹根極堅實重重有皮花白子黒置酒中歷二三十年亦不腐敗其莖截置烓炱中經時成紫香可以降神

榼藤依樹蔓生如通草藤也其子紫黒色一名象豆三年方熟其殼貯藥歷年不壞生南海解諸藥毒

蜜香紙以蜜香樹皮葉作之微褐色有紋如魚子極香而堅韌水漬之不潰爛泰康五年大秦獻三萬幅常以萬幅賜鎮南大將軍當陽侯杜預令寫所撰春秋釋例及經傳集解以進未至而預卒詔賜其家令上之

抱香履抱木生於水松之旁若寄生然極柔弱不勝刀鋸乘濕時刳而爲履易如削瓜既乾則韌不可理也履雖猥大而輕者若通脫木風至則隨飄而動夏月納之可禦蒸濕之氣出扶南大秦諸國泰康六年扶南貢百雙帝深歎異然哂其制作之陋但置諸外府以備方物而已按東方朔瑣語曰木履起於晉文公時介之推逃禄自隱抱樹而死公撫木哀歎遂以爲履每懷從亡之功輒俯視其履曰悲乎足下足下之稱亦自此始也

南方草木狀卷中

南方草木狀卷下

檳榔樹高十餘丈皮似青桐節如桂竹下本不大上枝不小調直亭亭千萬若一森秀無柯端頂有葉葉似甘蕉條派開破仰望眇眇如插叢蕉於竹杪風至獨動似舉羽扇之掃天葉下繫數房房綴數十實實大如桃李天生棘重累其下所以禦衛其實也味苦澁剖其皮鬻其膚熟如貫之堅如乾棗以扶留藤古賁灰并食則滑美下氣消穀出林邑彼人以爲貴婚族客必先進若邂逅不設用相嫌恨一名賓門藥餞

荔枝樹高五六丈餘如桂樹綠葉蓬蓬冬夏榮茂青華朱實實大如雞子核黃黑似熟蓮實白如肪甘而多汁似安石榴有甜酢者至日將中翕然俱赤則可食也一樹下子百斛三輔黃圖曰漢武帝元鼎六年破南越建扶荔宮扶荔者以荔枝得名也自交趾移植百株于庭無一生者連年移植不息後數歲偶一株稍茂然終無華實帝亦珍惜之一旦忽萎死守吏坐誅死者數十遂不復茂矣其實則歲貢焉郵傳者疲斃於道極爲生民之患

椰樹葉如栟櫚高六七丈無枝條其實大如寒瓜外有麤皮次有殼圓而且堅剖之有白膚厚半寸味似胡桃而極肥美有漿飲之得醉俗謂之越王頭云昔林邑王與越王有故怨遣俠客刺得其首懸之於樹俄化爲椰子林邑王憤之命剖以爲飲器南人至今效之當刺時越王大醉故其漿猶如酒云

月梅其子如彈丸正赤五月中熟熟時似梅其味甜酸陸賈南越行紀曰羅浮山頂有胡楊梅山桃繞其際海人時登採拾止得於上飽噉不得持下東方朔林邑記曰林邑山楊梅其大如杯椀青時極酸旣紅味如崖蜜以醞酒號梅香酎非貴人重客不得飲之

橘白華赤實皮馨香有美味自漢武帝交趾有橘官長一人秩二百石主貢御橘吳黃武中交趾太守士爕獻橘十七實同一帶以爲瑞異群臣畢賀

柑乃橘之屬滋味甘美特異者也有黃者有頳者頳者謂之壺柑交趾人以席囊貯蟻鬻於市者其窠如薄絮囊皆連枝葉蟻在其中并窠而賣蟻赤黃色大於常蟻南方柑樹若無此蟻則其實皆爲群蠹所傷

無復一完者矣今華林園有柑二株遇結實上命群臣宴飲于旁摘而分賜焉

橄欖樹身聳枝皆高數丈其子深秋方熟味雖苦澀咀之芬馥勝含鷄骨香吳時歲貢以賜近侍本朝自泰康後亦如之

龍眼樹如荔枝但枝葉稍小殼青黃色形圓如彈丸核如木梡子而不堅肉白而帶漿其甘如蜜一朶五六十顆作穗如蒲萄然荔枝過即龍眼熟故謂之荔枝奴言常隨其後也東觀漢記曰單于來朝賜橙橘龍眼荔枝魏文帝詔群臣曰南方果之珍異者有龍眼荔枝令歲貢焉出九眞交趾

海棗樹身無閑枝直聳三四十丈樹頂四面共生十餘枝葉如栟櫚五年一實實甚大如杯盌核兩頭不尖雙卷而圓其味極甘美安邑御棗無以加也泰康五年林邑獻百枚昔李少君謂漢武帝曰臣嘗遊海上見安期生食臣棗大如瓜非誕說也

千歲子有藤蔓出土子在根下鬚綠色交加如織其子一苞恒二百餘顆皮殼青黃色殼中有肉如栗味亦如之乾者殼肉相離撼之有聲似肉豆蔻出交趾

五斂子大如木瓜黃色皮肉脆軟味極酸上有五稜如刻出南人呼稜爲斂故以爲名以蜜漬之甘酢而美出南海

鉤緣子形如瓜皮似橙而金色胡人重之極芬香肉甚厚白如蘆菔女工競雕鏤花鳥漬以蜂蜜點燕檀

巧麗妙絕無與爲比泰康五年大秦貢十缶帝以三缶賜王愷助其珍味夸示於石崇

海梧子樹似梧桐色白葉似青桐有子如大栗肥甘可食出林邑

海松子樹與中國松同但結實絕大形如小栗三角肥甘香美亦罇俎間佳果也出林邑

菴摩勒樹葉細似合昏花黃實似李青黃色核圓作六七稜食之先苦後甘術士以變白鬚髮有驗出九眞

石栗樹與栗同但生於山石罅間花開三年方結實其殼厚而肉少其味似胡桃人熟時或爲群鸚鵡至啄食略盡故彼人極珍貴之出日南

人面子樹似含桃結子如桃實無味其核正如人面故以爲名以蜜漬之稍可食以其核可玩於席間飣餖禦客出南海

雲丘竹一節爲船出扶南然今交廣有竹節長二丈其圍一二丈者往往有之

篻簩竹皮薄而空多大者徑不過二寸皮麤澀以鎊犀象利勝於鐵出大秦

石林竹似桂竹勁而利削爲刀割象皮如切芋出九眞交阯

思摩竹如竹大而筍生其節筍既成竹春而筍復生節焉交廣所在有之

箪竹葉踈而大一節相去六七尺出九眞彼人取嫩者磓浸紡績爲布謂之竹踈布

越王竹根生石上若細荻高尺餘南海有之南人愛其青色用爲酒籌云越王棄餘筭而生竹

南方草木狀卷下

出版後記

早在二〇一四年十月，我們第一次與南京農業大學農遺室的王思明先生取得聯繫，商量出版一套中國古代農書，一晃居然十年過去了。

十年間，世間事紛紛擾擾，今天終於可以將這套書奉獻給讀者，不勝感慨。

當初確定選題時，經過調查，我們發現，作爲一個有著上萬年農耕文化歷史的農業大國，我們整理的農業古籍叢書只有兩套，且規模較小，一是農業出版社自一九五九年開始陸續出版的《中國古農書叢刊》，收書四十多種；一是農業出版社一九八二年出版的《中國農學珍本叢刊》，收書三種。其他點校整理的單品種農書倒是不少。基於這一點，王思明先生認爲，我們的項目還是很有價值的。

經與王思明先生協商，最後確定，以張芳、王思明主編的《中國農業古籍目録》爲藍本，精選一百五十二種中國古代最具代表性的農業典籍，影印出版，書名初訂爲『中國古農書集成』。接下來就是正常的流程，先確定編委會，確定選目，再確定底本。看起來很平常，實際工作起來，卻遇到了不少困難。

古籍影印最大的困難就是找底本。本書所選一百五十二種古籍，有不少存藏於南農大等高校圖書館。但由於種種原因，不少原來准備提供給我們使用的南農大農遺室的底本，當時未能順利複製。最後所有底本均由出版社出面徵集，從其他藏書單位獲取。

本書所選古農書的提要撰寫工作，倒是相對順利。書目確定後，由主編王思明先生親自撰寫樣稿，副主編惠富平教授（現就職於南京信息工程大學）、熊帝兵教授（現就職於淮北師範大學）及編委何彦超博士（現就職於江蘇開放大學）及時拿出了初稿，爲本書的順利出版打下了基礎。

本書於二〇二三年獲得國家古籍整理出版資助，二〇二四年五月以『中國古農書集粹』爲書名正式出版。

二〇二二年一月，王思明先生不幸逝世。没能在先生生前出版此書，是我們的遺憾。本書的出版，或可告慰先生在天之靈吧。

是爲出版後記。

鳳凰出版社

二〇二四年三月

《中國古農書集粹》總目

寶坻勸農書　（明）袁黄　撰
知本提綱（修業章）　（清）楊屾　撰　（清）鄭世鐸　注釋
農圃便覽　（清）丁宜曾　撰
三農紀　（清）張宗法　撰
增訂教稼書　（清）孫宅揆　撰　（清）盛百二　增訂
寶訓　（清）郝懿行　撰

六

授時通考（全二册）　（清）鄂爾泰　等　撰

七

齊民四術　（清）包世臣　撰
浦泖農咨　（清）姜皋　撰
農言著實　（清）楊秀沅　撰
農蠶經　（清）蒲松齡　撰
馬首農言　（清）祁寯藻　撰　（清）王筠　校勘並跋

撫郡農産考略　何德剛　撰
夏小正　（漢）戴德　傳　（宋）金履祥　注　（清）張爾岐　輯定
（清）黄叔琳　增訂
田家五行　（明）婁元禮　撰
卜歲恆言　（清）吴鵠　撰
農候雜占　（清）梁章鉅　撰　（清）梁恭辰　校

八

五省溝洫圖説　（清）沈夢蘭　撰
吳中水利書　（宋）單鍔　撰
築圍説　（清）陳瑚　撰
築圩圖説　（清）孫峻　撰
耒耜經　（唐）陸龜蒙　撰
農具記　（清）陳玉墀　撰
管子地員篇注　題（周）管仲　撰　（清）王紹蘭　注
於潛令樓公進耕織二圖詩　（宋）樓璹　撰

御製耕織圖詩 (清)愛新覺羅·玄燁 撰 (清)焦秉貞 繪
農説 (明)馬一龍 撰 (明)陳繼儒 訂正
梭山農譜 (清)劉應棠 撰
澤農要錄 (清)吴邦慶 撰
區田法 (清)王心敬 撰
區種五種 (清)趙夢齡 輯
耕心農話 (清)奚誠 撰
理生玉鏡稻品 (明)黄省曾 撰
江南催耕課稻編 (清)李彦章 撰
金薯傳習錄 (清)陳世元 彙刊
御題棉花圖 (清)方觀承 編繪
木棉譜 (清)褚華 撰
授衣廣訓 (清)愛新覺羅·顒琰 定 (清)董誥 等 撰
栽苧麻法略 (清)黄厚裕 撰

九

二如亭群芳譜 (明)王象晉 撰

十

佩文齋廣群芳譜(全三册) (清)汪灝 等 編修

十一

洛陽花木記 (宋)周師厚 撰
桂海花木志 (宋)范成大 撰
花史左編 (明)王路 撰
花鏡 (清)陳淏 撰

十二

洛陽牡丹記 (宋)歐陽修 撰
洛陽牡丹記 (宋)周師厚 撰
亳州牡丹記 (明)薛鳳翔 撰
曹州牡丹譜 (清)余鵬年 撰
菊譜 (宋)劉蒙 撰
菊譜 (宋)史正志 撰

菊譜　（宋）范成大 撰
百菊集譜　（宋）史鑄 撰
菊譜　（明）周履靖、黄省曾 撰
菊譜　（清）葉天培 撰
菊説　（清）計楠 撰
東籬纂要　（清）邵承照 撰

十三

揚州芍藥譜　（宋）王觀 撰
金漳蘭譜　（宋）趙時庚 撰
王氏蘭譜　（宋）王貴學 撰
海棠譜　（宋）陳思 撰
缸荷譜　（清）楊鍾寶 撰
汝南圃史　（明）周文華 撰
北墅抱甕録　（清）高士奇 撰
種芋法　（明）黄省曾 撰
筍譜　（宋）釋贊寧 撰
菌譜　（宋）陳仁玉 撰

十四

荔枝譜　（宋）蔡襄 撰
記荔枝　（明）吴載鰲 撰
閩中荔支通譜　（明）鄧慶寀 輯
荔譜　（清）陳定國 撰
荔枝譜　（清）陳鼎 撰
荔枝話　（清）林嗣環 撰
嶺南荔支譜　（清）吴應逵 撰
龍眼譜　（清）趙古農 撰
水蜜桃譜　（清）褚華 撰
橘録　（宋）韓彦直 撰
打棗譜　（元）柳貫 撰
檇李譜　（清）王逢辰 撰

十五

竹譜　（南朝宋）戴凱之 撰
竹譜詳録　（元）李衎 撰

竹譜　（清）陳鼎　撰
桐譜　（宋）陳翥　撰
茶經　（唐）陸羽　撰
茶録　（宋）蔡襄　撰
東溪試茶録　（宋）宋子安　撰
大觀茶論　（宋）趙佶　撰
品茶要録　（宋）黄儒　撰
宣和北苑貢茶録　（宋）熊蕃　撰
北苑别録　（宋）趙汝礪　撰
茶箋　（明）聞龍　撰
羅岕茶記　（明）熊明遇　撰
茶譜　（明）顧元慶　撰
茶疏　（明）許次紓　撰

十六

治蝗全法　（清）顧彦　撰
捕蝗考　（清）陳芳生　撰
捕蝗彙編　（清）陳僅　撰
捕蝗要訣　（清）錢炘和　撰

安驥集　（唐）李石　撰
元亨療馬集　（明）喻仁、喻傑　撰
牛經切要　（清）佚名　撰　于船、張克家　點校
抱犢集　（清）佚名　撰
哺記　（清）黄百家　撰
鴿經　（明）張萬鍾　撰

十七

蜂衙小記　（清）郝懿行　撰
蠶書　（宋）秦觀　撰
蠶經　（明）黄省曾　撰
西吴蠶略　（清）程岱葊　撰
湖蠶述　（清）汪曰楨　撰
野蠶録　（清）王元綎　撰
柞蠶雜誌　增韞　撰
樗繭譜　（清）鄭珍　撰　（清）莫友芝　注
廣蠶桑説輯補　（清）沈練　撰　（清）仲學輅　輯補
蠶桑輯要　（清）沈秉成　編
豳風廣義　（清）楊屾　撰

養魚經 (明)黄省曾 撰
異魚圖贊 (明)楊慎 撰
閩中海錯疏 (明)屠本畯 撰 (明)徐𤊹 補疏
蟹譜 (宋)傅肱 撰
糖霜譜 (宋)王灼 撰
酒經 (宋)朱肱 撰
飲膳正要 (元)忽思慧、常普蘭奚 撰

十八

救荒活民補遺書 (宋)董煟 撰 (元)張光大 增
(明)朱熊 補遺
救荒簡易書 (清)郭雲陞 撰
荒政輯要 (清)汪志伊 纂
荒政叢書 (清)俞森 撰

十九

孚惠全書 (清)彭元瑞 撰

二十

欽定康濟録 (清)陸曾禹 原著 (清)倪國璉 編録
救荒本草 (明)朱橚 撰
野菜譜 (明)王磐 撰
野菜博録 (明)鮑山 撰

二十一

全芳備祖 (宋)陳詠 撰
南方草木狀 (晉)嵇含 撰

二十二

植物名實圖考(全二册) (清)吴其濬 撰